Beiträge zur Tibetforschung

Herausgegeben von Karl-Heinz Pörtge
und Li Jian

GÖTTINGER GEOGRAPHISCHE ABHANDLUNGEN

Herausgegeben vom Vorstand des Geographischen Instituts
der Universität Göttingen
Schriftleitung: Karl-Heinz Pörtge

Heft 95

Beiträge zur Tibetforschung

Mit 130 Abbildungen und 13 Tabellen
und 1 Beilage

Herausgegeben von Karl-Heinz Pörtge und Li Jian

青藏高原科学考察成果

130 图　　13 表
1 插图

编辑：Karl Heinz Pörtge 李槭

1994

Verlag Erich Goltze GmbH & Co. KG, Göttingen

ISSN 0341-3780
ISBN 3-88452-095-4

Druck: Erich Goltze GmbH & Co. KG, Göttingen

INHALTSVERZEICHNIS

Vorwort der Herausgeber 7

Hövermann, J. & F. Lehmkuhl: Vorzeitliche und rezente Geomorphologische Höhenstufung in Ost- und Zentraltibet – Eine Bestandsaufnahme (Geomorphological zones in Eastern and Central Tibet) 15

Hövermann, J. & F. Lehmkuhl: Die vorzeitlichen Vergletscherungen in Ost- und Zentraltibet (Paleo-Glaciation in Eastern and Central Tibet) 71

Frenzel, B.: Zur Paläoklimatologie der letzten Eiszeit auf dem tibetischen Plateau (On the paleoclimatology of the Tibetan Plateau during the last glaciation) 115

Frenzel, B.: Über Probleme der holozänen Vegetationsgeschichte Osttibets (Vegetationhistory of Holocene on the Tibetan Plateau) 143

Frenzel, B. & Liu Shijian: Rasterelektronenmikroskopische Untersuchungen zur Genese jungquartärer Sedimente auf dem tibetischen Plateau (Scanning electron microscopical investigations on the genesis of upper pleistocene sediments on the Tibetan Plateau) 167

Bräuning, A.: Dendrochronologische Untersuchungen an osttibetischen Waldgrenzstandorten (Tree-ring chronologies at the upper tree line in Eastern Tibet) 185

Zhao Yongtao: The shrinking of quaternary lakes and enviromental changes on the Tibetan Plateau (Der Rückgang der Seen und die Veränderung der Umweltbedingungen in Hochtibet während des Quartärs) 193

Huang Weiwen: The prehistoric human occupation of the Qinghai-Xining Plateau (Die prähistorische Besiedlung des tibetischen Plateaus) 201

Liu Shijian & Li Jian: Basic charcteristics of moraine types from the last glaciation in northeastern Qinghai-Xizang Plateau (Die Hauptcharacteristika der Moränen des Qinghai Plateaus) 221

Tang Bangxing, Li Jian & Liu Shijian: Basic features of glacial landforms in the Minshan (Glazialmorphologische Besonderheiten des Ming-Schan-Gebirges) 233

Wang Chenghua: Distribution pattern and minimizing measures of landslides (Hangrutschungen und Bergstürze entlang der Straßen in den Provinzen Sichuan, Qinghai und Tibet sowie die Gegenmaßnahmen) 243

Tang Bangxing, Liu Shijian & Liu Suqing: Recent mountain disasters and prevention of debris flows in the Eastern Qinghai-Xizang Plateau (Debrisflowkatastrophen in Ost-Tibet und ihre Gegenmaßnahmen) 253

Zheng Yuangchang: Main problems of the ecologic enviroment in the north-eastern part of the Qinghai-Xizang Plateau (Die ökologischen Probleme im Nordosten des Qinghai-Xizang Plateaus) 263

Pörtge, K.-H.: Hydrologische Untersuchungen an Flüssen und Seen im tibetischen Hochland (Hydrological investigations on rivers and lakes in the tibetan highland) 273

目录

前言 ... 7

Hovermann Lehmkuhl：青藏高原中东部的地貌分带问题 ... 15
Hovermann Lehmkuhl：青藏高原中东部的古冰川活动 ... 71
Frenzel：青藏高原末次冰期时的古气候 ... 115
Frenzel：青藏高原东部全新世植被演替 ... 143
Frenzel 刘世建：运用扫描电镜研究青藏高原晚第四纪沉积物的形成基因 ... 167
Brauning：青藏高原东部森林上限的树木年轮研究 ... 185
赵永涛：青藏高原第四纪湖泊退缩与环境变迁 ... 193
黄慰文：青藏高原人类史前聚落 ... 201
刘世建 李铖：青藏高原东北部末次冰期冰碛物的基本特征 ... 221
唐邦兴 李铖 刘世建：岷山冰川地貌的基本特征 ... 233
王成华：四川、青海及西藏公路沿线的滑坡、崩塌及其防治措施 ... 243
唐邦兴 刘世建 柳素青：西藏东部的泥石流灾害及其防治 ... 253
郑远昌：青藏高原东北部的生态问题 ... 263
Portge：青藏高原河流与湖泊的水文研究 ... 273

VORWORT

Die kontroverse Diskussion über Art und Umfang der pleistozänen Vergletscherung im Bereich des tibetischen Plateaus wurde in den zurückliegenden Jahren in nicht unerheblichem Maße durch Veröffentlichungen aus dem Geographischen Institut der Universität Göttingen bestimmt. Vor diesem Hintergrund wurde vom 09.07. bis 07.09.1989 eine gemeinsame Expedition von Mitgliedern des Intitute of Mountain Disasters and Environment, Academia Sinica Chengdu, des Botanischen Instituts der Universität Hohenheim und des Geographischen Instituts der Universität Göttingen durchgeführt. Die Leitung dieser Expedition lag in den Händen von Li Jian, Chengdu, und Jürgen Hövermann, Göttingen.

Die Fahrtroute ging von Chengdu nach Norden bis Xining, dann nach Westen bis Golmud weiter nach Süden bis Lhasa von dort über die meridionalen Stromfurchen zurück nach Chengdu und umfaßte eine Strecke von etwa 10.000 km. Während des größten Teil der Strecke verlief die Expeditionroute in einem Höhenbereich von 3000 bis 4000 m ü. M., teilweise auch darüber. Die geologische Karte (Abb. 1) zeigt für den nordöstlichen Teil des Expeditionsgebietes eine Dominanz von triassischen Gesteinen an. Quartäre, permische und präkambrische Gesteine haben geringere Verbreitung. Der südwestliche Teil des Gebietes ist geologisch insgesamt kleinräumiger gekammert. Hier kommen besonders noch tertiäre und jurassische Gesteine hinzu.

Zwischenzeitlich haben weitere Expeditionen der beteiligten Einrichtungen nach Hochtibet stattgefunden. Die Ergebnisse der 89er Expedition wurden aber während zweier Symposien mit deutschen und chinesischen Teilnehmern in Göttingen (1990 und 1993) diskutiert. Die Auswertung der Geländebefunde ist nunmehr soweit vorangeschritten, daß eine Veröffentlichung der Ergebnisse möglich wird.

Die in diesem Band enthaltenen Beiträge lassen sich in vier Gruppen einteilen: Paläoklimatologie, Archäologie, Glazialmorphologie und Landschaftsökologie. HÖVERMANN & LEHMKUHL beschreiben in zwei Beiträgen die geomorphologische Entwicklung des Raumes. Ein Aufsatz von FRENZEL hat das Paläoklima zum Inhalt, während ein zweiter die Vegetationsentwicklung anhand von pollenanalytischen Untersuchungen darstellt. FRENZEL & LIU wenden sich mit rasterelektronenmikroskopischen Analysen der Genese von jungquartären Sedimenten zu. Die dendrochronologischen Auswertungen von Bräuning ergänzen die Ergebisse ebenso wie die Beobachtungen von ZHAO zur quartären Entwicklung der Seen im tibetanischen Hochland. Die während der Expedition gesammelten prähistorischen Fundstücke wurden von HUANG untersucht. Mit dem glazialen Formenschatz in Hochtibet haben sich LIU & LI und im Minshan-Gebiet TANG, LI & LIU auseinandergesetzt. Die übrigen Aufsätze behandeln aktuelle Umweltfragen. So berichten WANG bzw. TANG, LIU & LIU über Rutschungen und andere Massenbewegungen, ZHENG beschreibt spezielle Umweltprobleme, die durch Überbeweidung verursacht worden sind und PÖRTGE die hydrochemische Situation an Flüssen und Seen.

Hinsichtlich der zentralen Frage nach der pleistozänen Vergletscherung im Bereich des tibetischen Plateaus ließen sich während der Expedition und bei der späteren Auswertung der Beobachtungen, Proben etc. keine Belege für die ehemalige Existenz eines Inlandeises finden. Deutlich wurde aber, daß die Größe des Raumes und die Schwierigkeiten bei der zeitlichen Einordnung von Ablagerungen und Formen eine Hinwendung zur besonders intensiven Bearbeitung von überschaubaren Gebieten erfordert (vgl. HÖVERMANN et al. 1993).

Die Durchführung der Expedition war nur möglich, da verschiedene Institutionen die Finanzierung übernahmen. Neben der Deutschen Forschungsgemeinschaft (DFG) waren es vorallem die Gesellschaft für Technische Zusammenarbeit (GTZ) und die Max-Planck-

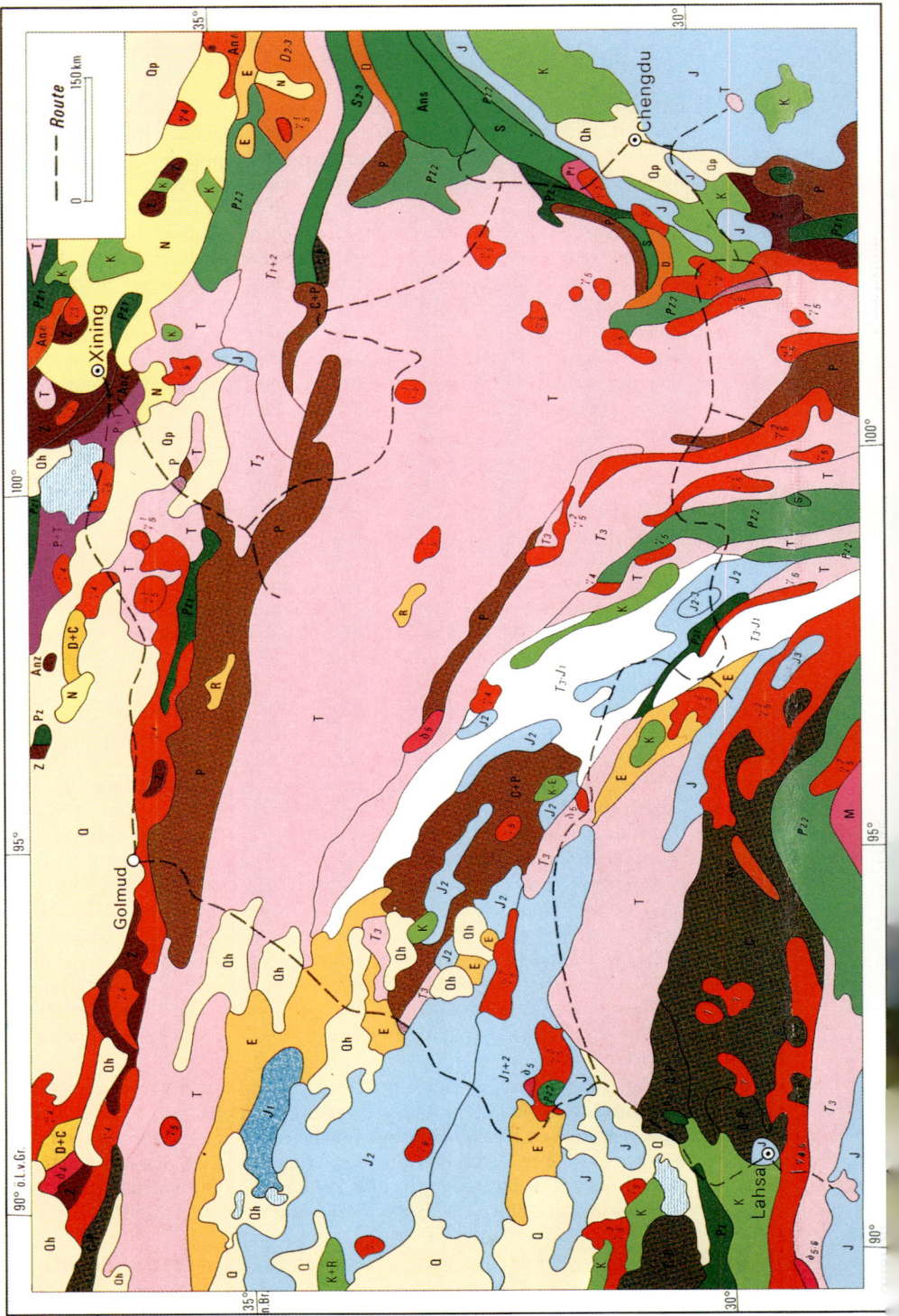

Qh	fluvial, lakustrisch, marin, äolisch	
Qp	Löß, Moräne	
Q	nicht unterschieden	

Tertiär
N	rote Schichten, kontinentale Phase, Sandstein,	
E	Mergel, Konglomerat,	
R	marine Phase	

Kreide
K-E	hauptsächlich kontinentale Phasen	
K-R	mit eingeschalteten marinen Phasen,	
K	vulkanische Gesteine	

Jura
J_3	rote Verzahnungsschichten zwischen den	
J_{2-3}	kontinentalen und marinen Sedimenten,	
J_2	Grauwacke, Mergel, Gips, Flysch	
J_{1+2}		
J_1		
J		
T_3-J_1		

Trias
T_3	Verzahnung zwischen den kontinentalen und	
T_2	marinen Sedimenten, Flysch, Sandstein,	
T	leichte Metamorphose mit vulkanischen Gesteinen	

Perm
P_2	Sandstein, Schiefer, Kalksteine,	
P	magmatische Gesteine	
C+P		

Karbon
C_{2-3}	Kalkgesteine, Sandschiefer,	
C	metamorphe Gesteine	
D+C		

Devon
D_{2-3}	klastische Gesteine, vulkanische Gesteine	
D		
P_{Z2}		

Silur
S_{2-3}	klastische Gesteine, teilweise mit	
S	Silikaten, Dolomiten und Kalkgesteinen	
Ans	metamorphe Gesteine	

Kambrium
ɛ	Kalkgesteine	
P_{Z1}	Sandstein, metamorphe Gesteine	
P_Z		

Präkambrium
An_ε	metamorphe Gesteine	
Z	metamorphe Gesteine	
An_Z	Gneis, Schiefer	
Pt		
M		

γ granitartige Gesteine
	Präkambrium, Kaledoniden	
	Varisziden	
	Yanshan; Himalaya	

δ dioritartige Gesteine
$δ_4$	Kaledoniden	
$δ_5$	Yanshan	
$δ_6$	Himalaya	

Kartographie: E. Höfer
Quelle: Geologischer Atlas VR China 1973.

Gesellschaft zur Förderung der Wissenschaften. Aber auch die Stiftung der Universität Göttingen und die Universität Hohenheim beteiligten sich an der Finanzierung. Seitens des Bundesministeriums für Forschung und Technologie standen Mittel für die Durchführung von Analysen aus dem Klimaprogramm zur Verfügung. Von Chinesischer Seite ist die Unterstützung durch die Academia Sinica hervorzuheben, ohne die die Expedition nicht möglich gewesen wäre. Eine Schlüsselstellung kommt bei paläoklimatischen Untersuchungen den Datierungen zu. Ohne die prompte Analyse der Proben wären zeitliche Einordnungen von Geländebefunden kaum möglich gewesen. Hier soll besonders das ^{14}C-Labor Hannover (Prof. Dr. M.A. Geyh) und das TL-Labor in Guanzhou (Prof. Dr. Huang Baolin und seine Frau, Dr. Lu Liangcai) genannt werden.

Allen genannten Personen und Institutionen möchten wir an dieser Stelle herzlich danken.

Literatur:

HÖVERMANN, J.; LEHMKUHL, F. & K.-H. PÖRTGE (1993): Pleistocene Glaciations in Eastern and Central Tibet – Preliminary Results of Chinese-Germann Joint Expeditions. – Zeit. f. Geomorph. N. F., Suppl.-Bd. 95:85–96

Li Jian   Karl-Heinz Pörtge

PREFACE

The controversial discussion about the type and extent of the Pleistocene glaciation in the region of the Tibetan Plateau has been influenced not inconsiderably by the publications from the Geographical Institute of the University of Göttingen. Against this background, a group expedition was undertaken between the 09.07 and the 07.09.1989 by members of the Institute of Mountain Disasters and Environment, Academica Sinica Chengdu, the Botanical Institute of the Unversity of Hohenheim, and the Geographical Institute of the University of Göttingen. The expedition was headed by Li Jian, Chengdu, and Jürgen Hövermann, Göttingen.

The route of the journey went from Chengdu northwards to Xining, then westwards to Golmud, then on southwards to Lhasa and then back to Chengdu and took in about 10,000 km. During most of the journey, the route of the expedition was in areas between 3,000 and 4,000 m above sea level. Some parts were even higher than that. The geological map (fig. 1) shows a predominance of Triassic rock in the north-east part of the expedition area. Quaternary, Permic and Precambrian rock is less widespread here. All in all, the south-west part of the region is geologically divided into smaller sections. There is a lot of tertiary and Jurassic rock as well.

In the meantime, further expeditions for the institutes involved have taken place. The results of the 1989 expedition were discussed during two syposiums in Göttingen (1990 and 1993) with the German and Chinese participants. The evaluation of the findings is now so advanced that publication of the results is now possible.

The articles in this volume can be divided into four groups: palaeoclimatology, archaeology, glacial morphology and landscape ecology. In two articles, HÖVERMANN & LEHMKUHL describe the geomorphological development of the space. One essay by FRENZEL as about the palaeoclimate, while another is about development of the vegetation using analytical investigations of pollen. FRENZEL & LIU turn to the genesis of recent quartiary sediment with the aid of a scanning electron microscope. BRÄUNING'S dendrochronological evaluation completes the results as do the observations of ZHOA about the quaternary development in the lakes in the Tibetan highlands. The prehistorical finds gathered during the expedition were examined by HUANG. LIU & LI have been tackling glacial land forms on the Tibetan Plateau as have TANG, LI & LIU in the Minshan region. WANG as well as TANG, LIU & LUI makes reports on landslides and other massive earth movements, ZHENG describes special environmental problems which have been brought about by overgrazing, and PÖRTGE describes the hydrochemical situation in rivers and lakes.

With regard to the central question of the Pleistocene glaciation in the region of the Tibetan Plateau, no proof of the former existence of an ice cap could be found, either during the expedition, or during the evaluation of the observations and tests etc. later. It did become clear the the size of the area and the difficulties with the temporal classification of deposits and forms requires turning to a particularly intensive treatment of areas of overseeable size (see HÖVERMANN et al., 1993).

Carrying out the expedition was only possible because various institutions took on the finances. Apart form the Deutsche Forschungsgemeinschaft (DFG), the finances were taken on above all by the the Society for Technical Cooperation (GTZ) and the Max Planck Society for the Promotion of Science. The University of Göttingen Foundation and the University of Hohenheim were also involved. Finance was available from the Federal Ministry for Research and Technology for carrying out the analysis of the climate program. The support of the Chinese through the Academaica Sinica, without which the expedition would not have been possible, should be emphasised. Dating holds a key position in the palaeoclimatic investigations. Without the prompt analysis of the tests, the temporal classification of the findings would have scarcely been possible. Special mention should go here to the ^{14}C Laboratory in Hannover (Prof. Dr. M.A. Geyh) and the TL Laboratory in Guanzhou (Prof. Dr. Huang Baolin and his wife, Dr. Lu Liangcai).

At this point we would very much like to thank all the people and institutions mentioned.

Reference:

HÖVERMANN, J.; LEHMKUHL, F. & K.-H. PÖRTGE (1993): Pleistocene Glaciations in Eastern and Central Tibet – Preliminary Results of Chinese-German Joint Expeditions. – Zeit. f. Geomorph. N.F., Suppl.-Bd. 95:85–96

Li Jian   Karl-Heinz Pörtge

前 言

关于更新世青藏高原冰川的类型及范围的讨论，Gottingen 大学地理所近年来的发表物在很大程度上起了主导作用。在这个背景下，89 年 7 月 9 日至 9 月 7 日中科院成都山地所，Hohenheim 大学植物所和 Gottingen 大学地理所联合进行了一次青藏考察。考察队队长为李铖教授（成都）和 Jurgen Hovermann 教授 (Gottingen)。

考察路线长达一万公里，由成都出发至西宁，向西至格尔木，然后向南至拉萨，经横断山地返回成都。考察区的海拔高程大都在 3000—4000 米，个别地点则更高。地质图（图 1）表明：三迭纪岩石在考察区分布甚广，第四纪、二迭纪及前寒武纪岩石次之。在考察区的西南部地质条件变化频繁，相对而言，三迭纪和侏罗纪岩石分布较广。

继这次考察之后，参加单位已对青藏高原进行了新的考察。89 年考察成果曾在 Gottingen 两次学术会议（90 年及 93 年）上讨论过，出席者为德方和中方的考察队员。本论文集是在分析实地考察资料的基础上著成的。

本集包含古气候、考古、冰川地貌及景观生态等四个方面的论文。Hovermann 及 Lehmkuhl 用两篇文章讨论了考察区的地貌问题。Frenzel 的一篇文章涉及古气候，另一篇依孢粉分析植被演化。Frenzel 及刘运用扫描电镜研究了晚第四纪沉积物的形成。Brauning 利用树木年轮学补充了考察结果。赵探讨了高原第四纪湖泊变迁。黄分析了考察期间收集的史前遗迹。刘及李探讨了高原的冰川地貌形态。唐、李及刘描述了岷山冰川地貌特征。其它文章探讨了当前的环境问题。王、以及唐、刘和柳描述了滑坡及其它块体运动。郑阐述了因过牧造成的环境问题。Portge 描述了河流与湖泊的水化学状况。

涉及更新世青藏高原冰川活动问题，野外考察及实验室分析都表明，大冰盖的假说是没有证据的。但是，沉积物及地表形态的时间序列还需要通过典型地段加以研究。

考察之所以能够进行是因为许多机构给予了经济资助。除DFG之外，还有GTZ、马普协会，Gottingen大学及Hohenheim大学基金会。德国科技部气候项目资助了实验室分析工作。若没有中科院的支持，本考察也是不可能的。古气候研究的关键是年代测定。假如样品没尽快得到分析的话，野外发现的时间序列是难以排列起来的。这里值得提及的是Hannover碳14实验（Geyh教授）及广州热释光实验室（黄宝林教授夫妇）。

在此，我们谨向以上各单位表示衷心的谢意。

  李绒   Karl-Heinz Portge

VORZEITLICHE UND REZENTE GEOMORPHOLOGISCHE HÖHENSTUFEN IN OST- UND ZENTRALTIBET.
– EINE BESTANDSAUFNAHME –

J. Hövermann & F. Lehmkuhl, Göttingen
mit 30 Abbildungen und 2 Tabellen

Zusammenfassung: Der geomorphologische Stockwerkbau vom Rand des Roten Beckens und Osttibets bis zur Nordabdachung und des zentralen tibetischen Plateaus wird dargestellt, wie er sich im Verlauf einer chinesisch-deutschen Gemeinschaftsexpedition 1989 zeigte.

Es lassen sich drei Hauptregionen gegeneinander abgrenzen:

1) Der Übergang vom tibetischen Plateau in ein Talrelief am Ostrand
2) aride bis semiaride Formen und Prozesse am Nordrand des tibetanischen Plateaus
3) die höheren Plateaubereiche einschließlich einiger höherer Gebirge.

Modifikationen sind durch das von der Tektonik vorgegebene Relief, wie die tiefeingeschnittenen Täler am Ostrand oder im Bereich der meridionalen Stromfurchen sowie durch vorzeitliche glaziale und periglaziale Formungsprozesse gegeben.

Auf ein zumeist enges Kerbtalrelief am Ostrand des tibetanischen Plateaus (bis etwa 3500–4000 m) schließen sich höhenwärts Beckenlandschaften und breitere Sohlentäler mit Mäandern sowie die Höhenstufen mit aktueller periglazialer, nivaler und glazialer Formung an. Die im Nordosten und Osten des Expeditionsgebietes zwischengeschaltete gemäßigt-humide Höhenstufe ist durch mäandrierende Flüsse, zumeist in breiten Sohlentälern mit flacheren Hängen und ausgedehnten Humusdecken in etwa 3000–4000 m, gekennzeichnet.

Das Hochland selbst ist durch weite Becken und flachgewellte Hügelketten charakterisiert und wird durch einige höhere Gebirgszüge alpinen Charakters unterbrochen. Den zentralen Teil des tibetischen Plateaus (etwa zwischen dem Kunlun Shan bei 36°N und dem Nyainquentanglha Shan bei 30–31°N) kann man am Tanggula Shan (bei etwa 33°N) in ein nördliches Plateau, das durch kontinuierlichen Permafrost bestimmt ist und ein südliches Plateau mit diskontinuierlichen Permafrost trennen. An den Hängen sind zahlreiche periglaziale Kleinformen sowie rezente und vorzeitliche Nivationsformen zu beobachten. Die höchsten Gipfel und Gebirgsbereiche heben sich durch rezente und vorzeitliche glaziale Erosions- und Akkumulationsformen deutlich von diesem periglazialen Relief ab.

Neben dem Nordostrand und Nordrand mit semiariden und ariden Formungsregionen und -prozessen kann man die meridionalen Stromfurchen und das Rote Becken als Sonderfall betrachten.

Aus den geomorphologischen Befunden können neben der Verlagerung der Formungsregionen und Höhenstufen zur letzten Eiszeit weitere jüngere Klimaphasen und eine jüngste Abkühlungsphase abgeleitet werden.

[Geomorphological zones in Eastern and Central Tibet]

Summary: Shown within are the geomorphological zones beginning at the periphery of the Red Basin and Eastern Tibet to the North slope and to the Central Tibetan highlands as determined during a Chinese-German joint expedition in 1989.

There are three main regions: The transition zone from the Tibetan highlands to a valley relief at the Eastern border, the arid and semi-arid landforms (and processes) at the Northern border of the Tibetan plateau and the Tibetan plateau with a smooth landscape including some higher mountain ranges. There are various modifications by the relief and the tectonics e.g. the valleys deeply incised at the Eastern margin or the River Gorges Country (Noujiang, Lanziangjiang, Jinshajiang) as well as by the past glacial and periglacial processes.

A mostly narrow V-shaped valley relief at the Eastern border of the Tibetan plateau up to approximately 3500–4000 m is followed upwards by a basin topography and wide (periglacial) flood-plain valleys as well as the belts with actual periglacial, nivation and glacial landforms. In the North-East of the expedition area exists a moderate humid belt with flood-plain valleys and meander valleys as well as gentle slopes in 3000 about to 4000 m.

The plateau itself is characterised by basins and hummocky landscapes separated by some higher mountain ranges of alpine character. The central part of the Tibetan plateau (between about the Kunlun Shan at 36° and the Nenquen Tanggula at 30–31°N) is seperated at the Tanggula Shan (at about 33°N) into a Northern plateau with continuous permafrost and a Southern plateau with isolated permafrost. There are numerous periglacial features as well as current and past nivation forms on the slopes. The highest parts of the mountains are seperated from the periglacial relief by glacial erosion and accumulation features.

Apart from the Northern boundary, with arid landforms and processes, the River Gorges Country and the Red basin can be seen as a special case.

Comparsion of the present forms and processes of the displacement of the forming regions and zones with those of the ice age, as determined by the geomorphological results of this expedition, has further defined Holocene climatic phases as well as the latest cooling phases.

1. Einleitung

Die rezenten und, soweit möglich, vorzeitlichen geomorphologischen Stockwerke in Ost- und Zentraltibet werden im folgenden, in hypsonaler und regionaler Gliederung, dargestellt. Dabei wird methodisch an das System der klimatischen Geomorphologie auf landschaftskundlicher Grundlage nach HÖVERMANN (1985) angeknüpft. Die zusammenfassende Behandlung der letzteiszeitlichen Vergletscherungsspuren ist größtenteils ausgegliedert und wird in einem separaten Aufsatz in diesem Band gegeben. Die Bezeichnungen für die verschiedenen Höhenstufen (periglazial, nival, glazial) werden hier ebenfalls nach dem Prinzip der klimatischen Morphologie auf landschaftskundlicher Grundlage verwendet (HÖVERMANN 1985, 1987; LEHMKUHL 1989); wobei sich ‚Landschaften' (hier im wesentlichen auch Höhenstufen) durch eine charakteristische Prägung der Oberflächenformen im Sinne eines bestimmten, gewässernetzübergreifenden Stils der Formung auszeichnen.

Der nördlich an das Expeditionsgebiet angrenzende Raum Nordost-Tibets einschließlich der Nordabdachung des Kunlun Shan (Shan = Gebirge) ist während einer chinesisch-deutschen Gemeinschaftsexpedition 1981 näher untersucht worden. Die wesentlichen Ergebnisse dieser Expedition sind in den „Reports on the Northeastern Part of the Qinghai-Xizang (Tibet) Plateau" (Hrsg: HÖVERMANN & WANG WENYING 1987)

青藏高原东部和中部地貌带区划

J. Hovermann & F. Lehmkuhl

德国 Gottingen 大学地理研究所，D—37077，Gottingen，Germany

摘　　要

　　笔者在1989年中德合作考察期间研究了四川盆地及藏东边缘至青藏高原北部和中部的地貌阶梯。

　　总的来讲有三大地貌单元，即1)高原至东部沟谷地貌的过渡区；2)高原北部干旱及半干旱形态及过程；3)高原及高山。

　　构造运动，如高原东部的深谷、经向峡谷、以及冰川、冰缘过程都对地貌进行了改造。

　　青藏高原东缘大约在3500—4000m以下为V形谷，其上为盆地地形及宽(冰缘)冲积谷、现代冰缘、冰蚀和冰川形态。在考察区东北部海拔约3000至4000米存在着一个中等湿润带，谷曲坡缓，谷底较宽。

　　高原面上多盆地形态及波状起伏丘陵，其间出现个别高山。青藏高原中部地区(介于北纬36°至30°或31°间)以唐古拉山(大约北纬33°)为分界，其北部为连续多年冻土，其南部为不连续多年冻土。山坡上出现大量小冰缘形态及现代和古代冰蚀形态。高山顶部地区为现代及古代冰川侵蚀与堆积形态。

　　除了北部边缘的干旱、半干旱的地貌形态之外，横断山谷及四川盆地都可看作特殊类型。

　　全新世气候变化的周期及最晚的冷期在比较现代及冰期时的地貌单元及其分布的过程中得到了确定。

veröffentlicht worden. Die vorzeitlichen und rezenten morphologischen Höhenstufen dieser nördlich angrenzenden Regionen sind von HÖVERMANN (1982 und 1987) und WANG JINTAI (1987) dargelegt worden; die periglaziale, nivale und glaziale Region beschreibt KUHLE (1987). Bei WANG JINTAI & DERBYSHIRE (1987) wird ebenfalls dieser Raum Nordosttibets (einschließlich des Qilian Shan) behandelt.

Den Bereich südlich des Tanggula Shan bis Lhasa deckte eine weitere Expedition 1989 unter Leitung von Prof. Dr. M. Kuhle (Göttingen) und Prof. Xue Daoming (Lanzhou) ab – allerdings mit einem Schwerpunkt in den Gebirgen selbst (Tanggula Shan, Nyainqêntanglha Shan) und ohne die auf dieser Expedition durchgeführten Abstecher zu den Seen westlich von Nagqu (Pengtso und Bamco). Ergebnisse dieser Expedition sind im Geo Journal 25, H. 2/3 (1991) veröffentlicht worden.

Der durch unsere Expedition erfaßte Raum reicht vom monsunal geprägten Ostrand des tibetischen Plateaus und dem Roten Becken bis zum kalt-ariden Nordrand bei Golmud sowie dem semi-ariden und kühlen zentralen tibetischen Plateau (s. Abb. 1). Dies zeigen die Monatsmittelwerte von Temperatur und Niederschlag ausgewählter Klimastationen in Tabelle 1. Diese unterschiedlichen klimatischen Verhältnisse bedingt durch die Erstreckung über mehrere Breiten- und Längengrade sowie die Erfassung unterschiedlicher Höhenstufen verursachen einen morphologischen Formenwandel, der im folgenden kurz dargestellt werden soll. Generalisiert folgt dabei unterhalb der weitgespannten Beckenlandschaften Tibets mit Basishöhen zumeist um 4500 m und den darüber aufragenden Gebirgskomplexen in einem tieferen Stockwerk, ab etwa 4000 m, ein Talrelief unterschiedlicher Prägung.

Bei der Abhandlung der verschiedenen geomorphologischen Höhenstufen im folgenden ist zu berücksichtigen, daß es schon allein aufgrund der Reliefenergie keine linearen, quasi isohypsenparallelen Grenzen im Hochgebirge gibt, sondern Grenzsäume zwischen den einzelnen Formungsregionen vorhanden sind, die zudem je nach Klima und Exposition, Relief, Vegetationsbedeckung und Gestein schwanken und auch kleinräumig rasch wechseln können. Zugleich sei darauf hingewiesen, daß es sich hier um die zusammenfassende Darstellung von Routenaufnahmen handelt, bei der selbstverständlich, soweit wie möglich, die Expositionsunterschiede berücksichtigt worden sind, aber andere, lokale Besonderheiten naturgemäß nicht berücksichtigt werden konnten. Die angegebenen Untergrenzen sind somit jeweils angenäherte Gebietsmittelwerte, und es ist ein Höhenfehler bis zu 100 m möglich. Dieser kann aber auch schon durch Gesteinswechsel verursacht werden: In Kalken reichen beispielsweise die Periglazialphänomene ca. 100 m tiefer hinab als in kristallinen Gesteinen. Eine weitere Fehlerquelle in etwa gleicher Größenordnung ergibt sich durch die fehlerhaften und unterschiedlichen Höhenangaben auf den Karten sowie durch die eigenen barometrischen Höhenmessungen. Dieser Nachteil wird durch die Betrachtung eines größen Raumes in gewisser Weise ausgeglichen (s. im Vergleich zwei West-Ost Profile: Abb. 2 u. 3).

Regional lassen sich drei Hauptregionen unterscheiden:

1. Der Ostrand des tibetischen Plateaus mit dem Übergangsraum zu einem Talrelief ab etwa 4000 m, dessen Erosionsbasis das Rote Becken im Osten mit ca. 500 m bzw. die Meridionalen Ströme mit ca. 2700 m–3300 m darstellen.
2. Der Nordrand zur (ariden) Tsaidam-Depression (Qaidam-Becken)
3. Das zentrale tibetische Plateau mit einzelnen darüber aufragenden Gebirgszügen.

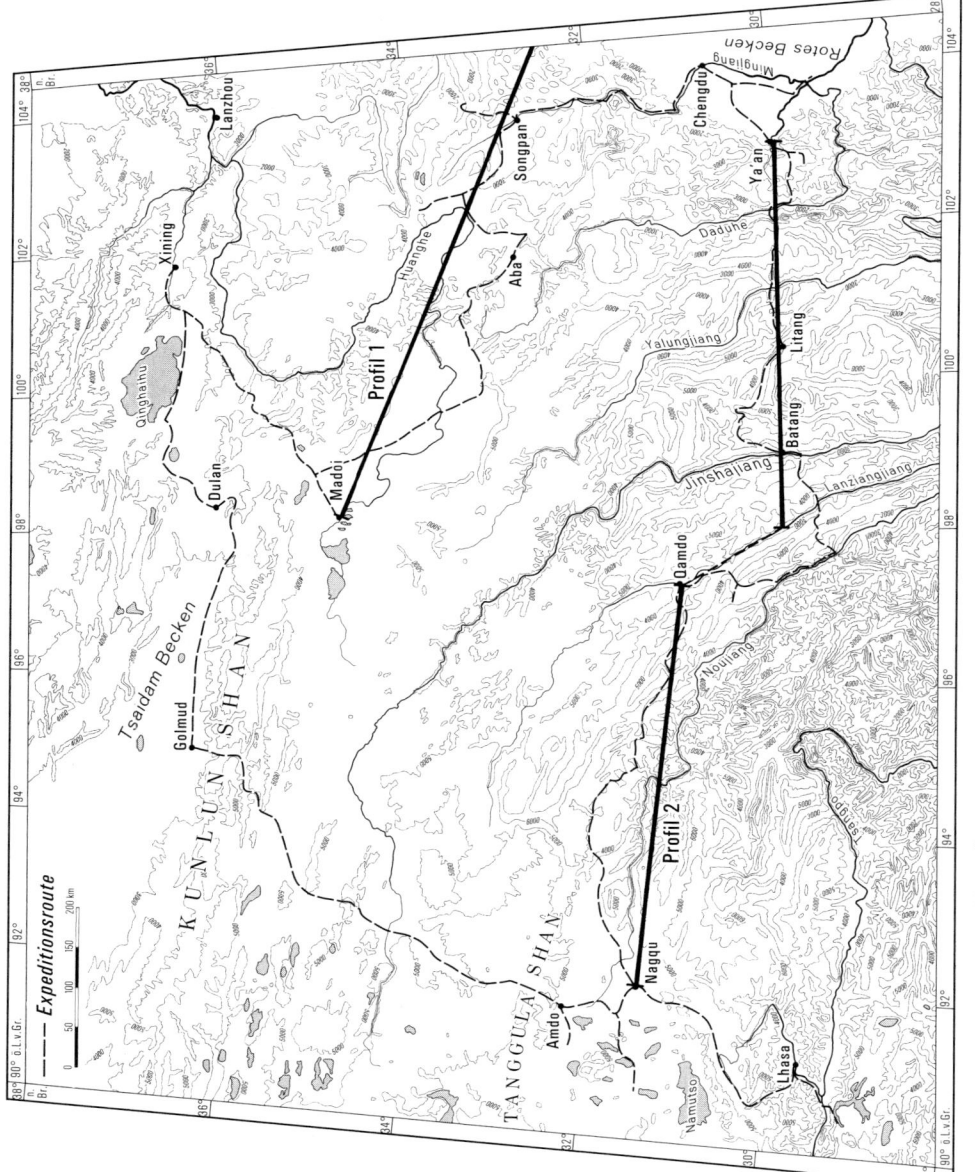

Abb. 1: Übersichtskarte mit Expeditionsroute und Lage der Profile (Abb. 2 u. 3)

NIEDERSCHLAG (mm)

Station	(Jahr)	müM	Jan	Feb	Mrz	Apr	Mai	Jun	Jul	Aug	Sep	Okt	Nov	Dez	Jahr	Max[1]	E	N
Aba[1]	55-80	3277	6	8	16	33	87	119	135	113	125	57	9	3	711	68	101°42	32°54
Amdo[1]	65-70	4800	2	1	2	3	12	52	147	118	53	18	3	0	411	33	91°40	32°16
Batang		2589	0	1	5	12	33	91	125	106	77	22	2	1	475	42	99°06	30°00
Chengdu		506	6	11	21	51	90	111	236	234	118	46	18	6	948	41	104°01	30°40
Dari (Darlag)[1]	56-80	3968	6	5	11	21	55	102	112	98	87	32	5	3	537	41	99°40	33°45
Dulan		3191	6	7	7	8	19	37	36	30	16	8	4	3	181	--	98°06	36°18
Golmud		2808	0,6	0,5	0,9	1	4	7	9	8	5	1	0,9	0,3	38	--	94°06	36°12
Guanxian[1]	54-80	707	13	21	41	76	98	122	278	278	192	85	25	13	1242	213	103°37	31°00
Huangyan[1]	59-80	2634	1	2	5	16	48	58	87	96	57	28	7	1	406	48	101°16	36°42
Jiuzhi[1]	59-80	3629	5	7	18	39	87	121	156	135	137	50	8	2	765	60	101°29	33°25
Lhasa		3658	0	0	2	4	21	73	142	149	57	5	1	0	454	42	91°08	29°42
Litang		3949	1	5	9	18	57	150	173	158	108	36	4	2	721	59	101°16	30°00
Lixian[1]	66-80	1886	8	11	32	53	93	103	72	55	87	52	17	4	587	35	103°10	31°26
Luding[1]	60-80	1321	1	3	14	34	70	108	139	147	78	34	8	1	637	66	102°14	29°55
Madoi		4272	3	4	6	9	24	55	72	65	45	18	3	2	306	54	98°13	34°55
Maowen[1]	52-80	1592	3	5	20	42	74	75	93	74	62	32	10	2	492	75	103°59	31°41
Nagqu		4507	2	1	4	6	24	81	100	101	63	18	3	3	406	33	92°03	31°29
Qamdo		3241	2	3	7	13	45	98	113	107	73	28	3	2	494	41	96°59	31°11
Songpan		2828	7	10	31	62	111	110	108	87	113	75	13	4	731	46	103°34	32°39
Xining		2261	1	2	5	20	45	49	81	82	55	25	3	1	369	--	101°55	36°35
Ya'an		628	19	29	53	93	142	168	399	448	226	115	62	22	1776	340	103°00	29°59
Zoige[1]	57-80	3447	5	6	17	37	83	88	119	116	111	55	9	3	649	65	102°58	33°35

TEMPERATUR (°C)

Station	müM	Jan	Feb	Mrz	Apr	Mai	Jun	Jul	Aug	Sep	Okt	Nov	Dez	Jahr
Aba[1]	3277	-7,9	-4,8	0,1	4,7	8,2	10,4	12,5	11,7	9,0	4,2	-2,0	-7,0	3,3
Amdo[1]	4800	-16,3	-12,0	-7,3	-2,8	2,3	5,8	7,7	7,2	4,4	-4,1	10,5	-14,2	-3,3
Batang	2589	3,7	6,9	10,3	13,5	17,5	19,0	19,6	18,7	16,6	12,8	8,0	3,8	12,5
Chengdu	506	5,5	7,5	12,1	17,0	20,9	23,7	25,6	25,1	21,2	16,8	11,9	7,3	16,2
Dari[1]	3968	-12.9	-10.3	-5.1	0.0	3.9	6.7	9.1	8.3	5.1	-0.4	-7.5	-12.4	-1.3
Dulan	3191	-10,6	-7,3	-1,4	4,3	8,9	12,2	14,9	14,1	9,4	2,6	-4,9	-9,3	2,7
Golmud	2808	-10,9	-6,7	-0,2	6,5	11,5	15,3	17,6	16,7	11,5	3,8	-4,6	-9,9	4,2
Guanxian[1]	707	4.6	6.3	11.0	15.7	19.6	22.7	24.7	24.2	20.2	15.8	11.0	6.5	15.2
Huangyan[1]	2634	-10.6	-7.5	-0.8	5.2	9.5	12.1	14.0	13.3	9.3	3.7	-3.7	-8.7	3.0
Jiuzhi[1]	3629	-11.2	-8.4	-3.5	1.3	4.9	7.3	9.9	9.2	6.1	1.0	-5.4	-9.9	0.1
Lhasa	3658	-2,3	0,8	4,3	8,3	12,6	15,5	14,9	14,1	12,8	8,1	1,9	-1,9	7,4
Litang	3949	-6,0	-4,1	-0,5	3,3	7,6	9,6	10,5	9,8	8,1	4,1	-1,3	-5,1	3,0
Lixian[1]	1886	0.6	2.9	7.8	12.5	15.6	17.7	20.8	20.9	16.5	12.0	6.7	2.4	11.4
Luding[1]	1321	6.2	8.3	12.8	16.9	19.5	20.7	22.8	22.4	19.8	16.4	11.7	7.7	15.4
Madoi	4272	-16,8	-13,9	-8,3	-2,9	1,5	4,8	7,5	7,0	3,3	-3,2	-11,5	-16,4	-4,1
Maowen[1]	1592	0.4	2.3	7.1	11.9	15.4	18.3	20.8	20.2	16.4	11.8	6.8	2.2	11.1
Nagqu	4507	-14,4	-11,1	-6,5	-1,4	3,7	8,8	8,1	5,2	-1,3	-9,0	-13,7	-2,1	
Qamdo	3241	-2,5	0,3	4,3	8,5	12,4	14,9	16,3	15,2	13,1	8,2	2,1	-2,0	7,6
Songpan	2828	-4,3	-1,7	2,7	6,6	9,6	12,1	14,5	14,0	10,8	6,3	0,9	-3,4	5,7
Xining	2261	-8,4	-4,9	1,9	7,9	12,0	15,2	17,2	16,5	12,1	6,4	-0,8	-6,7	5,7
Ya'an	628	6,1	7,7	12,2	17,0	20,5	23,3	25,3	24,9	21,0	16,6	12,1	7,8	16,2
Zoige (Nuergai)[1]	3447	-10.5	-8.0	-2.6	2.0	5.4	8.0	10.7	10.0	6.4	1.3	-4.7	-9.4	0.7

Tabelle 1:
Monatsmittelwerte von Niederschlag und Temperatur ausgewählter Klimastationen in Osttibet. Quellen: Domrös und Peng (1988); Inst. of Mountain Disasters & Environment, Chengdu

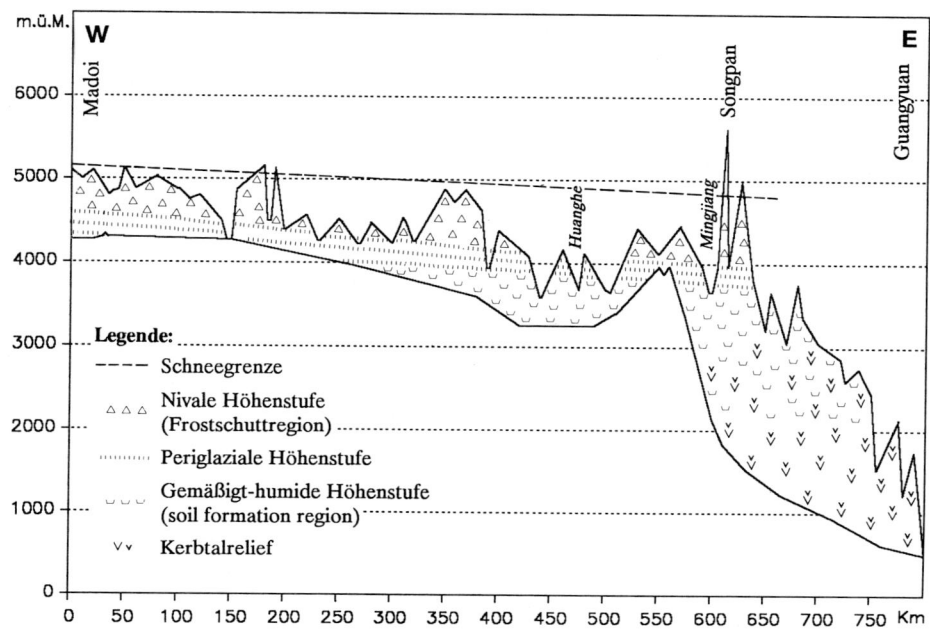

Abb. 2: (Profil 1): West-Ost-Profil von Madoi (97°44'E, 34° 54'N) bis Guangyuan (105° 26'N).

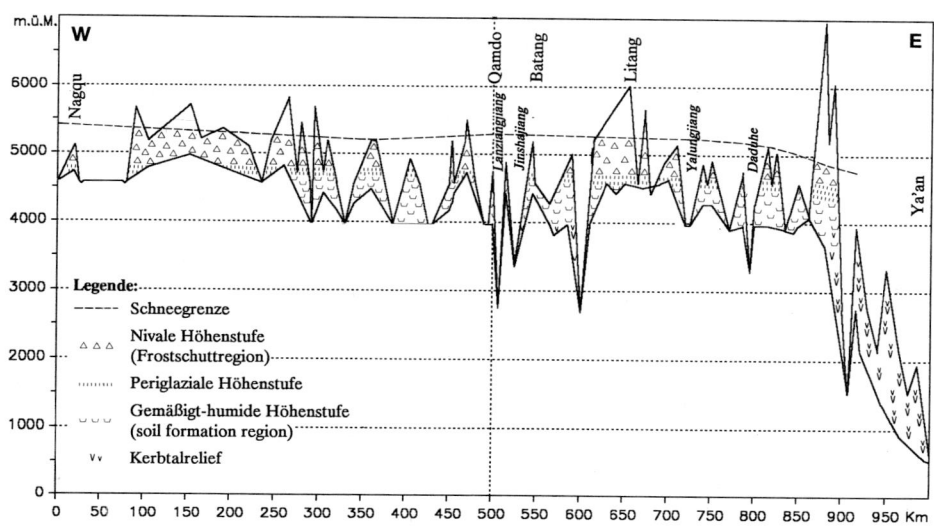

Abb. 3 (Profil 2): West-Ost Profil von Nagqu (92°03'E, 31°29'N) bis Yaan (103°13'E, 29°57'N). Das Profil wurde an der gestrichelten Linie nach Süden versetzt (s. Fig. 1).

2. Der Sonderfall: Das Rote Becken

Den geomorphologischen Höhenstufen soll als Sonderfall das Rote Becken vorangestellt werden. Hier dominieren Vorzeitformen, die rezente Formungstendenz ist schwer zu diagnostizieren.

Die Beobachtungen beziehen sich auf jenen Teilbereich des Roten Beckens, der zwischen 29°30' und 31°N gelegen, in Westnordwest durch den Gebirgsabfall, in Ostsüdost durch einen Sattel der roten Sand- und Tonsteine begrenzt wird (s. Abb. 4). Der ganze Bereich gehört zum Flußgebiet des Minjiang. Das aktuelle Prozeßgefüge wird bestimmt durch eine mäßige Einschneidung aller Flüsse, gleichgültig, ob sie aus dem Gebirgsbereich kommen oder autochthon dem Beckenbereich selbst entstammen. Jedoch zeigen die autochthonen Flüsse eine stärkere Tendenz zum Mäandrieren, während die allochthonen Flüsse, bei stärkerer Schuttzuführung, mehr den Charakter von Wildflüssen (Torrenten) haben. Kleinere und auch größere Rutschungen sind in den Sattelbereichen aus roten Sand- und Tonsteinen häufig. Die Einschneidung der aktuellen Flußbetten beträgt allgemein 6–8 m gegenüber den ausgedehnten Schotterfluren, die das Landschaftsbild bestimmen. Die Schotterkörper aus gut gerundeten, meist kopf- bis faustgroßen Schottern, sind durch eine dezimeter- bis meterdicke Lehmschicht abgedeckt, die überall durch Bewässerungsfeldbau in Kultur gesetzt und in eine Vielzahl kleiner Terrassen gegliedert sind.

Der *Nordostteil* dieses Beckenbereichs, das eigentliche Becken von Chengdu, wird durch den Schotterkegel des Minjang beherrscht. Dieser bildet von der Kegelspitze bei Guanxian (Dujiangyan: 103°37'E, 31°N) aus nach Ost und Südost einen Kreissektor von fast 90°, wobei allerdings Teile benachbarter Schwemmfächer kleinerer Flüsse durch das Bewässerungssystem einbezogen sind (s. Abb. 4). In der Achse Guanxian – Chengdu neigt sich dieser Schotterkegel ziemlich gleichmäßig von 600 m auf 500 m bei einer Distanz von 60 km. Das mittlere Gefälle beträgt demnach etwa 1,7‰. Das berühmte, schon vor 2200 Jahren angelegte System der Wassernutzung ist bis heute unverändert intakt; es versorgt derzeit eine Fläche von 130.000 ha und ermöglicht bis zu 3 Ernten pro Jahr. Die unter der Lehmdecke liegenden Schotter sind durch die Anlage der Bewässerungsterrassen an vielen Stellen angeschnitten. Sie sind stets frisch und klingen bei Hammerschlag. Das bunte petrographische Spektrum entspricht dem des in Westen und Norden anschließenden Gebirgsbereiches. Dieser sehr einheitlich geneigte Schotterkegel überdeckt offenbar infolge anhaltender Einsenkungstendenz im Beckenbereich ziemlich mächtige Quartärablagerungen.

Im Unterschied dazu bilden die Schotterablagerungen oberhalb der aktuellen Flußbetten südlich 30°25'N bandförmige Schotterfluren, die in höherragendes Gelände eingesenkt sind. Dabei handelt es sich nicht nur um die Sattelbereiche, sondern auch um höhere, ältere Schotterkegel. Der gebirgsfernere Schotterkegel erstreckt sich von Jiajiang 30–50 km nach Osten und Nordosten (s. Abb. 5) und fällt dabei, mehrfach durch autochthone Täler mit kilometerbreiten, 40–60 m tief eingeschnittenen Schotterfluren, in die die aktuellen Flüsse etwa 6 m tief eingesenkt sind, von 555 m in Südwesten auf 510 m im Nordosten (bei Meishan) ab; der gebirgsnähere reicht von Mingshan bis Qionglai und fällt auf einer Distanz von 50 km von 700 m auf 460 m. In den proximalen Teilen dieses Kegels erreicht die Zerschneidung über 60 m; die distalen Teile erheben sich, da das Gefälle der Schotterfluren und der aktuellen Flüsse geringer ist als das des Schotterkegels, nur 10–20 m über die Flußbetten (vgl. Abb. 4 u. 5).

Beide Schotterkegel bestehen aus gut gerundeten, meist kopf- bis faustgroßen Geröllen, doch kommen auch Gerölle von 60 cm Durchmesser vor. Das Material ist horizontweise einigermaßen klassiert und geschichtet; in der Wurzelzone des gebirgsnahen Schwemmfächers bei Mingshan kommen jedoch Bereiche vor, in denen keinerlei Schichtung zu erkennen ist und in denen bei Hammerschlag klingende, frische Quarzite ungeordnet in einer roten lehmigen Matrix liegen, die offenkundig aus der weitgehenden Zer-

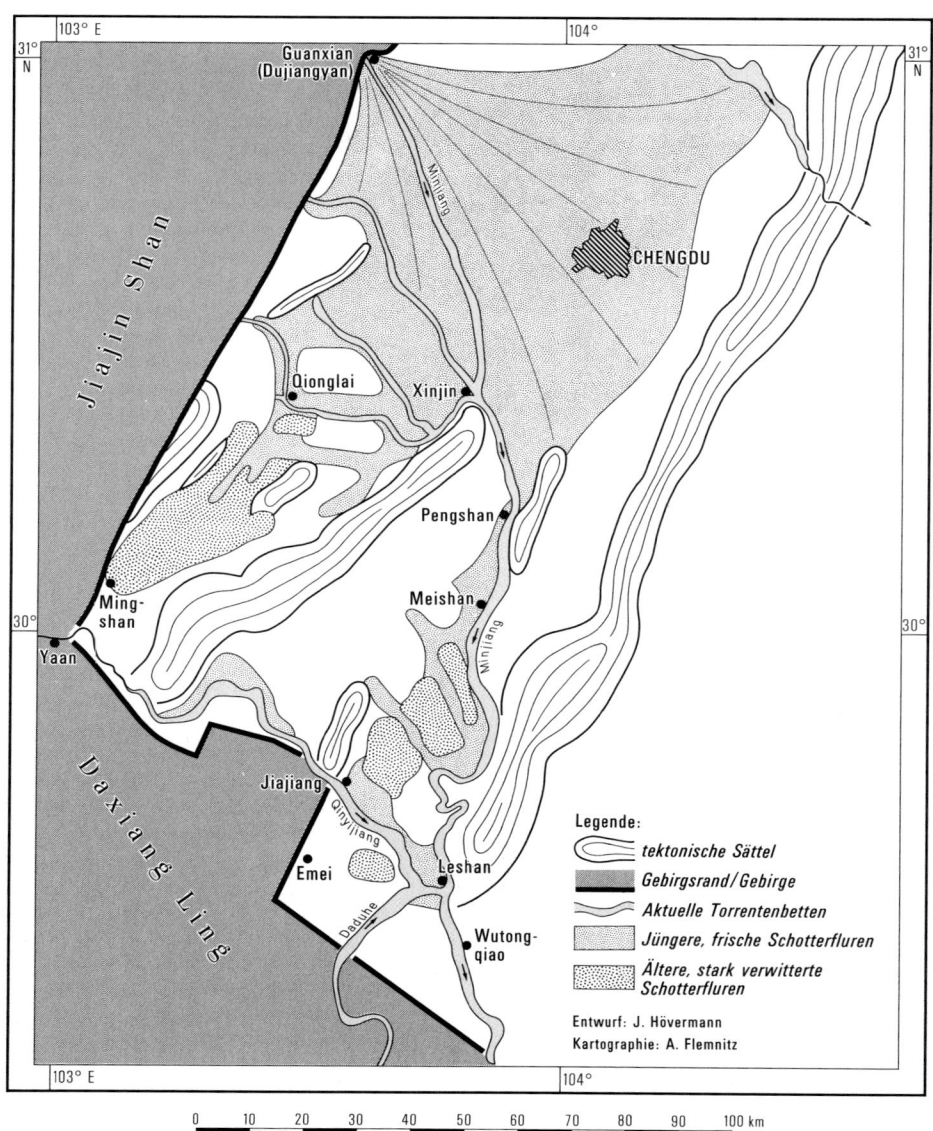

Abb. 4: Geomorphologische Karte des westlichen Roten Beckens.
– Entwurf: J. Hövermann

setzung eines Schotterkörpers hervorgegangen ist: Grob- und feinkörnige basische und saure Kristallingesteine sind, obwohl sie sich mit dem Messer durchschneiden lassen, noch in ihrer ursprünglichen Form sichtbar.

Generell sind beide Schotterkegel bis zu 20 m tief verwittert, wobei in den obersten 2 m die Schotter meist so vollständig zersetzt sind, daß man sich fragen muß, ob nicht überhaupt eine mit nur wenigen Schottern durchsetzte Lehmdecke vorliegt; zwischen 2 m und 6 m Teufe ist die Zersetzung generell weit vorgeschritten; doch zeigen sich deutliche

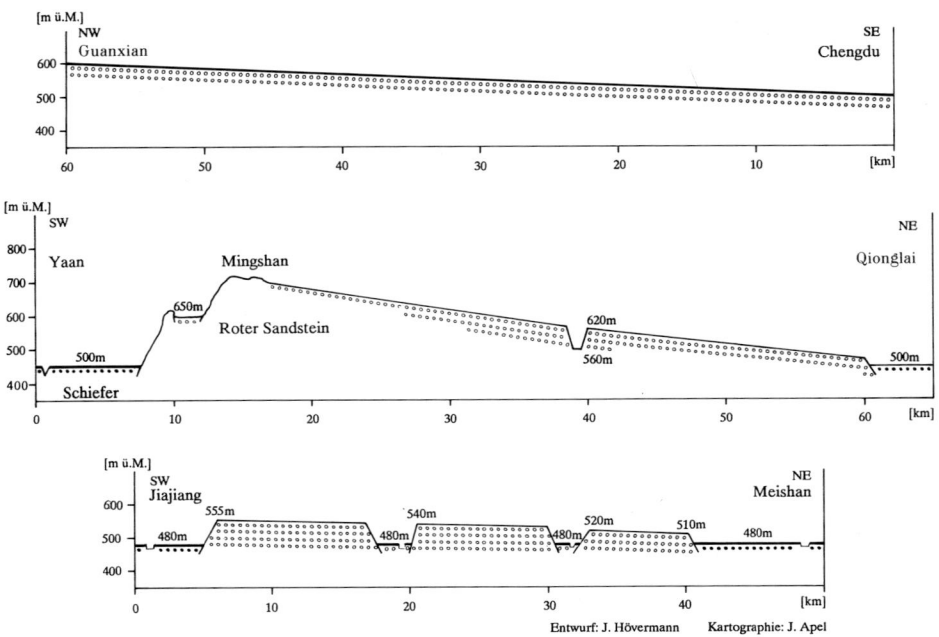

*Abb. 5: Profile der großen Schwemmfächer im Westteil des Roten Beckens.
– Entwurf: I. Hövermann*

Unterschiede im Verwitterungsgrad der unterschiedlichen Gesteinsarten: Dichte und feinkörnige Quarzite und Quarzit-Brekzien sind auch in 4–5 m Tiefe noch klingend frisch; grobkörnige Kristallingesteine, gleichgültig ob sauer oder basisch, sind dagegen völlig vergrust, während feinkörnige Kristallingesteine nur angegrust sind. Sandsteine sind generell zu Sand, Tonsteine zu Ton verwittert. 8–10 m unter Tage sind dann auch die grobkörnigen Kristallingesteine nur noch randlich verwittert (Vergrusungsrinde) und im Kern frisch, während das gesamte übrige Spektrum unverändert erhalten ist. In noch größerer Tiefe gibt es dann nur unverwittertes Material.

Die Farbe der Verwitterungsdecke wechselt örtlich zwischen blutrot, ziegelrot, orange und gelb-orange. Die obersten Partien sind jedoch häufig durch einen rosafleckigen Bleichlehm überprägt (Gley oder Pseudogley), der besonders häufig verziegelt wird. Im Bereich des Bewässerungsfeldbaus auf den Terrassenflächen ist der Boden häufig bis zu 2 m Tiefe völlig gebleicht.

Während der Schotterkegel, der seine Wurzel bei Jiajiang hat, überwiegend bis zu den eingesenkten Schotterfluren hin aus Schottern zu bestehen scheint, liegt der Schotterkegel, dessen Wurzel bei Mingshan gelegen ist, häufig roten Sand- und Tonsteinen auf. Stellenweise sind nur einige Meter unter der Oberfläche auch graue Stillwasserabsätze aufgeschlossen, die auf Kluft- und Schichtflächen Manganausscheidungen aufweisen. Andererseits beträgt die maximale Mächtigkeit des Schotterkörpers, aufgeschlossen an der Straße von Mingshan nach Qionglai, mehr als 70 m. Zumindest dieser Schotterkegel hat also ein vorgegebenes energisches Relief eingedeckt und verhüllt.

Die Existenz dieser Schotterkegel, die über den Schotterfluren der durch die aktuellen Flußbetten zerschnittenen „Niederterrasse" eine nächsthöhere Terrasse bilden, erklärt auch die bunte Schotterführung in den zwischen Jiajiang und Meishan den Schotterkegel quer durchschneidenden, autochthonen, d.h. in den Sätteln aus rotem Sand- und Tonstein entspringenden kleinen Wasserläufen: Es handelt sich offensichtlich um aufgearbeitetes, aus dem mächtigen Schotterkegel umgelagertes Material. Die Frische der Schotter erklärt sich daraus, daß im Niveau dieser Niederterrasse, 20–40 m unter der Oberfläche des Schotterkegels, auch die älteren Schotter frisch sind. Viel schwerer verständlich ist die Existenz der Schotterkegel selbst. Denn sie streichen beide gegen das zum Ursprungsgebiet hin anschließende Gelände in die Luft aus; bei Jiajiang liegt zwischen der Spitze des Schotterkegels und dem Herkunftsgebiet der Schotter überdies eine Distanz von 170 km. Die Wurzel (Spitze) des Schotterkegels von Mingshan liegt zwar dem möglichen Liefergebiet der Schotter näher, befindet sich aber einige hundert Meter über dem Bett des bei Yaan mächtig in die anstehenden Schiefer einschneidenden Flusses (Qinyijiang). Vorkommen der rot verwitterten Schotter finden sich auch noch, aufgelagert auf rote Sand- und Tonsteine, östlich des Flusses zwischen Leshan und Wutongqiao, sowie längs der Straße von Leshan nach Emei (s. Abb. 4). Hier treten, westlich Jiajiang, aufgelagert auf die Sandsteintafel buntverwitterte Schotter auf, die bis zur östlichen Wasserscheide reichen. Westlich davon, im Bereich der allmählichen Abdachung der Sandsteine zum Becken östlich Emei, treten Blocklehme auf, die nach Westen hin unter den von graugelbem Lehm bedeckten Beckenboden abtauchen. Sie treten in Emei selbst zu Tage und waren hier bei Straßenbauarbeiten bis zu 5 m tief aufgeschlossen.

Der fast direkt zu beobachtende Anschluß der Schotterflur an den Blocklehm auf dem Sandsteinplateau zwischen Leshan und Emei läßt kaum eine andere Interpretation als die einer Grundmoräne mit anschließender glazifluviatiler Schotterflur zu. Das gilt umso mehr, als die Blocklehme gegen die Gefällerichtung von Westen nach Osten hin vorgeschoben sind und dabei kleine Vorkommen von Stillwasser-Absätzen überlagern. Damit bietet sich für die Erklärung der buntverwitterten Schotter, die weit von den Grenzen des Grundgebirges entfernt das petrographische Spektrum des Grundgebirges enthalten, ganz allgemein die Interpretation als glazifluviatile Schotterkegel an. Der hohe Verwitterungsgrad dieser Schotter macht deutlich, daß sie einer (oder mehreren?) älteren Vereisung(en) angehören.

Bezogen auf die aktuellen Gewässerläufe liegt eine sehr einfache Abfolge vor: Über den in Eintiefung begriffenen Flüssen mit ihren Betten, die vielfach durch Deichbauten eingeengt worden sind, liegt in 6–8 m relativer Höhe eine Niederterrasse aus frischen Schottern mit einer Decke aus grau-gelbem, im Bereich intensiver Bewässerungskulturen auch gebleichtem, Lehm. Darüber erhebt sich mit einer gegen die Wurzel der Schotterkegel zunehmenden Sprunghöhe (10 m–60 m, bzw. 10 m–40 m) eine nächsthöhere Terrasse, deren (lehmbedeckter ?) Schotterkörper etwa 6 m tief intensiv verwittert ist. Es liegt daher nahe, die frischen Schotterfluren, die im Gegensatz zur heutigen Erosionsphase einer Akkumulationsphase entstammen, der Würmeiszeit zuzuordnen. Logischerweise sollte die vorhergehende Einschneidungsphase und die Verwitterungsphase einem Interglazial zugeschrieben werden, für die nach der stratigraphischen und morphologischen Abfolge nur das Eem in Betracht kommt. Die mächtige vorhergehende Aufschüttung glazifluviatiler Sedimente in z.T. mehr als 60 m Mächtigkeit sollte dann der vorletzten Eiszeit (Riß) entstammen.

Direkt westlich dieses Komplexes, 90 km von dem gebirgsnahen, 140 km von dem gebirgsfernen Schotterkegel entfernt liegt die über 7000 m hochaufragende Gebirgsgruppe des Mt. Gongga (Minja Gongkar), in der alle in den Schotterkegeln vorkommenden Gesteinsarten vertreten sind. Es gibt jedoch keinen Talzug oder Tiefenlinie, die eine Verbindung zwischen dem Mt. Gongga und den Schottern darstellt.

3. Das Kerbtal-Schneidenrelief

Ausgehend von der lokalen Erosionsbasis des Roten Beckens nimmt innerhalb des Gebirgsbereiches die Tiefenerosion der Flüsse und ihrer Nebenbäche erheblich zu. Die Flußbetten liegen in anstehendem Gestein und sind schluchtartig eingesenkt. Haupt- und Nebentäler sind kerbförmig, die Talhänge sind gestreckt und steil – häufig um und über 30°. Die Zwischentalscheiden sind zugeschärft; da auf ihnen alle härteren Gesteinsbänke erhaben heraustreten, die weicheren Partien stärker ausgeräumt sind, ist die Silhouette gezackt und wird von Spitzen, Türmen und Zinnen beherrscht. Aber auch im Hangbereich treten die härteren Gesteinsrippen hervor. Im Längsverlauf der Täler bilden sich Talengen überall im Bereich härterer, Talweitungen überall im Bereich der weicheren Gesteine. Bei steilstehenden Schichten führt das zu einem raschen Wechsel zwischen Enge und Weitung, bei flacherem Einfallen zu ausgedehnteren Becken und längeren Schluchtstrecken. Vornehmlich im Bereich der Tonschiefer, aber weniger intensiv auch im Bereich festerer Gesteine werden dem Talgrund häufig bedeutende Materialmengen aus den Nebentälern und den Hangbereichen zugeführt. Muren (Mur- und Schuttgänge) und Schlammströme (Debris- und Mudflows) sind allenthalben aktiv (vgl. LEHMKUHL & PÖRTGE 1991, TANG BANGXING & SHANG XIANGCHAO 1991). Darüber hinaus treten Absitzungen und Fließungen im Schiefer auf, die mehrere hundert Meter Länge und bis zu 40 m Mächtigkeit erreichen (TANG BANGXING & SHANG XIANGCHAO 1991:8f). Aber auch die „normalen" Mur- und Schlammstromablagerungen sowie die Schwemmschutt-Massen erreichen Mächtigkeiten von 10–20 m.

Nach HAGEDORN & POSER (1974:430f) handelt es sich um die Zone V mit periodisch starken fluvialen Prozessen, einer intensiven Hangspülung (bei lückenhafter Vegetation) sowie Sturz – und Rutschungsprozessen ($f_2s_2d_1$). Die Niederschläge sind im wesentlichen monsunalen Ursprungs und folglich auf die Sommermonate konzentriert; es fallen zwei Drittel der Niederschläge in den Monaten Juni bis August. Als Beispiele sind die Stationen Chengdu und Yaan im Roten Becken sowie die (trockeneren) Stationen Batang und Qamdo im Gebiet der meridionalen Stromfurchen zu nennen (s. Tab. 1). Im großen und ganzen deckt sich die Region des Kerbtal-Schneidenreliefs mit dem Gebiet der immergrünen Laub- und Mischwälder.

Fast ohne Anzeichen von Fremdlingsformen erreicht dieses Kerbtal-Schneidenrelief seine deutlichste Ausprägung im Tal des Minjiang zwischen 750 m und 1300 m (oberhalb Guanxian: 103°37'E, 31°N – vgl. Abb. 6), in den Quellflüssen des Qinyijiang (westlich Tianquan: 102°46'E, 30°04'N) zwischen 1400 m und 2600 m. In dieser unterschiedlichen Höhenlage der Optimalzone kommt jedoch kein klimatischer oder petrographischer Einfluß zum Ausdruck, sondern einfach die unterschiedliche Bedeutung vorzeitlicher Fremdlingsformen. Allgemein machen sich diese Einflüsse dadurch bemerkbar, daß in den Mur- und Schuttgängen überall dort moränisches Material enthalten ist, wo die Nebentäler Anschluß an über 4000 m aufragende Gebirgsteile und damit an ein in 3700 m-3800 m bzw. 3800–4000 m Höhe gelegenes Karniveau haben. Im Tal des Minjiang sind oberhalb 1300 m Terrassen in einem ehemaligen Staubereich entwickelt, in den westlichen Quellflüssen des Qinyijiang macht sich nach Erreichen des Hauptflusses eine glazifluviatile Schüttung bemerkbar, die zu ganzen Terrassensystemen geführt hat. Während im Tal des Qinyijiang eine untere Terrassengruppe in relativer Höhe von 5 m, 10 m und 20 m (auf gemeinsamem Felssockel) und eine obere Terrasse von 50 m (auf 30 m höherem Felssockel) entwickelt ist, alle aus groben, gut gerundeten Schottern bestehend, zeichnet sich die Terrasse im Tal des Minjiang dadurch aus, daß sie mit feinkörnigen Sedimenten beginnt und nach oben hin gröber wird. In diese bis 15 m hohe Terrasse ist noch ein Erosionsniveau in etwa 10 m Höhe eingearbeitet (s. Abb. 7). Diese Terrassengliederung ist eigentlich typisch für die Torrentenregion und deutet u.U. darauf hin, daß die Tiefenerosion im Haupttal aus der

Abb. 6: Kerbtal des Minjiang ca. 50 km nördlich Maowen (103°41'E, 31°53'N) in 2200 m. Es sind kaum Terrassenreste vorhanden. Nach Starkregenereignissen ist die Straße durch Lateralerosion an mehreren Stellen zerstört. – Foto: F. Lehmkuhl, 10.7.89.

Kerbtal-Schneidenregion der Nebentäler hervorgeht, so daß das Haupttal demzufolge zur Torrentenregion gerechnet werden müßte und sein Kerbtal-Typ als Fremdlingsform aufzufassen ist.

Eine mehrphasige vorzeitliche Reliefentwicklung wird im Becken von Maowen (1150 m; 103°51'E, 31°41'N) und in dem talaufwärts anschließenden Talstück erkennbar: Das Becken wird gesäumt von hochgelegenen Terrassen, die wechselnd aus feinem, gelegentlich lößartigem Material und grobem Schutt, z.T. ganzen Schollen, aus dem Anstehenden der Beckenumrahmung aufgebaut sind. In diese Terrassen sind Schwemmfächer eingelassen, die ihrerseits wiederum zerschnitten werden. Es sind demnach zwei Akkumulationsphasen, getrennt durch eine Einschneidungsphase, vor der heutigen Einschneidungsphase zu unterscheiden. Diese Doppelung der Schwemmfächer findet sich auch bei allen Nebentälern, die in das Haupttal oberhalb Maowen auslaufen, ungeachtet des im ganzen Bereich nach wie vor dominierenden Kerbtal-Schneidenreliefs.

Diese Formengemeinschaft endet abrupt an dem Bergsturz-See bei Jiaochang (Zhouchangpin), knapp nördlich 30°N und bei 103° 40'E, in ca. 2200 m Höhe. Hier löste 1933 ein besonders starkes Erdbeben (Diexi Earthquake, benannt nach der von diesem Erdbeben verschütteten Siedlung Diexi; insgesamt ca. 7000 Tote) zahlreiche Rutschungen, Stürze und Muren aus. Eine große Rutschung staute dabei den Minjiang auf. Einer von drei dadurch entstandenen Seen mit ca. 100 Mio. m^3 lief 45 Tage später mit einer katastrophalen Flutwelle aus, durch die mehr als 2500 Menschen starben. (s. TANG BANGXING & SHANG XIANGCHAO 1991:12ff). Diese häufigen Erdbeben (ein letztes Ereignis mit größeren Zerstörungen 1986 – frdl. mdl. Mitt. von Prof. Tang Banxing 1991), sind durch die junge Tektonik und anhaltende Krustenbewegungen bedingt (vgl. TENG JI WEN & LIN BAO ZUO 1984).

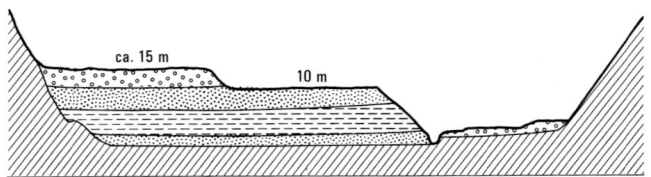

Abb. 7: Terrassenabfolge südlich von Maowen. Legende s. Abb. 8.
Skizze: J. Hövermann, Kartographie: A. Flemmnitz.

Der aktuelle See wird außer durch die Schuttmassen auch durch einen aus dem von Osten her einmündenden Nebental vorgeschütteten Schwemmfächer begrenzt. Die Straße steigt hier oberhalb des Sees über eine lößverhüllte Schuttmasse auf über 2300 m an. Der Löß ist horizontal geschichtet (Schwemmlöß), von beiger Farbe und mehrfach von Rutschungsstufen (1–2 m hoch) durchsetzt. Talaufwärts schließt hinter dieser Schuttmasse eine mächtige Seeablagerung an. Die Straßenaufschlüsse ließen in den basalen Teilen kreuzgeschichtete Sandlagen in Wechsellagerung mit festem Silt erkennen. Darüber liegt ein rhythmisch geschichteter, fester Silt, dessen basale Teile durch subaquatische Gleitungen deformiert sind. Überlagert wird das Sediment durch Hangschutt, der sich auch in Erosionsrissen dieser Ablagerung vorfindet. Vom Talgrund bis zur Oberkante erreicht die Ablagerung eine Sprunghöhe von 80 m.

Eine Interpretation dieses ehemaligen Seebeckens als glaziales Zungenbecken liegt nahe, da sich talaufwärts ein völlig anderer Talcharakter einstellt. Während talabwärts gestreckte Hänge und Kerbtäler absolut vorherrschen, ist oberhalb der Seeablagerungen ein steilflankiges Trogtal mit deutlichen Trogschultern entwickelt. Die Neigung der Talhänge, die im Bereich des Kerbtal-Schneidenreliefs immer um 30° liegt, beträgt im Trogtalbereich stets 60° und steigert sich bis zur senkrechten Trogwand. Dabei wechseln schmalere Tröge mit etwas breiteren Trögen ab, ohne daß der Trogtalcharakter sich prinzipiell ändert. Im Boden dieses Trogtales findet sich stets eine Schotterflur, auf die die Schwemmfächer der Nebentäler auslaufen. Doch hier ist stets nur eine Schwemmfächer-Generation vorhanden, im Unterschied zu zwei Generationen unterhalb des Zungenbeckens. Die Tatsache, daß die kleinen Nebentälchen sich bis zur ebensohligen Mündung auf den Trogtalboden bzw. in die in ihm liegende Schotterterrasse eingeschnitten haben, spricht dafür, daß es sich bei diesem Zungenbecken nicht um eine Eisrandlage der letzten Eiszeit handelt, sondern um Spuren einer älteren Vereisung. Damit fände auch die mächtige Verfüllung des Beckens eine zwanglose Erklärung. Als Herkunftsgebiet des Eises kommen die über 5000 m aufragenden Gebirgsteile (18.420ft der ONC-Karte G9 – Gipfel des Xuebaoding, s.u.) in Betracht, von denen aus ein deutliches Trogtal etwa 40 km oberhalb des Zungenbeckens in das Haupttal mündet.

Ein deutlicheres Zungenbecken, welches in die letzte Eiszeit gestellt werden könnte, schließt sich oberhalb der Siedlung Zhenjiangguan (103°44'E, 32°19'N, ca. 2490 m, 28 km weiter talaufwärts und 50 km südlich Songpan) an. Der eiszeitliche Gletscher müßte von einem von Nordosten kommenden Nebental, welches ca. 12 km talaufwärts in den Minjiang einmündet und Anschluß an den 5588 m hohen Gipfel des Xuebaoding hat, gekommen sein. Unterhalb dieses Zungenbeckens sind deutlich größere Schwemmfächer der Nebentäler zu beobachten. Für diese Gebirgsgruppe des Minshan (bei 103°50'E und 32°40'N) belegen Tang Bangxing et al. (im selben Band) eine letzteiszeitliche Schneegrenze von 4000 m, die gut mit einer Eisrandlage in diesem Talabschnitt des Minjiang übereinstimmen würde. Karniveaus in dieser Höhenlage geben zusätzliche Hinweise auf eine Schneegrenze um 4000 m.

Spuren älterer Vereisungen sind im Bereich des Kerbtal-Schneiden-Reliefs selten, fehlen aber nicht völlig. Im Bereich der letzteiszeitlichen Terrrassenschüttungen und darüber hinausreichend sind insbesondere längs der Straße von Yaan nach Luding über Tianquan (etwa längs 30°N zwischen 102°20' und 102°28'E) große Blockakkumulationen beobachtet worden. Meist handelt es sich um Blockmaterial auf Felssockeln ohne stratigraphische Einbindung. Anders steht es mit einem Straßenaufschluß in ca. 1400 m Höhe, etwa bei 102°28'E und 29°58'N gelegen. In der Mündung eines kleinen Nebentälchens, das aus den nur etwa 3000 m hohen südlich gelegenen Gebirgsteilen kommt, sind unter mehreren Lagen eckigen Schwemmschuttes örtlicher Provenienz mehrere Meter feingeschichteter heller Sande aufgeschlossen. Darunter folgt eine dünne Lage eckigen Schwemmschuttes, unter diesem eine mächtige Blockschuttmasse (bis zu 4 m) aus Gneisen, Graniten, Quarzitbrekzien, dunklen Vulkaniten und Schiefern. Von diesen können nur die Schiefer aus dem Einzugsgebiet des Tälchens stammen, die Kristallingesteine und die Quarzite belegen einen Ferntransport. Als Ursprungsgebiet kommt der Bereich um den Mt. Gongga oder der nördlich gelegene Bereich in Frage. Alle Blöcke sind gerundet; sie erreichen bis zu 1,5 m Kantenlänge. In bunter Durchmengung treten in dieser Blockschuttmasse zwischen den Blöcken auch Feinmaterial und wohlgerundete Schotter auf. Das Material ist frisch und klingt bei Hammerschlag; insofern könnte man geneigt sein, es für eine Moräne der letzten Eiszeit zu halten. Für ein höheres Alter spricht jedoch, daß die Ablagerung nach ihrer Eindeckung mit Sand in einen Schwemmfächer des kleinen Tälchens einbezogen und selbst mit Schwemmschutt überdeckt worden ist. Der aktuelle Bach hat diese Ablagerung mehrere Meter tief zerschnitten. Andererseits kann eine so dünne örtliche Schwemmschuttdecke durchaus in der Schlußphase der letzten Vereisung gebildet worden sein. Die Frage, ob es sich hier um eine Randbildung der letzten oder Relikte einer Grundmoräne der vorletzten Eiszeit handelt, bleibt offen.

– Exkurs: Kalksinterterrassen von Jiuzhaigou

Die generell starke Abhängigkeit der morphogenetischen Prozesse von der Beschaffenheit und der Lagerung der Gesteine, die sich überall in der Herauspräparierung der härteren Gesteinspartien und der beschleunigten Abtragung der weicheren Gesteine äußert, erfährt im Bereich mächtiger Kalke noch eine Differenzierung durch die Ausbildung von Kalk-Sinterterrassen und hinter Sinter-Barren gelegenen Seen. In dem nördlich 33°N und westlich 104°E gelegenen Massiv (Fremdenverkehrsgebiet von Jiuzhaigou – dargelegt in Tang BANXING et al. 1990 // Östlich von Punkt 14.840'ft. der Karte ONC G9) sind zwei Varianten von *Karstphänomenen* entwickelt, beide im Bereich eines vorzeitlich glazialen Formenschatzes. In dem östlichen Tal, das sich von etwa 103°55'E und 33°N fast gradlinig nach Norden hinabzieht, endet das Trogtal in einer großen Doline, in der episodisch ein See zu finden ist, in 2660 m Höhe. Talabwärts schließt sich ein Übergangskegel und eine bis zum Haupttal in 2000 m hinabziehende Schotterflur an. Das Trogtal liegt völlig trocken und enthält nur in der Regenperiode im untersten Zungenbecken einen Dolinensee. Es ist auch weiter talaufwärts von zahlreichen Einsturzdolinen durchsetzt. Ohne anschließende Schotterflur tritt dann von 2900 m bis 3100 m eine mächtige Stauchmoräne auf, an die talaufwärts hohe Seitenmoränen anschließen. Stauch-, End- und Seitenmoränen säumen ein Zungenbecken, das in 3100 m Höhe einen See enthält (Long Lake). An den bis etwa 4500 m aufragenden Gipfeln (bis max. 4664 bzw. 4710 m) liegen Kare, das Größte von ihnen noch unter der Waldgrenze, die hier in 3800 m Höhe gelegen ist. Abgesehen von der Verkarstung ist der glaziale Formenschatz voll erhalten. Im Gegensatz dazu haben sich in dem vom Haupttal bogenförmig nach Südwesten hinausziehenden Tal bis 2910 m (Swan Lake) aufwärts Kalksinterterrassen entwickelt, zwischen denen größere und kleinere Seebecken gestaut sind. Talabwärts greifen die Sinterbildungen im Haupttal bis zur Straßengabel bei 103°55'E und 33°17'N vor. Sie überkleiden und verdecken hier eine Schotterterrasse. Insgesamt treten die Sinterbarren mit den zwischengeschalteten Seen in der Höhenstufe zwischen 2000 m und 2900 m und in einer Längserstreckung von mehr als 10 km auf.

Innerhalb dieser Gesamtausdehnung zeichnen sich deutliche Unterschiede in der Intensität der Sinter-Abscheidung ab: In intensivster Weiterbildung begriffen sind die Barren zwischen 2500 m und 2600 m (Panda Lake, Bamboo Lake). Hier treten mächtige völlig vegetationsfreie Sinterablagerungen auf: Die Kalkabscheidung ist so schnell, daß die Vegetation nicht Fuß fassen kann. Zwischen 2700 m und 2900 m sind die voll mit Vegetation bedeckten Sinterbarren dagegen in Zerschneidung begriffen; es haben sich Erosionskerben bis zu 6 m Tiefe gebildet, der Spiegel der oberhalb gelegenen Seen ist dementsprechend abgesenkt. In den untersten Partien zwischen 2000 m und 2200 m dagegen scheinen die Sinterbarren sich noch in einem frühen Aufwachsstadium zu befinden: Die Kalkabscheidung an den Barren ist zwar kräftig, aber die Barren sind noch niedrig und wenig ausgeprägt. Da der Chemismus, ausgedrückt durch die elektrische Leitfähigkeit und dem pH-Wert, in dem ganzen Bereiche konstant ist, kann die Ursache nur in den Temperaturverhältnissen gesehen werden. In der Tat ist das Wasser in den obersten Seen deutlich kälter als in den unteren. Im Zusammenhang mit den Beobachtungen über eine allgemeine junge Absenkung der Höhengrenzen in Tibet, belegt durch einen Gletschervorstoß, durch die Progradation des Dauerfrostbodens und das Herabrücken der Solifluktionszonen (s.u.), könnten diese Beobachtungen eine auch die unteren Höhenstufen betreffende junge Temperaturabsenkung belegen.

4. Die Region der Auentäler mit mäandrierenden Wasserläufen (gemäßigt-humide Höhenstufe)

Oberhalb 2600 m bis 3000 m wird im östlichen Grenzbereich des tibetischen Hochlandes das Kerbtal-Schneidenrelief durch ein sanfteres Relief abgelöst, innerhalb dessen die von mäandrierenden Flüssen gestalteten Talauen das charakteristische Formenelement sind[1]. Diese Mäander-Auen finden sich nicht nur bei den größeren Flüssen, sondern ebenso bei kleineren Gerinnen. Nur sehr kurze Nebentälchen sind kerbförmig gestaltet. Besonders in den tieferen Lagen treten gestreckte Hänge auf, deren Neigungen 20° übersteigen können. In höheren Lagen dominieren meist Konvexhänge mit maximalen Böschungswinkeln von 15°. Die mäßig geböschten Talhänge sind von einer Humusschicht bedeckt, die meistens 20–40 cm dick ist, stellenweise, besonders in Dellenbereichen, aber auch 1 m mächtig werden kann. Örtlich sind in den tieferen Lagen Torfe entwickelt. Darunter findet sich über dem Anstehenden eine dünne Decke aus eckigem Gesteinsschutt. In flachem Bereich (Flachhänge, Terrassen) schaltet sich zwischen Schutt und Humus eine (Sand-)Lößdecke ein. Die völlig ungestörte Humus- und Vegetationsdecke macht deutlich, daß aktuelle Hangprozesse fast vollständig fehlen. Schuttdecke und Lößauflagerung kennzeichnen die Hänge mindestens der oberen Teile dieser Region als Vorzeitformen.

Die Auen selbst treten in verschiedenen Varianten auf (vgl. Abb. 8), die durch die Vorzeitformen bedingt sind. Am wenigsten durch Vorzeitformen beeinflußt scheinen diejenigen Auentäler zu sein, in denen der Fluß unmittelbar auf dem Anstehenden mäandriert.

---

[1] Diese Höhenstufe ist der Auentälerlandschaft von HÖVERMANN (1985) bzw. der „Soil formation region" mit schwachen rezenten Prozessen charakterisiert durch Bodenbildung, mächtige Humusdecken sowie schwache Linearerosion (HÖVERMANN 1987:115) gleichzusetzen und ist mit den Formen und Prozessen einer als **gemäßigt-humiden Höhenstufe** bezeichneten Region in den Alpen vergleichbar (vgl. LEHMKUHL 1989:23f). Die Prozesse entsprechen denen der Zone VI nach HAGEDORN & POSER (1974:431): Mäßig fluviale Prozesse und schwache sonstige Prozesse (f_1s_2).

Eine Serie niedriger, jeweils mit einer dünnen Schotterauflage oder nur einer Schotterstreu bedeckter Felsterrassen zeigt dabei an, daß der Fluß den Talboden allmählich und in der Breite der Mäanderschwingungen tieferlegt (Abb. 8/1). Solche Felsterrassen mit Schotterstreu kommen offensichtlich dann zustande, wenn der Fluß sich im Zuge des Einschneidens seitlich verlagert. Dementsprechend ist dann der Hang, gegen den der Fluß drängt, versteilt (Abb. 8/5). Wo glazigene oder periglaziale Schotterfluren im Talgrund auftreten, ist die Aue in diese eingesenkt. Sie liegt dann meistens am Rande der Schotterflur und drängt gegen einen Talhang (Abb. 8/2). Dabei hat sie durch die Schotterakkumulation hindurch meist das Anstehende erreicht, doch gibt es auch Stellen, wo die Schotter nicht durchgesunken sind (Abb. 8/3 und Abb. 9). Treten glazigene Schotterfluren im Anschluß an Endmoränen mehrfach gestaffelt im Tal auf und bilden dabei Teilfelder, die vor einer durch einen Härteriegel bedingten Klammstrecke zusammenlaufen, so kann der Auenbereich auch die glazigene Schotterflur in diesem Bereich überdecken (Abb. 8/3). Alle diese Varianten finden sich im oberen Einzugsgebiet des Minjiang oberhalb von Songpan (103°34'E, 32°39'N).

Eine besondere Variante stellen die Mäander-Auen dar, die im *Bereich des eiszeitlichen Rückstausees* des Huanghe zwischen 102° und 103°E sowie zwischen 33° und 34°N entwickelt sind (s. Abb. 8/4 und Abb. 10). Der nach den Befunden der chinesisch-deutschen Gemeinschaftsexpedition von 1981 während der letzten Eiszeit noch im Becken von Gonghe in 3000 m Höhe fließende Huanghe hat in dieser Zeit einen Rückstau bewirkt, der in dem angegebenen Bereich zu einem ausgedehnten See mit einer Spiegelhöhe von etwa 3450 m führte. Dieser See hat ein vorgegebenes flaches Talrelief gefüllt, dessen einzelne Täler, insgesamt in einem periglazialen Hügelland gelegen, sich durch eine starke humose Verfüllung bzw. durch mächtige Torflagen auszeichnen. In seinem Bereich haben die Flüsse ein geringes Gefälle und bilden schwach eingesenkte breite Auen. Im sommerlichen Satellitenbild heben sie sich deutlich als schwarze Flächen von der Umgebung ab. Abbildung 11 zeigt die mutmaßliche maximale Ausdehnung dieses Sees nach einer Auswertung der zur Verfügung stehenden Landsat-Satellitenbilder sowie chinesischer Karten.

In diesem ehemaligen Seeboden sind, eingestellt auf den derzeitigen Spiegel des Huanghe, Sohlentälchen mit mäandrierenden Flüssen eingelassen; die Sprunghöhe gegenüber dem Seeboden beträgt maximal 12 m, zumeist 2–6 m, die Breite erreicht je nach der Bedeutung des Wasserlaufes bis zu 3 km.

Auch in diesem Bereich sind die durchweg konvexen Hänge der Hügel oberhalb des ehemaligen Seespiegels mit einer dezimeterdicken, stellenweise 1 m Mächtigkeit erreichenden Humusdecke überzogen. Doch finden sich im Randbereich dieses vorzeitlichen Sees auch Sandablagerungen, die stellenweise bis in die Hügelregion hinein verweht worden sind. Infolge aktueller Überbeweidung sind solche Sande vereinzelt bis zu größeren Dünenfeldern remobilisiert worden und auch die Humusdecken weisen an zahlreichen Stellen Trittschäden und größere Yakscheuerstellen auf („Desertifikationserscheinungen").

In dem ganzen nach *Westen anschließenden Bereich* zwischen 102° und 99°E und 33°N und dem Huanghe ändert sich das Gefüge der aktuellen Formung grundlegend. In diesen durchweg über 3800 m hoch gelegenen Bereichen herrschen periglaziale Sohlentäler mit Wildflüssen vor. Solifluktionserscheinungen an den Hängen gehen bis zur Talsohle herunter (s. u.). Dadurch läßt sich die Obergrenze der Mäander-Sohlentäler-Region mit etwa 3800 m ü. M. bestimmen. In der Tat beginnen die Flüsse, soweit sie aus tieferen Bereichen aufwärts verfolgbar sind, in dieser Höhenlage zu „braiden", d.h. sich in ihren Schottern aufzuspalten. Häufig wechseln Strecken mäandrierenden Fließens mit Strecken ab, die Wildflußcharakter besitzen. Oberhalb von 4200 m tritt hier mindestens örtlich Dauerfrostboden auf.

Der *Huanghe* selbst fließt bei Dari (Darlag: 99°40'E, 33°45'N) in einer breiten Mäandersohle mit Altwässern (3940 m Höhe). Den gleichen Charakter hat auch das Nebental,

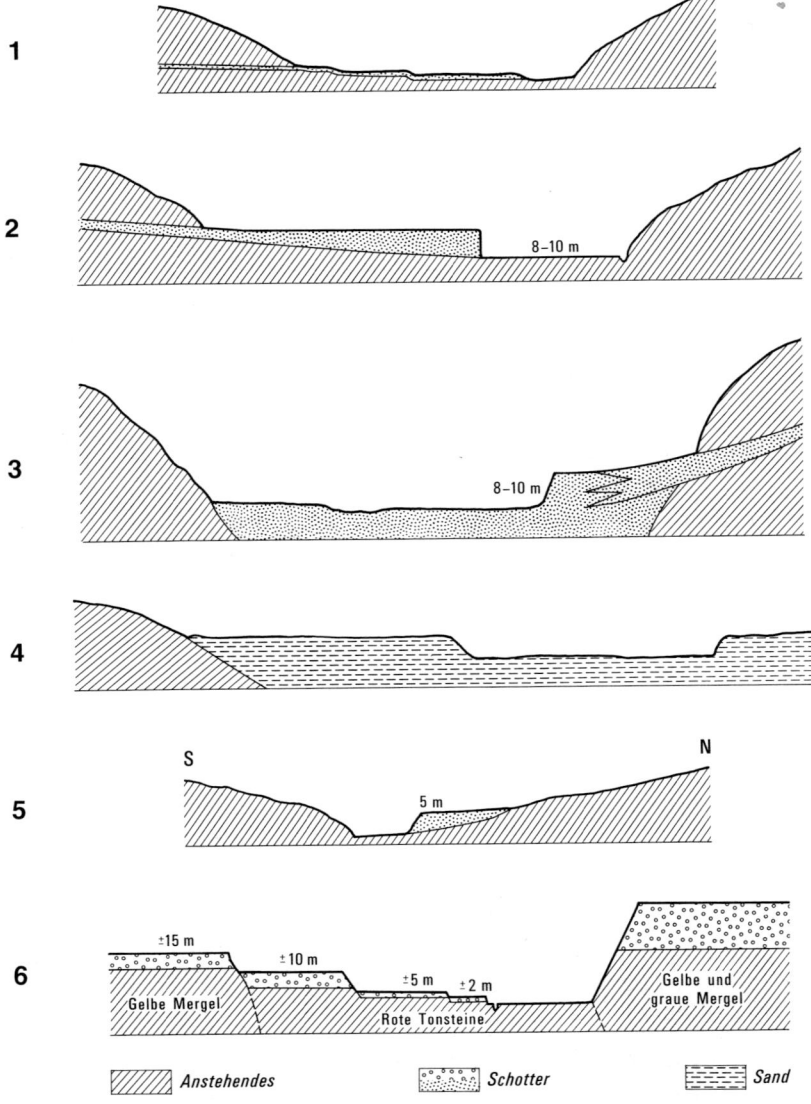

Abb. 8: *Verschiedene Varianten der Mäander-Auentäler (nach Skizzen im Gelände von J. Hövermann). 1) Nordwestlich Songpan in Felsterrassen mit dünner Schotterauflage, 2 u. 3) Nebentalschwemmfächer und höhere Terrasse, 4) In feinkörnigen Sedimenten, 5) Talasymmetrie östliche Litang, 6) Terrassen südlich Litang.*

dem die Straße von Dari nach Nordwesten (Richtung Ich'ikai) folgt. Hier vollzieht sich ab 3900 m der Übergang zum ‚braided river', der aufgespalten in einzelne Arme sein Schotterbett durchfließt. Die höchstgelegene Mäander-Aue findet sich, eingeschnitten in die glazifluviatile Schotterflur, die an die 15 km südlich Ich'ikai beginnenden Endmoränen anschließt, etwa 10 km nördlich von Jan-Io in 4140 m Höhe. Der kleine, aus dem Anyêmaqên-Massiv (Amnemachin) kommende Fluß zieht hier nach Nordwesten zum

Abb. 9: Sohlental im oberen Einzugsgebiet des Huanghe in 3730 m mit rezenter Talaue am linken Bildrand (103°21'E, 33°05'N) – Foto: F. Lehmkuhl, 13.7.89.

Abb. 10: Freie Mäander und Altarme in einem breiten Sohlental mit mäßig steilen Hängen in ca. 3750 m (102°21'E, 32°33'N). – Foto: F. Lehmkuhl, 15.7.1989.

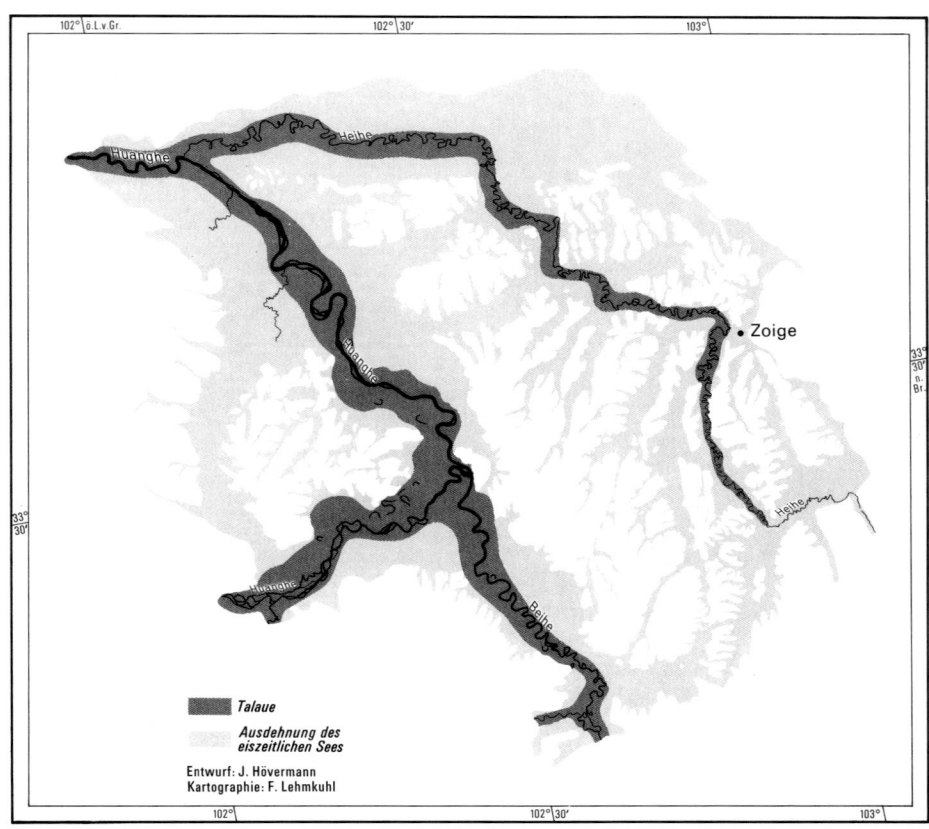

Abb. 11: Ausdehnung des eiszeitlichen Rückstausees am Oberlauf des Huanghe und die Talaue auskartiert nach den Landsat-Satellitenbildern 1:500.000 (ATLAS ...1983) sowie chinesischer Karten.

Huanghe hinunter. Es handelt sich hier um die höchstgelegene, am meisten nach Nordwesten vorgeschobene Mäandersohle dieses Bereiches.

Im Bereich der *südöstlichen Entwässerung des tibetischen Hochlandes* stellt sich die Stufe der Auentäler erst östlich von 96°E ein. Bei 96°E und 31°10'N, oberhalb einer Klammstrecke in flachliegendem roten Sandstein, tritt sie in einer interessanten Variante auf: Der Fluß fließt hier in etwa 5–10 m tief eingesenkten Mäandern in einem 1 km breiten Sohlental; die Felssohle ist nur dünn mit Schottern bestreut. Alle übrigen Charakterzüge der Landschaft (Hangformen, Humusdecke, Prozeßschwäche) entsprechen dem typischen Erscheinungsbild der Auental-Region. Die Höhe liegt um 4000 m innerhalb der Waldzone, die allerdings weithin zu Weiden und Strauchformationen (Bodennutzung) umgewandelt ist. Der Übergang der Flüsse vom Mäanderieren zum ‚braiden' liegt zwischen 4300 m und 4500 m, je nach dem örtlichen Fremdlingseinfluß aus der periglazialen Region, die deutlich zwischen 4500 m und 4600 m einsetzt. In dem durch die Expedition erfaßten Raum erreicht die Auental-Region hier ihre höchste Lage. Andererseits setzen bereits in 4100 m deutliche Torrentenbetten ein, so daß die Auental-Region, die sonst meist eine Höhenstufe von 1000 m umfaßt, hier auf eine Höhenspanne von unter 500 m zusammenschrumpft.

Größere Ausdehnung erreicht die Region der Auentäler erst wieder *östlich der Meridionalen Stromfurchen* und zugleich nördlich von 30°N. Die Auentalsohlen sind hier meist in die unterste Stufe einer Terrassentreppe eingelassen, die in Beckenbereichen entwickelt ist. Als Beispiel kann das Becken von Litang (100°16'E, 30°N) dienen. In diesem Becken (vgl. Abb. 8/6) sind über der in 3600 m gelegenen Talaue, die von einer 2 m und einer 5 m hohen Terrasse begleitet wird, eine 10 m, eine 15 m und eine 30 m hohe Terrasse aufgeschlossen. Die 30 m Terrasse liegt gelben und grauen Mergeln auf, die 15 m Terrasse gelben Mergeln, die 10 m Terrasse roten Tonsteinen. Das Material besteht immer aus einer Mischung örtlich zugeführten, eckigen Schuttes und gut gerundeten, petrographisch bunten glazifluviatilen Schottern. Der Auenkomplex ist hier bis 10 km breit. Aber auch sonst erreichen die Auen Breiten bis zu 500 m. Hänge und ältere Terrassen sind von einer Humusdecke überzogen, ebenso die Moränen, die talaufwärts an die Schotterfluren anschließen.

Die relativ günstigen Aufschlußverhältnisse gestatten in diesem Bereich die Feststellung, daß unter der Humusdecke eine etwa 50–60 m mächtige Verbraunung des Lockermaterials (Moräne, Schotter, Solifluktionsschutt) vorliegt. Die Obergrenze des Auenbereiches läßt sich hier auf Grund der einsetzenden aktuellen Periglazialprozesse auf etwa 4400 m bestimmen.

Eine weitere Variante des Auentalbereiches tritt ebenfalls in der *Umgebung von Litang* (100°16'E, 30°N), ebenfalls abhängig von periglazialen Vorzeitformen, auf. Die aktuelle Zerschneidung der periglazialen Talgründe setzt etwa bei 4300 m ein und führt rasch zur Bildung von Talauen mit von Hang zu Hang ausschwingenden Mäandern. Da die vorgegebenen Periglazial-Täler asymmetrisch sind mit einem ausgedehnten Schleppenhang an der nordexponierten Seite, unterschneiden die Auen den südexponierten Hang und versteilen ihn bis zur Herausarbeitung nackter Felspartien (s. Abb. 8/5). Aber auch am Grunde schmaler, tief eingesenkter Täler mit steilen Hängen sind hier, ohne daß periglaziale Vorformen erkennbar wären, Sohlen mit Mäander-Auen entwickelt (ähnlich Abb. 8/1).

5. Die Region der Torrrententäler und die Region der Pedimente im Norden des Expeditionsgebietes

Die Region der Torrententäler weist verwandte Züge zum Kerbtal-Schneidenrelief auf, insofern in den Hang- und Zwischentalbereichen eine deutliche Tendenz zur Herausarbeitung der Gesteinsunterschiede gegeben ist. Härtere Gesteinspartien treten im Hang als Rippen heraus; die Zwischentalscheiden sind meist zugeschärft und haben durch das Heraustreten der härteren Gesteine eine gezackte, unregelmäßige Silhouette. Rutschungen und Fließungen im fließfähigen, d. h. durch quellbare Minerale ausgezeichneten Gesteins- und Detritusmassen sind generell verbreitet und führen dem Talgrund, ebenso wie die mit Schotterkegeln abkommenden Nebentälchen, beträchtliche Materialmengen zu. Im Unterschied zu dem Kerbtal-Schneidenrelief, wo der Hauptfluß stets in kurzer Zeit, d.h. in wenigen Jahren, sich mit seiner Tiefenerosion gegen die laterale Materialzufuhr durchsetzt, kommt es im Bereich der Torrenten regelhaft zu einem Aufstau des Flusses und zur Bildung niedriger Terrassen oberhalb des von einem Wildfluß durchzogenen Schotterbettes (vgl. Abb. 12).

Diese niedrigen Terrassen liegen in charakteristischer Weise stets oberhalb eines Material-Zubringers. Sie sind gekennzeichnet durch eine Aufschüttung, die mit relativ feinkörnigem Material beginnt und nach oben hin gröber wird, bis die normale Schotterführung der Torrente erreicht ist. Talwärts solcher Zubringer weist die Schotterflur für eine kurze Strecke steileres Gefälle auf und zugleich gröberes Material. Als Material-Zubringer fungieren, mehr oder minder ebensohlig einmündende Nebentäler, die Schwemmfächer in den Talgrund des Hauptflusses vorschütten oder murartige Abgänge von Schuttmassen, in denen häufig der Zusammensetzung nach eindeutig moränisches Material in tiefe Lagen verfrachtet wird. Solches umgelagerte Moränenmaterial findet sich vornehmlich dort, wo die Hänge bis in die eiszeitliche Kar-Region hinaufreichen.

Abb. 12: Torrententtal südlich Lhasa; im Hintergrund der Tsangpo (90°38'E, 29°15'N, Aufnahme aus 3830 m). Geringe Vegetationsbedeckung der Hänge und Tendenz zur Runsen- und Kerbenbildung. Eine landwirtschaftlich genutzte jüngere Terrasse setzt sich deutlich von dem breiten, rezenten anastomosierenden Gerinnen durch steile, durch die Lateralerosion bedingte, Terrassenkanten ab. – Foto: F. Lehmkuhl, 19.8.1989.

Insgesamt gesehen befindet sich der Talgrund in einem labilen Gleichgewicht zwischen Materialzufuhr und Materialabtransport, wobei je nach der zeitlich und örtlich wechselnden Intensität der Material-Zufuhr stellenweise und zeitweise die Akkumulation, stellenweise und zeitweise die Erosion überwiegt. Dauerhafte Akkumulation vollzieht sich in (häufig glazial ausgeräumten und übertieften) Becken und Talstrecken, dauerhafte Erosion in Engtalstrecken und Klammen. Hauptmerkmal sind jedoch immer die zwar relativ schmalen, aber ausgeprägten Schottersohlen mit dem in den trockeneren Perioden in einzelne Arme aufgespaltenen Wildfluß.

In der *Umgebung von Lhasa und am Tsangpo*, d.h. zwischen 29° und 30°N und um 91°E erreicht diese Formungsregion ihre höchste Lage innerhalb des Expeditionsgebietes mit 3400–4000 m (s. Abb. 12). Sie liegt hier voll im vorzeitlich glazialen und vorzeitlich periglazialen Bereich und grenzt fast unmittelbar an die aktuelle Periglazial-Region an. Dementsprechend wird das Gefüge im Hauptfluß überwiegend durch die Schwemmfächer der Nebentäler beeinflußt, obwohl auch hier Rutschungen (landslides, zur Verbreitung von Rutschungen im Expeditionsgebiet vgl. WANG CHENGHUA im selben Band) vorkommen. Die ungewöhnliche Labilität der aktuellen Formungsbedingungen kommt in Sandanwehungen zum Ausdruck, die vielfach die Hänge hinaufziehen und die aktuell zerschnitten oder wieder zum Talgrund gespült werden. Das entspricht den Niederschlagsverhältnissen, die für Lhasa als zwischen 489 mm und 789 mm (Zeitraum 1941–84) angegeben werden, bei einem mittleren Jahresniederschlag von knapp 500 mm (vgl. Tab. 1).

Im Prinzip die gleichen Verhältnisse liegen im Bereich der *Meridionalen Stromfurchen* um 30°N, und zwischen 98° und 101°E vor. Allerdings beginnt die Herausarbeitung der

Abb. 13: Talweitung (Zungenbecken?) und Übergang in ein enges Kerbtal. Der Talboden liegt in 4160 m; der Aufnahmestandpunkt befindet sich in 4455 m. (94°30'E, 31°48'N). – Foto: F. Lehmkuhl, 14.8.1989.

Gesteinsrippen im zumeist gestreckten oder schwach konvexen Hang der gewaltig eingeschnittenen Täler schon knapp unter 4200 m, knapp unterhalb der schon zwischen 4200 m und 4300 m einsetzenden vorzeitlichen und mit Wald bestandenen Nivationsformen (s. Abb. 13). Torrentenbetten sind in einigen Nebentälern unterhalb 4100 m entwickelt. Die Meridionalen Stromfurchen selbst sind, 1000 m bis 2000 m tief in die von vorzeitlich glazialen und aktuell periglazialen Prozessen geformten Plateaus eingeschnitten, bis zum Talgrund durch die Herausarbeitung der Gesteinsunterschiede im Hang bestimmt (s. Abb. 14 und 15). Der Talgrund selbst wird in gesamter Breite von dem Flußbett eingenommen, das bei tosendem Abfluß von Talhang zu Talhang reicht. Die Farbe des Wassers ist dabei je nach dem Einzugsgebiet von Fluß zu Fluß verschieden (gelb, gelbrot bis rotbraun, klar).

Über weite Strecken scheinen die Meridionalen Stromfurchen frei von Vorzeitformen zu sein und einem einheitlichen Einschneidungsvorgang zu entstammen, der, verursacht durch eine rapide Hebung und unterhalten durch die aus großen Einzugsgebieten stammenden Wassermassen, einer klimatisch-morphologischen Differenzierung keinen Raum bietet. Dennoch treten nicht nur in den Nebentälern (und auch mehrphasigen Schwemmfächern der Nebentäler, s. Abb. 14) sondern auch in den großen Stromfurchen selbst gelegentlich Vorzeitformen auf. So liegt im Tal des Mekong (Lanziangjiang) bei 98°19'E

Abb. 14: Schwemmkegel am Salween in ca. 3200 m (97°21'E, 30°49'N). Starke rezente Einschneidung des Haupttales ohne größere Terrassen. Das Nebental zeigt einen mehrphasigen Schwemmkegel, der ebenfalls rezent zerschnitten wird. Darüber in den höchsten Gebirgsbereichen noch Waldreste. – Foto: F. Lehmkuhl, 22.8.1989.

und 29°34'N in 2800 m etwa 20 m über dem in Fels eingeschnittenen Flußbett ein mehrere Meter mächtiger Schotterkörper, der Gneise, Granite, Porphyre, graue Quarzite und Sandsteine, dunkles (basisches) Kristallin und rote Sandsteine enthält. Ein Teil dieser Ablagerung liegt mit ebener Oberfläche dem Felssockel auf; bei einem anderen, höher aufragenden Teil schaltet sich zwischen die bunten Schotter und den Felssockel wohlgeschichtetes Feinmaterial in bis zu 20 m Mächtigkeit ein. Das Material ist gut gerundet, einige Gerölle sind kugelförmig. Blöcke mit bis zu 150 cm Kantenlänge sind in dem Schotterpaket enthalten.

Die Interpretation dieses Vorkommens im Sinne des normalen Prozeß-Gefüges der Torrentenregion wird durch die bunte Zusammensetzung der Schotter unmöglich gemacht: Das Material kann nicht aus dem Hangbereich stammen, ein Nebental befindet sich erst 3 km weiter talaufwärts. Aufstau des Flusses und Grobschotter-Ablagerung müssen vielmehr im Tal selbst ihre Ursache gehabt haben. Die Interpretation des Vorkommens als durch ‚mudflow' umgelagerter Moränenrest liegt umso näher, als in dem nach Nordosten hinausziehenden Nebental bereits in 2850 m Höhe ca. 80 m hohe Seitenmoränen auftreten, die petrographisch einheitlich sind; sie zeigen, daß von nur den ca. 5100–5200 m hohen Bergen Gletscher in Nebentälern bis fast zum Niveau des Hauptflusses hinuntergereicht haben. Kare treten hier um 4200 bis 4300 m auf.

Abb. 15: Tal des Mekong (Lanziangjiang, 98°19'E, 29°34'N), Aufnahmestandpunkt: 3900 m. Gut erkennbar sind die starke Einschneidung des Mekong, der hier in ca. 2800 m Höhe fließt, in das Anstehende bei fehlenden Terrassen und die steilen, stark durch Runsen und Kerben gegliederten Hänge. Die höchsten Gipfelbereiche zeichnen sich durch weichere, gerundetere Formen – bedingt durch ein Periglazialrelief – auf (bis 3800 m). hinab. An den Hängen selbst zeigt sich eine Schuttanreicherung in zwei Stockwerken: In einem oberen Stockwerk, nach Geländebefunden bis ca. 3800 m herunter in und aus einer (vorzeitlichen) Periglazialregion und in einem unteren Stockwerk, hier wohl hauptsächlich durch Muraktivitäten bedingt. – Foto: F. Lehmkuhl, 24.8.1989.

Im Bereich eines dominierenden *vorzeitlichen glazialen Formenschatzes*, der durch relativ schmale, steilwandige Tröge gekennzeichnet ist, beschränkt sich die fluviatile Formung praktisch auf den Talgrund und die auf ihn aus Nebentälern einmündenden Schwemmfächer. Über die steilen Trogwände stürzen Wasserfälle hinab; die Hangformung befindet sich noch im Stadium grober Blockschutthalden, die grobe, eckige Sturzblöcke bis in das Flußbett liefern. Besonders eindrucksvoll ist das im Durchbruchstal durch den Daxue Shan (nördlich des Mt. Gongga) um 102°E und 30°N. Klammstrecken und Torrentensohlen wechseln im Talgrund miteinander ab. Das normale torrentielle Gefüge stellt sich erst in dem großen Nord-Süd-verlaufenden breit ausgeräumten Längstal ein, allerdings auch hier durch den vorgegebenen glazialen Formenschatz beeinflußt. Dabei werden die Prozesse nördlich der Einmündung des Durchbruchstales in das Haupttal überwiegend durch aus höheren Lagen über mächtige (20 m) Muren zum Talgrund transportierte moränische Materialien beeinflußt, südlich der Einmündung überwiegend durch Nebental-Schwemmfächer. Zusätzliche Modifikationen ergeben sich dadurch, daß der Granit hier tiefgründig zersetzt und auch die Schiefer tiefgründig buntfarbig verwittert sind. Die Mächtigkeit der Gesteinszersetzung ist in Hangbereichen bis nahezu 100 m zu bestimmen. Im Gegensatz dazu erreicht die aktuelle rotbraune, terra fusca-artige Verwitterung auf fluvioglazialen Schottern nur etwa 1 m Dicke. Sie liegt unmittelbar (ohne Bleichhorizont) unter einer dünnen Humusauflage.

Südlich Luding (102°14'E, 29°55'N), in jenem Bereich des N-S-verlaufenden Tales, der generell durch eine Fülle von erosiven und akkumulativen glazigenen Formen geprägt ist (Riegel, Seiten- und Endmoränen, hochgelegene glazigene Schotterfluren) und in dem sich eine Fülle von Rückzugsstadien einer Vereisung abzeichnen, tritt oberhalb der Mündung des vom Mt. Gongga hinabziehenden Tales eine weitere Variante auf, die durch den Aufstau des Haupttales durch einen aus dem Mt. Gongga-Bereich hinabziehenden Gletscher verursacht sein dürfte. Zwischen 1500 m und 1600 m ist an der Ostseite des Tales eine bis 40 m mächtige Aufschüttung vorhanden. Sie besteht an der Basis aus gutgerundeten groben Schottern (bis über 20 cm Länge). Darüber folgt hellgrauer, feingeschichteter Kies, der mehrfach in Kiesgruben abgebaut wird. In ihm sind auch Sandlinsen enthalten. Die obersten Vorkommen dieser Kiese und Sande erreichen 40 m über Talgrund. Überlagert werden sie mit unregelmäßiger Auflagerungsfläche von grobblockigem Moränenmaterial, das seinerseits wieder stellenweise von scharfkantigem Schwemmschutt örtlicher Provenienz überlagert ist. Offenbar rückte der Haupttalgletscher hier langsamer vor, als der vom Mt. Gongga kommende Gletscher, so daß das Haupttal zeitweise gestaut wurde, bis endlich die Stau-Sedimente vom Haupttalgletscher überfahren und teilweise aufgearbeitet wurden. In diesem Bereich fließt der Fluß heute in breiter Sohle ‚braided' und zeichnet sich durch mehrere, talabwärts konvergierende kleine Terrassen aus.

In dem vom *Mt. Gongga* kommenden Tal selbst beschränkt sich die aktuelle Formung auf den etwa 80 m tiefen Einschnitt in die mächtigen Vorschüttschotter von Moxixian (Mosimien: 102°05'E, 29°37'N). Die Terrasse, auf der der Ort Moxixian liegt, ist von einer Moräne mit bis zu 60 m³ großen Blöcken überlagert. Das ungeordnete Moränenmaterial hebt sich deutlich von den klassierten und geschichteten Vorstoß-Schottern ab. Da die Flüsse in diesem Bereich ohne Schotterbett eng und schmal in den Felsuntergrund einschneiden, ergibt sich der Eindruck, daß hier, vielleicht verursacht durch größeren Niederschlagsreichtum im Stau des Mt. Gongga, noch einmal eine Kerbtal-Schneiden-Region entwickelt ist, deren Untergrenze bei 1500 m liegen würde. Denn unterhalb der Einmündung des Tales von Moxixian stellt sich, eingesenkt in eine 50 m-Terrasse, eine 25 m-Terrasse und eine 5 m-Terrasse in 1400 m wieder ein ausgeprägteres Torrentenbett ein. Der mächtig abkommende Fluß hatte hier gerade vor Eintreffen der Expedition das Tal unpassierbar gemacht, so daß die weitere Verfolgung der Phänomene nach Süden nicht möglich war (s. LEHMKUHL & PÖRTGE 1991, Photo 1).

Nördlich 34°30'N liegt im Expeditionsgebiet insofern eine gänzlich andere Abfolge der Höhenstufen vor, als sich in allen Hochlands- und Beckenbereichen unterhalb der periglazialen Region ausgedehnte *Pedimentflächen* einstellen. Die schwemmfächerförmig gestalteten Aufschüttungs- und Einebnungsflächen, meist um 2–5° geneigt, fügen sich zu ausgedehnten Flachbereichen zusammen, deren Ausdehnung in Abdachungsrichtung und quer zu dieser Zehner von Kilometern erreicht. In ihren proximalen Teilen ist die Decke aus eckigem Schutt dünn; in den distalen Teilen wird sie mächtiger und kann Zehner von Metern erreichen. Die lückenhafte Vegetation besteht meist aus Büschel- und Horstgräsern, vereinzelt auch Zwergsträuchern und Polstergewächsen. Die Höhenlage beträgt zwischen 4100 m und 4400 m. Stets spiegelt die Schuttdecke den petrographischen Bestand der die Kegelspitzen anschließenden Täler im Gebirgsbereich wieder. Von Schwemmfächern unterscheiden sich die Pedimente dadurch, daß sich die Kegel bzw. Fächerflächen weit in den Gebirgsbereich hineinziehen, so daß der Gebirgsrand aufgelöst erscheint. In dieser typischen Erscheinungsform sind sie bereits von W. M. Davis im „Arid Cycle" abgebildet worden.

Östlich Madoi (98°13'E, 34°55'N) liegt eine dünne Sanddecke über dem Pedimentschutt. Sie zeigt an, daß hier im Grenzbereich zum sehr trockenen zentralen Hochland zeitweilig sehr viel weniger Niederschlag gefallen sein muß als heute. Überdies gehen hier Schuttkegel mit mächtigen Akkumulationen auch in Gebirgsnähe in die Pedimentflächen über, die aktuell einige Meter tief zerschnitten sind. An der Straße von Madoi (Mato) nach Huashixia sind hier, 45–46 km ostnordöstlich von Madoi, durch den Straßenbau einige Aufschlüsse geschaffen worden, die zusätzlichen Einblick in die Landschaftsgeschichte geben: Unter einer bis zu 10 m mächtigen Schutt- und Schotterdecke sind ältere Verwitterungsbildungen angefahren. Sie lassen bis zur Aufschlußsohle einen 2–3 m mächtigen Bleichhorizont erkennen, an den zum Liegenden hin ein rötlich-brauner bis rötlich-gelber Illuvialhorizont anschließt. Feuchtere Vorzeitbedingungen sind hier also der Pediment-Formung vorausgegangen.

Im Bereich des Beckens um den Kolahu (35°20'N, 99°10'E) ragen aus den Pedimenten häufig rundhöckerartige Gesteinskomplexe auf, die die Vermutung einer ehemaligen Eisbedeckung dieses etwa 4300 m hoch gelegenen Beckens begründen. Die Wurzelzone des ausgedehnten Beckens nordnordwestlich Wenquan (zwischen 99°10' und 99°20'E und 35°25' und 36°N gelegen) zeigt in Aufschlüssen am südlichen Randbereich bis zu 20 m mächtige Akkumulationen, innerhalb derer Löß und eckiger Gesteinsschutt miteinander abwechseln.

In diesen Varianten gibt sich zu erkennen, daß die Pedimentregion einerseits an hocharide Bereiche mit Sandverdriftung, andererseits an semiaride Bereiche mit Lößakkumulation angrenzt.

Merkwürdigerweise treten hier Humusdecken sowohl oberhalb als auch unterhalb der Pedimentregion auf. In den Höhenlagen um 4400 m und 4500 m werden sie durch aktuelle Fließerdeterrassen gestört und aufbereitet; in Höhenlagen unter 4000 m (und zugleich etwas weiter östlich gelegen) liegen sie ungestört vorzeitlichen glazialen Materialien (Moränen) und auch Rundhöckern auf, so in der Umgebung von Wenquan und nordöstlich davon. Nach Norden hin sinkt der Bereich aktueller Pedimentationsprozesse rasch ab und erreicht am Nordwest-Rande des Caka-Salzsees (36°45'N, 99°E) Höhen von 3200 m. Beherrscht wird das Relief dessen ungeachtet von den kleinen Kliffs und den Strandterrassen des Caka-Sees, dessen Salzspiegel heute in 3170 m liegt. Hohe markante Spiegelstände liegen bei 3200 m, bei 3220 m und, besonders weit ausgedehnt, bei 3240 m. Die Seeablagerungen verzahnen sich hier, wie bereits bei der Expedition 1981 festgestellt, mit Moränen.

Aktuelle Pedimentationsprozesse im Bereich vorzeitlicher Vergletscherungen kennzeichnen auch die Beckenbereiche zwischen dem Caka-See und der Qaidam-Depression. Sie enden abrupt mit dem Einsetzen der aktuellen Wüstenschluchten bei oberhalb etwa 3500 m.

Erforderlich ist ein Nachtrag zu der im Anschluß an die Expedition von 1981 gegebenen Darstellung der Terrassen des Hoangho im Becken von Gonghe (Kung-Ho, 100°37'E, 36°16'N; HÖVERMANN 1987). Bei den ungleich günstigeren Witterungsbedingungen im Jahre 1989 ließ sich klar erkennen, daß ein markanter Unterschied zwischen der obersten und allen nachfolgenden Terrassen der Terrassentreppe besteht. Die oberste Terrasse ist nicht nur kegelförmig gegen das Becken hin ausgebreitet, sondern trägt auch eine dicke Lößdecke, die den jüngeren Terrassen fehlt. Sie ist überdies intensiv durch Dellen gegliedert, während alle jüngeren Terrassen eben sind. Offenbar liegt ein bedeutender Altersunterschied zwischen dieser obersten und allen darunter folgenden Terrassen.

Den Beschreibungen der im Bereich vorzeitlicher Glazial-, Periglazial- und Pedimentbereiche gelegenen aktuellen Sandschwemmebenen und Wüstenschluchten ist im *Randbereich der Qaidam-Depression* gegen die Kunlun-Ketten nichts hinzuzufügen (s. HÖVERMANN 1982, 1987). Die exzeptionell hohen Niederschläge während der Expedition von 1989 gestatteten es, die bedeutenden Transportleistungen und die Zusammensetzung des transportierten Materials während des Abkommens der Flüsse direkt zu beobachten (s. LEHMKUHL & PÖRTGE 1991). Neue Anschnitte durch die Flüsse und Schotterentnahmen für den Straßenbau ließen dabei erkennen, daß im Ostteil der Qaidam-Depression unter den glazifluviatilen Schwemmkegeln an manchen Stellen moränisches Material liegt; die Ausdehnung der eiszeitlichen Vergletscherung in diesem Bereich dürfte daher etwas größer sein als im Anschluß an die Expedition von 1981 angenommen. Diese moränischen Materialien sind, im Unterschied zu den Schottern, gelegentlich deutlich angewittert, einige weisen eine Zwiebelschalenverwitterung auf. Die Schlußfolgerung, daß während einer älteren Vergletscherung Gletscher bis in die Qaidam-Depression vorgestoßen sind, während die Gletscher der letzten Vereisung im Gebirgsbereich gefangen blieben, liegt daher nahe.

Neue übereinstimmende Anaeroid-Messungen und eine neue chinesische Karte gestatten überdies eine Korrektur des Wertes für die Höhenlage der Strandwallsysteme, die den eiszeitlichen Qaidam-See umrahmen. Sie liegen nicht, wie aufgrund der Expedition von 1981 angegeben, in 2950 m, sondern in 2850 m. Die markante Einschneidung der Wüstenschluchten beginnt erst oberhalb 3000 m. Sie endet bereits in Höhen um 3500 m, umfaßt also eine Vertikalspanne von 500 m. Im Tal oberhalb Golmud (94°06'E, 36°12'N), durch das die Straße nach Lhasa führt, ergeben sich dabei Varianten durch den vorgegebenen glazialen Formenschatz: 40 km südlich Golmud ist die Wüstenschlucht in feinkörnigen Sedimenten ausgebildet, die in 90 m Mächtigkeit ein ehemaliges Zungenbecken verfüllt haben. Aufgeschlossen in den fast senkrechten Wänden der Schlucht sind zwischen 2090 m und 3030 m gelbbrauner Sand und Silte, die fein geschichtet sind (s. Abb. 16). Die Oberkante der Verschüttung erreicht 3080 m. An der Basis der feinkörnigen Ablagerung sind stellenweise grobe Blöcke angeschnitten. Der Fluß selbst führt in diesem Bereich nur Feinmaterial. Talaufwärts stellen sich in der Ablagerung mehr und mehr einzelne Schotterlinsen ein;

Abb. 16: Einschneidung des Hauptflusses aus dem Kunlun Shan in feinkörnige Sedimente in 3360 m ca. 60 km südlich von Golmud. Die unteren Hangpartien sind durch zahlreiche Runsen gekennzeichnet, während sich die höheren Hangabschnitte durch sanftere (periglaziale) Hangformen auszeichnen, in denen, neben einigen Nivationsnischen, auch zwei vorzeitliche Kare zu erkennen sind. – Foto: F. Lehmkuhl, 29.7.1989.

die Nebentäler zeigen an den Wänden der Wüstenschluchten dann auch reine Schotterlagen. In diesen Bereichen ist die Ablagerung durch mehrere Erosionsterrassen im Aufschüttungskörper gegliedert. Die Oberfläche ist pedimentartig abgeschrägt.

Hier zerschneiden die aktuellen Wüstenschluchten also ein vorzeitliches Pediment-Relief. Der Übergang zu einem Talboden mit ‚braided river' vollzieht sich in der ersten Längstalflucht bei etwa 35°55'N und 94°40'E knapp unterhalb 3500 m. Zugleich stellt sich eine lockere Vegetationsdecke aus Polstern, Gräsern, Kräutern und Potentilla-Zwergsträuchern ein.

6. Die periglaziale Formungsregion (Höhenstufe)

Die periglaziale Formungsregion zeichnet sich im allgemeinen durch eine Tendenz zur Unterdrückung der Gesteinsunterschiede aus: Die härteren Gesteinsarten unterliegen der Frostverwitterung mehr als die weicheren. Bei einem vorgegebenen akzentuierten Relief überdeckt in der Regel scharfkantiger Gesteinsdetritus als Solifluktionsschutt ehemals stärker ausgeräumte weichere Gesteinspartien. Auch ohne Lößauflage und Humusdecke ergeben sich dadurch weiche, wie verwaschen wirkende Formen. Mulden- und Sattel-Strukturen sind zwar regelmäßig zu erkennen, doch sind die harten Schichten abgerundet, die Grenzen zwischen hart und weich sind verwischt. Innerhalb der Hangbereiche tritt das gesamte Spektrum der (geli-) solifluidalen Formen und Hangprozesse auf. Deren Ausmaße nehmen ebenso wie die Mächtigkeit der Solifluktionsschuttdecke im Bereich der freien Solifluktion und über Dauerfrostboden deutlich von unten nach oben zu, offensichtlich in Abhängigkeit von der Auftautiefe. Erst in der Mattenstufe nimmt der Tiefgang der solifluidalen Bodenverlagerung von oben nach unten wieder ab, allem Anschein nach in Abhängigkeit von der abnehmenden Eindringtiefe des winterlichen Frostes. Im vorgegebenen flachen Gelände kommt es zu zellularen Materialsortierungen, über Dauerfrostboden zur Bildung von Pingos – insbesondere in feinmaterialreicheren Sedimenten.

Die Flüsse der Periglazialregion sind in den flacheren Talbereichen ausnahmslos anastomosierende Flüsse ('braided rivers') mit Schotterfluren, deren Breite auch bei kleineren Flüssen selten unter 500 m bleibt und bei mittleren und größeren Flüssen stets 1 km übertrifft (s. Abb. 17). Dabei behalten die Talsohlen ihren Charakter und im Prinzip auch ihre Breite, gleichgültig ob sie tektonische Mulden oder Sättel durchfließen oder durchbrechen. Sie sind dabei als deutliche neue Talschläuche auch in glazifluviatile Schwemmfächer oder Fußflächen in der Umgebung der einzelnen Gebirgsstöcke eingesenkt. Bei vorgegebenem Talrelief und dementsprechend höheren und ausgedehnteren Gehängen werden diese durch Hangdellen gegliedert; in flachkuppigem Gelände bildet sich, anknüpfend an die bereits existierenden Tiefenlinien, ein dendritsches Netz von Muldentälchen, an die sich gelegentlich, nach einer kurzen Kerbtalstrecke, ein Sohlentälchen mit Schotterflur anschließt. In glazial ausgeräumten Zungenbecken setzt selbstverständlich zunächst eine Verfüllung ein. Ist das Becken jedoch bis zum „Normalniveau" aufgehöht, beginnt der Fluß in ihm eine schmalere Sohle auszuarbeiten, in der er nunmehr „normal" als ‚braided river' das Becken durchzieht.

Diese anastomosierenden Flüsse („braided rivers") besitzen zumeist eine Schotterflur mit ausgeprägt lokalem Material, welches sich deutlich durch die unterschiedliche Farbe der Fließgewässer und des Schotterbestandes auszeichnet: In Kreide- und Tertiärsedimenten rot und in den übrigen, zumeist kristallinen älteren Gesteinen gräulich.

Schotterfluren, ausgehend vom periglazialen oder glazialen Formungsbereich, können zudem als Fremdlingsformen oder auch als Vorzeitformen, bis in die tieferen Talregionen, wie beispielsweise der Region der Mäander-Sohlentäler (gem. humide Höhenstufe, s. o.), hinabreichen.

Abb. 17: Breites periglaziales Schottersohlental in 4640 m an der Südabdachung des Fenghuo Shan (ca. 92°43'E, 34°35'N) im Bereich des Permafrostbodens im nördlichen tibetanischen Plateaus. – Foto: F. Lehmkuhl, 31.7.1989.

Die rezenten Periglazialerscheinungen sind von zahlreichen lokalen Geofaktoren wie Klima (Exposition), Substrat, Vegetation, Relief etc. abhängig. Hier sei auf die umfangreiche Literatur (wie u.a. die zusammenfassende Betrachtung des Periglaziärs bei KARTE (1979) und eine Übersicht der Faktoren der Ausbildung und Verbreitung von Periglazialerscheinungen bei HÖLLERMANN (1985:263) hingewiesen.

Die *aktuelle periglaziale Höhenstufe* dominiert in Tibet in einer Kernzone, die man wohl mit der von KUHLE (1978) abgeleiteten Optimalzone der Periglazialerscheinungen gleichsetzen kann. Diese periglaziale Kernzone liegt im Expeditionsgebiet zwischen 4000–5000 m, wobei sie sich zu den Rändern des Plateaus (Ost- und Nordrand), bedingt durch den Massenerhebungs- bzw. Abschirmungseffekt in den zentralen Bereichen Tibets, absenkt. Unterhalb dieser Kernzone, die durch die Untergrenze der ungebundenen (freien) Solifluktion bezeichnet wird, schließt sich zumeist eine schmale Höhenzone mit Formen der gebundenen Solifluktion (mit deren Leitformen, den Solifluktionsgirlanden). Oberhalb dieser Kernzone folgen eine, zumeist schmale, Zone mit nivaler Formung sowie die glaziale Formungsregion (s. u.).

Der rezente *periglaziale Kleinformenschatz* umfaßt Solifluktionsgirlanden und -loben in einem unteren Stockwerk als Formen der gebundenen Solifluktion sowie Formen der ungebundenen Solifluktion, Frostsortierungserscheinungen, Schutthalden etc. in einem höheren Stockwerk, d. h. in der Frostschuttstufe, die oft in Form von Schuttzungen in die Mattenregion herabreichen (vgl. KUHLE 1987). Steinstreifen und Frostmusterböden als periglaziale Sortierungserscheinungen konnten ebenfalls beobachtet werden. Bültenböden und Formen der Rasenabschälung (Turf Exfoliation, TROLL 1973) konnten an zahlreichen Stellen vorgefunden werden. Insbesondere die Rasenabschälungen, bei denen auch zoogene Beweidungsschäden beteiligt sein können, kommen auch unterhalb der periglazialen Untergrenze i. e. S., wie beispielsweise im Becken von Zoige in 3400 m, vor und sollen daher hier nicht weiter berücksichtigt werden.

Diese allgemein übliche Einteilung der periglazialen Höhenstufe in ein unteres und in ein oberes Stockwerk (vgl. KARTE 1979, HÖLLERMANN 1985 sowie die dort zit. Literatur) läßt sich im Nordosten des Expeditionsgebietes durchführen, während im Norden, schon allein aufgrund der lückenhaften Vegetation eine solche Trennung kaum möglich erscheint. Zudem wird im Bereich des tibetischen Plateaus zwischen dem Kunlun Shan und Lhasa aufgrund der Höhe des Plateaus die periglaziale Untergrenze nicht erreicht[2].

Die periglazialen Formen insgesamt sind im Expeditionsgebiet jedoch unterschiedlich stark entwickelt und lassen sich nach Verbreitung, Fülle und Wirksamkeit des Formenschatzes in drei verschiedene Regionen eingliedern: Den Osten und Nordosten des tibetischen Plateaus, das nördliche Plateau mit Periglazialerscheinungen über Permafrost und in einer ariden Variante insbesondere im Kunlun Shan sowie den Bereich des südlichen Plateaus und der meridionalen Stromfurchen.

Die Untergrenze des oberen periglazialen Stockwerks, gekennzeichnet durch Formen der freien Solifluktion und einer Zunahme der Frostsortierungserscheinungen, zugleich die Obergrenze der alpinen Matten, ließ sich hingegen überall im Expeditionsgebiet fassen (s.u.). Die periglaziale Untergrenze in der Mattenstufe (als Leitformen Solifluktionsgirlanden) sowie die Untergrenze der freien Solifluktion, zugleich die Mattenobergrenze, im Expeditionsgebiet sind in Abb. 18 dargestellt.

Am *Ostrand Tibets,* insbesondere in den letzteiszeitlich nicht vergletscherten Regionen, d.h. in Gebieten mit Gipfelhöhen zumeist unter 6000 m, konnte zunächst über dem Kerbtalrelief (Kerbtal-Schneidenrelief) ab ca. 3500–3800 m ein *vorzeitliches* (eiszeitlich-spätglaziales) Periglazialrelief beobachtet werden. Die rezenten Flüsse sind in einer Übergangszone mit schmalen Talsohlen (zwischen 2500 und 3000 m) als Felsterrassen im Anstehenden, wie etwa zwischen Songpan und Zoige (103°35'E, 32°50'N) in ca. 3300 m, oberhalb in Schotterterrassen glazialen oder periglazialen Ursprungs eingeschnitten. In diesen breiten Talsohlen konnten sich (mutmaßlich seit Beginn des Holozäns) freie Mäander in einer Aue mit zahlreichen Altarmen entwickeln (s. Abschnitt 4 oben sowie Abb. 8 u. 10). Die Hänge sind hier von ca. 30–50 cm mächtigen Humusdecken, die über vorzeitlichen Solifluktionsdecken liegen können, bedeckt.

Die *Obergrenze der Humusdecken* innerhalb der periglazialen Höhenstufe wird rezent durch Solifluktionsprozesse und Steinstreifen herabgedrückt (s. u.). Durch die am Ost- und auch am Nordostrand sowie im Bereich der meridionalen Stromfuchen vorhandene Höhenstufe geschlossener Mattenvegetation kann man hier die periglaziale Höhenstufe, wie in der Literatur üblich, in ein Stockwerk mit gebundener Solifluktion und in ein Stockwerk mit ungebundener Solifluktion einteilen. In den ariden Teilen Zentral- und Südtibets (einschließlich der Nordabdachung zur Qaidam-Depression) ist dies aufgrund der zumeist ohnehin nur lückenhaften Vegetation nur bedingt möglich. An der Nordabdachung des Kunlun Shan zur Qaidam-Depression ist durch eine starke rezente Lößakkumulation eine weitere Variante gegeben. Insgesamt können die Periglazialerscheinungen im Norden und Nordosten des Expeditionsgebiets mit dem ‚Continental Type' nach HÖLLERMANN (1985) verglichen werden: Eine hypsometrische Unterscheidung der periglazialen Formen in ein oberes Stockwerk mit Blockfeldern und Schutthalden mit schwachen Solifluktionsformen sowie Sortierungserscheinungen oftmals auf Permafrostboden über einem unteren Stockwerk mit zahlreichen aktiven und inaktiven Formen der

---

[2] Eine detaillierte Darstellung der Untergrenzen wird gemeinsam mit der nivalen Untergrenzen im Expeditionsgebiet in Abschnitt 8 sowie in Abb. 18 dargelegt

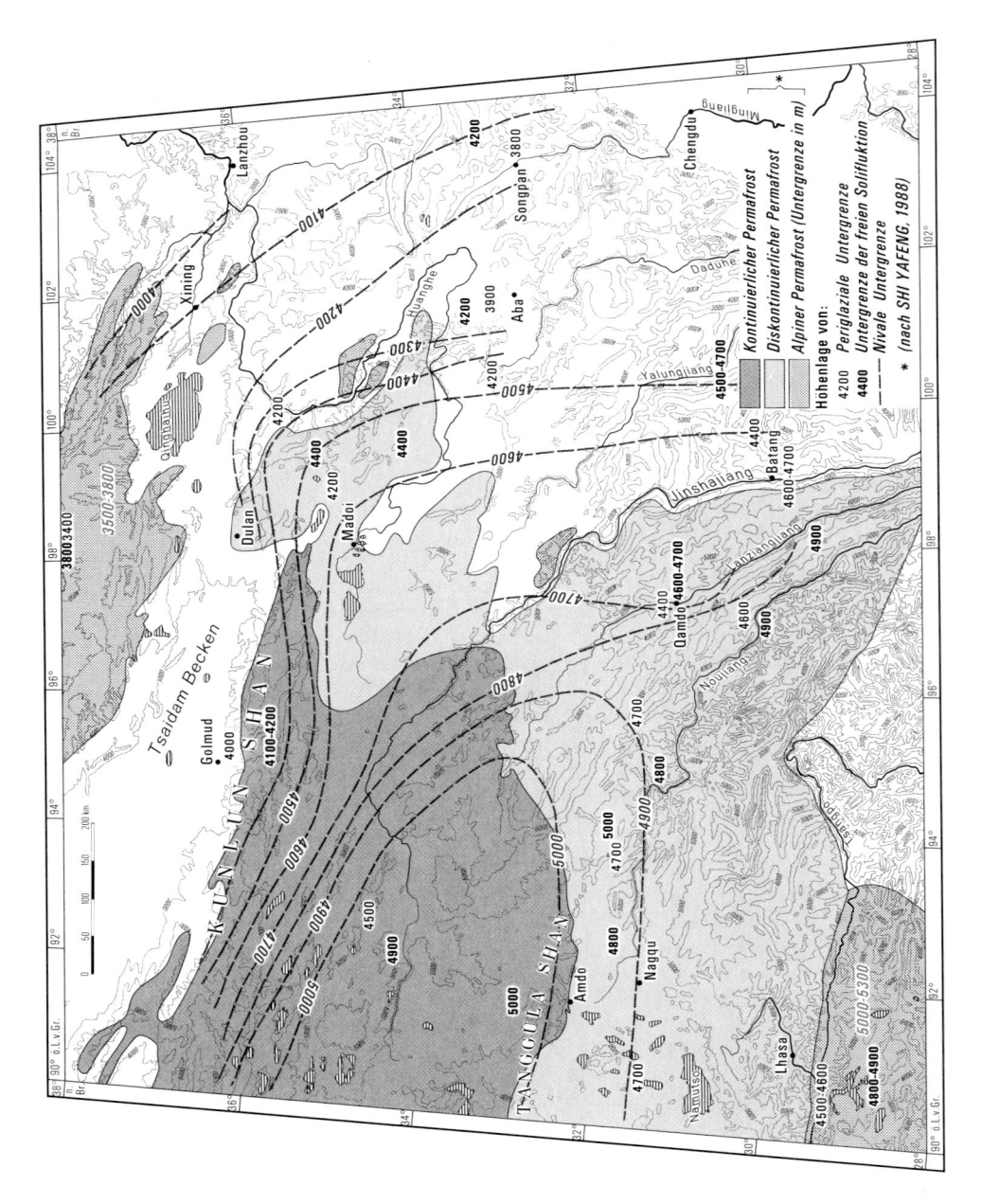

Abb. 18: Die Verbreitung von Permafrost (nach Shi Yafeng) sowie die Höhenlage von nivaler und periglazialer Untergrenze in Ost- und Zentraltibet. – Entwurf: F. Lehmkuhl, Kartographie: E. Höfer

gebundenen Solifluktion ist hier ebenfalls möglich. Insgesamt zeigt sich ein sehr vielfältiger periglazialer Formenschatz.

Im Bereich des *Plateaus* ist der periglaziale Formenschatz der Formenvielfalt und Mächtigkeit der Solifluktionszungen nach, bedingt durch die Mächtigkeit des Auftauhorizontes des Permafrostes, geringer und nimmt daher nach oben hin an Wirkung ab. Zusätzlich sind allerdings zahlreiche Permafrostindikatoren, wie Thermokarstseen und Pingos sowie vereinzelte Blockgletscher, festzustellen (s. u.). Nördlich des Tanggula Shan sind häufige Salzausblühungen an der Oberfläche Kennzeichen für die geringen Niederschläge und die hohe Verdunstung in diesem Raum. Nach den vorliegenden Satellitenbildern frieren die Flüsse hier im Winter vollständig aus.

Im *Süden und Südosten* kann man wie im Norden ein Stockwerk mit Formen der gebundenen Solifluktion ausweisen – insgesamt ist hier der periglaziale Formenschatz aber geringer entwickelt als im Norden und Nordosten des Expeditionsgebietes.

Die Beobachtungen decken sich sehr gut mit der Einteilung der Periglazialerscheinungen in Tibet nach CUI (1981), der drei Hauptverbreitungsbereiche (Typen nach CUI) mit unterschiedlicher Prägnanz des periglazialen Formenschatzes unterscheidet: Kontinentaler, subkontinentaler und martitimer Typus. Der *kontinentale* Bereich, der sich im Norden des tibetischen Plateaus befindet, zeichnet sich durch einen besonders gut entwickelten periglazialen Formenschatz (als Frostschuttstufe bzw. subalpine Tundra), bedingt durch intensive Frosthebung und Auftauprozesse, aus. In dieser Region ist das Plateau von kontinuierlichem Permafrost bedeckt, der sich bis zu 1000 Höhenmeter unter der Schneegrenze erstrecken kann (vgl. Abb. 18). Die JMT an der Schneegrenze wird von Cui mit –10° bis –13°C, an der Permafrostgrenze mit –4 bis –5°C angegeben. Eigene Berechnungen ergeben für die Untergrenze der ungebundenen Solifluktion (in Tab. 2 als periglaziale Untergrenze verstanden) JMT von –2,7 bis –5°C.

Im Norden des Expeditionsgebietes, insbesondere im Kunlun Shan, in einem arid-kontinental beeinflußten Gebiet (die Jahresniederschläge von Golmud, am Fuße des Kunlun Shan in 2990 m gelegen, betragen nur 16 mm), werden die Periglazialphänomene zusätzlich durch eine Lößbedeckung im Dezimeterbereich modifiziert (s. Abb. 19).

Der *subkontinentale* Typ ist als Übergangstyp zum maritimen Bereich im Süden (südlich des Tanggula Shan) und Nordosten des tibetischen Hochlandes verbreitet. Die Vertikalerstreckung des Permafrostbereiches bis zur Schneegrenze – hier dominiert diskontinuierlicher Permafrost – erreicht nur noch 500–600 m. Die JMT an der Schneegrenze und im Permafrostbereich sowie an der periglazialen Untergrenze sind deutlich niedriger als im Norden des Plateaus (vgl. Tab. 2).

Tabelle 2:
Differenzierung der Periglazialerscheinungen in Tibet in einen kontinentalen (im Norden des tib. Hochlandes), subkontinentalen (im Nordosten und Süden des tib. Hochlandes) und maritimen Typ (im Südosten des tib. Hochlandes) sowie Jahresmitteltemperaturen (JMT) an der Schneegrenze, an der Permafrostuntergrenze (nach Cui 1981) und an der periglazialen Untergrenze (eigene Berechnungen).

Typ	JMT (Schneegrenze)	JMT (Permafrost)	JMT (Periglazial)
Kontinental	–10 bis –13°	–4 bis 5°	–2,7 bis –5°
Subkontinental	– 7 bis –10°	–2 bis 3°	–1,5 bis –2,5°
Maritim	– 1 bis –2°	–	+1 bis –1

Der *maritime* Periglazialbereich befindet sich im monsunal beeinflußten Südosten des tibetischen Hochlandes. Hier ist die Permafrostgrenze zumeist über der Schneegrenze und der periglaziale Formenschatz ist insgesamt relativ schwach entwickelt.

Tabelle 3:
Verlauf der unterschiedlichen Höhengrenzen im Ost-West und Nord-Süd-Vergleich.

Periglazial	N-S:	3400–4500 (+900)
	E-W	3700–4100 (+400)
	Plateau:	um 4100
Nival:	N-S:	4000–4500 (+500)
	E-W:	4100–4600 (+500)
	Plateau:	um 5100
vorzeitliches Nival:	In der Regel 300 m tiefer,	
am N-Rand (Trockengebiete!):	Bis 1000 m	
Schneegrenze:	N-S: (4400)	5200–5200 (+800)
	E-W:	4800–5400 (+600)
	Plateau:	bis 5600

7. Permafrost

Der Permafrost wird hier bewußt nicht zum periglazialen Formenschatz gerechnet. Zwar werden die Periglazialerscheinungen durch den wasserstauenden Permafrost im Untergrund und die Auftauprozesse gefördert, da im Oberboden ständig genügend Wasser für Periglazialerscheinungen zur Verfügung steht. Permafrost tritt jedoch auch ohne Periglazialerscheinungen auf, wie beispielsweise im südlichen Sibirien unter dem Nadelwald der Taiga.

Der Bereich zwischen dem Kunlun-Paß und dem Tanggula Shan ist ein überwiegend flaches Plateau mit geringer Reliefenergie in ca. 4600 bis 4700 m Höhe. Dieser gesamte nördliche Plateaubereich ist durch kontinuierlichen Permafrost (vgl. SHI YAFENG 1988) mit einem bis zu 1 m mächtigen Auftauboden gekennzeichnet. In tiefergelegenen, feuchteren Bereichen sind zahlreiche Pingos zu beobachten. Die Untergrenze des Permafrostes (Permafrost limit) kann im Kunlun Shan mit etwa 4100 m angegeben werden (vgl. SHI YAFENG 1988; KUHLE 1987: Fig. 35, S. 233). ZHENG BENXING & JIAO KEQIN (1991:23)[3] geben die Untergrenze des diskontinuierlichen Permafrostes im Kunlun Shan mit 4150–4200 m bei JMT der Luft von 2 bis 3°C und des Bodens (ground temperatures) von 0,1 bis 1,0°C an.

Der Bereich des kontinuierlichen Permafrostes erstreckt sich von 4350 m im Kunlun Shan bis etwa 32°30' Nord. Südlich des Tanggula Shan tritt kontinuierlicher Permafrost oberhalb 4600–4700 auf. So konnten zwischen Amdo und Nagqu in 4800 m mehrere Pingos, die in Bildung waren, beobachtet werden (vgl. Abb. 20). Sie zeigen an, daß heute nach einer Periode der Degradation des Dauerfrostbodens mit der Bildung von Auftauseen eine Regeneration des Dauerfrostbodens stattfindet.

Nach chinesischen Untersuchungen (zusammengefaßt bei SHI YAFENG et al., 1988; vgl. Abb. 18) wird dieser gesamte Bereich dem *diskontinuierlichen Permafrost* zugerechnet.

Neue Hammerschlag-seismische Untersuchungen aus dem Nyenchentangula (Nyainqentanglha) Shan und dem Tanggula Shan (ORTLAM 1991) ergeben dort eine Auftautiefe des Permafrostes von bis 2,5 m unter Geländeoberfläche bei Mächtigkeiten von 35 bis

---

[3] Hier sind auch weitere Literaturangaben zu finden.

Abb. 19:
Periglazialerscheinungen im Kunlun Shan in Südexposition aus 4140 m. Die fast vegetationslosen und in den unteren Hangabschnitten stark lößverkleideten Hänge sind von zahlreichen Solifluktionsloben bedeckt. – Foto: F. Lehmkuhl, 29.7.1989.

100 m im Nyainqentanglha Shan in 4750 m (ab 2 m) und 3,7–6,7 in 4800 m bzw. 10–18 m in 5250 m (ab 2 m) im Tanggula Shan.

Der Permafrost wird nach SHI YAFENG (1988) in den *Plateau-Permafrost* auf dem Qinghai-Xizang-Plateau (tibetisches Plateau) und den *Alpinen Permafrost* (alpine Permafrost), der in den verschiedenen Gebirgen Chinas vorkommt, unterteilt. Zwischen *diskontinuierlichem (isolated) Permafrost* und *kontinuierlichem (continuous) Permafrost* wird in der Karte von SHI YAFENG (1988) nur im Bereich des Plateau-Permafrost unterschieden; in den Gebirgen ist diese Zone zu schmal und wird daher zusammengefaßt.

Großräumig ist nach SHI YAFENG (1988) und unseren Beobachtungen ein Anstieg der Permafrostuntergrenze (Alpiner Permafrost/Mountain Permafrost) von 3500–3800 m im Qilian Shan bei 35–38°N bzw. ca. 4100 m im Kunlun Shan bei 37°N auf 5000–5300 m an der Himalaya Südabdachung zwischen 28 und 29°N festzustellen.

Bei der Betrachtung der Darstellung der Grenzen des Permafrostes (diskont. und kont.) in der Karte von SHI YAFENG (vgl. Abb. 18) konnte jedoch die Abhängigkeit des Permafrostes vom Relief, schon allein aufgrund des Maßstabes, nur ungenügend berücksichtigt werden. So können beispielsweise im Süden des Tanggula Shan tiefere Tal- und Beckenbereiche völlig frei von Permafrost sein.

Abb. 20: Kleiner Pingo, aufwachsend innerhalb eines Sees in 4700 m ca. 30 km südlich von Amdo (bei ca. 91°42'E, 32°N). – Foto: F. Lehmkuhl, 3.8.1989.

Die *Jahresmitteltemperaturen* (JMT) werden von SHI YAFENG im Gebiet des alpinen Permafrostes im Qilian Shan mit <–2°C und im Himalaya mit <–2,5 bis –3,0°C angegeben. Für den diskontinuierlichen Plateau-Permafrost wurden –0,8 bis –2,5°C JMT und für den kontinuierlichen Plateaupermafrost –2,5 bis –6,5°C JMT und tiefer angegeben. Allgemein zugängliche detailliertere Studien liegen über den Qilian Shan und das Anyêmaqên-Massif vor (CHENG GUODONG 1987, LUO XIANGRUI 1987).

Die rezente Untergrenze bzw. Südgrenze des Permafrosts wird bei Amdo, südlich des Tanggula Shan, in etwa 4800 m erreicht. Die Klimastation von Amdo in gleicher Höhe gibt für den Zeitraum 1965–1970 eine JMT von 3,3°C an (s. Tab. 1).

Eiskeilpseudomorphosen als „Indikatoren" für eine vorzeitlich wesentliche stärkere Permafrostperiode konnten zwischen Madoi und den Fingerlakes entdeckt werden. Ein besonders guter Aufschluß in kristallinen Schiefern an einem kleinen Pass südlich Madoi und des Huanghe zeigte deutlich mehrere verschiedene Klimaphasen, auf die in Abschnitt 12 näher eingegangen werden soll.

Zahlreiche in Bildung befindliche Pingos, insbesondere in Auftauseen (s.o.), zeigen eine Regeneration des Permafrostes nach einer Degradationsperiode über das Tempo des Aufwachsens von Pingos. Während 1981 im Zentrum des 1980 von der chinesischen Armee gesprengten Pingos am Kunlun Paß nur Wasser stand, war 1989 bereits ein kleiner neuer Pingo sichtbar, der an Stelle des kleinen Sees aufgewachsen war (s. Abb. 21).

Ebenso wie die Untergrenze der ungebundenen Solifluktion reicht der Permafrost nach Norden weiter hinab. Im feuchteren Osten des Expeditionsgebietes hingegen liegt die Permafrostuntergrenze erheblich über der Untergrenze der ungebundenen Solifluktion. Eine Erklärung ist, bei der generellen Abhängigkeit des Permafrostes von geringen Jahresmitteltemperaturen, in der größeren Wirkung und Eindringtiefe des Frostes in den trockeneren Bereichen bei fehlender oder geringer Schneedecke und gleichzeitig geringerer Bewölkung zu suchen.

Abb. 21a/b: Pingo am Kunlun Pass. A) 1981: Von der chinesischen Armee gesprengter Pingo B) 1989: Am Boden des Sprengtrichters bildet sich ein neuer Pingo.
– Fotos: J. Hövermann (A), F. Lehmkuhl (B)

8. Die nivale Formungsregion (Höhenstufe)

Die aktuelle nivale Formungsregion hebt sich schon durch die Vielzahl von Schneeflecken, Schneeleisten und Schneebändern als feingegliedertes Mosaik von der plumper gestalteten voll weißen Glazialregion und der ebenfalls plumper gestalteten gesteinsfarbenen oder begrünten Periglazialregion ab. Dabei lehnt sich die Schnee-Einlagerung nicht nur an die Härteunterschiede der Gesteine an, sondern arbeitet sie weiter heraus, so daß beim Schrumpfen oder Verschwinden des Schneeflecks die nivale Formung nicht nur in der Farbe, sondern auch in der Form deutlich wird. Gesteigerte Frostverwitterung an der Schwarz-Weiß-Grenze führt zur seitlichen Ausweitung, Schmelzwasserabfluß am Rande und besonders am unteren Ende der Schneeflecken zur Einschneidung. An die Schneeflecken in Hangbereichen schließt zumeist eine kerbförmige Abflußbahn an, die als Fremdlingsform weit in den Periglazialbereich hineingreift. Die Einlagerung von Schnee und seine größere Dauerhaftigkeit in der neugeschaffenen Schattenlage führt zur Ausbildung einer abwärts gerichteten Spitze des Schneefleckes.

Ausweitung in den oberen Teilen und Ausbildung einer Spitze am unteren Ende des Schneeflecks führen zu einer charakteristischen Trichterform des Schneeflecks, der einem in den Fels eingearbeiteten Nivationstrichter entspricht. Beim völligen Schwinden des Schneeflecks wird dieser als Leitform der nivalen Formungsregion sichtbar (s. Abb. 22). Zu beobachten sind alle Übergangsstadien vom reliefabhängigen, beliebig konfigurierten Schneefleck zu der voll ausgereiften Form des Nivationstrichters. Das Endstadium stellt die als „nivale Serie" bereits beschriebene Formengemeinschaft aus Nivationstrichter, Runse (=Durchtransportstrecke) und Schuttkegel dar (LEHMKUHL 1989:48), wobei das

Abb. 22: Nivationsformen und Formen der ungebundenen und gebundenen Solifluktion in 4680 m (34°08'N, 92°21'E). – Foto: F. Lehmkuhl, 1.8.1989.

Volumen des Schuttkegels einen Anhalt über das Ausmaß der nivalen Formung im Bereich des Nivationstrichters gibt.

Nach bisherigen Beobachtungen und Messungen scheint es, als ob die Größenentwicklung der Nivationstrichter einer strengen Gesetzmäßigkeit unterliegt: Die lichte Weite (Breite) des Trichters im obersten Bereich beträgt maximal zwischen 200 und 500 m. In dieser regelhaften Größe sind sie in Satellitenbildern des Maßstabes 1 : 500.000 noch gerade eben erkennbar. Da die kleineren Gletscher im Firnbereich durchweg um den Faktor 2 größer sind, lassen sich Nivationstrichter und Glazialformen im allgemeinen auch im Satellitenbild gut voneinander unterscheiden.

Eine nivale Höhenstufe kann man mit Hilfe des landschaftskundlichen Ansatzes nach HÖVERMANN (1985) von einer periglazialen und glazial Höhenstufe abgrenzen (vgl. LEHMKUHL 1989:11ff). *Zusammenfassend* ist eine Abgrenzung zum periglazialen Formenschatz durch eine feinere Ziselierung des Reliefs mit der Herausarbeitung von Gesteinsunterschieden und durch Nivationshohlformen, von der glazialen Höhenstufe durch Gletscher und durch sie bedingte größere und plumpere Formung gegeben. Der periglaziale Bereich zeichnet sich zudem durch die glättende denudative Wirkung der Solifluktion aus, die bis zur Bildung von sog. Frostausgleichshängen führen kann, während in der nivalen Höhenstufe Einzelformen, wie z.B. Nivationstrichter, herausgearbeitet werden. Die Gletscher als Leitformen der glazialen Höhenstufe können allerdings bei größeren Einzugsgebietshöhen als Fremdlingsformen weit in die tieferen Höhenstufen hinabreichen.

Die *Untergrenze* der aktuellen nivalen Höhenstufe (vgl. Abb. 18), zumeist gekennzeichnet durch rezente Nivationstrichter, kann in Nordosttibet mit 4200–4300 m und in Zentraltibet mit 4800–5000 m angegeben werden. Hier ist im Vergleich zu den periglazialen Prozessen in der Mattenstufe und der darüberliegenden Frostschuttregion mit Formen der ungebundenen Solifluktion eine Intensivierung der Prozesse an längerliegenden Schneeflecken und eine Herausarbeitung von Nivationstrichtern (in N-Exposition schon ab 4100 m) zu beobachten. Die höchsten Gipfelregionen oberhalb der jeweiligen orographischen Schneegrenze sind von Gletschern bedeckt (glaziale Höhenstufe). Die verschiedenen Gletschertypen sind in Abschnitt 10 dargelegt. Der Verlauf der Schneegrenze in Ost- und Zentraltibet, nach dessen Isochionen der Verlauf der nivalen Untergrenze mit interpoliert werden konnte, ist in Abb. 27 dargelegt. Diesen Befunden wurde die ältere Darstellung nach v. WISSMANN (1959) und die neueren Angaben aus chinesischer Literatur und Karten aus Xizang (Tibet) (LI JIJUN, ZHENG BENXING et al. 1986) sowie für die gesamte V.R. China SHI YAFENG 1988) gegenübergestellt (s. u.).

9. Der Verlauf der periglazialen und nivalen Untergrenze im Expeditionsgebiet (Regionale Befunde)

In diesem Abschnitt sollen periglaziale und nivale Formen in ihrer räumlichen Verbreitung im Expeditionsgebiet dargelegt werden (vgl. Abb. 18). Dabei werden, dem Expeditionsverlauf entsprechend, zunächst der Nordost- und Nordrand des tibetischen Hochlandes, dann das eigentliche Hochland zwischen Golmud und Lhasa und zum Abschluß der Übergang zu den meridionalen Stromfurchen in Südosttibet dargelegt.

9.1 Ost- und Nordosttibet (Provinzen Sichuan und Qinghai)

Im Osten des Expeditionsgebietes ließ sich die periglaziale Untergrenze zunächst an einem Pass östlich Songpan bei 103°45'E und 32°46'N fassen. Hier konnten Solifluktionsloben ab ca. 3800 m und die Grenze der freien Solifluktion in 3900–4000 m beobachtet werden. Deutliche Nivationstrichter waren in 4100–4200 m entwickelt.

Im Gebiet von Jiuzhaigou (um etwa 104°E, 33°N, s.o.) dominieren vorzeitliche Periglazialformen ab ca. 3300–3400 m. In gleicher Höhe setzen hier bereits vorzeitliche Nivationsformen (Nivationstrichter, heute voll begrünt) ein. Über der Baumgrenze in etwa 3700 m setzen in 3800–3900 m deutliche periglaziale Fließloben ein. Die Übergangszone zwischen der Mattenstufe (gebundene Solifluktionserscheinungen) und der Frostschuttstufe mit ungebundenen Solifluktionserscheinungen liegt in 3950–4000 m (s. Abb. 23).

Rezente Nivationsformen sind ab ca. 4200–4300 m vorhanden, meist als Nivationstrichter, z. T. als voll entwickelte nivale Serie. Frischer Schutt und Schneeflecken belegen den aktuellen Charakter der Formung. Nach den chinesischen Karten und Luftbildern sowie der chinesischen Literatur (SHI YAFENG 1988) liegt die rezente Gletscher-Schneegrenze in den Randketten bei ca. 4800 m und steigt nach Westen bis auf ca. 5000 m an.

Weiter westlich, im Gebiet des eiszeitlichen Huanghe-Stausees (Bereich der großen Huanghe-Schleife nördlich und östlich von Aba: 102°E, 33°N), treten Formen der gebundenen Solifluktion ab ca. 3900 m in Erscheinung, sind jedoch noch sehr schwach. Solifluktionsprozesse dominieren erst oberhalb der Mattengrenze. Die Grenze der Formen der gebundenen zu denen der ungebundenen Solifluktion ist hier in 4200–4300 m deutlich und steigt nach Westen bis auf 4400 m an.

Abb. 23: Periglaziales Stockwerk in 4330 m (98°53'E, 34°58'N, Ostabdachung des Anyêmaqên-Massives). Im Vordergrund Talsohle, dahinter ist deutlich die Grenze der ungebundenen Solifluktion in etwa 4500 m zu erkennen sowie einige periglazial überarbeitete Nivationstrichter in den höheren Hangpartien. Das Herunterrücken der Frostschuttstufe wird durch die Relikte von Vegetation innerhalb des Schuttkomplexes deutlich. – Foto: F. Lehmkuhl, 19.7.89.

9.2 Nordrand des tibetischen Plateaus, Kunlun Shan
(Provinz Qinghai, Qaidam-Becken)

Am Nordostrand des Plateaus zur Qaidam-Depression sind zwischen Madoi und Xining in Höhen zwischen 3400 und 4000 m unterhalb der periglazialen Höhenstufe Fußflächen (Pedimente) zu finden, die im Westen bis in das Qaidam-Becken hinabreichen, während weiter im Osten, zum trockeneren, kontinentaleren Beckeninneren der Qaidam-Depression ab etwa 97°E, die (hier eiszeitlichen) Pedimente und glazifluviatilen Schotterfluren zerschnitten werden oder aber durch Sand überdeckt werden. Nach der von HÖVERMANN (1985) entwickelten Systematik der landschaftskundlichen Formenanalyse kann man hier eine Einteilung in eine Region der Wüstenschluchten und eine der Sandschwemmebenen, die auch im Beckeninneren selbst zu diagnostizieren ist, vornehmen (vgl. HÖVERMANN 1982, 1987). In der rezenten hypsometrischen Abfolge ist in Abb. 24 über einem Talrelief (Wüstenschluchten nach HÖVERMANN) ein verwaschenes periglaziales Relief und darüber eine nivale und glaziale Formungsregion erkennbar (vgl. Fig. 5 und 6 bei HÖVERMANN (1987): Profil von Xining bis Golmud).[4]

Dieser morphologische Wechsel, mit nach Westen zunehmend arider Morphodynamik, äußert sich auch in den Höhenstufen der Vegetation: Der Wald hat hier nicht nur eine Obergrenze in ca. 3800 m sondern auch eine Untergrenze (Trockengrenze), die östlich von Chaka (99°04'E, 36°47'N) in ca. 3600 m liegt und nach Westen hin ansteigt, so daß dort eine Waldstufe völlig fehlt und die Hänge unterhalb einer schmalen Mattenstufe ab etwa 4000 m fast völlig vegetationsfrei sind (s. Abb. 24). Im Tal des Jingxianguo (vor dem Kunlun Paß) reicht die Sandanwehung mit Dünenbildung bis 4100 m hinauf. Somit reichen aride Formenelemente bis in die Periglazialregion empor.

Die rezenten morphodynamischen Prozesse sind in dieser tieferen Region, nicht zuletzt auch aufgrund des geringen Vegetationsbesatzes, morphologisch besonders wirksam. So richteten die Starkregenereignisse des Sommers 1989 zahlreiche Zerstörungen an Brücken und Straßen an (vgl. LEHMKUHL & PÖRTGE 1991).

Ab 3500 m ist die rezente Zerschneidung geringer (Obergrenze der Wüstenschluchten?) und an den Hängen sind Schuttakkumulationen eines vorzeitlichen Periglazialreliefs erhalten. Aufgrund der für diese Höhenlage relativ großen Aridität fehlt eine (gemäßigt) humide Höhenstufe und somit eine ausgedehnte Region der geschlossenen alpinen Matten; die Rasenvegetation ist sehr lückenhaft und zumeist auf die Tiefenlinien konzentriert. Die Periglazialerscheinungen sind als Formen der gehemmten Solifluktion (ab 3700 m) anzutreffen und treten hier als Variante mit starker Lößbedeckung auf – auch rezent ist noch mit einer Lößsedimentation zu rechnen (s. Abb. 19).

Im zentralen Kunlun Shan bei 36°N und 95°E (bzw. im Vergleich zum Qilian Shan bei 38°N und 98°E) kann die periglaziale Untergrenze mit 3700 m (3400 m) und die Untergrenze der Nivation mit etwa 4300 m (4100–4200 m) angegeben werden (vgl. Abb. 18). Beide Höhengrenzen steigen zum Inneren des tibetischen Hochlandes nach Süden (strahlungsbedingt durch südlichere geographische Breite und dem sogenannten Massenerhebungseffekt) hin an (s. u.). Die Untergrenze der freien Solifluktion konnte in der Nähe des Kunlun-Passes in S-Exposition in 4100–4200 m, in N-Exposition mit 4000–4100 m bestimmt werden. Vorzeitliche Nivationstrichter reichen zumeist bis 300 m tiefer hinab, konnten aber im Kunlun Shan bis zu 1000 m unterhalb des rezenten nivalen Formenschatzes, bis 3000 m, festgestellt werden.

[4] Nach HAGEDORN & POSER (1974) ist im Qaidam-Becken die Zone IV mit intensivsten äolischen Prozessen, episodisch starker Flächenspülung und episodischen fluvialen Prozessen erreicht (f_3s_1A).

Abb. 24: Blick auf den Kunlun Shan aus 2900 m ca. 5 km südlich von Golmud (94°43'E, 36°21'N). Über einem tieferen, stark zerschnittenen und vegetationsfreien Stockwerk (vorzeitliche Nivationsformen und aktuelle Wüstenschluchten) sind sanftere Hangformen (rezentes periglaziales Stockwerk) mit vorzeitlichen Karen zu erkennen. Die höchsten Erhebungen zeigen Nivationstrichter, die durch den Neuschnee nachgezeichnet werden. – Foto: F. Lehmkuhl, 29.7.1989.

9.3 Zentrales tibetisches Hochland zwischen Kunlun Shan und Nyainqentanglha (Provinzen Qinghai und Xizang)

Das zentrale tibetische Plateau läßt sich hier in einen nördlichen und in einen südlichen Teil einteilen. Die Grenze bildet der Tanggula Shan bei ca. 33°N.

Im Bereich des nördlichen Plateaus (nördlich des Tanggula Shan) wird die periglaziale Untergrenze nicht erreicht, da das Plateau immer über 4500 m liegt. Die Grenze der freien Solifluktion liegt zwischen 4900 m und 5000 m. Zudem ist dieser Teil des Plateaus durch eine große Kontinentalität mit Niederschlägen um 100 bis 150 mm/a sowie durch kontinuierlichen Permafrost gekennzeichnet.

In den höheren (Gebirgs-)Bereichen sind vorzeitliche und rezente Nivationsformen ab 4800–5000 m, zumeist Nivationstrichter und „nivale Serien", sowie zahlreiche rezente Periglazialerscheinungen, wie Solifluktionsgirlanden und -loben, Steinstreifen, Frostmusterböden etc. zu finden.

Südlich des Tanggula, bei vergleichsweise höheren Niederschlägen und geringerer Kontinentalität (s. Tab. 1: Stationen Amdo: 411 mm/a und Nagqu: 406 mm/a), ist dagegen nur diskontinuierlicher Permafrost vorhanden (s. u.).

Im Bereich des Nyainqentanglha Shan konnte subrezente Nivation am Jouzela Pass (91°31'E,30°36'N) ab 4600–4800 m durch Nivationstrichter in NW-Exposition belegt werden.

Erst im Tsangpo-Tal oberhalb von Lhasa sowie im Bereich der meridionalen Stromfurchen wird die periglaziale Höhenstufe wieder erreicht. Am Ganbala Pass (29°12'E,

90°37'N) südlich von Lhasa konnten Formen der gebundenen Solifluktion ab 4500–4600 m und Formen der ungebundenen Solifluktion ab 4800–4900 m beobachtet werden. Das Tsangpo-Tal selbst ist wiederum relativ trocken: Hier finden Sandverdriftungen bis zur Dünenbildung statt. Bis ca. 4000 m ist an den Hängen eine intensive Linearerosion, auch mit Murgängen, festzustellen. Oberhalb schließen sich gestreckte Hänge mit Schuttdecken an, die als ein vorzeitliches, gut erhaltenes Periglazialrelief zu deuten sind.

Im Verlauf der Expeditionsroute über das Plateau nach Süden zeigte sich die Aufwölbung der rezenten Höhenstufen zum Zentrum des Plateaus bedingt durch den Massenerhebungseffekt und der größeren Trockenheit im Inneren Tibets deutlich.

So steigt beispielsweise die Schneegrenze von den Randketten des Kunlun Shan im Norden (5000–5200 m) um 600 m auf 5600–5800 m im Bereich des Tanggula Shan an oder von Osten nach Westen, auf gleicher Breitenlage, von 4800 m in den Randketten westlich des Roten Beckens auf über 5600 m im Gebiet um Qamdo an (vgl. SHI YAFENG et al. 1988, s.u.).

9.4 Südosttibet (Übergang vom tibetischen Hochland in den Bereich der meridionalen Stromfurchen; Provinzen Xizang und Sichuan)

Im Süden des Expeditionsgebietes (s. Abb. 1 und 3), im Bereich der meridionalen Stromfurchen, befindet sich unterhalb der periglazialen Höhenstufe (ab etwa 4000 m), in der z.T. deutliche vorzeitliche glaziale Formen wie Trogtäler und Zungenbecken, z. T. sogar Moränenreste erhalten sind, ebenfalls ein Talrelief (vgl. Abb. 13).

Die tief eingeschnittenen Täler besitzen nur an wenigen Stellen Terrassenreste. Es sind maximal drei, Terrassenniveau und rezent schneiden sich die Flüsse in den anstehenden Fels (wie beispielsweise des oberen Mekong (Lanziangjiang) bei 29°30'N in 2800 m) ein. Die unterste Terrasse ist zumeist eine Felsterrasse mit z. T. geringer Schotterauflage. Eine Mehrphasigkeit ist in den Schwemmkegeln der Nebentäler deutlich zu erkennen. (s. Abb. 14). Das entspricht einer Abfolge, wie sie von WANG & FAN (1987:56) für Süd-Tibet (Yaluzangbu = Tsangpo-Tal) beschrieben und von ihnen mit unterschiedlichen Klimaphasen gleichgesetzt wurde. Dabei wird im frühen und mittleren Holozän (8.000–2.500 B.P.) in größeren Schwemmfächern ein grau-gelblicher bis hellgrauer Silt (Löss) akkumuliert, der organisches Material sowie zwei Paläoböden enthält. Die jüngeren Schwemmfächer (1.800 B.P.) enthalten einen hohen Prozentsatz an Schottern, sind kleiner und stärker zerschnitten.

Unterhalb von etwa 3000 m setzen hier die rezenten morphodynamischen Prozesse wie Rutschungen, Muren und Uferanbrüche verstärkt ein und werden meist durch exzeptionelle Starkregen und/oder durch die in diesem Raum häufigen Erdbeben ausgelöst (vgl. LEHMKUHL & PÖRTGE 1991; LEHMKUHL 1992).

Zwischen den Tälern der meridionalen Stromfurchen, mit einem Talgrund von 2700–3300 m, sind in diesem Gebiet oberhalb von etwa 4500 m Flächenreste erhalten, das Landschaftsbild gleicht dem des tibetischen Hochlandes. Diese höheren Regionen sind wiederum durch die oben beschriebenen periglazialen und nivalen Prozesse sowie einen vorzeitlichen glazialen Formenschatz gekennzeichnet.

Ein gemäßigt-humides Stockwerk ist hier nicht deutlich erkennbar. Dies hat zwei Hauptursachen: Zum einen ist die Reliefenergie im Bereich der tief eingeschnittenen großen Ströme sehr groß, das Talgefälle ist hoch und die Hänge sind steil. Dadurch bleibt für die Ausbildung von Mäandertälern kaum Raum. Zum anderen sind die meridionalen Stromfurchen intramontane Trockentäler (475 mm Jahresniederschlag in Batang, 2589 m), so daß in den Talsohlen eine erhöhte Mobilität von Sanden (mit Sandverdriftung bis zur Dünenbildung, hauptsächlich im Winter) festzustellen ist. Doch hebt sich zwischen der periglazialen Stufe und der torrentiellen Stufe innerhalb der Talhänge ein morphologisch eher ausdrucksloser Bereich ab, der als gemäßigt-humides Stockwerk angesprochen werden könnte (vgl. Abb. 15).

Über dem Kerbtalrelief bzw. dem Stockwerk der Auentäler mit mäandrierenden Flüssen und mit schwachen aktuellen Prozessen (gemäßigt-humide Höhenstufe) folgt das *periglaziale* Stockwerk. Formen der gebundenen Solifluktion, wie Erdströme und Girlanden, treten ab 3700–3800 m in Erscheinung, sind jedoch insgesamt nur sehr schwach und wenig markant. Dieses Stockwerk mit Prozessen der gebundenen Solifluktion ist in dem während der Expedition beobachteten Gebiet insgesamt relativ selten gut ausgebildet. Die Grenze der geschlossenen alpinen Matten, zugleich der Übergang von gebundener zu ungebundener Solifluktion, befindet sich in 4400–4600 m (vgl. die Profile in Abb. 2 u. 3). In Nordost-Tibet, im Gebiet des Anyêmaqên, liegt die Untergrenze der freien Solifluktion nach KUHLE (1987) in 4500 m. Für das zentrale tibetische Plateau zwischen dem Kunlun Shan und Lhasa können diese Untergrenzen mit 4500–4600 bzw. 4900–5000 m angegeben werden.

9.5 Zusammenfassung und Interpretation der regionalen Befunde

Zusammenfassend läßt sich feststellen, daß die periglaziale Untergrenze von Nord nach Süd um 900 m (von 3400 bis auf 4500 m) und von Ost nach West um 400 m (von 3700 auf 4100 m) ansteigt.

Dabei sind die *Periglazialerscheinungen* im Nordosten des Expeditionsgebietes (subkont. Typ, s.o.) sowie nördlich des Tanggula Shan im Permafrostbereich (kont. Typ) am deutlichsten entwickelt. Der Verlauf der Grenze der ungebundenen Solifluktion in Tibet – im Norden (trocken und kontinental, Permafrost) tiefer, im feuchten Bereich Ost-Tibets höher – deckt sich mit den Beobachtungen von HÖVERMANN (1960) und HEINE (1977), die eine tiefere periglaziale Untergrenze in den Trockenräumen belegen.

Die periglaziale Untergrenze ist thermisch von der Frostwechselhäufigkeit, in diesem Fall der Übergangsmonate im Frühjahr (Vormonsun: April–Juni) und Herbst (Nachmonsun: Sept.–Okt.), abhängig. Gleichzeitig besteht insofern eine Abhängigkeit von hygrischen Bedingungen, als daß für Gelisolifluktionsprozesse genügend Feuchtigkeit im Boden vorhanden sein muß, was in den Permafrostbereichen durch die Auftauprozesse aber stets gegeben ist. Die *Permafrostuntergrenze* ist dagegen in erster Linie durch die thermischen Bedingungen, ausgedrückt durch die Jahresmitteltemperatur, bestimmt und daher im Osten tiefer als im kontinentalen nördlichen und zentralen Plateau (vgl. CHENG 1987, LUO 1987, KUHLE 1987).

Die *nivale Untergrenze* steigt vom Nord- bzw. Ostrand zum Zentrum des tibetischen Plateaus um etwa 500 m an (Nord- bzw. Ostrand: 4000–4100 m, Zentrum: 4500–4600 m). Im Süden des Expeditionsgebietes konnte keine nivale Höhenstufe ausgemacht werden. Theoretische Überlegungen zur nivalen Höhenstufe lassen auch ein Auskeilen zu den Subtropen und Tropen – als Ausdruck des Wechsels von den Jahreszeitenklimaten zu den Tageszeitenklimaten erwarten. Im Bereich der Tageszeitenklimate ist aufgrund der klimatischen Bedingungen, insbesonders der hohen Sonneneinstrahlung, nicht mit längerliegenden Schneeflecken und einer Schneefleckenzone zu rechnen – hier schließt sich höhenwärts an die periglaziale Höhenstufe direkt die glaziale Höhenstufe an.

Der Anstieg der periglazialen und nivalen Untergrenzen nach Süden, breitenkreisbedingt durch die höhere Strahlung und zum Zentrum des tibetischen Plateaus mit dem sogenannten „Massenerhebungseffekt" gilt im Prinzip ebenso für alle übrigen Höhengrenzen, einschließlich der rezenten Schneegrenze (vgl. Abschnitt 9.2) sowie für die Vegetationshöhenstufung. Der Anstieg zum Inneren des tibetischen Hochlandes wird zum einen

Abb. 25: Gletscher im Kunlun Shan aus 4140 m. Links spitz zulaufender Gletscher vom Typ „Breitboden". Rechts ein Talgletscher mit zahlreichen neoglazialen Moränenwällen und verschiedenen glazifluviatilen Teilfeldern (35°43'N, 94°07'E). – Foto: F. Lehmkuhl, 29.7.1989.

mit dem sogenannten „Massenerhebungseffekt" der hochgelegenen „Heizfläche" des tibetischen Plateaus erklärt. Zum anderen schirmen die hohen Gebirge im Süden (der Himalaya Hauptkamm) und im Westen (Pamir und Karakorum) den inneren Bereich Tibets vom niederschlagsreichen Monsun bzw. der Westwinddrift ab (vgl. FLOHN 1959, 1987; PENG & DOMRÖS 1988).

10. Die glaziale Formungsregion

10.1 Der rezente glaziale Formenschatz

Wiewohl die kleineren Gletscher Tibets derzeit in der Mehrzahl mit prallen, konvex gewölbten Zungen einen aktuellen Gletschervorstoß anzeigen, ist die Gletscherentwicklung der letzten Jahrhunderte durch einen von Vorstößen unterbrochenen, generellen Rückgang gekennzeichnet. Die durch deutliche Seiten- und Endmoränen sichtbaren Glazialformen dieses ‚historischen Komplexes' bilden jeweils eine wohlausgebildete glaziale Serie, indem an die Endmoränen Schotterfluren anschließen. Alle diese glazifluviatilen Aufschüttungen laufen nach einigen Kilometern Entfernung zusammen. Jeder einzelne, an den jeweiligen Moränenbogen anschließende glazifluviatile Schwemmkegel stellt also ein Teilfeld innerhalb des im weiteren Sinne „gleichzeitigen" historischen Komplexes dar. Dank dieses Sachverhaltes lassen sich nicht nur Form und Ausdehnung der Gletscher, sondern auch die glazialen Formungsprozesse erkennen. Diese unterschiedlich stark bewachsenen Moränen (‚grüne', ‚grün-graue' und ‚graue' Moräne) werden dem Neoglazial zugeordnet und können mit den auf der Tibet-Expedition von 1981 gefundenen Moränenkomplexen gleicher Abfolge verglichen werden (s. KUHLE 1987:221ff sowie Abb. 25).

Abb. 26: Talgletscher in einem ganztaligen Trog. Rechts im Bild ist der Expositionsunterschied in dieser subtropischen Breitenlage gut erkennbar: In S-Exposition einige kleinere Schneeflecken in Nivationstrichtern, in N-Exposition ein Breitbodengletscher: (33°08'N, 91°49'E). – Foto: F. Lehmkuhl aus 4840 m, 1.8.1989.

In ihrer Gestalt zeigen die Gletscherzungen eine deutliche Abhängigkeit von der Formungsregion, aus der sie aus ihrem Nährgebiet absteigen (vgl. HÖVERMANN & KUHLE 1985). Kleine Gletscher, deren Nährgebiet die Schneegrenze nur wenig übersteigt, haben eine spitze Zunge, an die fast unmittelbar glazifluviatile Schüttungen ansetzen. Seitlich liegt die Zunge durchweg unmittelbar am Fels an; ausgeprägte Seitenmoränen fehlen. Im Bereich der größeren Eisausdehnung des ‚historischen Komplexes' ist das vom Gletscher freigegebene Tal deutlich kerbförmig; eine U-Form ist auch im Ansatz nicht vorhanden. Im Firnbereich dagegen fliehen die Hänge zurück und verschwinden völlig unter dem Eis, so daß die einzelnen spitzen Zungen dreiecksförmig aus der Totalverfirnung des Bergrückens nach unten vorgeschoben sind. Wo Gletscher dieses Typs völlig verschwunden sind, ist zu sehen, daß sich das Kerbtal nicht in dem Firnbereich fortsetzt, sondern hier durch einen breiten dreiecksförmigen Boden abgelöst wird. Die Gletscher dieses Typs bilden also im Firnbereich Breitböden, die ohne ausgeprägten Rückhang als steiler geneigte Flächen aus dem Bergrückenbereich hervorgehen, und im Zungenbereich Kerbtäler. Damit entsprechen sie in ihrer Gestalt und im Prinzip auch nach den Formungsprozessen der nivalen Region, in der sie ausnahmslos enden.

Der Typ des *Breitbodengletschers*, als Hängegletscher bezeichnet, der dreieckig spitz nach unten zuläuft und ein Pendant zu vorzeitlichen Breitböden darstellt (als glaziale Erosionsformen erstmals im Harz von HÖVERMANN: 1974, 1978 beschrieben) kommt nicht nur an Rücken vor (s. Abb. 26), sondern auch an steil aufragenden Gipfeln (Pyramiden; s. Abb. 25 u. 26). Er ist im Kunlun Shan sowie im Qilian Shan (während einer chinesisch-deutschen Gemeinschaftsexpedition 1988, vgl. LEHMKUHL 1991/1992) beobach-

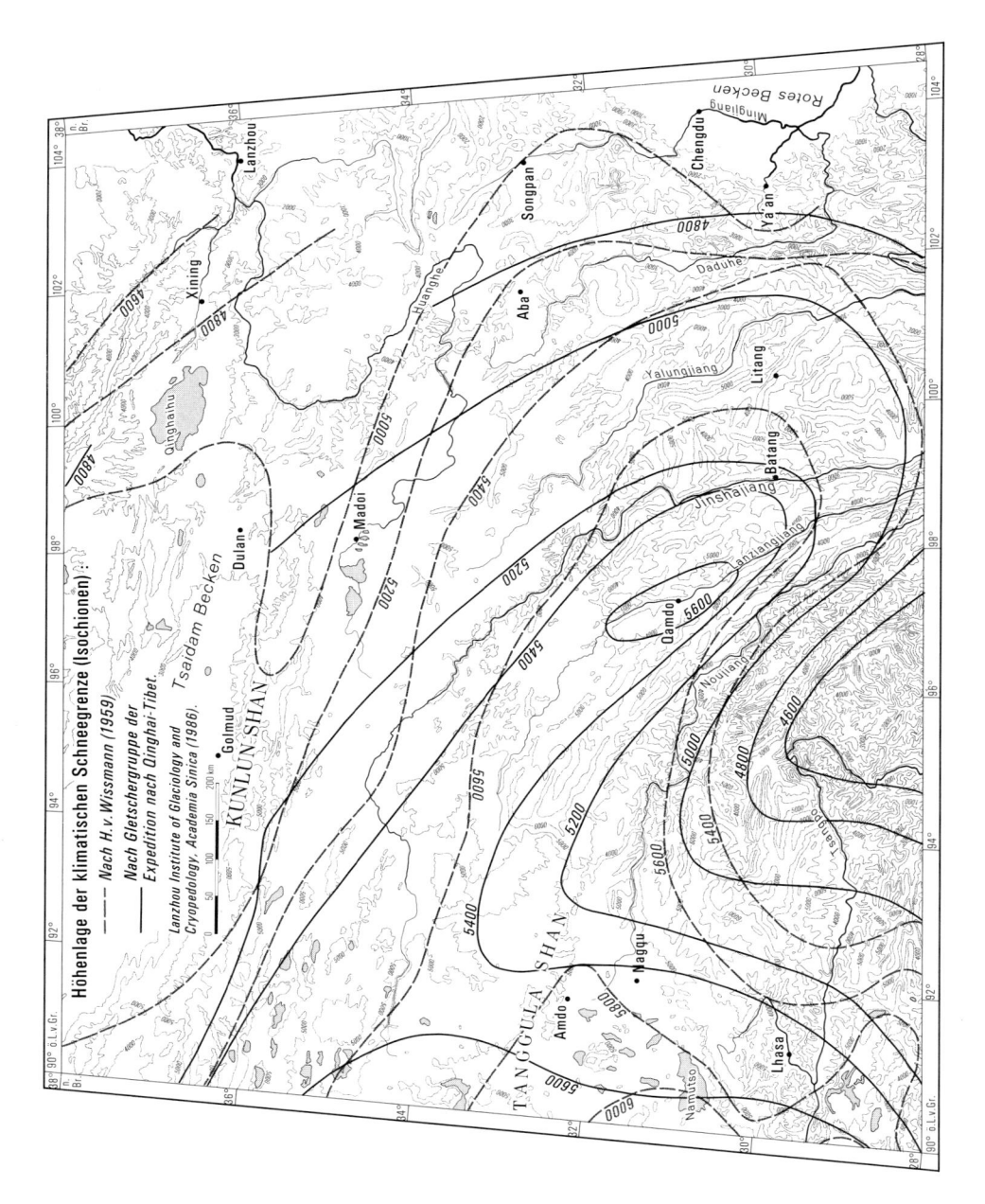

Abb. 27: Verlauf der Isochionen in Ost- und Zentraltibet in einem Vergleich der älteren Darstellung nach v. Wissmann (1959) sowie neueren chinesischen Quellen (1986).

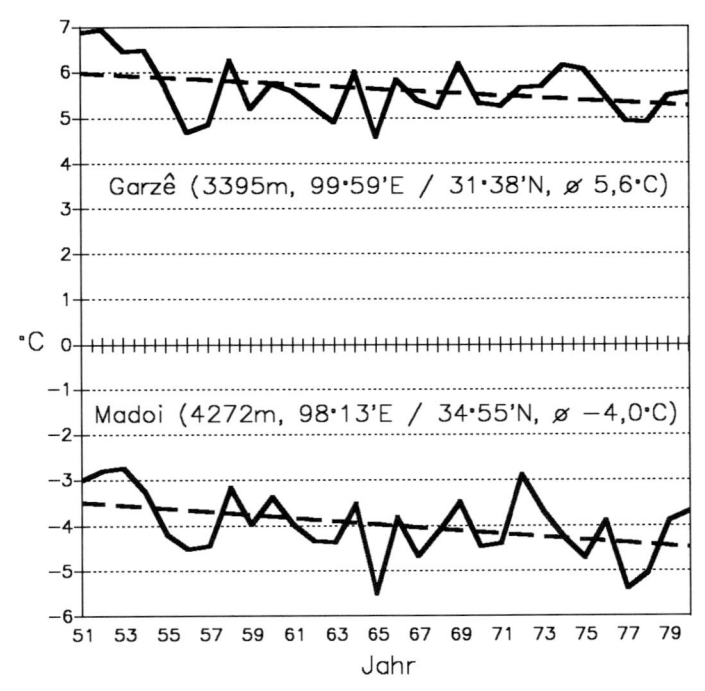

Abb. 28: Temperaturen Madoi – Garze 1951–80 und Temperaturtrend. Nähere Erläuterungen im Text. – Entwurf: F. Lehmkuhl, Daten: J. Böhner.

tet worden. Sie weisen im Gegensatz zu den Karen keine glaziale Übertiefung auf und lassen sich von den Nivationsformen durch ihre Größe (0,5 bis 2 km lichte Weite im oberen Teil) sowie häufig durch Blankeis unterscheiden. Breitböden sind in dem Gebiet, welches während der Expedition 1989 erfaßt wurde, wesentlich häufiger als Kare.

Größere Gletscher – aber auch kleinere Gletscher, deren Ausdehnung früher die kritische Grenze zwischen nivaler und periglazialer Region überschritt – haben ausgeprägt stumpfe Zungen, um die sich ein deutlicher Kranz von End- und Seitenmoränen herumlegt. An diese schließen die Schotterfelder an. Zwischen den Seitenmoränen ist das Profil des Gletscherbettes trogförmig. Diese Trogform reicht auch bis in den anschließenden Felsbereich hinein. Weiter oberhalb jedoch, in denjenigen Bereichen, in denen die Talflanken bereits durch Nivationsformen gegliedert werden, scheint der Hang des Gletschertales gestreckt zu sein und läßt eher ein subglaziales Kerbtal als ein Trogtal vermuten (vgl. Abb. 25). Nimmt man an, daß die im Bereich der spitzzungigen Breitbodengletscher beobachtete Abfolge der Talform in Abhängigkeit von der Formungsregion auch für diese Gletscher Gültigkeit hat, so wäre eine Abfolge von glazialen U-Tälern in der periglazialen Region (s. Abb. 27) und V-Tälern in der nivalen Region gegeben.

Die beiden analysierten Gletschertypen treten vornehmlich in der Kunlun-Hauptkette auf. Dabei differenziert sich der glaziale Formenschatz umso mehr, je höher die Gipfel aufragen und führt schließlich auch zu Karen und Karglestchern. Im übrigen sind Kare und Karglestcher hauptsächlich in den Gipfelregionen der durch eine intensive Zertalung gekennzeichneten Gebirgsketten im Osten und Süden des eigentlichen Plateaus vorhanden. Die aktuellen Karglestcher bilden dabei das letzte Glied in einer Treppe von Karen, deren einheitliches Niveau jeweils auf eine entsprechende Höhenlage der Schneegrenze schließen läßt. Als gegenüber den tiefergelegenen vorzeitlichen Karen kleinere und weniger ausgereifte Formen erscheinen sie, ebenso wie die Glazialformen des Kunlun Shan, als aktuelle oder wenigstens rezente Neubildungen.

Die besonders breiten und flachen Gletscherzungen im zentralen Teil des tibetischen Hochlandes, insbesondere im Tanggula Shan, liegen dagegen in kilometerweit ausgearbeiteten Trogmulden, die sich durch breite Böden und relativ niedrige Trogwände auszeichnen (s. Abb. 26). Diese Trogmulden grenzen mit scharf ausgearbeiteten, voll überschliffenen Trogschneiden aneinander und zeigen vorzeitliche Gletscher an, deren Eismassen nicht nur den Talbereich voll ausfüllten, sondern auch die Trogschneiden überfluteten. In diesen überweiten Trögen grenzen sich die aktuellen Gletscher oft durch Seitenmoränen gegen ihre Umgebung ab; sie können dabei auf den eigentlichen Trogtalboden beschränkt sein, so daß zwischen Seitenmoränen und Trogwand ein Zwischenraum bleibt. Dieses Phänomen, das für alle Gletscher charakteristisch ist, die ein vorgegebenes, meist durch die eiszeitliche Vergletscherung geschaffenes Talgefäß nicht ausfüllen können, ist in der älteren Literatur (zusammenfassend dargelegt bei v. WISSMANN 1959) als eine Besonderheit Hochasiens unter der Bezeichnung „Dammgletscher" beschrieben worden.

Bei einer Unterscheidung nach kontinentalen und ozeanischen Gletschern (thermische Klassifikation), wie sie in einem Band der Academia Sinica (LI JIJUN et al. 1986) dargelegt worden ist, zeigt sich, daß ozeanische („warme") Gletscher lediglich im stärker monsunal beeinflußten Südosten des tibetischen Plateaus vorkommen und ansonsten kontinentale („kalte") Gletscher vorherrschen. Dies deckt sich im wesentlichen mit der oben beschriebenen jeweils vorherrschenden Verbreitung von Karen einerseits (die in einer periglazialen Region liegen) bzw. Breitbodengletschern (die zumeist in der nivalen Höhenstufe im Permafrostbereich enden) andererseits.

Die vorzeitlichen Formungsbedingungen (klimatisch verursacht?) können durchaus andere gewesen sein, wie es sich zum Beispiel an der Nordabdachung des Kunlun Shan zeigte: Hier sind in der ersten Randkette deutliche vorzeitliche (mutmaßlich würmzeitliche) Karniveaus vorhanden, während der rezente glaziale Formenschatz fast ausschließlich aus Breitboden- und Plateaugletschern sowie einigen Talgletschern besteht.

10.2 Die aktuelle Schneegrenze und ihr Verlauf in Ost- und Zentraltibet

Seit der mühevollen Aufarbeitung der Literatur und der Erstellung der Höhenlage der Isochionen in Zentralasien durch H. v. WISSMANN (1959) haben einige Expeditionen neue Erkenntnisse über den Verlauf der klimatischen Schneegrenze ergeben. In Abb. 27 ist der Verlauf der Isochionen nach v. WISSMANN (1959) und der „Gletschergruppe" mehrerer chinesischer Expeditionen von Lanzhou Institute of Glaciology and Cryopedology (Eds.: LI JIJUN, ZHENG BENXING et al. 1986) gegenübergestellt. Die chinesische Karte bezieht sich allerdings nur auf das eigentliche Tibet (Xizang) und reicht im Osten bis 100°E und im Norden bis 36°N. Im Osten der Abb. 27 wurden die Isochionen daher mit Hilfe der Karte von SHI YAFENG (1988) ergänzt, wobei die 5000er Isochione bei Shi Yafeng in Osttibet (im Westen der Provinz Xizang und im Osten der Provinz Sichuan) einen geringfügig abweichenden Verlauf zeigt.

Es zeigt sich, daß der Verlauf der Schneegrenze nach den neueren chinesischen Angaben im Vergleich zum Verlauf der Isochionen nach WISSMANN (1959), der natürlich aus den oft nur spärlichen Angaben der damaligen Literatur extrapolieren mußte, einige deutliche Unterschiede aufweist. So ist beispielsweise in der Abb. 27 südlich des Tanggula Shan und im Bereich der meridionalen Stromfurchen ein Unterschied von mehr als 400 m feststellbar.

Gut zu erkennen ist bei beiden Isochionenversionen der Anstieg der Schneegrenze zum Zentrum des tibetischen Hochlandes am Nordrand von 5000 m im Kunlun Shan, 4800 am Ostrand und 4600 m im Gebiet des Tsangpo-Knies (Namtse Bawar) auf über 5600 m (weiter westlich, außerhalb der Abb. 28 auf über 6000 m).

Eine Erklärung dieses Phänomens findet sich schon bei v. WISSMANN (1959). Das zentrale tibetische Hochland weist eine größere Aridität als die Randbereiche auf, die durch den sogenannten Massenerhebungseffekt und die Abschirmung der feuchten Luftmassen durch die Randketten verursacht wird.

11. Weitere paläoklimatische Indikationen aus morphologischen Befunden

11.1 Indizien für eine jüngere Abkühlungsperiode

Eine jüngere Abkühlungsphase zeigt sich u. a. in der Aufarbeitung der Humusdecken der alpinen Höhenstufe an ihrer Obergrenze durch solifluidale Prozesse beispielsweise in Osttibet ab ca. 4000 m. Schuttzungen der freien Solifluktion rücken herab und zerstören die Vegetationsdecke. Auf den Barflecken können sich nun oft Polsterpflanzen der höheren Regionen ansiedeln. Hierbei handelt es sich um ein Phänomen, welches auch auf einer Expedition 1988 im Qilian Shan beobachtet und von MIEHE (1988, 1990) in Südtibet und Nepal beschrieben wurde. In tieferen und flacheren Bereichen kann bei diesem Prozeß auch eine starke Überweidung als auslösender bzw. verstärkender Faktor mitwirken.

Zeitlich können diese Prozesse in die bei WANG & FAN (1987) angegebenen kühleren Perioden des „Mid-Neoglacial interval" (2.000–1.500 B.P) und des „Little-Ice-Age" (in Europa: 1620–1850[5]) gestellt werden. Eine erneute Aufarbeitung der Humusdecken findet höchstwahrscheinlich durch die jüngste Abkühlungsperiode 1950–1980, die in Osttibet nachgewiesen werden kann (J. BÖHNER, frdl. mdl. Mitt. sowie Abb. 28), statt. Diese jüngste Abkühlung zeigt sich auch an zahlreichen Stellen in Tibet durch vorstoßende Gletscher.

Diese aktuelle Abkühlung zeichnet sich ebenfalls durch das Aufwachsen von Pingos in Auftauseen im rezenten Permafrostbereich am Nordostrand des Plateaus (Madoi) oberhalb 4250 m ab. Aus zahlreichen Vorkommen ab 4100 m wurde ein Pingo in 4170 m aufgegraben. Die Grabung stieß nach 50 cm extrem mobilen Feinmaterials auf den Eiskern. Die Wassertiefe des umgebenden Auftausees betrug maximal 1 bis 2 m.

Die Zerschneidung der obersten Sinterbarren im Karstgebiet von Jiuzhaigou (s. o.) zeigt ebenfalls eine kühlere Klimaphase an, der eine wärmere Periode der Kalkausfällung und Barrenentstehung vorausgegangen sein muß.

Bei den Indizien für eine jüngere Abkühlung handelt es sich um eine Klimaentwicklung, die in die Größenordnung von Jahrzehnten bis Jahrhunderten einzuordnen ist, während für die Bildung der mächtigen Humusdecken ein Zeitraum von Jahrtausenden notwendig erscheint. Die somit vorzeitliche Humusdeckenentstehung könnte in die Zeit des Klimaoptimums gestellt werden. In dieser Periode (Qilongduo interval, 8.000–3.000 B.P.) sollen die Jahresmitteltemperaturen im Bereich des tibetischen Plateaus nach WANG & FAN (1987:58f) 3,5 – 5°C höher als heute gewesen sein.

Anhand der Klimadaten zweier Stationen in Osttibet (Garzê und Madoi[6]), die freundlicherweise von Dipl.-Geogr. J. BÖHNER (Göttingen) zur Verfügung gestellt wurden

---

[5] Über die Vergleichbarkeit dieses Gletschervorstoßes in Europa und Asien vgl, KICK (1985).
[6] Für Madoi wurden die Werte für 1951 und 1952 regressiv ergänzt.

und die signifigant miteinander korreliert sind (Korrelationskoeffiziet: 0,74 und Signifikanzniveau: 99,9%), läßt sich ein jüngster Abkühlungstrend ableiten.

Die Jahr zu Jahr-Variationen der Jahresmitteltemperatur verlaufen in weiten Teilen Osttibets parallel, wobei sowohl die Sommer- als auch die Wintertemperaturen hochsignifikante Korrelationen aufweisen. Die anderen Meßreihen sind durch eine hohe Repräsentanz gekennzeichnet (frdl. mdl. Mitt. J. BÖHNER). Damit kann Osttibet als klimagenetisch einheitliche Region mit dem für diese Region typischen Alternieren von monsunalen Luftmasseneinflüssen und der autochthonen Plateauzirkulation charakterisiert werden (vgl. auch FLOHN 1959, DOMRÖS & PENG 1981). Es zeigt sich bei der Analyse sowohl der Station Garzê, die nach Angaben von J. BÖHNER (in prep.) als eine für den Bereich Osttibets typische Klimastation angesehen werden kann, aber auch für Madoi im nordöstlichen Plateaubereich, eine schwach signifikante Temperaturabnahme für den Zeitraum von 1951–80 (Garzê: Signifikanzniveau: 95% T/S-Wert: 1,17, Korrelationskoeffizient: –0,35 / Madoi: Signifikanzniveau: 95%, T/S-Wert: 1,4, Korrelationskoeffizient: –0,41). Dabei ist jedoch insbesondere für Garze zu berücksichtigen, daß die erste Pentade auf hohem Temperaturniveau einsetzt. Für den Zeitraum 1955–85 ergeben sich keine signifikanten Temperaturtrends, was verdeutlicht, daß die Pentade 1951–55 ursächlich für die signifikante Temperaturdepression des Zeitraumes 1951–80 verantwortlich ist.

11.2 Weitere Hinweise auf ältere Klimaphasen

Neben den bereits bei HÖVERMAN & SÜSSENBERGER (1986) sowie bei KELTS et al. (1989) aus den Seesedimenten des Qaidam Beckens bzw. des Qinghai Lakes abgeleiteten Befunde, die im wesentlichen die größeren Zeitabschnitte erfassen, lassen sich aus den morphologischen Befunden weitere Klimaphasen bzw. -Klimaschwankungen erfassen. Sie ergänzen die aus der Literatur für Tibet bzw. China bekannten Phasen (s. LI TIANCHI 1988, WANG & FAN 1987).

So weisen die oben erwähnten *Eiskeilpseudomorphosen* in 4200 m am Ostrand des Plateaus auf ein Klima mit wesentlich intensiveren Permafrostphänomenen, also tieferen (Jahresmittel?) Temperaturen hin, auf die eine wärmere und trockenere Periode folgte, in der dieser Eiskeil austrocknete und mit Sand verfüllt wurde. Auf eine (kurze?) kühlere Perioder, in der sich Solifluktionsschutt nachweisen läßt, folgte die Bildung der mächtigen Humusdecken, die (mutmaßlich in einer späteren Phase) an der Oberfläche solifluidal und kryogen überprägt wurde.

Eine zeitliche Einordnung kann wie folgt vorgenommen werden:

1. Phase allgemeiner Denudation (die Eiskeilpseudomorphosen konnten auf flachen Kuppen gefunden werden). – *letzte Eiszeit (?)*
2. Eiskeilentstehung während eines strengeren Dauerfrostbodenklimas. – *Plausible Hypothese: (Spät)Glazial.*
3. Auftauen des Eiskeiles und Verfüllung mit rötlichem Feinsand, der aus den Flußterrassen des Huanghe stammt (N-Winde). – *Trockenere (und wärmere[?]) Periode; mutmaßlich zeitgleich wie am Qinghai Hu (Kukonor): Nach Kelts et al. (1989): >13 ka bis 12 ka B.P.; Datierung von Eiskeilen in der Karte des* Quaternary Glacier & Environmet Center (1991): bei Madoi: 12 ka B.P.
4. Solifluktionsphase. – *Abkühlungsperiode der Jüngeren Dryas.*
5. Bildung der Humusdecken. *Beginn des Holozäns bis zum Klimaoptimum (10.000 bis 6.000 B.P.).*
6. Partielle Aufarbeitung der Humusdecken. – *Neoglacial Period (ab 3.000 a B.P.), Little Ice Age , stellenweise aktuell.*

In einem kleinen Becken ca. 47 km südwestlich von Amdo in 4740 m (91°13'E, 32°05'E) konnte aus *Seesedimenten* (mit Schneckenresten), die in einem Aufschluß unter 20 cm Humus und 50 cm Sand lagen, ein Alter von 2.180 (± 60) B.P. (Hv 16840) ermittelt werden. Die Sandauflagerung am Top des Aufschlusses belegt jüngste Verwehungen und aktuelle Sandakkumulation, die mutmaßlich aus Barflecken der Vegetation, verstärkt durch Überbeweidung, ausgeblasen werden. Diese Sandverlagerungen in größerer flächenhafter Verbreitung können mit Hilfe der Landsat-Satellitenbilder (Atlas ... 1983) in der näheren Umgebung kartiert werden. So sind beispielsweise am Ostufer des Conag-Sees (Ts'o-Na) südlich von Amdo die Sande, ausgehend vom Ostufer des Sees, 20 km nach Westen verbreitet, und in dem Graben östlich von Amdo reichen Sandverlagerungen von maximal 3 km Breite 40 km weit nach Osten. Beide Sandgebiete belegen Westwinde. Diese jüngere feuchtere (und mutmaßlich auch kühlere) Periode läßt sich auch aus den Sedimenten am Qaidam-See (HÖVERMANN & SÜSSENBERGER 1986) ableiten und ist ebenfalls in der Gobi nachweisbar, wo während einer Expedition 1988 ein höherer Seespiegel in der Badan-Jarin-Wüste mit Hilfe von Molluskenschalen auf 2.070 ± 100 B.P. (Konv. ^{14}C, Hv 15937) datiert werden konnte.

Die zeitliche Einordnung der verschiedenen *bewachsenen* Moränen in das „Little Ice Age"[7], soll hier zunächst vermieden werden, da dieser zeitliche Begriff in der Literatur unterschiedlich verwendet wird und eine Parallelisierung zu Europa nicht zwingend ist und Fehldeutungen folglich möglich sind (vgl. KICK 1985).

---

[7] Der Ausdruck „Little Ice Age" wird sowohl für den gesamten Spätholozänen Gletschervorstoß gebraucht als auch für den jüngsten Gletschervorstoß des 16. bis 19. Jahrhunderts. HEUBERGER schlug deshalb bereits 1958 vor, für diese jüngste Vorstoßphase den Begriff „Frühneuzeitlicher Gletschervorstoß" zu verwenden.

12. Literatur

Atlas of False colour Landsat images of China (1983): Compiled by: Institute of Geography, Academia Sinica, Beijing. (Maßstab: 1 : 500.000).

BÖHNER, J. (1993): Säkuläre Klimaschwankungen und rezente Klimatrends Zentral- und Hochasiens. – Diss. Univ. Göttingen, 122 p. u. 133 p. Anhang.

CHENG GUODONG (1987): The distribution of Permafrost in the Qinlin Mountains. – In: J. Hövermann & Wang Wenying (Eds.): Reports of the Qinghai-Xizang (Tibet) Plateau: 316–342, Peking

CUI ZHI-JIU (1981): Periglacial landforms and their regional characteristics on Qinghai-Xizang Plateau. – Geological and ecological studies of the Qinghai-Xizang Plateau, Vol. 2:1777–1787. Beijing.

DOMRÖS, M. & PENG GONGBING (1988): The climate of China. – Berlin, Heidelberg, New York, 360 S.

FLOHN, H. (1959): Bemerkungen zur Klimatologie von Hochasien. Aktuelle Schneegrenze und Sommerklima. – Abh. math.-nat. Kl. d. Akad. Wiss. u. d. Lit. 14:1409-1431.

FLOHN, H. (1987): Rezent investigations on the climatogenetic role of the Qinghai-Xizang Plateau: Now and during the late Cenozoic. – In: J. Hövermann & Wang Wenying (Eds.): Reports of the Qinghai- Xizang (Tibet) Plateau:112–139, Peking.

HAGEDORN, J. &. H. POSER (1974): Räumliche Ordnung der rezenten geomorphologischen Prozesse und Prozesskombinationen auf der Erde. – Abh. d. Akad. d. Wiss. Göttingen, Math.-Phys. Kl.3, 29:426-439.

HEIM, A. (1933): Minja Gongkar. Forschungsreise ins Hochgebirge von Chinesisch-Tibet. – Bern-Berlin.

HEINE, K. (1977): Beobachtungen und Überlegungen zur eiszeitlichen Depression der Schneegrenze und Strukturbodengrenze in den Tropen und Subtropen. – Erdkunde 31:161–178.

HÖLLERMANN, P. (1985): The periglacial belt of mid-latidude mountains from a geoecological point of view. – Erdkunde **39**: 259–270.

HÖVERMANN, J. (1960): Über Strukturböden im Elburs (Iran) und zur Frage des Verlaufs der Strukturbodenuntergrenze. – Z. Geomorph. N.F. 4:173–174.

HÖVERMANN, J. (1973/74): Neue Befunde zur pleistozänen Harz-Vergletscherung. Abh. d. Braunschweigischen Wiss. Gesellschaft 24:31-52.

HÖVERMANN, J. (1978): Über Ausdehnung und Typ eiszeitlicher Harz-Vergletscherungen. – Beiträge zur Quartär- und Landschaftsforschung, Festschr. Julius Fink:251–260.

HÖVERMANN, J. (1982): Geomorphological landscapes and their development. – Sitzungsberichte u. Mitt. d. Braunschweigischen Wiss. Ges., Sonderheft 6:43–47.

HÖVERMANN, J. (1985): Das System der klimatischen Geomorphologie auf landschaftskundlicher Grundlage. – Z. Geomorph. N.F., Suppl.-Bd. 56:143–153.

HÖVERMANN, J. (1987): Morphogenetic regions in northeast Xizang (Tibet). – In: J. Hövermann & Wang Wenying (Eds.): Reports of the Qinghai- Xizang (Tibet) Plateau: 112–139, Peking.

HÖVERMANN, J. & F. LEHMKUHL (1994): Die vorzeitlichen Vergletscherungen in Ost- und Zentraltibet – Ergebnisse einer chinesisch-deutschen Expedition 1989. – Göttinger Geogr. Abh. 95: 71–114.

HÖVERMANN, J. & H. SÜSSENBERGER (1986): Zur Klimageschichte Hoch- und Ostasiens. – Berliner Geogr. Studien 20:173–186.

HÖVERMANN, J. & WANG WENYING, Hrsg. (1986): Reports of the Qinghai- Xizang (Tibet) Plateau, Science Press, Beijing, 510p.

KARTE, J. (1979): Räumliche Abgrenzung und regionale Differenzierung des Periglaziärs. Bochumer Geogr. Arbeiten **35**. 211 S., Paderborn.

KELTS, K., CHEN KEZAO, G. LISTER, YU JUNQING, GAO ZHANGHONG, F. NIESSEN & G. BONANI (1989): Geological fingerprints of climate history: A cooperative study of Qinghai Lake, China. – Ecologae geol. Helv. **82**:1–16.

KICK, W. (1985) Geomorphologie und rezente Gletscheränderungen in Hochasien. – Regensburger Geogr. Schriften (Festschr. Ingo Schäfer) **19/20**:53–77.

KUHLE, M. & XU DAOMING (1991, Eds.): Tibet and High-Asia – Results of the Sino-German Joint Expeditions (II). – Geo Journal **25 (2/3)**:131–295.

KUHLE, M. & WANG WENYING (1988, Hrsg.): Tibet and High-Asia. Results of the Sino-German Joint Expeditions (I). – Geo Journal 17(4).

KUHLE, M. (1978): Obergrenze von Frostbodenerscheinungen. – Z. Geomorph. N.F. 22:350–356.

KUHLE, M. (1986, Hrsg.): Internationales Symposium über Tibet und Hochasien vom 8.-11. Oktober 1985 im Geogr. Inst. d. Univ. Göttingen. – Göttinger Geogr. Abh. 81.

KUHLE, M. (1987): Glazial, nival and periglazial environments in northeastern Qinghai-Xizang Plateau. – In: J. Hövermann & Wang Wenying (Eds.): Reports of the Qinghai- Xizang (Tibet) Plateau:176-244, Peking.

KUHLE, M. (1991): Observations Supporting the Pleistocene Inland Glaciation of High Asia. – Geo Journal 25:133–231.

LEHMKUHL, F. (1989): Geomorphologische Höhenstufen in den Alpen unter besonderer Berücksichtigung des nivalen Formenschatzes. – Göttinger Geogr. Abh. 88, 117 S.

LEHMKUHL, F. (1991/1992): Breitböden als glaziale Erosionsformen – Ein Bericht über Vergletscherungstypen im Qilian Shan und im Kunlun Shan (VR China). – Zeitschrift f. Gletscherkunde und Glazialgeologie **27/28**: 51–62.

LEHMKUHL, F. (1992): Muren und Murverbauung in Heishui-County (Sichuan, China) – Beobachtungen und Untersuchungen während einer chinesisch-deutschen Gemeinschaftsexpedition 1991. – Interpraevent 1992, Bern; Tagungspublikation Bd. **4**:325–336.

LEHMKUHL, F. &. K.-H. PÖRTGE (1991): Hochwasser, Muren und Rutschungen in den Randbereichen des tibetischen Plateaus. – Z. Geomorph. N.F., Suppl.-Bd. 89:143–155.

LI JIJUN, ZHENG BENXING et al. (1986, Eds.): Glaciers of Xizang (Tibet). – The series of the scientific expedition to the Qinghai-Xizang Plateau. Lanzhou Inst. of Glaciology and Cryopedology, Academia Sinica, 328p. [chinesisch].

LI TIANCHI (1988): A preliminary study on the climatic and environmental changes at the turn from Pleistocene to Holocene in East Asia. – Geo Journal 17(4):649–657.

LUO XIANGRUI (1987): The relationship between the distribution of permafrost and vegetation in the Anyêmaqên Mountain Region. – In: J. Hövermann & Wang Wenying (Eds.): Reports of the Qinghai- Xizang (Tibet) Plateau:367–386, Peking.

MIEHE, G. (1988): Geoecological reconnaissance in the alpine belt of Southern Tibet. – Geo Journal 17(4):635–648.

MIEHE, G. (1990): Klima und Klimaveränderungen im Spiegel von Pflanzengesellschaften des zentralen Himalaya (Helambu, Langtang, Xixabangma). – In: A. Semmel (Hrsg.): 47. Deutscher Geographentag Saarbrücken. Tagungsber. u. wiss. Abh.:301–306.

ORTLAM, D. (1991): Hammerschlag-seismische Untersuchungen in Hochgebirgen Nord-Tibets. – Z. f. Geomorph. N.F. 35:385-399.

SHI YAFENG (1988, Ed.): Map of snow, ice and frozen ground in China. Compiled by Lanzhou Institute of Glaciology and Geocryology, Academia Sinica. Beijing.

TANG BANGXING & SHANG XIANGCHAO (1991): Geological hazards on the eastern border of the Qinghai-Xizhang (Tibetan) Plateau. – Excursion Guidebook XIII. INQUA 1991, XIII International Congress, 28p. Beijing.

TANG BANGXING, LIU SHIJIAN & LIU SUQING (1994): Recent disaster and prevention of debris flow in the east area of Qingzang Plateau. – Göttinger Geogr. Abh. 95: 253–261.

TANG BANGXING, SHI FENG & LIU SHUQING (1990): Tourism in the Northwestern Part of Sichuan Province, PR China. – Geo Journal 21:155–159.

TENG JI WEN & LIN BAO ZUO (1984): Earthquake activity and tectonics of the Himalaya and its surrounding regions. – In: Miller, K.J.: The International Karakoram Project, Vol I:222–235. Cambridge.

TROLL, C. (1973): Rasenabschälung (Turf Exfoliation) als periglaziales Phänomen der subpolaren Zonen und der Hochgebirge. – Z. Geomorph. N.F., Suppl. Bd. **17**:1–32.

WANG CHENGHUA (1994): Distribution and minimizing measures of landslides and rockfall mainways in Sichuan, Qinghai and Tibet. – Göttinger Geogr. Abh. 95: 243–252.

WANG FU-BAO & C.Y. FAN (1987): Climatic changes in the Qinghai-Xizang (Tibetean) Region of China during Holocene. – Quaternary Research 28:50–60.

WANG JINGTAI & E. DERBYSHIRE (1987): Climatic geomorphology of the north-eastern part of the Quinghai-Xizang Plateau. – The Geographical Journal 153:59–71.

WANG JINGTAI (1987): Climatic geomorphology of the northeastern part of the Qinghai-Xizang Plateau. – In: J. Hövermann & Wang Wenying (Eds.): Reports of the Qinghai-Xizang (Tibet) Plateau: 140–175, Peking.

WISSMANN, H.v. (1959): Die heutige Vergletscherung und Schneegrenze in Hochasien mit Hinweisen auf die Vergletscherung der letzten Eiszeit. – Akad. d. Wiss. u. d. Lit., Abh. d. Math.-Nat. wiss. Kl.:14:1103–1407, Mainz.

ZHENG BENXING & JIAO KEQIN (1991): Quaternary glaciations and periglaciations in the Qinghai-Xizhang (Tibetan) Plateau. – Excursion Guidebook XI. INQUA 1991, XIII International Congress, 54p. Beijing.

Manuskriptschluß: 11.91

DIE VORZEITLICHEN VERGLETSCHERUNGEN IN OST- UND ZENTRALTIBET

J. Hövermann & F. Lehmkuhl, Göttingen
mit 30 Abbildungen

[Quaternary Glaciations in Eastern and Central Tibet]

Zusammenfassung: Zur kontroversen Diskussion über den Umfang der pleistozänen Vergletscherungen im Bereich des östlichen tibetischen Plateaus und seiner Randbereiche konnten 1989 zusätzliche Beobachtungen und Befunde erbracht werden. Dabei ließen sich für die Hypothese einer umfangreichen Plateauvergletscherung keine Belege finden. Als eindeutig vorzeitlich vergletschert wurden nur diejenigen Bereiche angesprochen, in denen glaziale Akkumulations- und Erosionsformen angetroffen wurden. Mit Ausnahme der höheren Gebirgszüge, wie z.B. dem Anyêmaqên-Massiv, dem Kunlun Shan, dem Tanggula Shan oder dem Nyainqêntanglha Shan, beschränkt sich die pleistozäne Vergletscherung auf isolierte, die allgemeine Höhenlage der Gipfelflur überragende, Gebirgsmassive und wird als „Gebirgsgruppen-Vergletscherung" bezeichnet. Während der Osten des Expeditionsgebietes unterschiedlich starke Spuren der pleistozänen Vergletscherung aufweist, sind die Regionen im inneren Tibets durch eine relativ geringe Ausdehnung der letztglazialen Vergletscherung gekennzeichnet. Aufgrund verschiedener Verwitterungsintensitäten, fossiler Böden, wenig überprägter Moränen, Terrassensequenzen etc. ließen sich zumeist die letztglazialen Eisrandlagen von denen älterer Vereisungen unterscheiden. Wegen mangelnder absoluter Datierungen bleibt eine vergleichende zeitliche Einordnung und Korrelation von Eisrandlagen bzw. lokal aufgestellten Stratigraphien in Tibet schwierig und strittig. Aus den Feldbefunden ergibt sich ein Anstieg der letztglazialen Schneegrenze zum Inneren des Plateaus. Dieser Anstieg ist steiler als der der rezenten Schneegrenze und äußert in einer Abnahme der Schneegrenzdepressionen von über 1000 m im Osten und Norden auf 500 m im zentralen Plateau. Ursächlich sind hierfür abnehmende Niederschläge zum Inneren des Plateaus anzunehmen, der Unterschied zwischen den relativ feuchten Randketten und dem trockeneren Plateau ist folglich eiszeitlich verschärft gewesen. Der heute aride Nordrand des tibetischen Plateaus weist ebenfalls eine umfangreiche pleistozäne Vergletscherung mit Schneegrenzdepressionen von über 1000 m auf, die auf eine größere Feuchtigkeit in diesem Bereich hindeutet. Dies wird durch die Existenz des großen eiszeitlichen Qaidam-Sees zusätzlich belegt. Da eine Vergletscherung des Plateaus nicht nachgewiesen werden konnte, muß auf einen raschen Anstieg der letztglazialen Schneegrenze zum angrenzenden nördlichen tibetischen Plateau geschlossen werden.

Summary: As a contribution to the controversial discussion regarding kind and extent of the Pleistocene glaciation on the Tibetan Plateau additional observations and results were obtained during the expedition in 1989. The hypothesis of an extensive plateau glaciation could not be verified. Areas of pleistocene glaciations are only those areas in which glacial accumulation and erosional forms could be found. Apart from higher mountain groups e.g. Anyêmaqên mountains, Kunlun mountains dem Tanggula mountains or Nyainqêntanglha mountains the pleistocene glaciation is limitid to isolated mountain group glaciations („Gebirgsgruppen-Vergletscherung") or smaller ice caps. In the eastern part of the expedition area the extent and type of the pleistocene glaciation is different comparing with those of the interior of the Tibetan plateau being ice free except the higher mountain ranges. Because of the different degrees of weathering, fossil soils, clearly developped moraines, sequences of terraces etc. almost the extent of the last glaciation can be separated from the older ones. Because of missing absolute datings a correlation of the different end moraine systems in the various mountain ranges of Tibet and the adjacent areas it is difficult to compare all these local strategraphies. By means of the field investigations an increase of the snow line of the last glaciation to the interior of the Tibetan Plateau could be verified. This increase towards the Plateau is steeper than those of the recent snow line which is shown by the different snow line depressions being 1000 m at the Eastern and Northern margin decreasing up to 500 m towards the central Plateau. The reason could be decreasing precipitations towards the Interior of the Plateau. Consequently the difference between the relatively humid Eastern margin and the arid Plateau was stronger during the ice ages. The todays arid Northern margin of the Tibetan Plateau shows also a vast pleistocene glaciation with a snow line depression of more than 1000 m pointing to a larger humidity in this area. This larger humidity is also pointed out by a large sweet water lake in the Qaidam basin. Because the glaciation of the Northern Tibetan Plateau could not be proved hence it follows that the pleistocene snow line due to the decreasing of humudity towards the plateau is strongly rising within a short distance.

青藏高原东部和中部古冰期研究

J. Hövermann & F. Lehmkuhl

德国 Göttingen 大学地理研究所，D-37077 Göttingen, Germany

摘　要

　　为了推动有争议的青藏高原更新世冰期性质和范围的讨论，在 1989 年中德联合科学考察中，特对此做了认真和详细地观测和研究，并取得了一些成果，但并不能证实青藏高原存在统一大冰盖的假说。

　　更新世冰川作用常见於冰川侵蚀和堆积的这些区域，除一些较高的山峰外，例如，阿尼玛卿山，昆仑山，唐古拉山和念青唐古拉山，更新世冰川作用的分布类型为岛状山谷冰川或小冰帽，就更新世冰川作用范围和类型而言，其高原东部很难与高原中心除高山被冰雪覆盖外其广大地区完全没有被冰雪覆盖相对比。

　　由于风化的程度不同，古土壤残留在冰碛垄和阶地内。几乎可以在未次冰期的范围内就可以将更老一次的冰期划分开。由于缺乏青藏高原和邻近地区各个地区不同的冰碛垄绝对测年数据，就十分难以将上述地区的所有区域地层加以对比。

　　通过野外实地考察，证实了未次冰期时，雪线高度从高原边缘向中心递增，古雪线向高原中心递增的幅度远远大于现代雪线的递增幅度，例如未次冰期时，雪线高度在高原东部和北缘递减了 1000m，而在高原中心地区仅为 500m，其原因是降水从高原边缘向内陆逐渐递减。在冰期中，高原东缘相对较湿润，而高原中心较干旱，其差异也相当的大。即使目前处于较干旱的青藏高原北缘也同样反映出经历过巨大的冰川作用和当时较湿润的气候条件，古雪线的高度比现代雪线高度低 1000m 以上，柴达木盆地中大的淡水湖就反映了这个湿润期。即使如此也并不能证明因青藏高原北缘雪线在较　短的距离急剧下降而造成整个青藏高原在未次冰期时完全被冰雪覆盖这个事实(见图 12)。

1. Einleitung

Die gesonderte Behandlung der Ausdehnung vorzeitlicher Vergletscherungen rechtfertigt sich einmal durch das besondere Interesse, das diesem Fragenkomplex entgegengebracht wird, zum anderen dadurch, daß die Verlagerung der Höhenstufe glazialer Formung sich in ihren Auswirkungen gegenüber der Absenkung der Schneegrenze nahezu verdoppelt, so daß glaziale Akkumulations- und Erosionsformen stets in weit größerer Verbreitung auftreten, als es der Absenkung der Höhengrenzen entspricht. Für Tibet wird der vorzeitlich-glazigene Formenschatz noch reizvoller dadurch, daß die Vergletscherungen der Vorzeit in sehr unterschiedliche Höhenstufen der Formung absteigen; je nachdem, ob die Gletscher in einer nivalen, periglazialen oder Pediment-Region endeten, ist der glaziale Formenschatz unterschiedlich entwickelt (vgl. HÖVERMANN & KUHLE 1985). Entsprechend unterschiedlich sind auch die glazifluviatilen Ablagerungen.

Die Ausdehnung der Vergletscherung in Tibet während des Pleistozäns wird zur Zeit kontrovers diskutiert. Während KUHLE (u. a. 1982, 1984, 1985, 1988, 1991) ein Inlandeis mit bis zu 2,5 km Mächtigkeit und einer Ausdehnung von 2–2,4 Mill. km² postuliert und daraus weitreichende Folgen für das globale Klima ableitet (KUHLE 1985, 1987c, 1989), kommen chinesische Untersuchungen (DERBYSHIRE et al. 1991, SHI YAFENG et al. 1992) zu einer weitaus geringeren Vergletscherung mit maximaler Eisbedeckung von 297.000 km² oder 25% der Region (aus: DERBYSHIRE et al. 1991 nach LI et al. 1983).

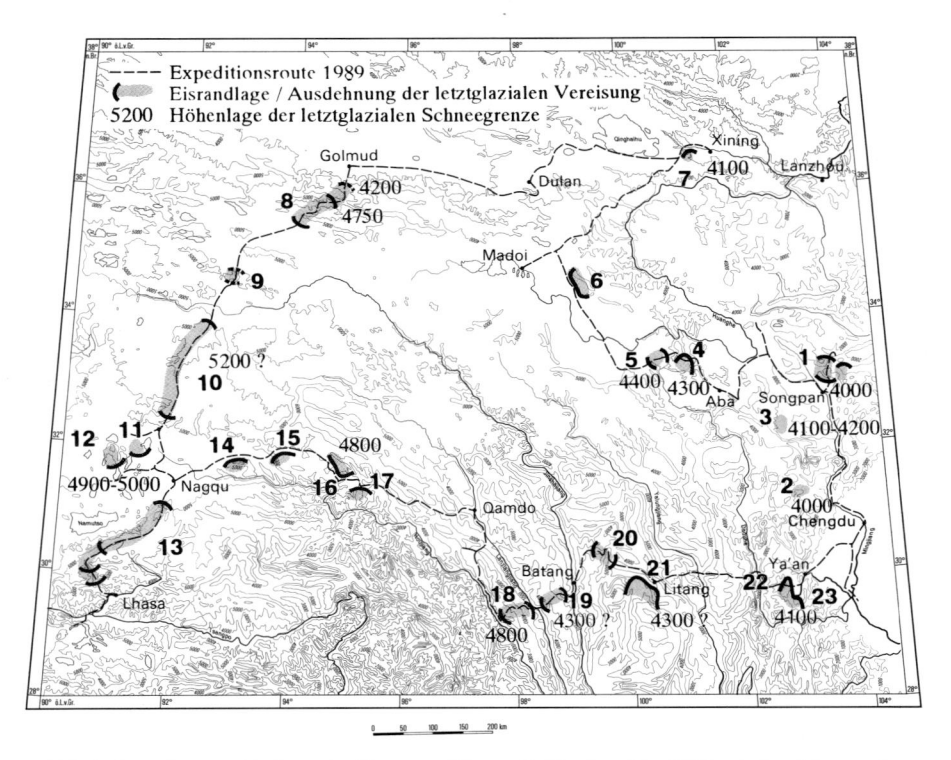

Abb. 1: Lage der verschiedenen im Text angeführten Gebirgsbereiche (Ziffern), Ausdehnung der letztglazialen Vereisung entlang der Expeditionsroute sowie ausgewählte klimatische Schneegrenzen (bestimmt nach der Höhenlage von Karböden und Eisrandlagen) am Ost- und Nordostrand des tibetischen Plateaus.

Damit korrigieren und erweitern die chinesischen Auffassungen im Prinzip die älteren Darstellungen bei v. WISSMANN (1959) und FRENZEL (1959).

Die Darstellungen im folgenden sind in der Reihenfolge des Expeditionsablaufes, also beginnend im Nordosten über den Nordrand zur Qaidam-Depression (Tsaidam-Becken) über das Plateau zurück zum Roten Becken, geordnet. Die geographische Lage der Regionen ist der Abbildung 1 zu entnehmen. Es wurde bewußt auf eine Karte der eiszeitlichen Isochionen verzichtet, da eine genaue zeitliche Einordnung der verschiedenen Vereisungskomplexe zum derzeitigen Forschungsstand oft nicht möglich ist und stratigraphische Vergleiche aufgrund des großen Raumes mit zahlreichen Lücken und unterschiedlichen Klimaeinflüssen zu gewagt erscheinen. Die Darstellungen über die Ausdehnung der pleistozänen Vergletscherung weichen auch bei den chinesischen Autoren (ZHENG BENXING & JIAO KEQIN 1991; SHI YAFENG et al. 1992 sowie QUATERNARY GLACIER & ENVIRONMENT CENTER 1991) zum Teil erheblich voneinander ab, zeigen aber im Bereich des tibetischen Plateaus einheitlich nur Gebirgsvergletscherungen und Plateauvergletscherungen kleineren Ausmaßes. Eine ausgedehntere Plateauvergletscherung wird von SHI YAFENG et al. (1992) lediglich im Quellgebiet des Huanghe angenommen. Sie umfaßt zwischen 33° und 35°N und zwischen 96° und 99°E eine Fläche von etwa 50.000 km^2 und wird der vorletzten Eiszeit (Riß) zugeordnet.

In Abbildung 1 werden die eigenen Befunde über die tiefsten Schneegrenzen ermittelt aus Karbodenniveaus sowie die räumliche Ausdehnung der pleistozänen, zumeist letztglazialen, Vergletscherung entlang der Expeditionsroute dargestellt. Ein Vergleich dieser Befunde mit der neuen Isochionenkarte des letzten Hochglazials von SHI YAFENG et al. (1992) zeigt Abweichungen, die stellenweise fast 900 m erreichen.

Eine einheitliche zeitliche Gliederung der Gletscherstände bzw. Moränensequenzen in den verschiedenen und räumlich über das gesamte Plateau verteilten Gebirgsbereichen, aus denen inzwischen Detailuntersuchungen vorliegen, fehlt zur Zeit leider noch. Stratigraphische Korrelationen von Eisrandlagen einiger Gebirgsbereiche Tibets finden sich bei DERBYSHIRE et al. (1991). SHI YAFENG et al. (1986) versuchen einige lokale Stratigraphien aus Tibet mit anderen Gebirgen Chinas zu korrelieren. Die einzelnen Eisrandlagen werden mit Lokalnamen versehen und zumeist erscheint die zeitstratigraphische Einordnung nicht genügend gesichert. So sind beispielsweise am Tanggula Shan (ZHENG BENXING & JIAO KEQIN (1991) Moränen unmittelbar vor den rezenten Gletschern in das Wisconsin/Würm gestellt worden und die davorliegenden, zum Teil deutlichen Wälle wurden dann älteren Vergletscherungen zugeordnet. Unserer Ansicht nach handelt es sich hierbei um spätglaziale Moränen; die letzte Eiszeit reichte nach der Frische des Formenschatzes zu urteilen bis an den Rand des Tanggula Shan und könnte der von ZHENG BENXING & JIAO KEQIN (1991) als „Tanggula glaciation" bezeichnete Eisrandlage entsprechen.

2. Der Osten: Einzugsgebiete des Minjiang und des oberen Huanghe[1]

Zwischen 31°N und 34°N sowie 100° und 104°E sind in fast allen Gebirgsketten, soweit sie deutlich über 4000 m aufragen, Kare zu finden[2]. Bei einer Streuung der Karböden von 3800 bis 4500 m heben sich deutlich zwei Niveaus heraus, von denen das untere um

---

[1] Die Darlegungen dieses Kapitels wurden in veränderter Form und in englischer Sprache vorab veröffentlicht: Hövermann, J., F. Lehmkuhl & K.-H. Pörtge (1993).

[2] Die hier dargestellten Befunde vom Einzugsgebiet des Minjiang zum Huanghe-Einzugsgebiet werden durch erste ausgewertete Ergebnisse einer weiteren chinesisch-deutschen Gemeinschaftsexpedition 1991 ergänzt.

4000 m, das obere um 4300 m hoch liegt. In beiden Niveaus liegen die nord- und ostexponierten Kare jeweils tiefer als die süd- und westexponierten. Kare und Kartreppen sind nicht nur im Gelände sichtbar; sie zeichnen sich auch im Satellitenbild selbst bei geschlossener Schneedecke deutlich durch die runden blauen Karseen ab und sind im Kartenbild ebenfalls eindeutig diagnostizierbar und ihrer Höhenlage nach zu bestimmen. Ganz überwiegend handelt es sich um Lehnsesselkare mit ausgeprägter Karschwelle. Eine regelhafte Veränderung der Karbodenhöhen ist trotz des insgesamt 3° betragenden Breitenunterschiedes in nord-südlicher Richtung nicht festzustellen. Im Gegensatz dazu steigen die Karbodenhöhen von Osten nach Westen deutlich an, etwa um 200 m auf 3 Längengrade.

Die Karbodenniveaus geben ein Mindestniveau der Höhenlage der jeweiligen orographischen Schneegrenze an, und aus diesen Werten wurden die entsprechenden klimatischen Schneegrenzen ermittelt. An einigen Stellen konnte das entsprechende Karniveau mit Hilfe gut erhaltener Endmoränen als letztglazial eingestuft werden. Aus der Höhenlage von Endmoränen letztglazialer Talgletscher errechnen sich den Karniveaus entsprechende Schneegrenzen.

In den Randketten im oberen Einzugsgebiet des Minjiang (Abb. 1 [1]) zeichnen sich nach den Feldbefunden in Ergänzung durch eine Auswertung chinesischer Karten und des Atlasses der Provinz Sichuan (1981) deutliche vorzeitliche Karniveaus in Höhen von 4000–4100 m und 4200–4300 m ab. Die letztglaziale (würmeiszeitliche) Schneegrenze kann für diesen Bereich mit 4000 m, möglicherweise auch bis 3800 m in den Randketten, angegeben werden. Dies deckt sich mit den bereits bei v. WISSMANN (1959: Abb. 23) angegebenen Höhenlage der eiszeitlichen Isochionen sowie mit neueren chinesischen Arbeiten in dieser Region des Min Shan (vgl. den Beitrag TANG BANXING et al. 1994). Eine ältere Vereisung hat höchstwahrscheinlich das Gebiet oberhalb des Bergsturzgebietes bei Zhenjiangguan (103°44'E, 32°19'N) erreicht (HÖVERMANN & LEHMKUHL 1994). Im Einzugsgebiet liegt der 5588 m hohe Xiabaoding. Für diese Region geben TANG et al. 1994 eine letztglaziale Schneegrenze von 4000 m an.

Ausgeprägte und durch die glaziale Serie gekennzeichnete Eisrandlagen finden sich in der um 103°40'E und 33°N gelegenen Längstalflucht, deren südlicher Teil südlich der Wasserscheide bei 33°N vom oberen Minjiang durchflossen wird. Zu unterscheiden sind in diesem Bereich drei Eisrandlagen. Die unterste, oberhalb einer Engtalstrecke des Minjiang, ist gekennzeichnet durch eine mächtige Stauchmoräne in ca. 3200 m (Gami Tempel: 103°41'E, 32°55'N, s. Abb. 2), in deren basale Teile ein (interglazialer?) Verwitterungsboden von blaßrosa und roter Farbe eingearbeitet ist, der auch rote Tone enthält. Es handelt sich dabei höchstwahrscheinlich um einen Eemboden auf älterer Grundmoräne (Riß?). Die mittlere Eisrandlage besteht aus einer Endmoräne mit anschließender glazifluviatiler Schotterflur, in die noch eine Erosionsterrasse oberhalb des aktuellen Flußbettes eingeschnitten ist. Terrassen und Flußbett konvergieren hier talabwärts. Die oberste Eisrandlage zeichnet sich durch eine Moräne aus, in der eckige Blöcke und gut gerundete Schotter durchmengt und nebeneinander auftreten. Unmittelbar benachbart, wenn auch nicht im direkten Kontakt beobachtbar, setzt eine glazifluviatile Schotterflur mit gut gerundeten und klassierten Schottern ein, in die wiederum eine Erosionsterrasse eingearbeitet ist. Terrassen und Flußbett konvergieren auch hier talabwärts. Die Höhe der Moränen beträgt jeweils bis zu 40 m, die Sprunghöhe der (jeweils obersten) Terrasse liegt bei etwa 20 m.

Alle diese Eisrandlagen schließen an die von Osten her in die Längstalflucht einmündenden Täler an, aus denen Seitenmoränen in die Längstalflucht hineinziehen. Zwischen diesen Seitenmoränen in ca. 3500 m setzt sich eine ebenfalls zweigliedrige Terrasse gegen den Gebirgsbereich fort. In der Längstalflucht, dem Haupttal des Minjiang selbst, reichen diese Terrassenschotter, im obersten Teil unzerschnitten, bis zur Paßhöhe in 3500 m knapp nördlich 33°N. Sie enden an dem nördlich anschließenden, etwa 100 m tiefer liegenden mit Moräne ausgekleideten Becken, in dem die Nordentwässerung einsetzt. In die

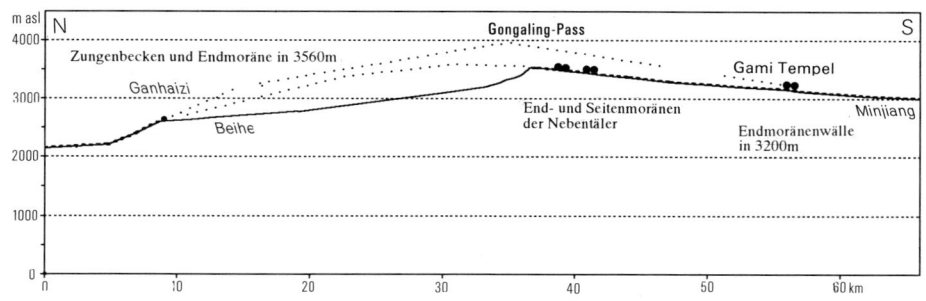

Abb. 2: Nord-Süd Profil Beihe – Minjiang über den Gongaling-Pass mit den verschiedenen Eisrandlagen (dicke Punkte) und daran anschließende Schotterfluren.

kleinen Tälchen, die von Westen her auf die Längstalflucht auslaufen, ist mindestens zeitweilig das Eis talaufwärts vorgestoßen. Davon zeugt insbesondere ein aus geschichteten glazifluviatilen Schottern herausgearbeiteter, maximal 50 m hoher Drumlin-Hügel, dessen steile, moränenüberkleidete Seite nach Osten gerichtet ist, während er nach Westen in Form eines Stromlinienkörpers abfällt.

Nördlich des Gongaling-Passes, im Einzugsgebiet des Beihe/Jialingjiang, ist stellenweise Grundmoränenmaterial über etwa 25 km zu finden und in 2600–2650 m Höhe umschließt ein Moränenwall einen fast völlig verlandeten Zungenbeckensee (s. Abb. 2: Ganhaizi, 103°44'E, 33°14'N). Talabwärts an den Endmoränenwall schließt ein Übergangskegel von 3 km Länge mit einem Gefälle von ca. 10% an, der wiederum in eine, den weiteren Talbereich kennzeichnende, glazifluviatile Schotterflur ausläuft. Diese Eisrandlage und die Endmoränen bei Gami Tempel sind nach der Morphologie und den Decksedimenten dem das letztglaziale Maximum zuzuordnen.

Erstaunlich scheint, daß südlich der Paßhöhe die Gletscher bereits zu einem Zeitpunkt (mutmaßlich Spätglazial) in die Gebirgsbereiche zurückgewichen waren, als nördlich des Passes und überdies in einer um mindestens 100 m geringeren Höhenlage das Eis noch bis zur Paßhöhe reichte: Das geht aus der von dieser Stelle aus nach Süden gerichteten Schotterschüttung hervor. Eine Erklärung für diesen Sachverhalt läßt sich finden, wenn man berücksichtigt, daß nicht nur in der Höhe der Karböden sondern auch in der Höhenlage der Eisrandlagen ein bedeutender Unterschied zwischen Nord- und Süd-Exposition vorliegt. Das zusammenhängende Eisfeld in der Längstalflucht endete nämlich im Bereich der Südabdachung in 3200 m und im Bereich der Nordabdachung in 2650 m. Das läßt sich, da die Einzugsbereiche der Talgletscher südlich der Paßhöhe eher höher und ausgedehnter sind als die nördlich der Paßhöhe, mit verstärkter Ablation des südgerichteten Eisstromes gegenüber dem nordgerichteten erklären. Da nun aber der südgerichtete Eisstrom zugleich weniger mächtig war als der nordgerichtete, müßte sogar bei gleicher Ablationsleistung der Südgletscher eher verschwinden als der Nordgletscher. Bei einem nachfolgenden kleineren Gletschervorstoß würde die verbliebene Eismasse regeneriert werden, selbst wenn sie bereits zu Toteis geworden wäre. Diese Überlegungen erklären zugleich, daß sich im Südteil der Längstalflucht drei deutlich unterscheidbare Eisrandlagen vorfinden, im Nordteil dagegen nur eine Eisrandlage vorhanden ist.

Im nördlich anschließenden Karstgebiet von Jiuzhaigou belegt der von deutlichen End- und Seitenmoränen umgebener Zungenbeckensee des Long Lake (103°55'E/ 33°03'N) in ca. 3100 m bei Einzugsbereichshöhen bis 4764 m zusammen mit Karbodenniveaus für die Nordexposition ebenfalls eine letztglaziale Schneegrenze von ca. 3900 m.

In den Einzugsgebieten von Zagunao und Heishuihe, beides Nebentäler des Minjiang, konnten während einer zweiten Gemeinschaftsexpedition 1991 weitere Eisrandlagen beobachtet und kartiert werden. Im Einzugsgebiet des Zagunao (Abb. 1 [2]) wurden die Moränenterrassen bei Lixian (103°11'E, 31°26'N) aufgenommen. Chinesische Wissenschaftler unterscheiden hier drei bis fünf Stadien, die unterschiedlichen Eiszeiten zugeordnet werden. Das letzte Stadium (tiefste Moräne von 1950–2060 m = „Zagunao Ice Age") wird dem Würm gleichgestellt (engl. Zusammenfassung aus: TANG BANXING & SHANG XIANGCHAO 1991). In 2100 m befinden sich Stillwasserablagerungen eines eiszeitlichen Zungenbeckensees und Moränen, die bis 1950 m hinabreichen; oberhalb der Seeablagerungen folgt ein Trogtal. Bei Einzugsgebietshöhen von über 5900 m ergibt sich überschlägig im Luv eine eiszeitliche Schneegrenze von etwa 3900 m.

Im Einzugsgebiet des Heishuihe konnten 1991 ausgehend von einem rezent noch vergletscherten Granitdom mit einer maximalen Höhenlage von über 5200 m (bei 101°06'E, 33°17'N; Abb. 1 [3]) tiefste Eisrandlagen in Ostexposition bis 2840 m festgestellt werden. Tröge belegen ein Eisstromnetz für das sich eine überschlägig berechnete Schneegrenze im Luv von ca. 4050 m und eine klimatische Schneegrenze von ca. 4100 bis 4200 ergibt. Bedingt durch die starke Reliefenergie sind die rezenten morphologischen Prozesse sehr energisch (wie zahlreiche Rutschungen, Muren und Stürze zeigen, vgl. LEHMKUHL 1992). Es ist daher möglich, daß tiefere Moränenablagerungen beseitigt oder verdeckt worden sind. Ein tieferes Karniveau in 3900–4000 m deutet auf diese Möglichkeit hin.

Die hier vorgefundene Vergletscherung ist dem als „Gebirgsgruppen-Vergletscherung" bezeichneten Typus ähnlich. Dieser wurde 1989 zuerst in Osttibet am Nordrand des Nianbaoyeze diagnostiziert. Sie gehen immer von höheren, das Plateau überragenden Gebirgsgruppen aus und zeichnen sich durch ein radiales Gewässerwässernetz aus, welches randlich durch ein ringförmiges Gewässernetz, die sogenannten „Marginalrinnen" be-

Abb. 3: Eisrandlage in Form einer „Marginalrinne". Beispiel aus dem nördlichen Nianbaoyeze bei ca. 101°15'E, 33°25'N in 3800 m. Ost-West verlaufendes Tal des Duotzuojian mit deutlicher Seiten- und Grundmoräne bestehend aus groben Granitblöcken über kristallinen Schiefern. – Foto: F. Lehmkuhl, 1.9.91.

Abb. 4: Eisrandlage in Form einer „Marginalrinne". Beispiel aus dem Einzugsgebiet des Noujiang (Salween: 94°50'E, 31°41'N in 3800 m). Im Vordergrund (Südexposition) ist eine Moränenakkumulation bestehend aus großen Granitblöcken in einer lehmigen Matrix („Big-Boulder-Moräne") zu erkennen, während der nordexponierte Hang (im Bildhintergrund) von vorzeitlichen Solifluktionsschuttdecken, die im Unterhang mit Zwergsträuchern bewachsen sind, überdeckt ist. Das Nebental mit einem großen Schwemmfächer zeigt im Talschluß als Großform einen vorzeitlichen Breitboden mit kleineren Nivationsformen. – Foto: F. Lehmkuhl, 16.8.1989.

grenzt wird, in denen zumeist ein Haupteisrand liegt (vgl. Abb. 3 u. 4). Die Ausdehnung dieser vorzeitlichen Vergletscherungen ist auf den Satellitenbildern deutlich zu erkennen (ATLAS ... 1983, als Beispiel s. Abb. 5, auskartiert in Abb. 6). Das Innere der jeweiligen Gebirgsmassive ist durch glaziale Erosionsformen wie Kare in den höheren Gipfelbereichen sowie Trogtäler gekennzeichnet. Es sind aber auch glaziale Akkumulationsformen wie Satzendmoränen und Seitenmoränen (seltener als Grundmoränen), zumeist aus einheitlichen, erratischen Gesteinen wie Graniten (Abb. 1 [4, 5, 11, 14, 15, 16]) oder Basalten (Abb. 1 [12]) vorhanden. So sind beispielsweise in den Gebirgen am Ostrand (Abb. 1 [3, 4 und 5] große Granitblöcke über kristallinen Schiefern als End- und Seitenmoränen zu finden. Diese durch große Erratika gekennzeichneten Moränen wurden von uns als „Big-Boulder-Moräne" bezeichnet. Ihre Einordnung in das Spätglazial oder in das letzte Hochglazial ist noch offen.

Das Gebirgsmassiv des Nianbaoyeze als Teil des Bayan Har Shan befindet sich im Übergangsbereich zum nordöstlichen tibetischen Hochplateau südwestlich der großen Huanghe-Schleife und erhebt sich als Granitdom über eine Rumpftreppe mit Niveaus in ca. 4200 m sowie in ca. 4400 m. Der höchste Gipfel im Nordteil des ovalen Granitkernes (bei 102°45'E 32°14'N, Abb. 1 [4]) erreicht 5369 m Höhe. Neben einer kleinen aktuellen Vergletscherung ist ein ausgeprägter vorzeitlich glazialer Formenschatz mit Karen, Trogtälern, Seiten- und Endmoränen etc. ausgehend von diesem Massiv vorhanden (s. Abb. 5 und 6). Die Höhenlage der letzteiszeitlichen Schneegrenze kann mit ca. 4300 m angegeben werden. Solche Gebirgsgruppen-Vergletscherungen im Bereich höherer Gebirgsmassive

Abb. 5: Satellitenbildausschnitt (aus ATLAS...1983:142–37) mit zwei deutlich erkennbaren Massiven (Pfeile), die durch eine eiszeitliche Gebirgsgruppen-Vergletscherung überprägt worden sind. Das größere Massiv des Nianbaoyeze im Westen ist in Abb. 6 dargestellt (weißes Rechteck). – Entwurf: F. Lehmkuhl.

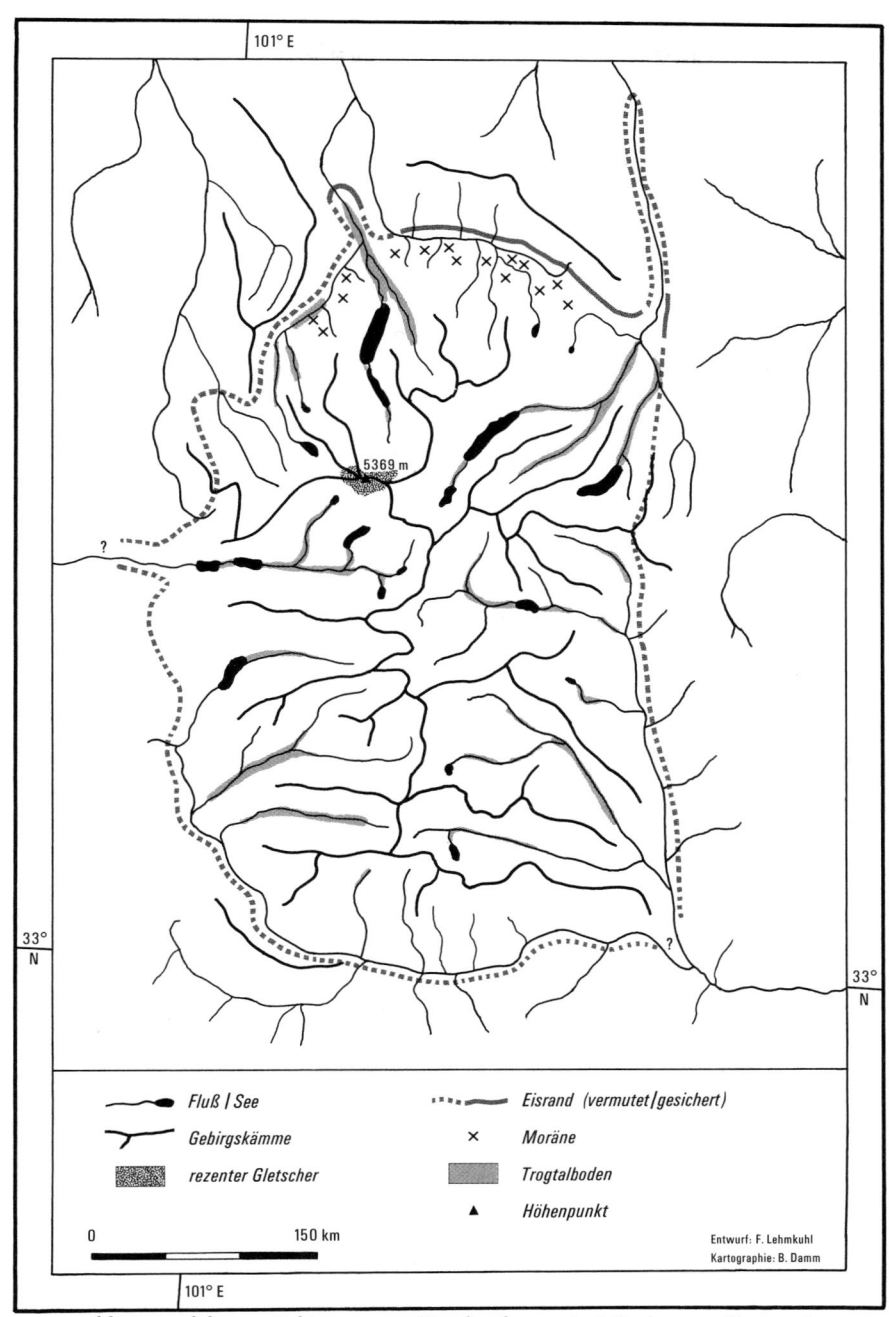

Abb. 6: Ausdehnung Gebirgsgruppen-Vergletscherung im Nianbaoyeze Shan nach Analyse der Satellitenbilder 1 : 500.000.

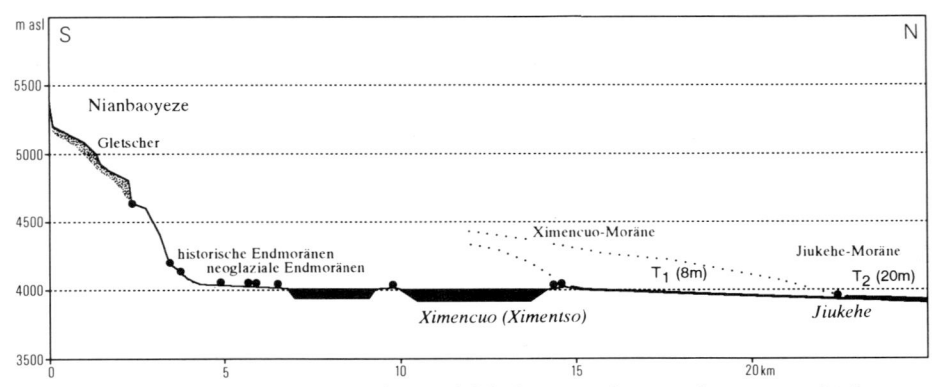

Abb. 7: Tallängsprofil des Jiukuhe an der Nordabdachung Nianbaoyeze Shan mit verschiedenen Eisrandlagen und zwei Terrassen. – Entwurf: F. Lehmkuhl.

wurden während der Expedition in einem kleineren Gebirgsmassiv weiter westlich (Abb. 1 [5]), im Bereich des südlichen Plateaus [11, 12] sowie zwischen Nagqu und Qamdo [14, 15, 16, 17] beobachtet. Im Nianbaoyeze Shan konnte 1989 die Eisrandlage im Norden auf ca. 20 km Länge (101°01'E bis 101°16'E, 33°22'N, s. Abb. 6) studiert werden. Der vorzeitliche Eisrand liegt in Höhen zwischen 3920 und 4140 m und wird durch das Gewässernetz, das zunächst radial von dem Massiv ausgeht und dann zumeist ringförmig in Form von „Marginalrinnen" verläuft, nachgezeichnet (s. Abb. 3). Diese Eisrandlage ist am Nordrand z.T. bis auf die Paßhöhen (4140 m) zu verfolgen. Der weitere Abfluß der Schmelzwässer erfolgte durch einige Haupttäler, die in nördlicher Richtung zum Huanghe fließen. Dabei ist ein Wechsel im Talcharakter zu beobachten: Außerhalb dieser markanten Eisrandlage werden die Trogtäler durch Kerbtäler abgelöst. Innerhalb dieser Eisrandlage sind in den Trogtälern zahlreiche Zungenbeckenseen vorhanden. Diese Haupteisrandlage hat insofern überregionale Bedeutung als sie sich als „Big-Boulder-Moräne" auch in anderen Gebirgsmassiven wiederfindet.

Aufgrund der gut zu erfassenden Eisrandlagen und seiner besonderen Lage am Ostrand Tibets mit hinreichenden Niederschlägen für ein Torfwachstum zumindest seit Beginn des Holozäns (nach ersten ^{14}C-Datierungen, frdl. mdl. Mitt. Prof. Dr. B. FRENZEL, Hohenheim), wurde dieses Gebirgsmassiv während einer weiteren Expedition 1991 im Detail untersucht. Die in Abbildung 6 auf der Basis der Ergebnisse der Expedition 1989 sowie aus den Landsat-Satellitenbildern 1 : 500.000 kartierte und für das Jungpleistozän maximale Eisausdehnung konnte dabei im wesentlichen bestätigt werden. Abweichungen zu Abbildung 6 ergeben sich hauptsächlich im Südosten, wo die Eisausdehnung etwas kleiner war.

Im Vorgriff auf die Befunde der Expedition 1991 wird die Moränenabfolge bis zum rezenten Gletscher aus einem typischen Tal vorgestellt (s. Abb. 7). Hierbei handelt es sich um das Tal des Ximencuo (-tzuo) und des Jiukuhe an der Nordabdachung im Anschluß an die mit 5369 m höchsten Kulmination im Bereich des Nianbaoyeze. Vor dem rezenten Gletscherende in 4600 m sind fast völlig unbewachsene und über 150 m hohe Seitenmoränen mit zwei Endmoränenwällen zwischen 4210 und 4220 m dem historischen Komplex („Little-Ice-Age") zuzuordnen. Davor liegt ein älterer, mutmaßlich neoglazialer bzw. jüngerer spätglazialer Komplex in Höhen zwischen 4060 und 4130 m sowie eine deutliche Randlage am Nordrand des größten Zungenbecken-Sees (Ximencuo) in 4040 m. Diese Randlage, eine der beiden Haupteisrandlagen im Nianbaoyeze, umschließt fast alle äußeren großen Seen in den zentralen Gebirgsbereichen und besteht zumeist aus zwei charakteristischen Moränenwällen („Big-Boulder-Moräne"). An diese Eisrandlage schließt sich eine kleine Terrasse von 6–8 m Sprunghöhe an. Diese hat eine 30–50 cm mächtige Auflage aus sandigem Löß, der in den obersten 15–20 cm humifiziert ist.

Außerhalb dieser Randlage konnten erratische Blöcke aus Granit, wiederum über kristallinen Schiefern, in diesem Tal noch bis ca. 3920 m kartiert werden (Jiukuehe Moräne in Abb. 7). Anschließend wechselt der Talcharakter: Der flachere und breite Trog, eingelassen in die Rumpffläche mit Höhen um 4000–4100 m, wird durch ein Kerbtal abgelöst. In diesem läßt sich streckenweise eine höhere, 20 m Terrasse verfolgen. Eine zeitliche Einordnung dieser Erratika und Schotterflur in das letzte oder vorletzte Hochglazial wurde diskutiert.

Weiter westlich, nahe der Siedlung Suohurima (Suhjima, Zentrum bei ca. 100°43'E, 33°29'N; s. Abb. 1 [5]) konnte ein weiterer kleiner Vergletscherungskomplex gequert werden. Die „Big-Boulder-Moränen" aus Granitblöcken zumeist über kristallinen Schiefern als „echte" Erratika reichen am Ostrand dieses kleinen Massives bis 3870 m, am Westrand bis 4020 m hinab und belegen bei Einzugsgebietshöhen bis 16.713 ft (5094 m, aus TPC G-8C) eine letztglaziale klimatische Schneegrenze von über 4400 m. Karniveaus in N-Exposition in 4300–4350 m bestätigen eine Schneegrenze in diesem Niveau.

Zusammenfassend läßt sich für den Osten des Expeditionsgebietes der Anstieg einer vorzeitlichen Schneegrenze, höchstwahrscheinlich überall das letztglaziale Maximum, von Osten nach Westen feststellen: Von 3800–4000 m in den Randketten des Roten Beckens [1] (Minshan) und [2] über 4200 m nördlich von Aba auf 4300 [4] und über 4400 m [5] weiter im Westen (s. Abb. 1). Dieser Anstieg, der sich auch in den rezenten Höhengrenzen (Waldgrenze, Schneegrenze, periglaziale Untergrenze) zeigt, ist schon im Prinzip, allerdings mit um 200–400 m zu hohen Werten, bei v. WISSMANN (1959) in einer Karte (Abb. 23, S. 223) dargestellt.

3. Die Eisrandlage westlich des Anyêmaqên-Massives

Während der Expedition 1981[3] konnte zwar westlich des Anyêmaqên-Massives, d. h. zwischen 99°10'E und 34°30'N einerseits sowie 98°50' bis 99°E und 35°10'N andererseits, die ehemalige Eisbedeckung des gesamten Bereiches erkannt werden, die Außengrenze des Vergletscherungsbereiches wurde jedoch nicht erreicht. Auf dieser Expedition wurde sie 10–20 km südlich Ichikai (Name nach ONC G8; 99°10'E, 34°29'N) als Moränenfeld aus jeweils etwa 20 m hohen Moränenwällen, an die sich nach Süden glazifluviatile Schotter anschließen, geschnitten (Abb. 1 [6]). Steilgestellte Schotterpakete in den Wällen deuten dabei Stauchmoränencharakter an, doch ist in Anbetracht der geringen Aufschlußtiefe von 1,5 m auch die Verstellung der Schotter durch Kryoturbationsprozesse nicht mit Sicherheit auszuschließen. Auf jeden Fall ist der Gegensatz zwischen der wirren Lagerung in den Wällen und den anschließenden glazifluviatilen Schotterfluren mit regelmäßig geschichteten und gut klassierten Schottern deutlich. Die Schotter sind 10 km nördlich Jan-Jo (99°12'E, 34°16'N) in etwa 10 m hohem Steilhang (Flußanschnitt) aufgeschlossen und bilden hier in 4140 m eine 2–3 km breite Ebene. Nur wenig weiter talaufwärts, in 4160 m, setzen die Wälle ein, in denen Schotter und Lehm durchmengt auftreten. Dieses Moränenfeld scheint aus den flachen Trögen zu stammen, die das östlich anschließende Massiv (17.730 ft der Karte ONC G-8) gliedern. Nördlich Ichikai (99°10'E, 34°32'N) finden sich auf 25 km Länge blockreiche Moränen und Schotter in buntem Wechsel, die über das riesige Trogtal bei 34°42'N Anschluß an die Anyêmaqên-Gruppe gewinnen.

---

[3] Zu den bereits in den Abhandlungen der Tibet-Expedition von 1981 (Hrsg.: HÖVERMANN & WANG WENYING, 1987) vorliegenden Ergebnissen sollen hier lediglich einige Ergänzungen dargelegt werden.

Weiter nördlich ist oberhalb 4450 m, d. h. in der Höhenlage der eiszeitlichen Kare, die häufig ebensohlig auf die Tröge ausmünden, Moränenmaterial nur spärlich oder überhaupt nicht vorhanden. Erst nördlich der Siedlung Huashixia (98°51'E, 35°07'N) treten im Südostteil des tektonischen Beckens, dessen Nordwesthälfte vom To-su-Hu See (Donggi Cona) eingenommen wird, zwischen den Schotterfluren der vier das Becken durchziehende Flüsse 20–30 m hohe Moränenwälle auf, die anzeigen, daß hier das vorzeitliche glaziale Akkumulationsgebiet erreicht wird. Die Höhenlage ist hier mit etwa 4100 m nur wenig niedriger als im Süden, das Einzugsgebiet dieser Vergletscherung hat im Südosten Anschluß an den höchsten Gipfel des Anyêmaqên-Massives (Maqên Gangri oder Amnye Machen, 6282 m).

In Anbetracht der Tatsache, daß an der Anyêmaqên-Gruppe selbst schon die Gletscher des „historischen Komplexes" bis 4200 m hinabreichen, die aktuellen Gletscher in Höhen zwischen 4400 m und 4600 m enden, und spätglaziale Eisrandlagen bis unter 3800 m nachzuweisen sind, scheint das Ergebnis überraschend. Es macht deutlich, daß die vom Anyêmaqên-Massiv ausgehende Vereisung nach Westen, gegen das Hochland hin, sehr viel geringer war als nach Norden und Osten.

4. Der Norden des Expeditionsgebietes

In den Gebirgsbereichen nördlich des Anyêmaqên-Massivs, d.h. zwischen 99° und 100°E sowie 35° und 36°N, sind im Südwesten, wo die tiefsten Geländeteile stets über 4200 m hoch liegen, keine Indikationen für Eisrandlagen gefunden worden. Die Gebirgszüge scheinen bis über 4500 m Höhe aufwärts gerundet; darüber erheben sich Gipfelpyramiden und scharfe Felspartien, so daß sich der Eindruck einer allgemeinen Eisbedeckung ergibt. Zwischen dem Kolahu-See und Wenquan (Wenchuan: 99°26'E, 35°24'N) stellen sich mächtige Fließungen in den anstehenden dunklen Schiefern ein. Diesen dunklen Schiefern lagern sich unterhalb des westlich Wenquan gelegenen Passes Granitblöcke auf; sie sind von 4000 m an unter einer Wechsellagerung von Löß und örtlichem eckigem Schutt aufgeschlossen. In 3940 m liegt ein Moränenwall, der die oberreren Teile des Tales absperrt; es folgen bis Wenquan Grundmoränen, Seitenmoränen und Endmoränen und in Wenquan selbst ist die granitführende Grundmoräne auf einem Rundhöcker aus Schiefer in ca. 3900 m aufgeschlossen. Die granitführende Grundmoräne ist hier von Osten nach Westen, d. h. aus dem Beckenbereich gegen das Talgefälle, aufwärts vorgeschoben und überdeckt dabei die anstehenden Schiefer.

In gleicher Weise findet sich die granitführende Grundmoräne auch am Nordrand des Beckens von Wenquan. Sie erreicht hier gegen den Paß hin fast 4500 m und wird in der Paßhöhe selbst durch eine mehrere Meter mächtige Grundmoräne abgelöst, deren Grobblockmaterial aus einem feinkristallinen grünlichen Gestein besteht. In dieser Paßhöhe berührten sich also Eismassen unterschiedlichen Ursprungsgebietes, die sich scharf durch das hinterlassene erratische Material unterscheiden. Ihr Kontakt in über 4400 m Höhe gibt für diesen Bereich die Mindesthöhe der Eisoberfläche an.

Der Außenrand dieses Vergletscherungskomplexes ist nur im Nordosten des Bereiches bekannt: Bei Daheba (Ta-ho-pa: 99°41'E, 35°52'N) und unterhalb Su-jung (Namen nach der ONC G8: 99°34'E, 35°48'N) schließt an die schmalen Gletscherbetten eine 5 km breite und 50 km lange Schotterebene an, die von 3700 m am Gletscherende bis auf etwa 3300 m am Huanghe fällt (= etwa 0,8%). Die Mächtigkeit der wohlgeschichteten und lagenweise klassierten Schotter beträgt über 50 m. Sie schließen an drei Seiten in gleicher Höhe wie das Moränenmaterial an das Zungenbecken an, das Zungenbecken liegt also in vollem Umfang tiefer als die glazifluviatile Schotterflur, ein Phänomen, das sich übrigens an der ganzen Nordseite des Kunlun Shan gegen die Qaidam-Depression in allen Tälern wiederholt. Es scheint, als ob dieses Verhältnis zwischen Moräne und glazifluviatilen Schottern in diesem Bereich ein Charakteristikum der maximalen letzteiszeitlichen Vergletscherung ist.

Ein gänzlich anderes Erscheinungsbild bieten die rückwärts und talaufwärts gestaffelten Eisrandlagen, die längs der Straße von Wenquan nach Gonghe (Kung-Ho) um 99°30'E und 35°40'N in vorzüglicher Weise aufgeschlossen sind. Hier erreicht eine Reihe von Gletscherbetten, die gegeneinander durch markante, hohe Seitenmoränen abgegrenzt sind, ausgehend von dem Gebirgszug mit der Gipfelhöhe 16.980 ft der Karte ONC G8, das Haupttal in 3800 m. Die grobblockige Moräne, die sich durch Granitblöcke mit bis zu 3 m Kantenlänge auszeichnet, geht rasch (3750 m) in wohlgeschichtete und gut klassierte Schotter über, die im Anschluß an jede Moräne ein einige Kilometer langes ausgedehntes Schotterfeld bilden.

Die Moränenpackungen und die anschließenden Schotter sind in der Straßenböschung bis zu 20 m aufgeschlossen. Sie dürften aber bis zum Talgrund mit einer Mächtigkeit von ca. 50 m reichen. Die Mittelmoränen zwischen den einzelnen Gletscherbetten erreichen über 100 m relative Höhe. Die Schotterfluren sind in ihren moränennahen und höchstgelegenen Partien lößfrei. Schon ab 3750 m, wenige hundert Meter von der Moränenpackung entfernt, stellt sich jedoch auf den Schottern eine Lößdecke ein, deren Mächtigkeit abwärts zunehmend größer wird und im untersten Teil der Aufschlüsse mehr als 3 m beträgt. Es scheint, als ob hier die Obergrenze der eiszeitlichen Lößdeckenbildung auf einer spätglazialen glazifluviatilen Schotterflur erfaßt ist. Insofern ergänzt dieser Befund die Beobachtungen der Expedition von 1981, während derer in den Gebirgsbereichen südlich des Ostendes des Qaidam-Beckens bis zu 5 m mächtige Lößdecken auf der hocheiszeitlichen Grundmoräne beobachtet wurden.

Im Unterschied zu dem Maximalstand der eiszeitlichen Vergletscherung, der sich dadurch auszeichnet, daß die Schotterfluren dominieren, treten bei diesem Rückzugsstadium die Moränen sowohl als Seiten- als auch als Endmoränen dominierend in Erscheinung. Sie sind im Satellitenbild und sogar in der Karte 1:1 Mill. deutlich erkennbar. Der Befund: Ausgedehnte Schotterfluren und schwach entwickelte Moränen während des Maximalstandes, kleine Schotterablagerungen und mächtige Moränen während des Rückzugsstadiums, gilt für den gesamten Bereich östlich 94°E und 35°N.

Im Bereich der intensiv zertalten Ostabdachung des Hochlandes macht sich überdies unter 101°E ein deutliches Absinken der Schneegrenze nach Norden von 33° bis 37°N bemerkbar. Beleg dafür ist die eiszeitliche Vergletscherung des Gebirgsstockes 16.030 ft (etwa 4800 m) der Karte ONC G8 (Abb. 1 [7]). Neue im Zuge des Ausbaus der Straßen entstandene Aufschlüsse an der Westseite und im Bereich der nach Norden gerichteten Entwässerung des Massives (Gipfel mit 18.030 ft bei 101°12'E und 36°20'N) ließen erkennen, daß die Eisausdehnung merklich über die 1981 diagnostizierten Moränenvorkommen hinausging. Ziemlich genau bei 101°E quert die Straße in 3360 m Höhe (Anaeroid-Messung) mächtige Blockmoränen aus erratischen Granitblöcken, die von Löß und Sand überdeckt sind. Sie gliedert sich in zwei Moränenstaffeln, von denen die untere in 3250 m im Bereich einer Strandterrasse des Qinghai Hu (Kuku-nor) liegt (weitere Strandterrassen bei 3240 m und 3220 m; derzeitiger Seespiegel 3190 m), die höhere in 3330 m sich durch eine anschließende Schotterflur auszeichnet. Die Granitblockmoräne zieht sich bis zur Paßhöhe in 3440 m und noch etwas höher, etwa bis 3470 m, hinauf und erfüllt dann das ganze nach Norden gerichtete Trogtal auf etwa 20 km Länge. In diesem Bereich treten mehrfach Zubringer auch von Westen her auf. Der ganze Komplex ist in Becken und Riegel mit Klammen gegliedert: Becken bei 2910–2930 m und bei 2820 m sowie 2720 m bis 2420 m. Bis hierher treten erratische Granitblöcke freiliegend in den Beckenbereichen und an den Hängen auf. Die Schotterterrassen bei Huangyuan (101°16'E, 36°41'N) dürften das Ende der letzteiszeitlichen Vergletscherung bezeichnen, für deren Maximalstand sich auch bei

86

vorsichtigster Abschätzung hier nordseitig eine pleistozäne Schneegrenze von unter 3900 m ergibt. Die klimatische Schneegrenze kann mit etwa 4100 bis 4150 m angegeben werden. Die Granit-Erratika, die im Durchbruchstal östlich Huangyuan zwischen 2600 m und 2450 m beim Straßenbau unter örtlichem mächtigem Hangschutt angefahren worden sind, dürften einer älteren Vergletscherung entstammen, ebenso die Trogtalformen im Bereich dieses Durchbruchstales.

Unter dem in der Einleitung dargelegten Aspekt der Gletscherform in Abhängigkeit von der Höhenstufe, in der sie enden, lassen sich im Nordteil des Expeditionsbereiches, vorzüglich abgebildet auf dem Satellitenbild 1:500.000 (Abb. 8; ATLAS...1983:144/35), in Höhenlagen zwischen 3500 m und 4000 m eiszeitliche Podestgletscher erkennen, die sich dadurch auszeichnen, daß an das von mächtigen Seiten- und Endmoränen umgebene Gletscherbett nur schwach entwickelte Schotterfluren anschließen. Da die aktuellen Formen dieser Art am Anyêmaqên-Massiv charakteristisch für die kalten, schmelzwasserarmen Gletscher der Dauerfrostbodenregion mit ausschließlich supraglazialem Abfluß sind, gewinnt man hier ein Indiz für die eiszeitliche Herabdrückung der Dauerfrostbodengrenze.

An der ganzen Nordseite des Kunlun Shan (Burhan Budai Shan, Abb. 1 [8]) gegen die Qaidam-Depression und besonders im „Golmud-Tal" (Golmudhe) zeigt sich nun ein interessanter Unterschied zwischen dem am weitesten vorgeschobenen und durch das bei etwa 3140 m (37 Straßenkilometer südlich Golmud) gelegene Zungenbecken und die anschließenden Schotterfluren gekennzeichneten Gletscherstand und den weiter gebirgswärts gelegenen Rückzugsstaffeln: Während bei der äußersten Eisrandlage eine etwa 30 km lange und mehr als 100 m mächtige, in Teilfelder gegliederte Schotterablagerung auftritt, Moränenmaterial eigentlich nur als Grundmoräne erkennbar ist und ausgeprägte Endmoränen fehlen, sind die Schotterablagerungen im Anschluß an die Moränenstaffeln der gebirgseinwärts gelegenen Eisrandlagen kurz (etwa 5 km) und erreichen nur Zehner von Metern Mächtigkeit.

Das oberste Teilfeld der unteren glazigenen Schotterfluren ist 30–35 km südlich von Golmud, östlich der neuen Bahnlinie, vorzüglich aufgeschlossen. Es erhebt sich hier 50 m über die durch eine 2 m hohe Terrassenstufe gegliederte Schwemmfächerfläche; seine Oberfläche neigt sich mit etwa 0,5% nach Norden, würde also bei gleichbleibendem Gefälle nach etwa 10 km unter die Schwemmfächerfläche abtauchen. Die Schotter sind relativ gut gerundet, ebenso die zwischengelagerten Kiese. Schotter und Kiese sind deutlich geschichtet; die Schichtung liegt parallel zur Oberfläche. Angelagert sind die Schotter an der Ostseite des Tales an einen von rotem, salzverbackenen Sand überkleideten Granithügel, dessen Flanken von zahlreichen kleinen Rillen zerfurcht sind. Die Schotterterrasse selbst ist überlagert von schwach salzigem gelbem Sand, der Trümmer von Gips enthält. Darüber legt sich ein Schwemmschutt aus eckigen Granit-Trümmern und Granit-Grus, der aus den Rillen im Granithügel über die Schotter und die gelben gipshaltigen Decksande ausgebreitet wird. Die bunten Schotter, die das gesamte petrographische Spektrum des südlich anschließenden Gebirges enthalten, sind frisch und klingen bei Hammerschlag. 5 km weiter talaufwärts schließt das von mächtigen feinkörnigen Ablagerungen erfüllte Zungenbecken an, an dem die Schotter der Schwemmfächerstufen ihre Wurzel haben. Die Oberfläche der hochgelegenen Schotterterrasse ist mit 3040 m, die Oberfläche des Schwemmfächers mit 2990 m gemessen (Anaeroid). Talaufwärts schafft ein Durchbruchstal

---

Abb. 8 (linke Seite): Satellitenbildausschnitt (aus Atlas ...1983: 144/35, Maßstab = 1:500.000) östlich der Qaidam-Depression (1, Dulan = 2) mit einem vergletscherten Gebirgskomplex (3), der größere Tröge, Seiten- und Endmoränen zeigt. Die niedrigeren Gebirge der Umgebung zeigen keine Vergletscherungsspuren bzw. nur kleine Kare in Nordexposition. – Entwurf: F. Lehmkuhl.

Abb. 9: Durchbruchstal des Golmudhe (94°45'E, 35°56'N). Das Foto aus 3410 m in der ersten Längstalflucht des Kunlunhe (s. Abb. 12) ca. 20 km vor Nachital zeigt die über 18.000 ft (5486 m) hohen Gipfel des Burhan Budai Shan. – Foto: F. Lehmkuhl, 29.7.1989.

bei 94°45'E und von 35°45' bis 35°54'N die Verbindung zu den höchsten Gipfeln des Kunlun Shan (bis 5778 m nach der TPC G8-D, s. Abb. 9).

Zusammenfassend lassen sich mehrere Phasen ausgliedern: (1) Ausräumung eines Beckens und anschließende große Schotterfluren die auf den Seespiegel eines großen Süßwassersees eingestellt sind; (2) limnische und (glazi-)fluviatile Verfüllung des Beckens (3) kleinere Aufschüttungsphase (Pedimentphase; event. zeitgleich mit Phase (2) und von der Größenordnung um den Faktor 5 kleiner als zum Zeitpunkt der Phase (1); (4) Zerschneidung der Schotter in mehreren (vier?) Phasen, repräsentiert durch verschiedene Terrassen. Hierbei erfolgte stellenweise Erosion bis auf die blockreiche Grundmoräne. Nähere Untersuchungen dieser Lokalität sind erforderlich, um präzisere und gesichertere Ergebnisse der Talentwicklung und auch für paläoklimatische Aussagen dieses Raumes zu bekommen.

Vergleichbare Schottermächtigkeiten treten talaufwärts nicht auf, obgleich in dem relativ engen Tal viel geringere Materialmengen ausreichen würden als im Bereich der breit auseinanderfächernden Aufschüttungen am Gebirgsrand und im Vorland. Zwar sind auch hier die Wüstenschluchten des öfteren 50 m tief in Akkumulationsmaterial eingeschnitten; die Schotterlagen erreichen aber stets nur 20 m, maximal 30 m Mächtigkeit. Darunter liegen entweder feinkörnige salzhaltige Beckensedimente oder aber eine grobblockige Grundmoräne. Mehrere Moränenstaffeln mit anschließenden kurzen Schotterfluren treten im Längstal um 94°40'E und 35°55'N in Höhen zwischen 3350 m und 3500 m auf. Die Längstalflucht bleibt bis zu dem Nord-Süd-verlaufenden Durchbruchstal, durch das die Straße nach Lhasa führt, in schotterverfüllte Becken gegliedert; Moränen im Talgrund sind jedoch nicht beobachtet. Allerdings tritt in 3650–3680 m eine 60 m hohe Seitenmoräne auf, die unmittelbar an den felsigen Talhang angelagert ist.

Abb. 10: Gletscher im Kunlun Shan (Burhan Budai Shan) mit den jüngsten Eisrandlagen. Foto der Nordexposition der südlichsten Ketten aus dem Längstal des Xidatan aus 4140 m (94°19'E, 35°44'N). – Foto: F. Lehmkuhl, 30.7.89.

Vom Südende des Durchbruchtales an, d.h. in der zweiten, südlichen Längstalflucht, dem Tal des Xidatan um 35°45'N und ab 3900 m, treten nun mehr die zum heutigen Talboden zusammenlaufenden Teilfelder des „historischen und neoglazialen Komplexes" im Anschluß an die Seiten- und Endmoränen im unmittelbaren Vorfeld der aktuellen, sich teilweise in Kerbtälern befindlichen, Gletschern auf. Die jüngsten Moränen sind unbewachsen („grauer Moränenkomplex"; s. Abb. 10), es folgen ein auf der Außenseite bewachsener („grau-grüner") und ein vollständig bewachsener Moränenkomplex („grüner Moränenkomplex"). Solche unterschiedlich bewachsenen Moränen können mit den auf der Tibet-Expedition von 1981 gefundenen Moränenkomplexen gleicher Abfolge verglichen werden (s. KUHLE 1987a, S. 221ff).

In der chinesischen Literatur, zusammengefaßt bei ZHENG BENXING & JIAO KEQIN (1991), werden diese Moränen im unmittelbaren Gletschervorfeld dem Little Ice Age und dem Neoglazial zugeordnet. Vor dem Kuangdong-Gletscher (höchster Gipfel: 5520 m) enden diese Moränen in Nordexposition 4600 m bzw. 4500 m. Zwei weitere Endmoränen in 4400 m und knapp unter 4400 m (bis 4300 m) werden allerdings als das letztglaziale Maximum (Xidatan Ice Age I und II) angesehen. Aus der Neoglazialen Endmoräne liegt eine ^{14}C-Datierung mit 3.340 ±110 B.P., aus der Inneren Xidatan-I-Moräne eine ^{14}C-Datierung mit 12.370 ±486 vor. Die Moränenreste an der Südabdachung und am Kunlun-Paß werden älteren Eiszeiten (Angerzhaxi Ice Age und Wangkun Ice Age = < 1.4 Mill. Jahre) zugeordnet (ZHENG BENXING & JIAO KEQIN 1991). Leider fehlen genaue Angaben zu den ^{14}C-Datierungen wie etwa Fundumstände, Profilbeschreibung oder Art des datierten Materials.

Die pleistozäne Vergletscherung des Kunlun Shan, der Nordabdachung des tibetischen Plateaus, wurde auch auf der Expedition 1981 untersucht (KUHLE 1987b). Dabei werden

Abb. 11: Blick auf den Kunlun Shan aus 3050 m ca. 25 km südlich von Golmud (94°47'E, 36°12'N). Über dem tieferen, stark zerschnittenen und vegetationsfreien Relief sind die weicheren Hangformen des rezenten periglazialen Stockwerkes mit deutlichen vorzeitlichen Karen zu erkennen. In den Karrückwänden sind an den höchsten Erhebungen einige Nivationstrichter ausgebildet. – Foto: F. Lehmkuhl, 29.7.1989.

Eisrandlagen an den Talausgängen zur Qaidam-Depression beschrieben. Westlich von Dulan (97°43'E, 35°55'N) gibt KUHLE (1987b:265) die letztglaziale Vergletscherung bis 3300 m an und errechnet eine Schneegrenze in Nord-Exposition von 4025 m (durchschnittliche Einzugsgebietshöhe: 4750 m, höchster Gipfel: 5288 m), eine klimatische Schneegrenze von 4200 m und eine Schneegrenzdepression von etwa 900 m. Eine Moräne nahe Naji Tal (Nachitai) in 3560 m wird bei KUHLE (1987b:266f) wegen einer vergleichsweise geringen Schneegrenzdepression zeitlich in das Spätglazial gestellt.

In den Randketten des Kunlun Shan (Burhan Budai Shan) nahe Golmud können vorzeitliche Karniveaus in Höhen von 3900–4000 und 4300–4400 m diagnostiziert werden (s. Abb. 11). Dabei nimmt die Höhe der Karböden zu den inneren, südlicheren Ketten hin zu. Aus der Eisrandlage in dem Zungenbecken in 3140 m, welches aufgrund der Verknüpfung der Schotterfluren mit dem Strandwall des eiszeitlichen Qaidam-Sees als letztglazial angesehen werden sollte, kann man bei einer durchschnittlichen Einzugsgebietshöhe von 5400 bis 5500 m auf eine Schneegrenze von etwa 4300 m schließen. Dies zeigt einen bedeutenden Anstieg der Schneegrenze vom Rand des Qaidam-Beckens gegen das Hochland hin an. Für die Randketten kann man nordseitig von einer letztglazialen Schneegrenze um 4000 m (KUHLE 1987b:269 gibt Karböden und Moränen in 3700 m mit einer Schneegrenze von 3900 m an) ausgehen. Diese steigt zu den zentralen Ketten zwischen dem Tal des Kunlunhe und dem Tal des Xidatan auf etwa 4300 m an, während die südlicheren Ketten, die sich bis 80 km südlich des Gebirgsrandes befinden, eine noch höhere Schneegrenze zeigen. An dieser Südabdachung des Kunlun beschreibt TAFEL (1914, Bd. II:44) Endmoränen bis 4700 m hinab. Chinesische Untersuchungen weisen die letztglazialen Eisrandlagen (Xidatan I und II) an der Südabdachung des Mount Yushu bis 4850 m und 4800 m aus (ZHENG BENXING & JIAO KEQIN 1991:18). Südlich des

Kunlun-Passes läßt sich moränisches Material (Grundmoräne) noch bis 7 km vom Paß entfernt in 4710 m feststellen. Weiter südlich anschließend fehlen Erratika auf dem Plateau bis zum Tanggula Shan vollständig. Daraus läßt sich die letztglaziale Schneegrenze in Südexposition bei durchschnittlichen Einzugsgebieten um 17.000 ft (5181m) auf etwa 4950 m bestimmen.

Die Schneegrenzangaben der verschiedenen Autoren sind nur schwer miteinander vergleichbar, da zum einen oft die verwendeten Methoden nicht angegeben werden und zum anderen die durchschnittliche Höhe des Einzugsgebietes, aus der die Schneegrenze als arithmetisches Mittel mit dem Gletscherende gebildet wird (Schneegrenzbestimmungsmethode nach v. HÖFER 1879), verschieden angegeben werden kann und dem jeweiligen Autor einen gewissen Ermessensspielraum läßt. Daran ist nicht zuletzt die Bestimmungsmethode nach v. HÖFER schuld, die einen Zirkelschluß enthält, da bei der durchschnittlichen Höhe des Einzugsgebietes über der Firnlinie, die zu bestimmende Schneegrenze bzw. Firnline bekannt sein muß.

Eine expositionsbereinigte klimatische letztglaziale Schneegrenze für diesen Bereich anzugeben (nach SHI YAFENG et al. 1991: 4800–5000 m, nach v. WISSMANN 1959, S.236: 4900 m), erscheint zum einen aufgrund des Ansteigens der nordexponierten Schneegrenze nach Süden zu den inneren Ketten und zum anderen aufgrund der eiszeitlich extremen hygrischen Unterschiede zwischen einer feuchteren Nordabdachung und dem trockenen Plateau problematisch. Der Expositionsunterschied, der in Hochasien bis 400 m zwischen Sonn- und Schattseite betragen kann (v. WISSMANN rechnet zumeist mit diesem Wert), kann in Zentralasien durch Luv-Lee (hygrische) Effekte auf 1000 m verstärkt werden. Dies zeigt v. WISSMANN am Beispiel der aktuellen Vergletscherung des Transalai. Im Kunlun Shan kann man daher aus der Schneegrenze der Südabdachung (ca. 4950 m, s.o.) für die inneren Ketten eine nordexponierte letztglaziale Schneegrenze von ca. 4550 m und folglich eine Anstieg von den Randketten (ca. 4000 m) zum Plateau hin um 400 bis 500 m ergeben. Diese 500 Höhenmeter Differenz zu den Karniveaus der Randketten erklärt sich durch einen Anstieg der Schneegrenze mit der Massenerhebung zu den inneren Ketten des Gebirges. Im Qilian Shan konnte mit Hilfe chinesischer Karten für die aktuellen Gletscher eine Schneegrenzanstieg von den Randketten zu den Inneren Ketten am Beispiel der Nordexposition um 200 bis 300 m, von 4500 m auf 4700 bis 4800 m, ermittelt werden. Die letztglaziale Ausdehnung der Gletscher des Kunlun Shan ist in einem Profil von Golmud zum Kunlun-Pass dargestellt (Abb. 12). Für die klimatische Schneegrenze kann im Mittel 4200 bis 4750 m angegeben werden.

Für die rezente Schneegrenze liegen leider keine Daten aus den Randketten vor; diese sind z.T. für eine aktuelle Vergletscherung nicht hoch genug. Ein ähnlicher Anstieg der aktuellen Schneegrenze wie im Qilian Shan und am Ostrand Tibets bedingt durch den sogenannten Massenerhebungs- bzw. Abschirmungseffekt kann im Kunlun Shan ebenfalls angenommen werden. Bei der Betrachtung der eiszeitlichen Schneegrenzen zeigte sich am Ostrand des tibetischen Plateaus (s.o.) eine Verschärfung dieses hygrisch bedingten Schneegrenzanstieges. Aus der aktuellen klimatischen Schneegrenze der südlichen Ketten des Kunlun Shan von 5300 m (abgeleitet aus Daten bei ZHENG BENXING & JIAO KEQIN 1991) kann eine Schneegrenzdepression von mindestens 550 m deduziert werden.

Daß die Nordseite des tibetischen Plateaus letztglazial bedeutend feuchter war als heute ergibt sich nicht nur aus der vergleichsweise niedrigen Schneegrenze, sondern auch aus der Existenz des großen Sees im Qaidam-Becken (s. u. a. HÖVERMANN & SÜSSENBERGER 1986, CHEN KEZAO & BOWLER 1986). Die bei der Kunlun-Taklamakan Expedition 1986 gefundene jüngere (letztglaziale) Eisrandlage nördlich des Zungenbeckens von Pulu (ca. 81°25'E, 36°08'N) ergibt für die Nordabdachung eine vergleichbar niedrige eiszeitliche Schneegrenze, die mit etwa 4000 m angegeben wird (HÖVERMANN & HÖVERMANN 1991).

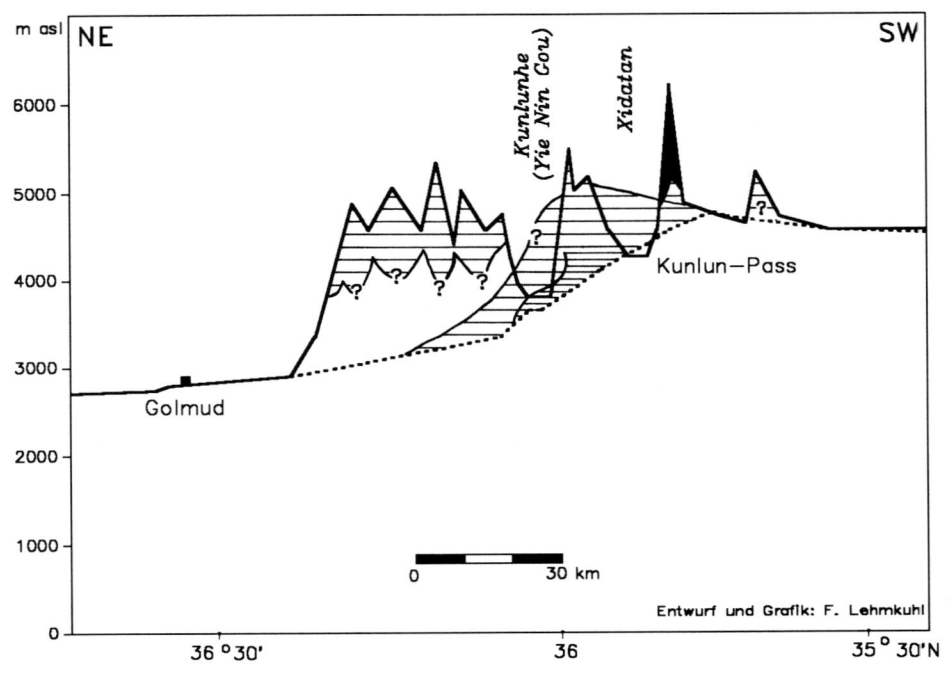

Abb. 12. Profil durch den Burhan Budai Shan (Kunlun Shan) von Golmud zum Kunlun-Pass. Im Profil sind die aktuelle (schwarz), eine ältere (schraffiert, letztglaziales Maximum) und eine jüngere (eng schraffiert, Spätglazial) jungpleistozäne Vergletscherungen dargestellt. An den Randketten im Norden ergibt sich eine letztglaziale Schneegrenze von ca. 4000 m in Nordexposition. Diese steigt zu den aus Graniten aufgebauten Gipfeln zwischen dem Kunlunhe-Tal und dem Xidatan-Tal in Nordexposition auf ca. 4300 m an und ist an der Südabdachung der südlichen und höchsten Kette auf ca. 4900 m zu bestimmen. Dies würde an der strahlungsärmeren Nordabdachung etwa einer Schneegrenze von 4400 bis 4500 m entsprechen.

Zusammenfassend zeigt sich für die Nordabdachung des Kunlun Shan ein Anstieg der letztglazialen Schneegrenze in Nordexposition von 4000 m in den nördlichen Randketten über 4300 m im mittleren Kunlun Shan auf ca. 4550 m (abgeleitet aus der Südexposition) in der südlichen Kette. Die klimatische Schneegrenze kann mit 4200 bis 4750 m angegeben werden. Dieser Schneegrenzanstieg nach Süden ist auf die abnehmenden Niederschläge zum tibetischen Plateau zurückzuführen.

5. Das nördliche tibetische Hochland (bis zum Tanggula Shan)

Südlich des Kunlun-Hauptkammes, d. h. beim Überschreiten des Kunlun-Passes (4767 m, 4700 m Anaeroid) liegen gänzlich andere Verhältnisse vor. In dem Nord-Süd verlaufenden kleinen Durchbruchstal ist zwischen 4500 m und 4580 m eine blockreiche Moräne aufgeschlossen, an die sich eine nach Süden gerichtete kurze glazifluviatile Schotterschüttung anschließt. Die Moräne, ausgezeichnet durch große Granitblöcke, liegt roten Schiefern auf (s. Abb. 13). An die glazifluviatilen Schotter schließt eine Seeablagerung an, jedoch lagert sowohl die Moräne als auch die Schotter den blaugrauen Seetonen und den zwischengelagerten humosen Schluffen auf. Innerhalb dieses ehemaligen Seebeckens hat

```
       4700 m
                 Pingos                      hangende
                            4600 m           Endmoräne
```

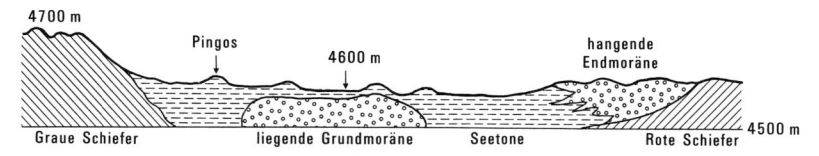

*Abb. 13: Schematisches geologisches Profil nahe des Kunlun-Passes.
– Entwurf: J. Hövermann.*

sich ein großes Pingofeld entwickelt, das in einem Falle eine unter den Seeablagerungen liegende ältere Moräne angefahren hat. Der Boden des Beckens und damit die Höhenlage dieser Grundmoräne liegt bei etwa 4600 m. Südlich des kleinen Schiefer-Hügelzuges, der das Becken nach Süden abschließt, nur etwa 7 km vom Paßbereich entfernt, tritt diese Moräne als Blockfeld in Erscheinung, innerhalb dessen besonders die aus dem Kunlun-Hauptkamm, zwischen den Längstälern des Kunlunhe und des Xidatan (s. Abb. 12), stammenden Granitblöcke mit großen, weißen und fleischfarbenen Feldspäten ins Auge fallen. Doch sind auch alle anderen Bestandteile des Gebirgskörpers des anschließenden Kunlun-Hauptkammes vorhanden. Eindeutig ist hier in zwei durch eine Seeablagerung voneinander geschiedenen Phasen Eis aus dem Kunlun-Hauptkammes nach Süden in das tibetische Hochland eingetreten. Es hat jedoch weder deutliche Endmoränen noch erkennbare glazigene Schotterfluren hinterlassen; in extremer Weise gilt das für das Blockfeld, das der älteren Moräne entspricht, während die jüngere den Seebildungen aufgelagerte Moräne wenigstens im Aufschluß den Übergang vom glazialen zum glazifluviatilen Transport erkennen läßt (vgl. Abb. 13). Vom Ende dieses Feldes erratischer Blöcke bis zum Vorland des Tanggula Shan gibt es längs der Piste nach Lhasa keine Erratika mehr. Daraus ergibt sich die Folgerung, daß die Gletscher aus dem Kunlun niemals weiter als einige Kilometer südlich des Hauptkammes in das tibetische Hochland vorgestoßen sind. Rückwärts, gegen den Kunlun-Hauptkamm hin, sind ausgedehnte Kegelflächen entwickelt (s. Abb. 14), die nach Beobachtungen von TAFEL (1914, Bd. II:44) und der chinesischen Literatur (s.o.) an Moränenstaffeln anschließen. Diese ausgedehnten Fußflächen werden aufgrund ihrer Größenordnung als letztglaziale Bildungen angesprochen. Die Herkunft dieser granitischen Erratika am Kunlun-Paß kann mit Hilfe der geologischen Karte (in CHANG CHENGFA et al. 1988) auf die mittlere Kette des Kunlun Shan zwischen dem Kunlunhe (Yie-Nin-Gou-Tal) und dem Xidatan-Tal näher bestimmt werden. Auf dem Plateau nördlich des Tanggula Shan fehlen im Anschluß an den Kunlun-Paß nicht nur Erratika, sondern auch glaziale Erosionsformen wie Tröge, Kare und Breitböden. Bei den Lockermaterialien handelt es sich um Frostschuttdecken lokaler Herkunft mit eckigen Gesteinstrümmern von selten mehr als 10 cm Kantenlänge. Eine Herkunft dieser Granite aus dem Tanggula Shan (KUHLE 1993) erscheint daher unwahrscheinlich.

Der gesamte Bereich des nördlichen Plateaus südlich des Kunlun-Passes bis zum Tanggula Shan ist somit im wesentlichen während der letzten Eiszeit eisfrei gewesen. Lediglich im Bereich zweier West-Ost verlaufender Gebirgszüge, dem Kokoxili Shan (Paß bei 93°02'E, 35°06'N in ca. 4730 m) und dem Fenghuo Shan (Paß bei 92°55'E, 34°40'N in 4958 m; Abb. 1 [9]), zeigen Spuren von kleineren Lokalvergletscherungen bzw. Firnfeldern.

Im Bereich des Plateaus dominiert ein flachgewelltes Relief mit niedrigen, gerundeten Kuppen einer alten Rumpfflächenlandschaft. Gipfel unter 5500 m sind zumeist gerundet, einige wenige Gipfelpyramiden über 6000 m sind in der Regel spitz und tragen oft Eiskappen mit nach unten auslaufenden spitzen Gletscherzungen oder Hängegletscher mit spitzer Zunge (Breitbodengletscher, s. LEHMKUHL 1991/1992). Darüber erheben sich die größeren und höheren Gebirgsmassive des Kunlun Shan, Tanggula Shan und Nyain-

Abb. 14: Südabdachung des Kunlun Shan (Burhan Budai Shan) aus ca. 4700 m. Im Hintergrund aktuelle Gletscher und Nivationsformen. Im Vordergrund die ausgedehnten Fußflächen und die äußersten Erratika. – Foto: F. Lehmkuhl, 1.8.1989.

qêntanglha Shan mit rezenten Nivationsformen und Gletschern. Den meisten höheren Gebirgsbereichen, wie beispielsweise dem Tanggula Shan oder dem Nyainqêntanglha Shan, sind glazifluviatile Schotterfluren und deutliche Moränen mit großen erratischen Blöcken vorgelagert; sie entsprechen der „Big-Boulder-Moräne" des Ostrandes (s.o.).

6. Das zentrale tibetische Hochland (vom Tanggula Shan bis Lhasa)

Vor dem Tanggula Shan (Abb. 1 [10]) sind mehrere Terrassen als Ausdruck glazifluviatiler Schotterfluren am Gar Qu und Bi Qu ca. 44 km südlich von Toutou in 4630 m zu beobachten. Beides sind Quellflüsse des Yangtse; sie vereinigen sich bei 92°21'E, 33°51'N. Die niedrigeren Teilfelder mit geringerer Korngröße deuten auf weiter zurückliegende, jüngere Eisrandlagen hin. Die äußersten Eisrandlagen im Bereich des Tanggula Shan treten an der Nordabdachung, belegt durch Erratika und anschließende Schotterflur, in ca. 4700 m auf. Die maximale Vereisung geht an der Nordabdachung über die in Abb. 15 dargelegte „Tanggula-Vergletscherung" hinaus, findet ihr Ende jedoch im Vorland des Tanggula Shan. Der zentrale Bereich zeichnet sich durch ganztalige Tröge aus, die von den aktuellen Gletschern nicht mehr ausgefüllt werden und eine eiszeitliche Eiskuppel in diesem Bereich belegen (s. Abb. 16).

Südlich des Tanggula-Shan-Passes folgt ein großes Becken mit zahlreichen Thermokarstseen. Die die maximale Vergletscherung, wiederum belegt durch große erratische Geschiebe und drei kleinere Endmoränenwälle, reicht an der Südabdachung bis 91°51'E, 32°34'N in ca. 5040–5100 m. Dies deckt sich mit der maximalen Vergletscherung („Tanggula-Vergletscherung", s. Abb. 15) der chinesischen Literatur (LI JIJUN, ZHENG BENXING et al. 1986, SHI YAFENG 1988, SHI YAFENG 1992, ZHENG BENXING & JIAO KEQIN 1991). Die zeitliche Einordnung bei ZHENG BENXING & JIAO KEQIN (1991) von Moränen in unmittelbarer Nähe (maximal 10 km) der aktuellen Gletscher in die letzte Eiszeit („Bashico-Vergletscherung", s. Abb. 15), der weiterreichenden Eisrandlagen („Zhajiazhangbo-Vergletscherung") in die vorletzte Eiszeit und der maximalen „Tanggula-Vergletscherung" in eine sehr frühe Eiszeit, entsprechend dem alpinen Mindel oder noch älter, scheint fragwürdig. Die Frische der Formen und des Materials spricht für eine Einordnung der maximalen „Tanggula-Vergletscherung" als letztglazial. KUHLE (1991) hält die „Tanggula Vergletscherung" für eine spätglaziale Eisrandlage. Der Bereich südlich von 32°25'N ist, mindestens während des letzten Glazials, eisfrei gewesen; es konnten keine eindeutigen Vergletscherungsspuren gefunden werden.

Südwestlich von Amdo sind höhere Seespiegelstände durch Strandwälle belegt. Rezent werden in diesem SSW-NNE verlaufenden Graben ausweislich der Satellitenbilder (ATLAS...1983) Sande aus diesen ehemaligen Seesedimenten äolisch nach Osten verlagert (s. HÖVERMANN & LEHMKUHL, 1994 und Abb. 17). Bei etwa 92°20'E, 32°05'N westlich von Amdo konnten jüngere Seesedimente auf 2.180 ±60 B.P. (Hv 16840) datiert werden.

Südlich von Amdo treten in höherer Position wieder Vergletscherungspuren auf. Es handelt sich um das gleiche Phänomen, wie im Osten des Expeditionsgebietes, nämlich einzelne, von einem Moränen-Blockfeld umgebene Gebirgsgruppen (Gebirgsgruppen-Vergletscherungen). Das erratische Material stammt aus den zentralen Teilen der Gebirgsstöcke und ist um den Gebirgskomplex herum im Vorland ausgebreitet. Dabei treten Gneise über jurassischen Schiefern und Kalken (in 4700 m Höhe bei 91°48'E, 31°44'N), Granite über Schiefer von 91°15'E bis 91°30'E und 31°45'N bis 31°30'N, bogenförmig vorgelagert dem Gebirgskomplex mit den Höhen 19.098 ft und 18.180 ft (Abb. 1 [11]), auf. Hier zeigen die chinesischen Karten höchste Gipfel mit 5371 und 5248 m. Bei einem Eisrand um 4620 m ergibt sich überschlägig eine Schneegrenze von 5000 m in dieser Sü-

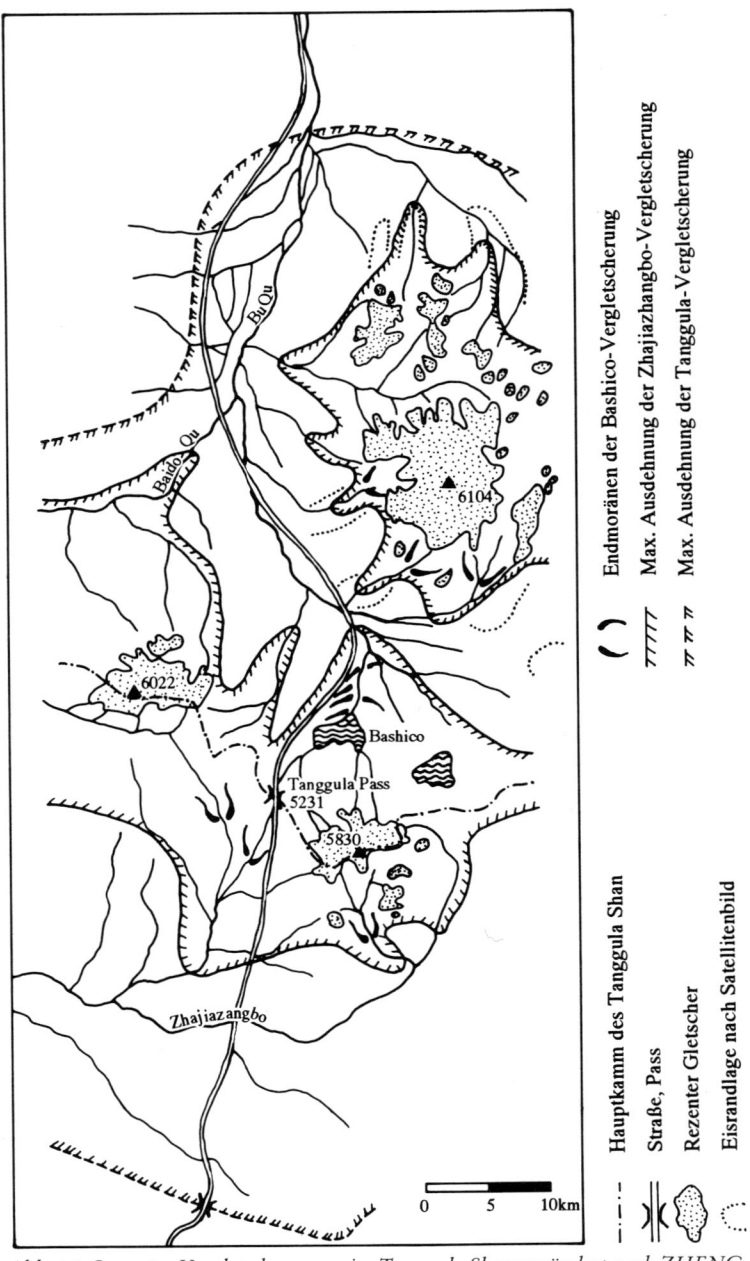

Abb. 15: Quartäre Vergletscherungen im Tanggula Shan verändert nach ZHENG BENXING & JIAO KEQIN (1991) und ergänzt durch eigene Satellitenbildinterpretation. Nach unseren Befunden reicht die maximale Vergletscherung im Norden über den Kartenrand hinaus, während sie sich am Südrand des Tanggula Shan mit der Tanggula-Vergletscherung deckt. – Entwurf: F. Lehmkuhl.

Abb. 16: Zentraler Tanggula Shan (Nordabdachung, nahe des Tanggula-Passes: 5200 m, 91°58'E, 32°56'N). Der aktuelle Gletscher tibetischen Typs füllt den ganztaligen Trog nicht mehr aus. Auch die angrenzenden Gipfelbereiche mit kleineren aktuellen Hanggletschern (z.T. Breitbodengletscher) und das Plateau im Vordergrund waren eisüberflossen. – Foto: F. Lehmkuhl, 1.8.1989.

dexposition. Südlich des Gebirgsstockes mit dem Höhenpunkt 17.750 ft und Zentrum bei 90°32'E, 31°31'N (Abb. 1 [12]; Abb. 18, Nr. 3) sind Basalte über Schiefern bei 31°30'N von 90°50'E bis über 90°30'E hinaus nach Westen reichend als Erratika zu finden. Nach den chinesischen Karten erreicht der höchste Gipfel 5636 m. Bei einem Eisrand bis knapp unterhalb von 4700 m würde sich hier rein rechnerisch eine Schneegrenze von ca. 5100 m in Südexposition ergeben. SHI YAFENG (1988) und LI JIJUN, ZHENG BENXING et al. (1986) geben für dieses Gebiet eine letztglaziale Schneegrenze von 5400 m an. In der Abb. 19 ist am Beispiel dieses Gebirgsmassives nördlich des Pamutso (Bamco, S. Abb. 18-Nr. 1) der Vergletscherungskomplex mit anschließenden fluvialen und glazifluvialen Schwemmfächern sowie verschiedene Strandwälle dargestellt. Die Rekonstruktion des eiszeitlichen Eisstromnetzes ergibt eine Schneegrenze von 4900 bis knapp über 5000 m.

In allen Fällen sind die Erratika-Vorkommen stellenweise durch eckigen, aus den Randbereichen der Gebirgsstöcke stammenden Schutt überdeckt, so daß der Ferntransport über die Randberge der Gebirgsstöcke hinweg (Eistransport) im Unterschied zu der lokalen Schuttverschwemmung deutlich wird. Wie an der Südseite des Kunlun enden auch in diesen Fällen die Moränen-Blockfelder, ohne daß glazifluviatile Schotterfluren an sie anschließen. Die Höhenlage aller dieser Moränenfelder beträgt etwa 4500–4650 m. Das Verbreitungsgebiet deckt sich mit denjenigen Bereichen Tibets, die durch ausgedehnte Flachbereiche charakterisiert sind.

An zwei Seen, dem Pengtso und Pamutso (Bamco), konnte eine Serie von Strandwällen eingemessen werden. Während des höchsten Standes (4610 m) müssen beide Seen vereinigt gewesen sein (55 m über dem Pamutso, 87 m über dem Pengtso, s. Abb. 20). Da die höchsten Strandwälle in die Schwemmfächer und Fußflächenakkumulationen an den Gebirgsrändern eingearbeitet sind, müssen die höchsten Seespiegelstände zeitlich jünger als diese Schüttungen, die zunächst in die letzte Eiszeit gestellt werden können, sein.

Am Nordufer des Pamutso (90°32'E, 31°25'N) sind zwei unterschiedliche Eisrandbildungen, eine jüngere, kalkverkrustete Moräne sowie eine ältere, schon völlig konglomeratisierte und anschließend mit einer Kalkkruste ummantelte, ältere Moräne zu finden. In dieser ist ein jüngeres Kliff, 53m über dem rezenten Seespiegel, eingearbeitet. Eine U/Th-

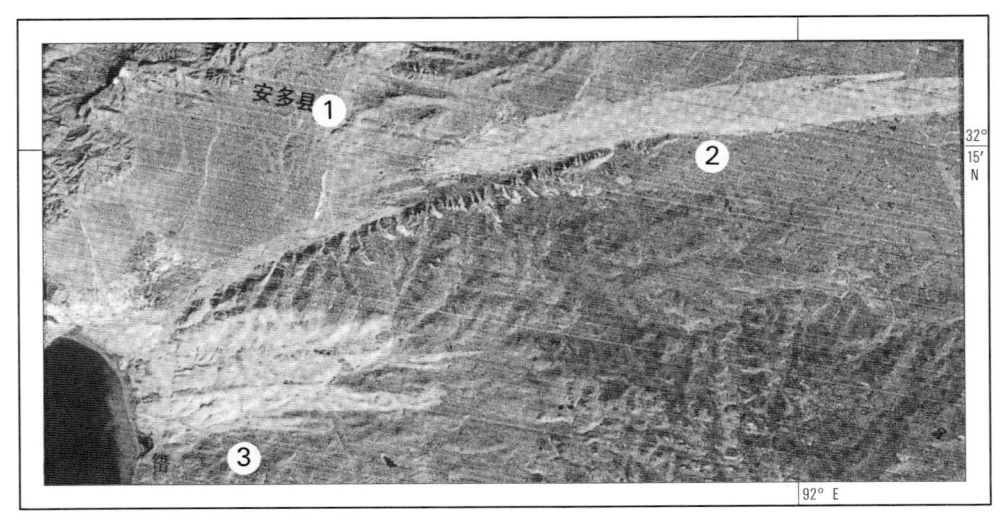

Abb. 17: Satellitenbildausschnitt (aus ATLAS ...1983: 148–398, Maßstab = 1:500.000) südlich des Tanggula Shan bei Amdo (1) mit Sandverdriftung im Bereich eines tektonischen Grabens (2) sowie auf dem höheren Plateau (3). – Entwurf: F. Lehmkuhl.

Datierung (Hv 16841) ergab ein Alter von 269 (±30) ka, welches als Minimalwert zu interpretieren ist. Nach Prof. M.A. GEYH, Hannover (Mitt. v. 4.9.1990), ist für diese Probe ein Alter von mehr als 270 ka B.P. anzunehmen.

Zwischen den Seen (Abb. 18, Nr. 4) liegt überdies eine etwa 50 m hohe Schottermasse in 4590 m mit extrem gerundetem, gut gewaschenem buntem Material, welches glazifluvialen Habitus besitzt (s. Abb. 21). Dies läßt eine Interpretation als in- oder subglaziale Akkumulationsmasse zu. Daraus wäre eine völlige Eisverfüllung der Seebecken zu folgern; die „Big-Boulder-Moräne" wäre dann ein jüngerer Stand.

Zusammenfassend lassen sich im Gebiet dieser Seen vier Hauptphasen nachweisen: (1) Älteste, vollständig verbackene Moräne (2) jüngere Moräne mit Kalkkruste (3) Kliffbildung (höherer Seespiegelstand mit mehreren Strandwallgenerationen) und Kalzifizierung der Moränen. (4) Schrumpfen der Seen auf den heutigen Stand, insgesamt trockeneres Klima mit starker äolischer Formung: Die Seen sind überwiegend salinar, auf den Strandgeröllen ist Windschliff zu erkennen; einige sind zu Windkantern umgeformt worden.

7. Nyainqêntanglha Shan

In stärker reliefierten Teilen des Hochlandes, d. h. im Expeditionsgebiet südlich 31°N, im Bereich des Nyainqêntanglha Shan (Abb. 1 [13]), ändern sich die Verhältnisse wieder. Bei 91°42'E, 31°06'N quert die Straße eine Eisrandlage und ein (Zungen-) Becken und in den Beckenbereichen südlich 31°N tritt nördlich des 4775 m hoch gelegenen Passes, nach Norden bis über die Paßhöhe längs der Straße bis 31°07'N reichend, ein nach Süden hin 40 km weit ausgedehntes Moränen-Blockfeld auf, innerhalb dessen als Blöcke Granite dominieren. Das Blockfeld ist durch eine lückenhafte Decke aus ausgezeichnet gerundeten, fast einheitlich faustgroßen Schottern nur unvollkommen verhüllt. Moräne und Schotter liegen jurassischen Schiefern auf. Nach Süden hin wird der Anteil an Schottern geringer, mehr und mehr wird die Moränendecke durch Rundhöcker durchragt, bis sich endlich zum südlichen Paßbereich hin ein rein fluviatil geformtes Relief im Bereich roter Sandstei-

Abb. 18: Satellitenbildausschnitt (aus ATLAS ...1983: Maßstab = 1:500.000) aus dem Plateaubereich zwischen Tanggula Shan und Nyainqêntanglha Shan westlich von Nagqu mit den Seen Pamutso (1) und Pengtso (2). Erkennbar sind einige höhere Strandwälle der beiden Seen. Der ebenfalls durch eine Lokalvergletscherung gekennzeichnete im Text beschriebene höhere Gebirgskomplexes (Abb. 19 = 3) und die Lage gut gerundeten Schotter (4) ist ebenfalls dieser Abbildung zu entnehmen. – Entwurf: F. Lehmkuhl.

ne und Schiefer einstellt, das völlig frei ist von erratischem Material (bei 91°35'E und 30°38'N). Das moränenverfüllte Becken seinerseits liegt zwischen den Gebirgsgruppen 21.430 ft im Westen und 20.710 ft im Osten. Der nur 5 km weit Nord-Süd ausgedehnte Paßbereich mit dem Kerbtalrelief trennt dieses Becken von den nunmehr nach Südwesten anschließenden Becken, die gegen Westen hin von einer mächtigen, stark vergletscherten Gebirgskette (höchster Punkt 22.920 ft) überragt werden.

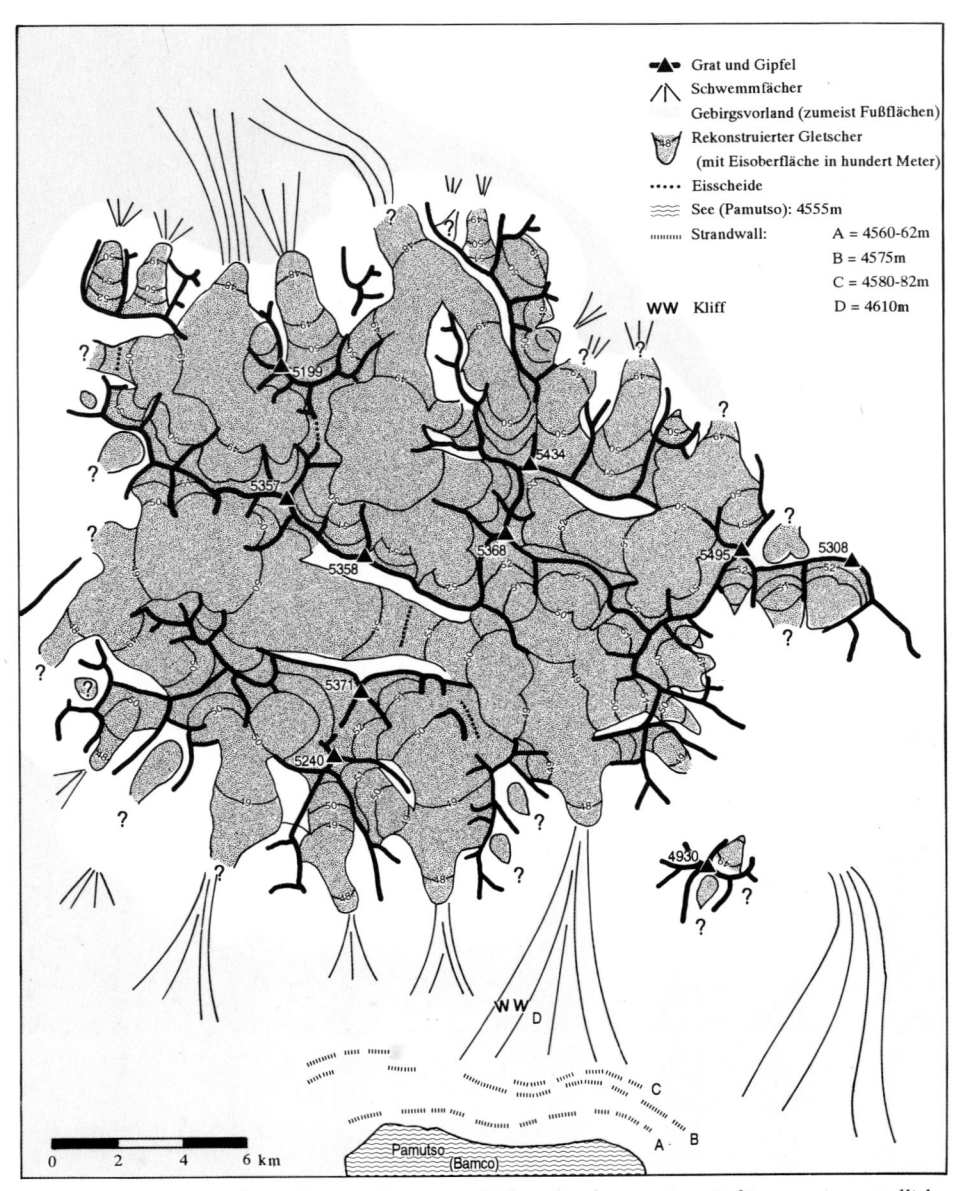

Abb. 19: Die Rekonstruktion der jungpleistozänen Talvergletscherung eines Gebirgsmassives nördlich des Pamutso (Zentrum bei 90°32'E, 31°29'N) aus den chinesischen Karten und den Satellitenbildern zeigt eine umfangreiche Talvergletscherung, die teilweise den Charakter eines Eisstromnetzes annimmt. Große Schwemmfächer aus dem Gebirge wachsen im Vorland zum Teil zu einer Fußfläche zusammen und sind auf den Seespiegelstand C (4580–4582 m) und auf den aktuellen Seespiegel eingestellt. Die Schneegrenze dieser Vergletscherung, die man aufgrund des deutlichen ausgebildeten glazialen Formenschatzes wohl in die letzte Vereisung stellen kann, lag zwischen 4900 und knapp über 5000 m. – Entwurf: F. Lehmkuhl.

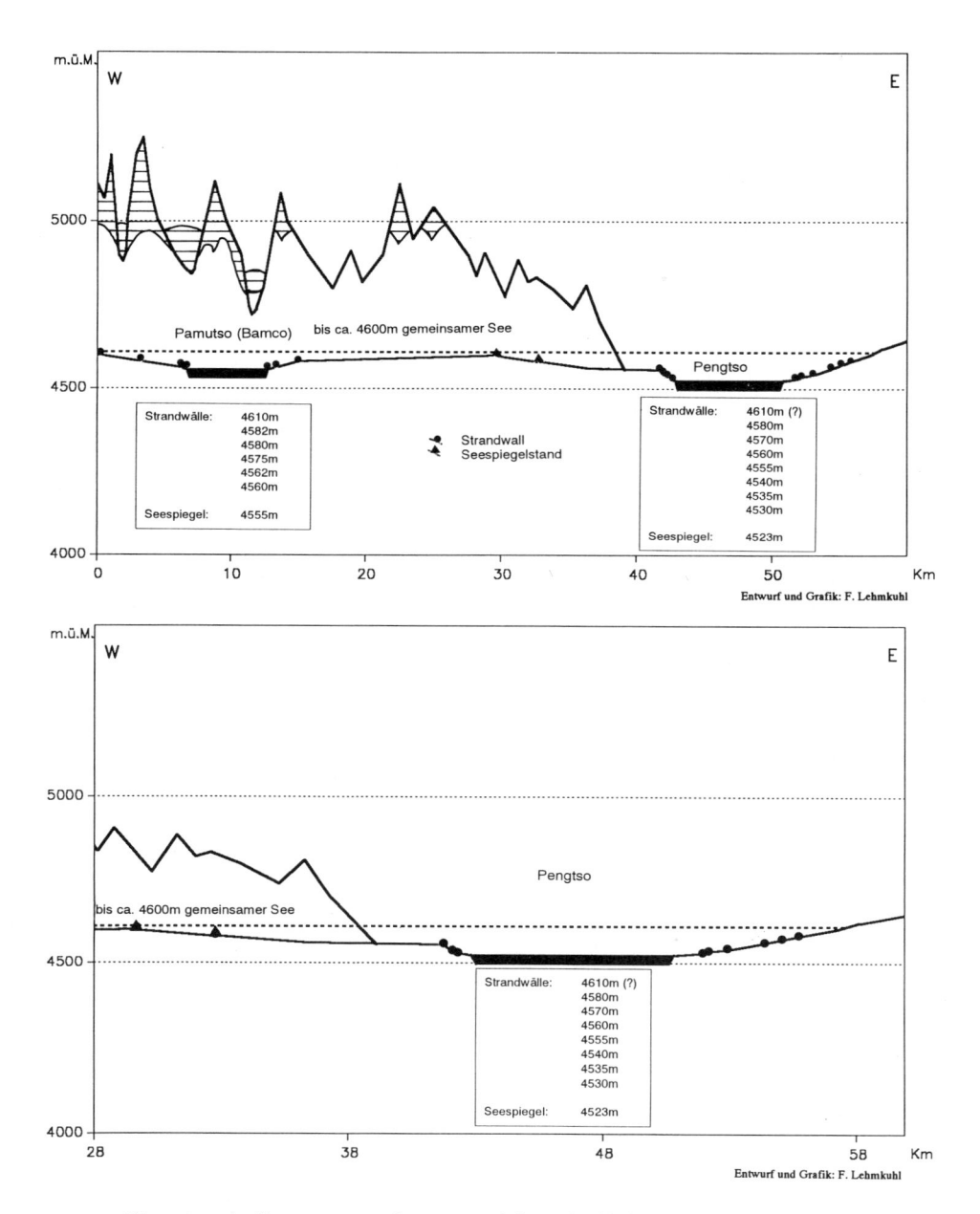

Abb. 20: Strandwälle am Pengtso und Pamutso nach den Geländebefunden sowie einer Karten- und Satellitenbildauswertung. Die untere Abbildung zeigt die Strandwälle am Pengtso im Detail. Am Westufer wurden zwischen 4580 und 4630 m gut gerundete Schotter gefunden (s. Abb. 20). In den Abbildungen sind die Seespiegelstände, die sich aus den Strandwällen am gegenüberliegenden Ufer ergeben, mit aufgenommen worden; für den höchsten Seespiegelstand ergibt sich ein gemeinsamer See. Auf die verschiedenen Strandwälle sind Schwemmfächer (auch glazifluviatilen Ursprunges) eingestellt. Die angenommene Ausdehnung der letztglazialen Vergletscherung ist schraffiert dargestellt.

Abb. 21: Gut gerundete Schotter am Südwestufer des Pengtso (90°55'E, 31°25'N) zwischen 4580 und 4630 m mit Blick auf das Südufer des Pengtso. – Foto: F. Lehmkuhl, 6.8.1989.

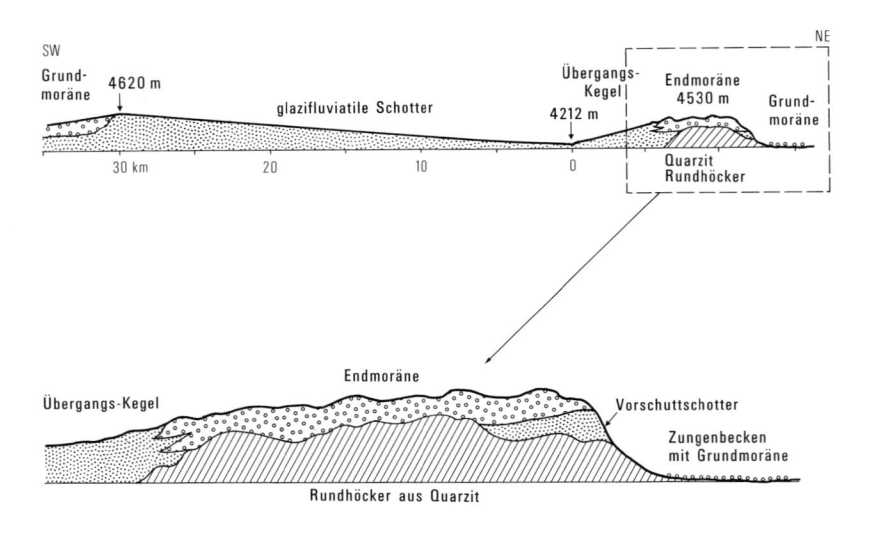

Abb. 22: Schematische Darstellung der Moränenakkumulationen südwestlich von Dangxiun (91°02'E, 30°26'N) in etwa 4280 m. – Entwurf: J. Hövermann.

*Abb. 23: Trogtäler im Nyainqêntanglha Shan im Becken von Dangxiun (4630 m, 91°11'E, 30°30'N).
– Foto: F. Lehmkuhl, 12.8.1989.*

Im Abstieg zu diesem südwestlichen Becken setzen unterhalb der Paßhöhe (4638 m) talabwärts divergierende Terrassen ein, die 5 m und 10–20 m Sprunghöhe über dem Talgrund erreichen. Sie bestehen aus gut gerundeten, meist faustgroßen bunten Schottern, die deutlich geschichtet sind. In der Nähe des Passes liegen sie auf roten Sand- und Tonsteinen auf; gegen das Becken hin ist die Unterlage nicht mehr erkennbar. Zum Beckentiefsten hin dominiert Sand. Es scheint, als ob die Terrassen auf einem ehemaligen Seespiegel eingestellt waren, durch dessen Absinken sich das Divergieren der Terrassen nach unten hin erklärt. Auf dem mutmaßlichen Seeboden, der von mächtigen Torfen bedeckt ist, liegt der alte Flugplatz von Lhasa (Dangxiun, 91°06'E, 30°29'N). Die beiden Terrassen setzen sich jeweils aus Schwemmfächern zusammen, von denen die bedeutensten aus dem nördlich anschließenden Gebirgsbereich kommen, wo sie aus deutlichen Trögen hervorgehen.

Etwa 10 km SW des alten Flugplatzes endet das Becken, das hier nur noch Grundmoräne, keine Schotter mehr enthält, an einem Felsriegel aus steilstehenden karbonischen Quarziten in 4250 m. Der Riegel ist vom aktuellen Fluß durchbrochen. Auf seiner gebuckelten Oberfläche liegt zunächst eine dünne Decke glazifluviatiler geschichteter Schotter, darüber, weiter nach SE hin dem Fels unmittelbar aufliegend, eine blockreiche Moräne, innerhalb derer die Granitblöcke bis 2 m Länge erreichen (vgl. Abb. 22). Die Moräne geht nach W hin in einen steil geböschten Übergangskegel aus glazifluviatilen Schottern über, der nach etwa 5 km an dem nach SE gerichteten Durchbruchstal endet. Von hier (90°58'E, 31°24'N) steigt ein gleichartiger, aber flacher geböschter glazifluviatiler Schwemmfächer nach SW hin an. Während der Übergangskegel von der dem Felsriegel aufliegenden Moräne (4530 m) auf 4212 m fällt, also etwa 3% Gefälle hat, steigt der Schotterkegel nach Südwesten hin von 4212 m auf 4620 m an bei einer Distanz von 30 km, hat also ein Gefälle von 1,3%. In unmittelbarem Anschluß an den Schotterkegel liegt, ebenfalls kegelförmig ausgebreitet, ein Grundmoränenfeld mit riesigen Granitblöcken. Nach Nordwesten hin schließen sich hier überall gewaltige Tröge an (s. Abb. 23).

104

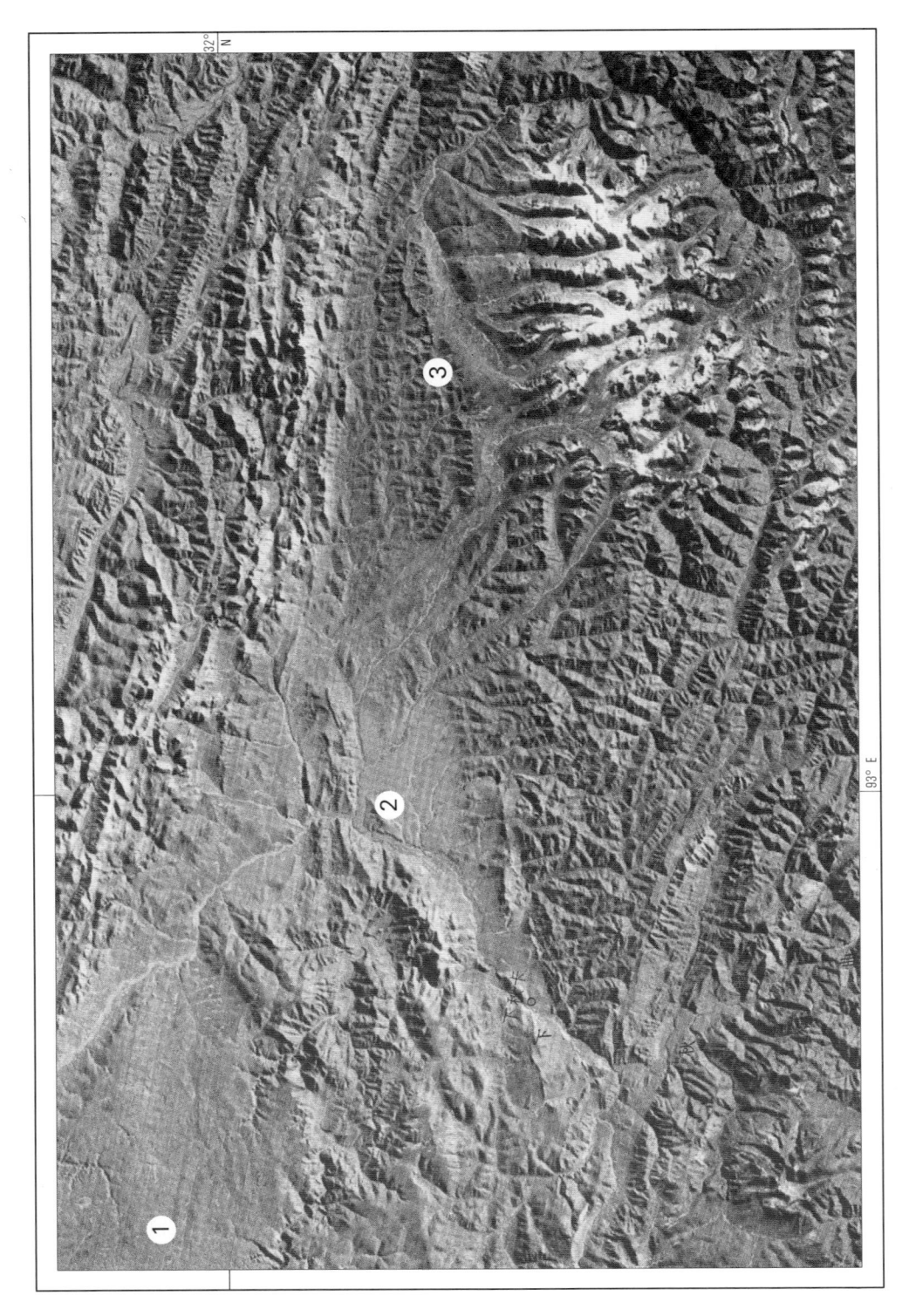

Da alle diese glazialen und glazifluviatilen Ablagerungen an die weit über 6000 m hohe Gebirgskette anschließen, scheinen die Befunde zunächst unproblematisch. Schwierigkeiten bereitet dem Verständnis jedoch die Tatsache, daß der glazifluviatile Übergangskegel, der an die das östliche Teilbecken abschließende Moräne anschließt, offenbar gleichaltrig mit dem großen glazifluviatilen Schwemmfächer ist, der nach SW hin bis auf 4620 m ansteigt (s. Abb. 22). Wenn die Höhenangaben der Karte ONC H-10 nur halbwegs zuverlässig sind, würde nämlich der höchste Gipfel desjenigen Teiles der Gebirgskette, der an das nordöstliche Teilbecken anschließt, nur 19.030 ft (= 5800 m: 90°59'E, 30°36'N) erreichen, während die Gipfel im Einzugsbereich des nach SW ansteigenden Schwemmfächers 22.920 ft (= 6986 m: 90°35'E, 30°24'N) hoch sind: Bei niedrigerem Einzugsgebiet (19.030 ft) liegt der Eisrand dieses Stadiums in 4530 m, bei höherem Einzugsgebiet dagegen über 4620 m. Wenn man nicht einen Eisüberlauf aus dem Becken des Nam Co (4590 m) über Pässe von mehr als 17.000 ft (5186 m) annehmen will, dürfte für die Eisrandlage im Südwesten der ca. 50 km entfernte 22.920 ft Gipfel keine Rolle spielen. Der Gletscher kam wohl nur aus den unmittelbar benachbarten Trögen mit höchstem Punkt 18.320 ft (= 5583 m: 90°47'E, 30°32'N; Angabe nach der TPC H-10A).

Der Schwemmfächer im Südwesten markiert zugleich die Wasserscheide zwischen den beiden letztlich nach Lhasa führenden Durchbruchstälern. Von dieser Wasserscheide an (90°40'E, 30°15'N) erfüllt die mächtige Grundmoräne nicht nur den Beckenboden, sondern ist auch an die Steilhänge an der SE-Seite des Beckens angepreßt und verklebt ehemalige Täler. Moränenpackungen mit Blöcken bis zu 4 m Länge ziehen sich auch noch in die Durchbruchsschlucht hinein, die von der Straße nach Lhasa benutzt wird.

Im weiteren Verlauf des Durchbruchstales wechseln mehrfach Engen und Weitungen miteinander ab. Deutliche Eisrandlagen sind bei 4100 m, mit zwei glazifluviatilen Terrassen, 10 m und 20 m über dem Flußbett und bei 3900–3850 m vorhanden. Eine letzte Grobschotterflur setzt in 3800 m ein; sie läuft bereits in 3780 m in einer Weitung mit der Talsohle zusammen.

8. Übergang vom Plateau zu den meridionalen Stromfurchen (zwischen 92 und 97°E, Nagqu – Qamdo)

In diesem Übergangsbereich vom Plateau zu den meridionalen Stromfurchen wechseln sich große Beckenlandschaften mit relativ geringer Reliefenergie im Westen mit engen Tallandschaften und großer Reliefenergie in den Oberläufen der großen Ströme, die wiederum durch kleinere Becken gegliedert sind, ab. Westlich von Nagqu entspricht die Landschaft dem des tibetischen Plateaus und ist in weitgespannte größere Becken, umgeben von höheren Gebirgsmassiven, gegliedert. Die Beckenbereiche, mit Höhen um 4500 m, sind zumeist mit tertiären Sedimenten gefüllt. In den Randbereichen dieser Becken sind zahlreiche Moränenstände und Akkumulationen von erratischen Blöcken („Big-Boulder-Moräne") vorhanden. Auf den Satellitenbildern (ATLAS...1983) lassen sich diese deutlichen Vergletscherungsspuren, insbesonders an den Nordabdachungen, wiederfinden. Als Beispiel soll hier Abb. 24 aus dem Satellitenbild 147–38 dienen, wo wiederum der Typ der Gebirgsgruppen-Vergletscherung deutlich erkennbar ist (entspricht Abb. 1 [14, 15]).

Abb. 24 (linke Seite): Satellitenbildausschnitt (aus ATLAS ...1983: 147–38, Maßstab = 1:500.000) mit dem südlichen tibetischen Plateau (1) im Übergang in ein Talrelief. In den flacheren Becken sind z.T. mehrere (glazi)fluviale Schotterterrassen erkennbar (2). Ein höheres Gebirgsmassiv, auch erkennbar an der Schneebedeckung, (südlich 3) zeigt den Typus der Gebirgsgruppen-Vergletscherung mit marginaler Entwässerung und großen, bis ca. 20 km langen, Trogtälern in Nordexposition. – Entwurf: F. Lehmkuhl

Abb. 25: „Big-Boulder-Moräne" aus großen Granitblöcken. Beispiel der Südabdachung des östlichen Tanggula Shan im Einzugsgebiet des Noujiang (ca. 3800 m: 94°50'E, 31°41'N). Der vorzeitliche Gletscher kam von rechts (Norden), der linke Hang ist frei von erratischen Blöcken (vgl. Abb. 4); das Tal zeichnet als Marginalrinne den Eisrand nach. – Foto: F. Lehmkuhl, 16.8.1989.

Exemplarisch wurde für ein Gebirgsmassiv nordöstlich von Runbu, mit Zentrum bei 94°40'E und 31°50'N und höchstem Gipfel mit 6328 m (Abb. 1 [16]), die rezente klimatische Schneegrenze auf 5330 m[4] durch eine Kartenauswertung bestimmt. Größere Talgletscher reichen auf der Südabdachung bis 4200 m, auf der Nordseite bis 4620 m hinab. Hier zeigt sich eine Begünstigung der feuchteren (monsunal beeinflußten) Ost- und Südseite. Die vorzeitliche Vergletscherung, die aufgrund der gut erhaltenen Moränen als letztglazial angesehen werden muß, reicht auf der Südseite, belegt durch große Granitblöcke, bis 3700 m hinab (s. Abb. 4 u. 25). Bei einer durchschnittlichen Einzugsgebietshöhe von 5500 m errechnet sich für die Südexposition eine Schneegrenze von etwa 4600 m, aus der sich eine klimatische Schneegrenze um 4800 m und eine Schneegrenzdepression von ca. 500 m ableiten läßt.

9. Meridionale Stromfurchen bis zum Gongga Shan

Zwischen den meridionalen Stromfurchen befinden sich keine Gebirgskämme sondern ausgedehntere Flächenreste, die als Reste einer alten, durch die Ströme zerschnittenen Rumpfflächenlandschaft interpretiert werden und vom Landschaftstypus dem tibetischen Plateau entsprechen. Die höheren darüber aufragenden Gebirgsbereiche sind wiederum durch ausgedehnte und deutliche Vergletscherungsspuren gekennzeichnet.

---

[4] Aufgeschlüsselt nach Expositionen: N: 5160 m, NE: 5470 m, S:3380 m, SW 5425 m, W: 5230 m.

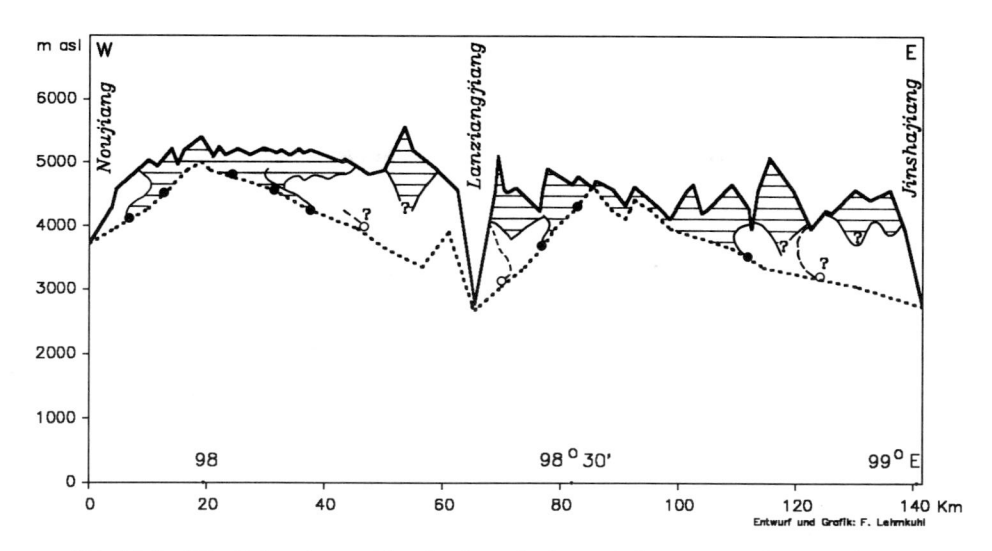

Abb. 26: Profil im Gebiet der meridionalen Stromfurchen zwischen 97°52' und 99°02'E bei etwa 29°40'N. Dargestellt sind das Gipfelprofil nördlich der Straße (Reliefbasis, gepunktet) mit der minimalen Ausdehnung der letztglazialen Vergletscherung (schraffiert), verschiedene Endmoränen (schwarze Punkte) und die älteren, tieferen Eisrandlagen (hohle Kreise).

Als Beispiel sei hier der Bereich zwischen dem Noujiang (Salween) und dem Lanziangjiang (Mekong) mit einer Passhöhe von 5008 m bei 98°58'E, 29°43' genannt (Abb. 1 [18]). An der Westabdachung hat das Nebental des Noujiang ab 4300 m Trogtalcharakter (Eisrandlage in 4100 m, s. Abb. 26) und der Vereisungskomplex ist mit einer Granitmoräne in 4500 m und südexponierten Breitböden in 4700 m Zungenbecken zusätzlich belegt. Eine jüngere Moräne befindet sich in 4840 m. Nach Osten reicht ein ganztaliger Trog mit deutlichen Schliffgrenzen und Trogschultern bis 4600 m hinab; Endmoränen liegen in 4780 m und in 4550 m endet dieser Vergletscherungskomplex mit einem großen Moränenfeld. Es folgt ein schmales, steil eingeschnittenes Tal zum Lanziangjiang (Mekong), der hier in ca. 2800 m fließt. Seitenmoränenreste konnten bis 4300 m verfolgt werden. Weitere Moränenakkumulationen aus den Nebentäler, die aufgrund höherer Einzugsgebiete auch letztglazialen Alters sein können, reichen bis ca. 4000 m hinab.

In den Gebirgsbereichen östlich des Lanziangjiang (Mekong, Abb. 1 [19]) reichen Vereisungsspuren tiefer hinab. So konnten im Nebental des Lanziangjiang entlang der Straße nach Batang ab ca. 2900 m Höhe bis 80 m hohe Moränenreste, deutlich vom Hang abgesetzt, beobachtet werden. Insbesondere am südexponierten Hang und bei der Einmündung von Nebentälern ist diese, zumeist aus großen roten Sandsteinblöcken mit einigen dunkelblauen Vulkaniten bestehende Grobblockakkumulation, von Hang- bzw. Schwemmschutt überdeckt. In 3800 m ist eine weitere Eisrandlage zu diagnostizieren; die Akkumulation von Blöcken setzt oberhalb von 4000 m aus. Dies kennzeichnet möglicherweise den Bereich der Firnlinie eines eiszeitlichen Gletschers. Im Einzugsgebiet des Jinshajiang konnten deutliche Moränenreste bis 3500 m, moränisches Material bis 3180 m Höhe festgestellt werden. Karniveaus an der Wasserscheide in 4200 bis 4300 m passen zu diesen tiefen Eisrandlagen. Unter der Voraussetzung, daß es sich hierbei jeweils um das letztglaziale Maximum handelt läßt sich aus diesen Befunden ein Anstieg der letztglaziale Schneegrenze von Osten nach Westen von ca. 4300 m zwischen Jinshajiang und Lanziangjiang auf ca.

108

Abb. 28: Zungenbeckenseen in einem Granitmassiv zwischen Batang und Litang nahe eines Passes aus ca. 4700 m (99°31'E, 30°18'N, s. Abb. 27, Nr. 3). – Foto: F. Lehmkuhl, 26.8.1989.

4800 m zwischen Lanziangjiang und Noujiang ableiten, der sich nur hygrisch erklären läßt.

Während das Tal des Jinshajiang (Jangtse) eisfrei gewesen ist, weisen die höheren Gebirgsbereiche östlich des Jinshajiang, wo sich oftmals weite Plateau- und Beckenlandschaften abwechseln, wieder deutliche Vergletscherungsspuren auf (s. Abb. 27): Trogtäler, Kare, sowie die sogenannte „Big-Boulder-Moräne". Im folgenden sollen drei Beispiele (s. Abb. 1 [20, 21, 22]) angeführt werden.

Ausgehend von einem Granitmassiv mit Zentrum bei 99°34'E, 30°24'N und 19.751 ft Höhe (= 6020 m, nach TPC H-10B; Abb. 1 [20]) reichen Seitenmoränen nach Westen bis 4400 m und moränisches Material bis ca. 3200 m hinab. Ein Trogtalprofil ist ab etwa 4200 m Höhe talaufwärts ausgebildet und nahe des Passes (99°31'E, 30°18'N) sind neben Grundmoräne und einigen Endmoränenwällen auch Zungenbeckenseen vorhanden (s. Abb. 28). An der Ostabdachung sind neben zahlreichen Grundmoränenvorkommen auch deutliche Endmoränenwälle (in 4530 m, 4440 m, 4420 m, 4380 m) beobachtbar. An die letzte markante Endmoräne schließt sich eine glazifluviatile Schotterflur an, die bis in ein großes Becken in 4300 m zu verfolgen ist.

Abb. 27 (linke Seite): Verkleinerter Satellitenbildausschnitt (aus ATLAS ...1983:142–37, Maßstab ca. 1:588.000) aus dem Bereich der meridionalen Stromfurchen. Batang (1) in 2590 m liegt an einem Tributär des Yangtse. In diesem tief in das Plateau eingeschnittenen Tal zeigt sich in den dunklen Tönen die Waldstufe der mittleren und oberen Hangabschnitte, die hier bis ca. 4400 m hinaufreicht. Höhere Gebirgskomplexe (wie beispielsweise Nr. 2) zeichnen sich durch aktuelle Schneebedeckung und einen vorzeitlichen glazialen Formenschatz aus (s. Abb. 28). Der Ort Litang (nahe 3) liegt in einem großen Becken in über 4000 m. Südlich befindet sich ein Granitplateau mit zahlreichen Seen (4). Trogtäler (s. Abb. 29) belegen den vorzeitlichen glazialen Formenschatz. – Entwurf: F. Lehmkuhl

Abb. 29: Trogtal im Granit aus 4440 m ca. 67 km südlich von Litang (ca. 100°19'E, 29°34'N, s. Abb. 26, nördöstlich Nr. 4), Blickrichtung Nordost. Der Talgrund ist ebenso wie das im Süden anschließende Plateau von zahlreichen Granitblöcken bedeckt. – Foto: F. Lehmkuhl, 27.8.1989.

Ausgehend von einem ausgedehnten Plateau südlich Litang (Abb. 1 [21]: 100°15'E, 29°55'N) mit Höhenlagen zwischen 4500 und 4600 m konnte eine vorzeitliche Plateauvergletscherung mit Auslaßzungen anhand von Trogtälern (s. Abb. 29) mit Grundmoräne und Satzendmoränen bis 4040 m (s. Abb. 30) rekonstruiert werden.

Westlich des Zedu-Passes, der eine letzte hochgelegene Beckenlandschaft von den tief eingeschnittenen Tälern trennt (Anaeroidbestimmung: 4340 m, Abb. 1 [22]: 101°48'E, 30°04'N, 35 km vor Kangding), konnten verschiedene End- und Seitenmoränen bis 3950 m erkannt werden. Diese ließen sich je nach den verschiedenen Einzugsgebieten deutlich in eine „Granit-" und eine „Schiefer-Moräne" trennen. Nach Osten reicht ein deutliches Trogtal und Seitenmoränenreste bis 4140 m hinab, Moränenmaterial konnte bis 3600 m (3500 m) im Talgrund beobachtet werden.

10. Gongga Shan

An der Ostabdachung des weiter südlich gelegenen 7500 m hohen Mt. Gongga (Abb. 1 [23]) waren in der Nähe der Siedlung Moxixian (Mosimien: 102°05'E, 29°37'N) 100 m mächtige wohlgeschichtete glazifluviatile Schotter aufgeschlossen. Auf deren Oberfläche in 1750 m liegen erratische Blöcke bis zur Größe 4x4x4 m, die Schotter sind somit als Vorstoßschotter zu interpretieren, die von Moräne überlagert werden. Es schließt sich talaufwärts ein Zungenbecken an. Diese schon von HEIM (1933:95f) beschriebenen Terrassenreste sind von v. WISSMANN (1959:30f u. 198ff) als Rest einer Moränenaufschüttung eines würmzeitlichen Dammgletschers der Ostabdachung des Minja Gongkar (Mt. Gongga) gedeutet worden. Die eiszeitliche klimatische Schneegrenze liegt hier nach v. WISS-

Abb. 30: Moränenakkumulation (Satzendmoräne) aus Granitblöcken in 4040 m 52 km südlich Litang (ca. 100°20'E, 29°37'N). Talaufwärts schließt sich ein Trogtal (s. Abb. 28) an. – Foto: F. Lehmkuhl, 27.8.1989.

MANN in 4150 m. Die Deutung dieser Akkumulation als gletschernahe Bildungen findet sich schon bei PENCK (1934) – wird aber selbst in neueren Publikationen „...aufgrund der Lage des Talabschnittes weit unterhalb der tiefstgelegenen Vereisungszeugen..." (BERKNER 1991) immer wieder bezweifelt, obwohl das Becken vom Moxixian nur wenig über 1000 Höhenmeter tiefer als die aktive Gletscherzunge liegt (s.u.). Aufgrund der groben und großen Blöcke sind rein fluviale Prozesse, auch von Extremhochwasserereignissen, auszuschließen, und BERKNER nimmt daher einen Eisstausee an, der sich in einer Flutwelle entleert hat.

Vergletscherungsspuren, wie etwa Moränenreste, haben sonst in diesem steilen und engen Kerbtalrelief mit zahlreichen und intensiven aktualmorphologischen Prozessen wie Hangrutschungen, Stürzen, Hochwasserereignissen, Schlammströmen und Muren (Mud- und Debrisflows, vgl. Photo 1 bei LEHMKUHL & PÖRTGE 1991) kaum Erhaltungsmöglichkeiten bzw. sind im Bereich der Hänge unter der subtropischer Vegetation verborgen. Diese kontroverse Diskussion über das Ausmaß der Vergletscherung am Gongga Shan findet auch unter den chinesischen Wissenschaftlern statt. Einige sehen in der Ablagerung von Moxixian interglaziale bzw. interstadiale Akkumulationen. Humose Horizonte bis 75 m unter der Oberfläche sind mit ^{14}C-Datierungen als holozäne Bildungen eingeordnet worden (CHEN FUBIN et al. 1991). Nähere Angaben über Art des datierten Materials etc. fehlen leider.

Aus den sich ca. 30 km weiter nördliche gelegenen Tatsienlu-Hörnern, einem Gebirgsstock östlich von Tatsienlu (Kangding, bei etwa 102°E, 30°N), werden Kare beschrieben (HANSON-LOWE, 1947), aus denen v. WISSMANN auf eine letztglaziale klimatische Schneegrenze von 4100 m und einer Schneegrenzdepression von 1050 m folgert. Dies deckt sich mit den eigenen Beobachtungen aus den Gebirgsbereichen im Einzugsgebiet des Minjiang, wo ebenfalls von einer letztglazialen Schneegrenzdepression von mindestens

1000 m ausgegangen werden kann. Insofern erscheint sogar eine größere Eisausdehnung als v. WISSMANN (1959) sie für gesichert annimmt nicht gänzlich ausgeschlossen. Eine bis in das Rote Becken reichende Vergletscherung aus diesem Gebiet stellte Li Tianchi (Chengdu) auf einem Vortrag in Berlin 1987 zur Diskussion und könnte die Schotterakkumulationen im Roten Becken erklären. Die in der Karte des QUATERNARY GLACIER & ENVIRONMENT RESEARCH CENTER (1991) angegebene letztglaziale Schneegrenze von 4400 bis 4600 m ist somit zu hoch und kann nicht dem Maximum der letzten Eiszeit entsprechen, da sich so nur eine Schneegrenzdepression zur rezenten Schneegrenze von ca. 400 m in diesen wohl auch zur letzten Eiszeit feuchten Randketten ergeben würde.

Die aktive und schuttbedeckte Gletscherzunge des Hailuogou-Gletschers an der Ostabdachung des 7500 m hohen Mt. Gongga endet in 3040 m Höhe. Das Gletschervorfeld des sich zurückziehenden Gletschers ist von einigen Satzendmoränenresten bedeckt und wird von einer über 100 m hohen Seitenmoräne seitlich begrenzt. Diese umschließt ein Zungenbecken und läuft in zwei Wällen in 2980 m Höhe aus. Aufgrund des geringen Deckungsgrades der Vegetation in dieser Höhe kann dieser Eisrand vorläufig dem „Little-Ice-Age" (Hauptvorstoß im 17. oder 19. Jahrhundert) zugeordnet werden. In 2850 m Höhe liegt ein See, der durch einen älteren Gletschervorstoß abgedämmt worden ist. Hier konnte von Prof. Dr. B. FRENZEL ein längeres Torfprofil genommen werden, welches nach der Auswertung höchstwahrscheinlich Aufschluß über die zeitliche Einordnung (Mindestalter) und jüngere Klimaschwankungen geben kann.

11. Fazit

Die letztglaziale Vergletscherung im Gebiet der Expedition von 1989 (s. Abb. 1) erreichte am relativ humiden Ostrand und am ariden Nordrand mit etwa 1000 m Schneegrenzdepression eine vergleichbare Ausdehnung. Die Auswertung der Feldbefunde und Satellitenbilder zeigt, daß weder die älteren Auffassungen einer extremen Aufwölbung der eiszeitlichen Schneegrenze in den ariden Bereichen Zentralasiens und über dem tibetischen Plateaus noch die Auffassung einer sehr geringen Aufwölbung über dem Plateau und einer daraus resultierenden umfassenden Plateauvergletscherung richtig sind. Andererseits beschränkte sich die eiszeitliche Vergletscherung nicht nur auf die höheren Gebirgszüge sondern umfaßt auch Plateauvergletscherungen wie beispielsweise im Gebiet der meridionalen Stromfurchen oder südlich von Litang. Zukünftige Forschungen sollten nicht nur das Ausmaß der Vergletscherungen erfassen, sondern vergleichende Untersuchungen verschiedener Vergletscherungszentren beinhalten, um die lokalen Stratigraphien zu parallelisieren und um Anhaltspunkte über die spätglaziale Gletschergeschichte Hochasiens zu erhalten.

Literatur

Atlas of False colour Landsat images of China (1983): Compiled by: Institute of Geography, Academia Sinica, Beijing. (Maßstab: 1 : 500.000).

BERKNER, A. (1991): Der Gongga Shan (Minya Konka – VR China). – Wiss. Z. Univ. Halle XXXX'91M, H.6:3–25.

CHANG CHENGFA, R. M. SHACKLETON, J. F. DEWEY & YIN JIXIANG (1988): The geological evolution of Tibet. London, 413p.

CHEN FUBIN, LI XUN, PENG JIWEI, ZHAO YANGTAO & SHANG XIANGCHAO (1991): Quaternary glaciation and neotectonics in Western Sichuan province. – Excursion Guidebook XII. INQUA 1991, XIII International Congress, 36p. Beijing.

CHEN KEZAO & J.M. BOWLER (1986): Late pleistocene evolution of salt lakes in the Qaidam Basin, Qinghai Province, China. – Palaeogeography, Palaeoclimatology, Palaeoecology **54**:87–104.

DERBYSHIRE, E., SHI YAFENG, LI JIJUN, ZHENG BENXING, LI SHIJIE & WANG JINGTAI (1991): Quaternary glaciation of Tibet: The geological evidence. – Quaternary Science Reviews **10**:485–510.

FRENZEL, B. (1959): Die Vegetations- und Landschaftszonen Nordeurasiens während der letzten Eiszeit und während der Postglazialen Wärmezeit. I. Teil: Allgemeine Grundlagen. – Abh. math.-nat. Kl. d. Akad. Wiss. u. d. Lit. 13:937–1099.

FRENZEL, B. (1960): Die Vegetations- und Landschaftszonen Nordeurasiens während der letzten Eiszeit und während der Postglazialen Wärmezeit. II. Teil: Rekonstruktionsversuch der letzteiszeitlichen und wärmezeitlichen Vegetation Nord-Eurasiens. – Abh. math.-nat. Kl. d. Akad. Wiss. u. d. Lit. 6:289–453.

HEIM, A. (1933): Minya Gongkar. Forschungsreise ins Hochgebirge von Chinesisch-Tibet. Bern-Berlin.

HANSON-LOWE, J. (1947): Notes on the pleistocene glaciation of south Chinese-Tibetan borderland. – Geogr. Review 37:70–87.

HÖFER, H. v. (1879): Gletscher und Eiszeitstudien. – Sitzungsber. d. Akad. Wiss. Wien, Math.-Naturwiss. Kl. 1 (79):331–367.

HÖVERMANN, J., F. LEHMKUHL & K.-H. PÖRTGE (1993): Pleistocene glaciations in Eastern and Central Tibet – Preliminary results of chinese-german joint expeditions. – Z. Geomorph. N.F., Suppl.-Bd. **92**:85–96.

HÖVERMANN, J. & E. HÖVERMANN (1991): Pleistocene and holocene geomorphological features between the Kunlun Mountains and the Taklimakan Desert. – Die Erde, Erg.-H. **6**:51–72.

HÖVERMANN, J. & M. KUHLE (1985): Typen von Vorlandsvergletscherungen in Nordost-Tibet. Festschrift für Ingo Schäfer. – Regensburger Geogr. Schriften **19/20**:29–52.

HÖVERMANN, J. & F. LEHMKUHL (1994): Vorzeitliche und rezente geomorphologische Höhenstufen in Ost- und Zentraltibet. – Göttinger Geogr. Abh. 95: 15–69.

HÖVERMANN, J. & WANG WENYING, Hrsg. (1986): Reports of the Qinghai- Xizang (Tibet) Plateau, Science Press, Beijing, 510p.

KUHLE, M. (1982): Was spricht für eine pleistozäne Inlandvereisung Hochtibets. – Sitzungsber. u. Mitt. d. Braunschw. Wiss. Ges., Sonderheft **6**:68–77.

KUHLE, M. (1984): Zur Geomorphologie Tibets, Bortensander als Kennformen semiarider Vorlandvergletscherung. – Berliner Geogr. Abh. **36**:127–138.

KUHLE, M. (1985): Ein subtropisches Inlandeis als Eiszeitauslöser. Südtibet und Mt. Everestexpedition 1984. – Georgia Augusta, Nachrichten aus der Universität Göttingen, Mai 1985:1–17.

KUHLE, M. (1987a): Glazial, nival and periglazial environments in Northeastern Qinghai-Xizang Plateau. – In: J. Hövermann & Wang Wenying (Eds.): Reports of the Qinghai-Xizang (Tibet) Plateau. Science Press, Beijing:176–244.

KUHLE, M. (1987b): The problem of a pleistocene inland glaciation of the Northeastern Qinghai-Xizang Plateau. – In: J. Hövermann & Wang Wenying (Eds.): Reports of the Qinghai-Xizang (Tibet) Plateau. Science Press, Beijing::250–315.

KUHLE, M. (1987c): Subtropical mountain and highland glaciation as Ice Age triggers and the waning of the glacial periods in the Pleistocene, – Geo Journal **14(4)**:393–421.

KUHLE, M. (1988): Geomorphological findings on the built-up of Pleistocene glaciation in Southern Tibet and on the problem of inland ice. – Geo Journal **17(4)**:457–512.

KUHLE, M. (1989): Die Inlandvereisung Tibets als Basis einer in der Globalstrahlungsgeometrie fußenden, reliefspezifischen Eiszeittherorie. – Petermanns Geogr. Mitt. **139**:265–285.

KUHLE, M. (1991): Observations supporting the pleistocene inland glaciation of High Asia. – Geo Journal **25(2/3)**:133–231.

KUHLE, M. (1993): A short report of the Tibet excursion 14-A, Part of the XIII INQUA Congress 1991 in Beijing. – GeoJournal **29(4)**:426–427.

LEHMKUHL, F. (1991/1992): Breitböden als glaziale Erosionsformen – Ein Bericht über Vergletscherungstypen im Qilian Shan und im Kunlun Shan (VR China). – Zeitschrift f. Gletscherkunde und Glazialgeologie **27/28**: 51–62.

LEHMKUHL, F. (1992): Muren und Murverbauung in Heishui-County (Sichuan, China) – Beobachtungen und Untersuchungen während einer chinesisch-deutschen Gemeinschaftsexpedition 1991. – Interpraevent 1992, Bern; Tagungspublikation Bd. **4**:325–336.

LEHMKUHL, F. &. K.-H. PÖRTGE (1991): Hochwasser, Muren und Rutschungen in den Randbereichen des tibetanischen Plateaus. – Z. Geomorph. N.F., Suppl.-Bd. **89**:143–155.

LI JIJUN, ZHENG BENXING et al. (1986, Eds.): Glaciers of Xizang (Tibet). – The Series of the scientific expedition to the Qinghai-Xizang Plateau. Lanzhou Inst. of Glaciology and Cryopedology, Academia Sinica, 328p. [chinesisch].

Operational Navigation Chart (ONC, 1 : 1.000.000): G-8 (1973), G-9 (1988), H-10 (1984), H-11 (1981). St. Louis, Missouri.

PENCK, A. (1934): Minya Gongkar. Zeitschrift der Gesellschaft für Erdkunde zu Berlin:17–26

Quaternary glacier & Environment Research Center, Lanzhou University (1991): Quaternary glacial distribution map of Qinghai-Xizang (Tibet) Plateau 1 : 3.000.000. Scientific advior: Shi Yafeng; Chief editors: Li Binyuan, Li Jijun.

SHI YAFENG (1988, Ed.): Map of snow, ice and frozen ground in China. Compiled by Lanzhou Institute of Glaciology and Geocryology, Academia Sinica. Beijing.

SHI YAFENG (1992): Glaciers and glacial geomorphologie in China. – Z. Geomorph. N.F., Suppl.Bd. **86**:51–63.

SHI YAFENG, ZHENG BENXING & LI SHIJIE (1992): Last glaciation and maximum glaciation in the Qinghai-Xizang (Tibet) Plateau: A controversy to M. Kuhle's ice sheet hypothesis. – Z. Geomorph. N.F., Suppl.Bd. **84**:19–35.

Tactical Pilotage Chart (TPC, 1 : 500.000): G-8A (1989), G-8B (1989), G-8C (1989), G-8D (1989), G-9D (1988), H-10A (1980), H-10B (1988), H-11A (1988). St. Louis, Missouri.

TAFEL, A. (1914): Meine Tibetreise. Eine Studienfahrt durch das nordwestliche China und durch die innere Mongolei in das östliche Tibet. 2 Bde., 698 p.; Stuttgart, Berlin, Leipzig.

TANG BANGXING & SHANG XIANGCHAO (1991): Geological hazards on the eastern border of the Qinghai-Xizhang (Tibetan) Plateau. – Excursion Guidebook XIII. INQUA 1991, XIII International Congress, 28p. Beijing.

WISSMANN, H.v. (1959): Die heutige Vergletscherung und Schneegrenze in Hochasien mit Hinweisen auf die Vergletscherung der letzten Eiszeit. – Akad. d. Wiss. u. d. Lit., Abh. d. Math.-Nat. wiss. Kl.:**14**:1103–1407, Mainz.

ZHENG BENXING & JIAO KEQIN (1991): Quaternary glaciations and periglaciations in the Qinghai-Xizhang (Tibetan) Plateau. – Excursion Guidebook XI. INQUA 1991, XIII International Congress, 54 p. Beijing.

Manuskriptabschluß 11.91

Göttinger Geographische Abhandlungen, Heft 95: 115–141; Göttingen 1994

ZUR PALÄOKLIMATOLOGIE DER LETZTEN EISZEIT AUF DEM TIBETISCHEN PLATEAU

Burkhard Frenzel, Stuttgart-Hohenheim
mit 17 Abbildungen und 2 Tabellen

[On the paleoclimatology of the Tibetan Plateau during the last glaciation]

Zusammenfassung: Geologisch-geomorphologische, sedimentologische und paläopedologische Beobachtungen entlang der Route der deutsch-chinesischen Expedition des Jahres 1989 (Abb. 1), vereint mit Thermolumineszenzdatierungen von Lössen und hochgelegenen Seespiegelterrassen zeigen, daß das Tibetische Plateau während der Letzten Eiszeit keine Inlandvereisung erfahren hatte, sondern nur eine räumlich recht beschränkte Gebirgsvergletscherung. Diese war z.T. (frische End- und Seitenmoränen) nach etwa 25.000 v.h. erfolgt, mag aber zu einem anderen Teil auch aus einem früheren Abschnitt der Letzten Eiszeit stammen. Es konnten also die Beobachtungen und Schlußfolgerungen von LI JIJUN et al., 1991a, b, von SHI YAFENG (1992), sowie von SHI YAFENG et al. (1990, 1992) im wesentlichen bestätigt werden. Hinsichtlich der Wasserbilanzen war die Letzte Eiszeit im Untersuchungsgebiet im Großen dreigeteilt: Auf eine anfängliche trocken-kalte Zeit mit ausgedehnter Lößbildung folgte zwischen etwa 80.000 und 20.000 (15.000) v.h. ein Abschnitt hoher Seespiegelstände und kräftiger Bodenbildung. Diese wurde abgelöst von einer Phase eines sehr trocken-kalten Klimas, bis sich gegen 11.200 bis ca. 10.000 v.h. schnell ungefähr die heutigen Feuchteverhältnisse einstellten. Von diesem Bild gab es regionale Abweichungen, besonders im Gegensatz zu Tieflands-China und zu Süd-Tibet. Es werden mögliche Hintergründe der atmosphärischen Zirkulation diskutiert.

Summary: It can be proven by geological-geomorphological, sedimentological and pedological observations along the itinerary of the joint Chinese-German expedition of 1989 (fig. 1) that the Tibetan Plateau was not covered by an inlandice during the last glaciation but that there existed relatively small mountain glaciations only. This is moreover evidenced by thermoluminescence datations (TL) of loesses and of beach sediments of high fossil lake levels. The Tibetan Plateau seems to have experienced major glacier advances after approximately 25.000 b.p.. It may be that one or more glacier advances happened during earlier parts of the last glaciation, too. Thus the observations made and the conclusions drawn by LI JIJUN et al. (1991a, b), by SHI YAFENG (1992), and by SHI YAFENG et al. (1990, 1992) are in principal corroborated. During the last glaciation the development of the waterbudget of the area studied was tripartite: After an initial phase with a cold and dry climate and with widespread loess accumulation a period followed the water-budget of which was strongly improved. This caused astonishingly high lake-levels between approximately 80.000 and 20.000 (to 15.000) b.p.. This was followed by a period of extreme cold and of dryness which only ended at about 11.200 to 10.000 b.p., when approximately modern moisture conditions started to prevail. The atmospheric circulation pattern responsible for these changes is cautiously discussed.

青藏高原末次冰期古气候研究

Burkhard Frenzel

德国 Hohenheim 大学植物研究所，D-70593，Stuttgart，Germany

摘　要

经地质、地貌、沉积物及土壤分析考察表明：末次冰期时青藏高原不曾存在过统一的大冰盖，而仅仅存在相对范围较小的山谷冰川。黄土和古湖滨阶地沉积物的热释光年代也进一步证实了这个观点。显然在距今大约 21,000 年以后，青藏高原曾有过一次较大的冰川前进过程。或许末次冰期前期也曾有过一次或几次大的冰进过程。

末次冰期古气候可分为三个时期：

（1）早期为干冷时期并出现大范围的黄土堆积，在此之后，气候条件得到大大地改观；

（2）中期为高湖面水位时期（大约距今 80,000 到 20,000 年之间）；

（3）后期为极端干冷时期，该寒冷期一直延续到当今湿润条件盛行时大约距今 11,200 至 10,000 年才结束。

本文还讨论了大气环流变化对古气候的作用。

Einleitung

Die Frage nach der Klimageschichte und nach dem Ausmaß der eiszeitlichen Vergletscherung des Tibetischen Plateaus nimmt eine wichtige Rolle in der Diskussion über Grundprinzipien des globalen Klimasystems ein. FLOHN hatte sich 1959 und 1987 hiermit umfassend auseinandergesetzt. Andere Aspekte kamen zur Sprache, als die Hypothese eines tibetischen letzteiszeitlichen Inlandeises geäußert wurde (KUHLE 1984, 1985, 1987 a, b, 1988 a, b, 1989, 1991 a, b), die sogar – anscheinend generell – auf die pleistozänen Eiszeiten ausgedehnt wurde (KUHLE, 1991 a). LAUTENSCHLAGER und SANTER (1990) beschäftigten sich mit den hiermit zusammenhängenden Problemen der globalen Klimamodellierung. RUDDIMAN und KUTZBACH (1991) diskutierten zudem ausführlich die Klimawirksamkeit der känozoischen Hebung des Tibetischen Plateaus, die schon früher von PACHOMOV (1969), PACHOMOV & BAJGUZINA (1986) und von KUHLE (1987a, 1988a) erörtert worden war. Auch die chinesische Literatur enthält zahlreiche Angaben zu diesem Problemkreis (u.a. LI JIJUN et al., 1979; SHI YAFENG et al., 1990, 1992), und BURBANK et al. (1993) stellten die Frage in einen größeren zeitlichen Zusammenhang, wobei deutlich wurde, daß zu schnelle Verallgemeinerungen leicht mit den geologischen Befunden in Widerspruch geraten.

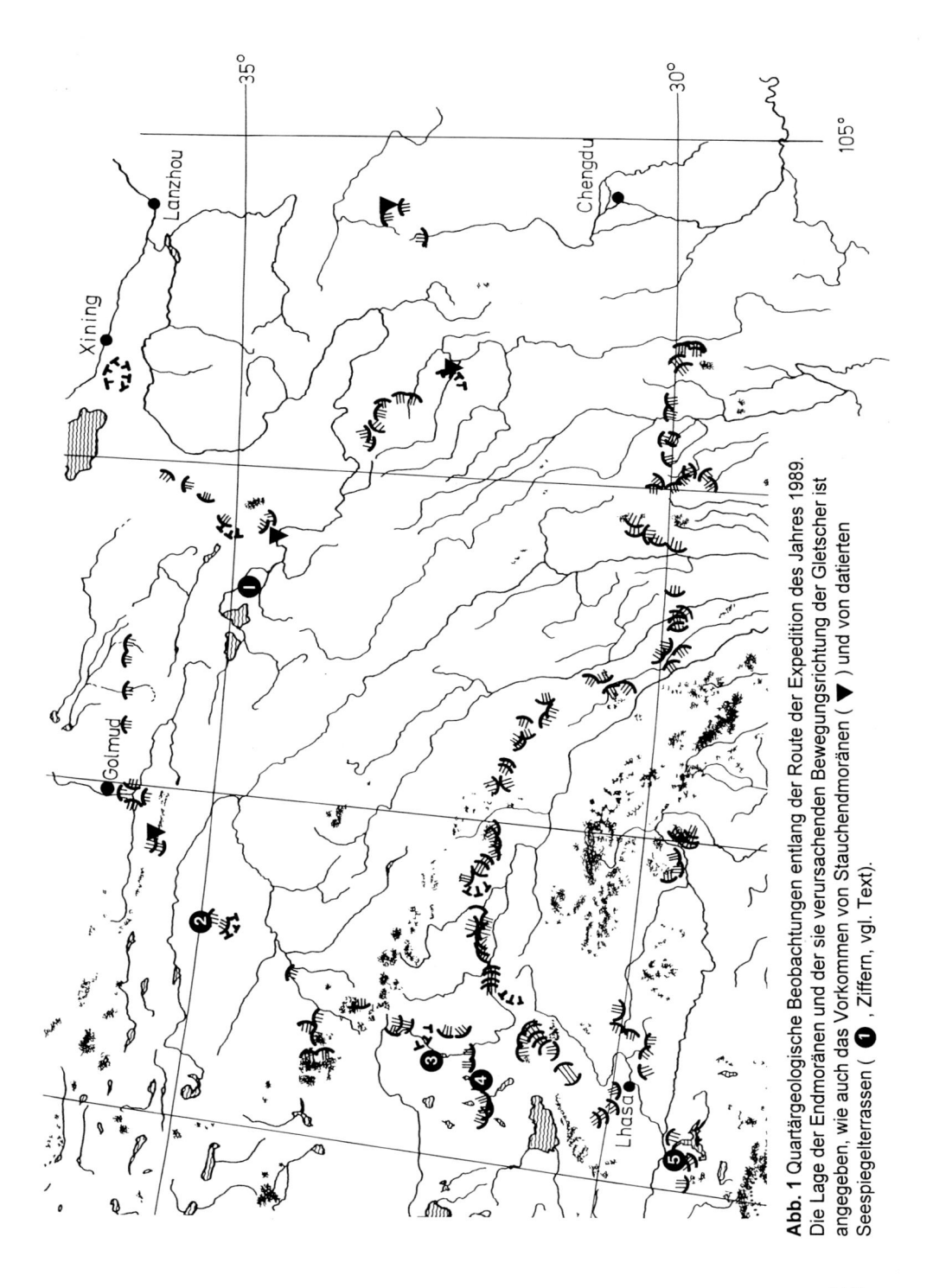

Abb. 1 Quartärgeologische Beobachtungen entlang der Route der Expedition des Jahres 1989. Die Lage der Endmoränen und der sie verursachenden Bewegungsrichtung der Gletscher ist angegeben, wie auch das Vorkommen von Stauchendmoränen (▼) und von datierten Seespiegelterrassen (●, Ziffern, vgl. Text).

HÖVERMANN und LEHMKUHL (1993) gaben einen Abriß der sich im Laufe der Zeit ändernden Annahmen über das Ausmaß der letzteiszeitlichen Vergletscherung Hoch-Tibets. Sie mahnten mit Recht präzise Gelände- und Laborbefunde an, die allein zur Klärung der erwähnten Fragen beitragen können, nicht aber klimatologische Hypothesen. Der vorliegende Beitrag folgt diesem Rat: Es werden zunächst die von mir während der Expedition des Jahres 1989 in Hoch-Tibet erhobenen Fakten zur Vereisungsgeschichte und zur Paläoklimatologie der vermutlich Letzten Eiszeit dargestellt. Anschließend werden diese Befunde im Blick auf den sich ändernden Wasserhaushalt interpretiert, und es werden schließlich vorsichtige paläoklimatologische Schlußfolgerungen gezogen.

Das Beobachtungsmaterial

Entlang der Expeditionsroute des Jahres 1989 ließen sich wiederholt an Gebirgsrändern und innerhalb verschiedener Gebirge, nicht jedoch auf den Ebenen des Tibetischen Plateaus, Hinweise auf ehemalige Eisrandlagen gewinnen. Mit ihnen haben sich z.T. schon HÖVERMANN und LEHMKUHL (1993), HÖVERMANN et al. (1993), LEHMKUHL und ROST (1993), sowie FRENZEL (1990, 1992) auseinandergesetzt. Abb. 1 verdeutlicht die Routenaufnahmen, die sich verständlicherweise im wesentlichen mit denen anderer Teilnehmer decken. Es fällt auf, daß Stauchendmoränen nur in den auch heute feuchteren Randketten auftreten. Im übrigen herrschen Satzendmoränen vor. Diese zuletzt genannten sind vielfach auch das, was bei HÖVERMANN und LEHMKUHL (1993) sowie bei LEHMKUHL und ROST (1993) als „big boulder moraine" bezeichnet worden ist.

Es fragt sich, ob diese Moränen datiert werden können. Bei Annahme eines tibetischen Inlandeises müssen sie, und zwar sowohl die Satz-, als auch die Stauchend- und -seitenmoränen, Bildungen der Zeit des spätglazialen Eiszerfalls sein. Sie könnten aber andererseits auch hochglaziales Alter haben und sogar aus verschiedenen Eiszeiten stammen oder auf verschieden alte Gletschervorstöße einer einzigen Eiszeit zurückgehen. In allen diesen zuletzt genannten Fällen sprächen sie jedoch gegen ein hochglaziales Inlandeis.

Das Problem kann auf drei Wegen gelöst werden:

1) Eine Analyse der Texturen von Quarzkornoberflächen vermag Aufschluß über wichtige Grundkomponenten der Sedimentgenese größerer Landschaftsräume zu geben, ohne allerdings direkt zur Datierung beizutragen (vgl. FRENZEL und LIU, 1994).

2) Auf dem Tibetischen Plateau stehen oft Lösse und lößähnliche Sedimente an, in denen verschiedene fossile Böden zu beobachten sind. Falls weder die Lösse, noch die fossilen Böden von Till bedeckt sind, und falls deutlich wird, daß dies nicht durch nachträgliche Erosion verursacht worden ist, lassen sich relative Altersangaben über die Moränen außerhalb der Lößgebiete machen.

3) Viele Seen des Tibetischen Plateaus werden von hochgelegenen Seespiegelterrassen umgeben. Diese sind schon mehrfach hinsichtlich ihrer Entstehungszeit untersucht worden (u.a. FANG, 1991; FORT et al., 1989; FONTES et al., 1993; FUSHIMI et al., 1989; GASSE et al., 1991; LI JIJUN et al., 1979; LI SHIJIE et al., 1989; SHI YAFENG et al., 1990; van CAMPO & GASSE, 1993). Ihr Alter kann zweifellos zur Datierung der erwähnten End- und Seitenmoränen beitragen.

Lösse und fossile Böden

Abb. 2 gibt an, wo 1989 und bei einer weiteren Expedition des Jahres 1992 von mir Lösse, lößähnliche Sedimente und fossile Böden in diesen Ablagerungen beobachtet worden sind. Die wichtigsten Aufschlüsse seien besprochen. Die fortlaufenden Ziffern der hier folgenden Auflistung entsprechen denen der Profilpunkte in Abb. 2.

Abb. 2 Vorkommen von Lössen und lößähnlichen Sedimenten, sowie von fossilen Böden in den Lössen. Die Anzahl der fossilen Böden (Humushorizonte und/oder B-Horizonte) wird durch die Ziffer angegeben, z. B. bedeutet 2 zwei fossile Böden. Die Ziffern in Kreisen verweisen auf die Nummern der im Text besprochenen Aufschlüsse.

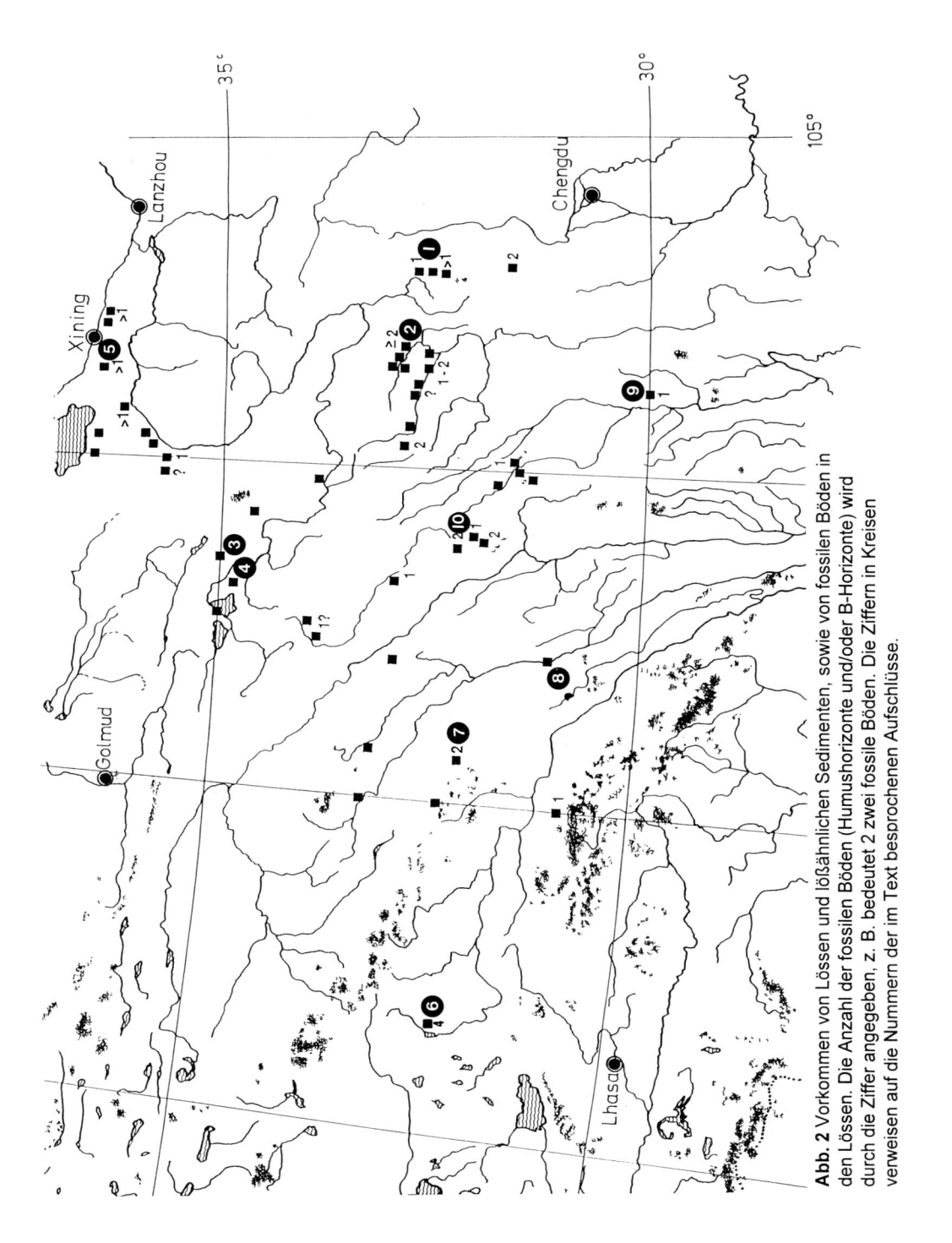

1) Tal des Min jiang nördlich von Sungpan, bei 3410 m Höhe: Ein Moränenrücken quert das Tal. In der schluffreichen Matrix stecken schlecht gerundete, gekritzte Geschiebe. Das sehr dichte Material ist deutlich vom hangenden Hangschutt abgesetzt und von einer etwa 140 cm mächtigen braunerde- bis braunlehmartigen Bodenbildung überprägt, mit reichlich Kalkpseudomycelien. Dicht benachbart steht bei 3200 m Höhe, in der Nähe eines tibetischen Dorfes (Duomishi), ein alter Till an, gekrönt von einem fossilen Boden. Beides ist durch einen neuen Gletschervorstoß gestaucht worden, der einen eigenen Till abgesetzt hat. Direkt unterhalb des Aufschlusses beginnt Sandlöß. Die das Tal querende Moräne bei 3410 m Höhe wird auch von TANG et al. (1994) beschrieben und hypothetisch der „Mt. Qomolongma-Vereisung" zugewiesen. Der kräftige fossile Boden unter Hangschutt verweist jedenfalls auf ein Alter, das höher als das der Letzten Eiszeit ist.
Der erwähnte Sandlöß wird nicht, auch nicht weiter talab, von Till bedeckt.

2) Im südöstlichen Teil des Beckens von Aba steht bei 3410 m Höhe die in Abb. 3 gezeigte Schichtfolge an. Der heutige Boden ist schwarzerdeähnlich, die fossilen Böden gehören aber zu Braunerden, bzw. Parabraunerden. Nur an der Basis steht ein schluffig-feinsandiges, fein geschichtetes Material an, das statistisch verteilte, auch senkrecht stehende, kantengerundete Steine enthält. Es dürfte sich um einen waterlain till handeln, bedeckt von einem sehr gletschernahen Schotter. Im Aufschlußteil, der wenige Zehner von Metern weiter talab gelegen ist (rechter Teil der Abb. 3), handelt es sich aber um eine mehrgliederige Schwemmkegelschüttung, die von den im N und NO gelegenen Bergen kam, wie aus der Streich- und Fallrichtung der imbricat gelagerten Schotter klar hervorgeht. Diese Bildungen werden gemäß dem Aufschlußteil im Löß von mindestens zwei bis zu 40 cm mächtigen B_v- oder B_t-Horizonten fossiler Böden überlagert. Die Bodenbildung ist in jedem Falle wesentlich kräftiger als die heutige. Der „waterlain till" ist also sicher älter als die Letzte Eiszeit. Auf dem hangenden Löß fehlt aber ein jüngster Till.

3) Bei Huashihxia ziehen in ca. 4200 m Höhe drei flache, nach NW konvexe Bögen aus dem Becken zum linken Talhang. In einem sehr dichten feinsandig-sandigen Material stecken viele kantengerundete Steine in unregelmäßiger Lagerung. Nach der Textur handelt es sich klar um einen „basal lodgement till" (Abb. 4). Die Thermolumineszenzprobe ist noch nicht bearbeitet worden, dennoch wird klar, daß der Till älter als eine sehr kräftige Bodenbildung ist, die genetisch wesentlich weiter entwickelt ist, als der heutige Boden. Ich nehme an, daß dieser kräftige Bodenrest aus dem Letzten Interglazial stammt. Über eine etwa gleichalte, einschneidende Feuchtphase der östlichen Pamire berichtete auch PACHOMOV (1991). Er stellte diese Phase allerdings in den Beginn der Letzten Eiszeit, obwohl diese Annahme weder von den TL-Daten, noch von der von diesem Autor mitgeteilten vegetationsgeschichtlichen Entwicklung getragen wird.

4) Am Nordost-Ende des Xin Xin-Sees steht an der Straße nach Madoi eine recht komplexe Schichtfolge an: Über dem Schiefer, der in seinem oberen Teil kräftiges Hakenschlagen zeigt, folgt Löß mit Hangschutt. In diesem Material ist ein gut 80 cm mächtiger, sehr kräftiger fossiler Boden mit zahlreichen Toncutanen entwickelt.
Darüber folgt lößhaltiger, stark kryoturbat gestörter Hangschutt, in dem ein weiterer, sehr kräftiger Boden entwickelt ist.
Eine Lage Periglazialschutt trennt dieses Material vom hangenden Löß, in dem teilweise ein fossiler Boden zu beobachten ist. Alles wird von der heutigen schwachen Steppenbodenbildung bedeckt.
Hier liegt also kein Hinweis auf glazigene Sedimente vor, obwohl sich das Gebiet in unmittelbarer Nähe der von KUHLE (1984) beschriebenen „Bortensander" befindet, die

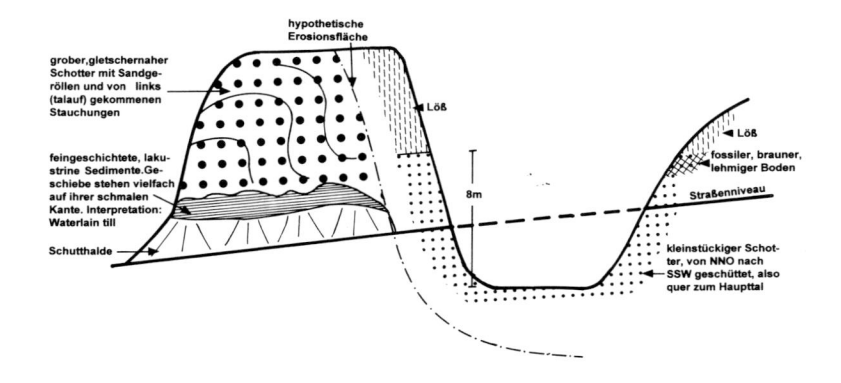

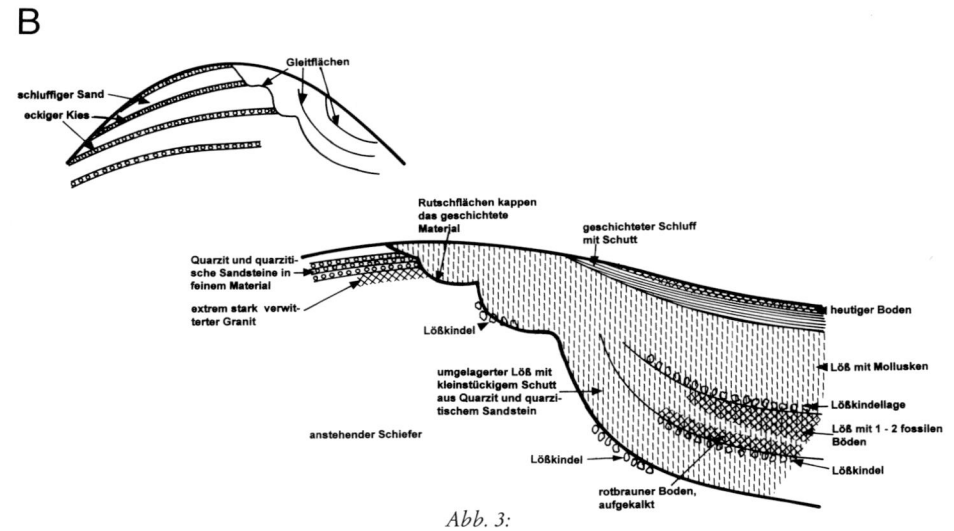

Abb. 3:
Geologische Profile durch die quer zum Haupttal bei Aba verlaufenden Geländerücken (Nr. 2 in Abb. 2). Die Aufschlüsse liegen bei 3410 m Höhe, etwa 100 m über Aba. – Teil A etwa 50 m westlich von Teil B. – Teil B, oben links: Übersicht; unten: Detail

allerdings aus ihrer Lage keinen direkten Hinweis auf eine Vergletscherung des Tibetischen Plateaus geben können, falls es sich bei ihnen überhaupt um Sander, nicht aber um eine alte, molasseähnliche Bildung handelt (Ergebnisse des Jahres 1992).

5) An der Straße von Taoshangho nach Xining finden sich bei 3500 m Höhe, weiter im Norden auch sicher bis auf 2850 m hinab, grobe Geschiebe, die einer Grundmoräne entstammen. Sie ist auf dem nach N gewandten Hang in Richtung auf Xining unter 5 bis 6 m Löß aufgeschlossen; die Grenze beider Schichtpakete wird im Till durch einen nur noch teilweise erhaltenen, sehr kräftigen fossilen Boden markiert. Es scheint, daß auch noch im Löß schwächere Böden auftreten können. Der Till muß demnach aus einer älteren Vereisung stammen, so daß sich die aus seinem Auftreten von LEHMKUHL und ROST (1993) rekonstruierte Schneegrenzhöhe vermutlich nicht

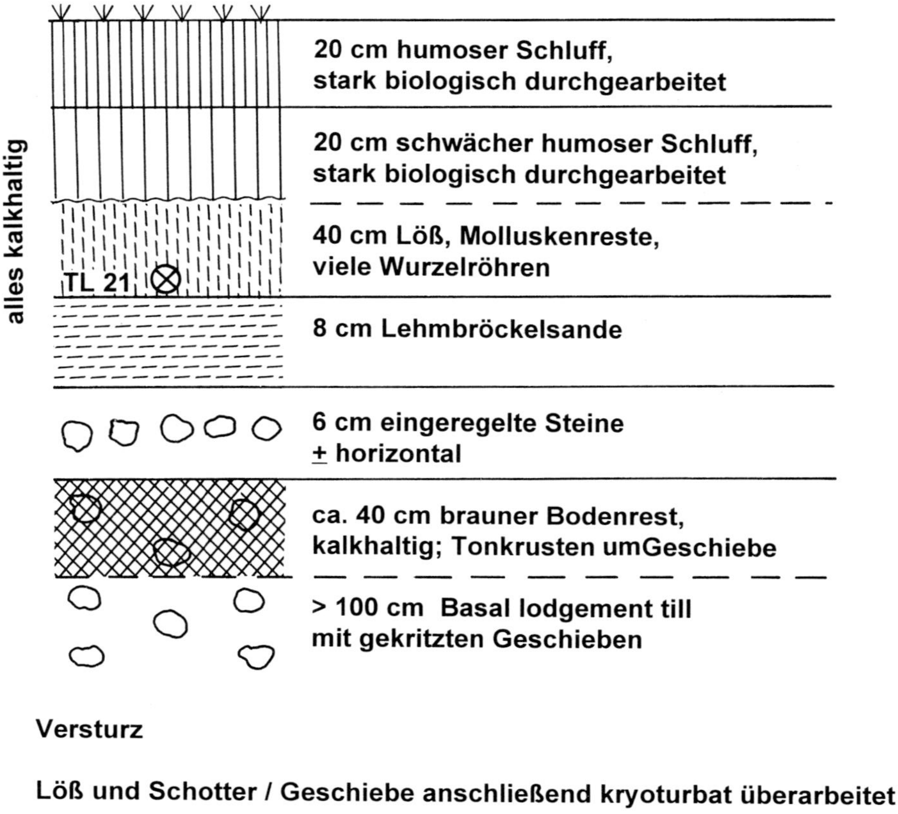

```
alles kalkhaltig │ 20 cm humoser Schluff,
                   stark biologisch durchgearbeitet
                   ─────────────────────────────────
                   20 cm schwächer humoser Schluff,
                   stark biologisch durchgearbeitet
                   ─────────────────────────────────
                   40 cm Löß, Molluskenreste,
              TL 21 ⊗  viele Wurzelröhren
                   ─────────────────────────────────
                   8 cm Lehmbröckelsande
                   ─────────────────────────────────
                   6 cm eingeregelte Steine
                   ± horizontal
                   ─────────────────────────────────
                   ca. 40 cm brauner Bodenrest,
                   kalkhaltig; Tonkrusten umGeschiebe
                   ─────────────────────────────────
                   > 100 cm  Basal lodgement till
                   mit gekritzten Geschieben
```

Versturz

Löß und Schotter / Geschiebe anschließend kryoturbat überarbeitet

Abb. 4:
Profil von Huashixia, 4200 m Höhe. 6 m nach Norden unter ca. 1 m Till fluviales, feinstückiges Material; auch der Till etwas in Richtung Hauptfluß, also nach Nordosten, verlagert.

auf das Hochglazial der Letzten Eiszeit bezieht, falls dieses in die Zeit um ungefähr 22.000 bis 18.000 vor heute gestellt wird (s.u.).

6) Südlich von Amdo findet sich in 4900 m Höhe der in Abb. 5 dargestellte Aufschluß. Der heutige Boden ist eine teils recht humose Schwarzerde, die wesentlich schwächer ausgebildet ist, als der humose Boden 2, erst recht aber als der B_t-Horizont 3. Offenbar datiert der Till aus der Zeit vor einem Interglazial, was aus der auffallend kräftigen Bodenbildung 3 zu erschließen ist, für die es unter den heutigen Bedingungen in den von uns studierten Gebieten des Raumes kein Analogon gibt.

7) Östlich von Dingqing sind bei 31° 17' N, 95° 50' E in etwa 3700 m Höhe entlang dem Fluß zwei wichtige Terrassen entwickelt, über denen bei etwa 180 m über dem Fluß noch eine ältere, weitgehend zerstörte Terrasse zu folgen scheint. Die obere der beiden wichtigen Terrassen scheint an der Oberkante des Schotters den Rest eines braunen Bodens zu tragen. Der Schotter wird von zunächst geschichtetem, dann ungeschichtetem, lößähnlichem Material überlagert, in dem ein schwarzerdeähnlicher Boden entwickelt ist. Das Profil wurde nur von ferne gesehen, nähere Angaben sind daher nicht möglich. Auch diese Beobachtungen verweisen aber offenbar darauf, daß

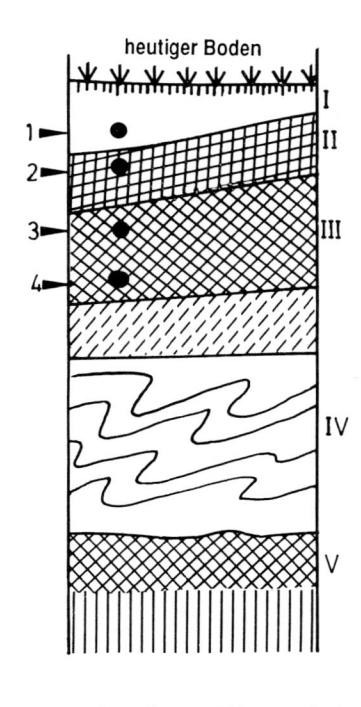

I) Sandig-schluffig, mit Steinen, wenig humos.

II) Solifluidale Verlagerung, stark humos.

III) Till, dicht gepackt, mit zahlreichen Geschieben, pedogenetisch überprägt: Oben B_H, nach unten in B_t übergehend.

IV) Etwa 2m scharfkantiger Frostschutt, klar hangabbewegt und dabei in Falten gelegt. Z.T. noch oben stark pedogenetisch überprägt.

V) Anstehender Gneis, ungewöhnlich stark und mehrere Meter tief verwittert. Rot-braun, viel Tonhäutchen.

REM Proben ●

Abb. 5:
Geologisches Profil kurz südlich von Amdo, bei etwa 4900 m Höhe auf dem Granitplateau. Die schwarzen Punkte und Ziffern bezeichnen Proben für die Rasterelektronenmikroskopie, vgl. FRENZEL und LIU, 1994.

das Gebiet mindestens während der Letzten Eiszeit keine Vergletscherung des Haupttales an dieser Stelle erlebt hatte.

8) Im Mekong-Tal südlich Qamdos sind eine etwa 15 m und eine ungefähr 30 m hohe Terrasse entwickelt, deren Höhenlage allerdings entlang dem Fluß nicht konstant bleibt. 32 km unterhalb Qamdos liegt auf der 15 m Terrasse ein fossiler Schwemmkegel, der von 1,5 m Sandlöß bedeckt ist. Der Löß enthält in seinem mittleren Profilteil einen Humushorizont, der fließend in den hangenden und liegenden Löß überleitet. Die Pollenflora des Humushorizontes war leider vollständig zerstört, so daß keine Aussagen über die damalige Vegetation gemacht werden können. Der Löß unterhalb des fossilen Bodens ergab ein Thermolumineszenzalter (TL) von 101.000 ± 8.000 Jahren, derjenige oberhalb des Humushorizontes aber ein solches von 33.000 ± 3.000 Jahren. Der Löß ist nicht von glazigenen Sedimenten bedeckt; er zeugt von einer Zweiphasigkeit der Lößakkumulation während der Letzten Eiszeit in diesem Gebiet, ohne Gletscherbedeckung während mindestens der letzten 100 000 Jahre.

9) Westlich Gandings sind in dem Becken bei 30° 03' N, 101 28' bis 33' E, das im Südosten von bis zu 5000 m hohen Bergen begrenzt wird, zwei wichtige Flußterrassen entwickelt, deren obere über einer kräftigen fossilen Braunerde oder Parabraunerde einen mehrere Meter mächtigen Löß trägt. Er wird für Töpferarbeiten verwandt. Der Löß ist nicht von glazigenen Ablagerungen bedeckt. Er ist offenbar jünger als eine Zeit beachtlicher Bodenbildung, die wesentlich stärker gewesen zu sein scheint, als die heutige.

10) Während der Expedition des Jahres 1992 wurden weitere Daten gesammelt, die das Problem der zeitlichen Beziehungen zwischen glazigenen Bildungen, Lössen und fossilen Böden zu beleuchten gestatten. Sie entstammen besonders dem auch heute noch vergletscherten Hochgebirgsgebiet bei Malingango und Zogqen, aus etwa 4000 m Höhe (Abb. 6). Hier war die Lößbildung auf die Zeit einer sehr kräftigen Bodenbildung gefolgt, unter deren Einfluß ältere Moränen und Till stark verwitterten. Die Altersdaten der Lösse betreffen recht verschieden alte Abschnitte der Letzten Eiszeit. Die Vergletscherung des oberen Teiles der Letzten Eiszeit (etwa um 22.000 Jahre v.h.) hatte aber nur ein sehr geringes Ausmaß erreicht, obwohl durch sie überaus deutliche End- und Seitenmoränen geschaffen worden waren (s.u.).

Aus dem Gesagten wird deutlich, daß in den Untersuchungsgebieten regional weit verbreitet Hinweise auf Freiheit von einer flächenhaften Eisbedeckung während der Letzten Eiszeit gewonnen werden konnten. Es ist wichtig, hervorzuheben, daß sich diese Befunde nicht nur auf TL-Datierungen stützen, sondern auch auf das Vorkommen fossiler, sehr kräftiger Böden und von Lössen, die keinerlei Spuren einer ehemaligen Eisbedeckung erkennen lassen. Es fragt sich, ob aus fossilen Seespiegelterrassen gleichartige Schlußfolgerungen gezogen werden müssen.

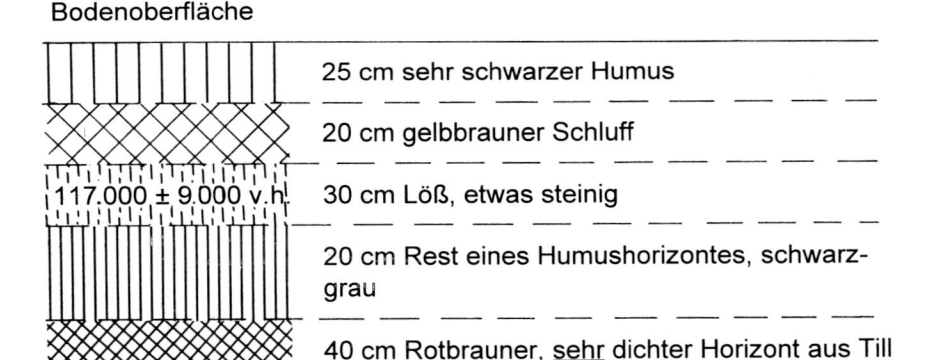

Bodenoberfläche

	25 cm sehr schwarzer Humus
	20 cm gelbbrauner Schluff
117.000 ± 9.000 v.h.	30 cm Löß, etwas steinig
	20 cm Rest eines Humushorizontes, schwarzgrau
	40 cm Rotbrauner, <u>sehr</u> dichter Horizont aus Till

Abb. 6:
Profil von Zogqen auf einer älteren Endmoräne, unmittelbar vor junger Stauchendmoräne, ca. 4000 m Höhe; vgl. auch Tab. 1

Seespiegelterrassen

Das zu datierende Material der Seespiegelterrassen wurde aus Tagesaufschlüssen oder aus Grabungen entnommen (Lage der Lokalitäten vgl. Abb. 1). Es wurden nur solche Sedimente beprobt, die der ehemaligen Strandfläche entstammten, entweder vom Ufer direkt vor dem ehemaligen See, oder aus sehr geringer Wassertiefe, so daß eine vollständige Bleichung der Quarze oder Feldspäte gewährleistet war. Die TL-Datierungen erfolgten im Institute of Geochemistry der Chinesischen Akademie der Wissenschaften, Guanzhou, durch Herrn Professor Dr. HOANG BAOLIN. Ihm und seiner Frau sei für die mühevollen Arbeiten herzlich gedankt. Die Datierungen wurden zunächst 1989 und 1990 durchgeführt, dann aber z.T. 1992 wiederholt, wie aus den folgenden Darstellungen zu entnehmen ist.

```
1989                                              1992
Bodenoberfläche +12 bis +14m                      Bodenoberfläche ca. +23 m
////////// Hangmaterial                           ////////// Solifluktionsmaterial
           Löß ,140 cm Tiefe: 16.000 ± 1.000 v.h.            Löß 50 cm Tiefe: 12.000 ± 1.000 v.h.
           Wurmröhrenlöß
           fließender Übergang in                            fossiler Boden, humos, gebändert
           fossilen, humosen Boden
           160 cm Tiefe: 17.000 ± 1.000 v.h.                 Löß: 18.000 ± 1.500 v.h.
           Seesediment                                       humose Bänder
           180 cm Tiefe: 22.000 ± 2.000 v.h.
```

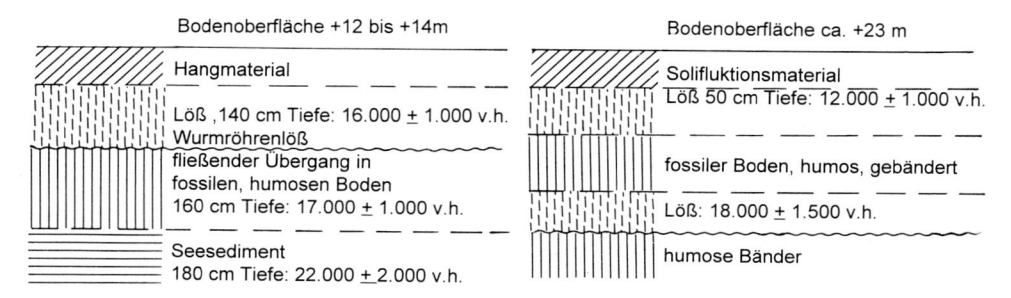

Abb. 7:
Geologische Profile vom Nordostufer des Xin Xin Sees, Quellgebiet des Hoang He,
Nr. 4 in Abb. 2

Tabelle 1unterrichtet über die Resultate.

Die Profile am Xin Xin-See (Abb. 7; Quellgebiet des Hoang Ho – Nr. 1 in Abb. 1) wurden 1989 und 1992 an Aufschlüssen aufgegraben. Sie liegen etwa 150 bis 200 m voneinander entfernt. Die 1989 beprobte Seeterrasse bei etwa 10 bis 12 m über dem heutigen See wurde 1992 nicht erneut beprobt, sondern vielmehr Lösse am höher gelegenen Hang. Der 1992 angetroffene fossile Boden und die humosen Bänder an der Basis des Aufschlusses konnten nicht bis zu dem Aufschluß des Jahres 1989 verfolgt werden, doch ist an Hand der Ausbildung dieser Böden und der Lagebeziehung zu dem jüngsten Löß anzunehmen, daß es sich um dieselbe Bodenbildung handelt.

Offenbar stand der See gegen 22.000 v.h. etwa 10 m höher als heute, zog sich dann aber bald zurück, so daß auf dem ehemaligen Ufer ein humoser Boden gegen 17.000 v.h., dann aber unter einem trockeneren Klima nur noch Lösse zwischen 16.000 und 12.000 v.h. gebildet werden konnten.

Am Südrand des Hohxilshan (Ko ko hsi li schan, Nr. 2 in Abb. 1) breiten sich zahllose kleinere Seen aus. In dem von uns beprobten Gebiet wurde das Bodeneis schon in 65 bis 70 cm Tiefe angetroffen, und vier kreisrunde Thermokarstseen umgaben den untersuchten See. Das anstehende Gestein sind Neogenkalke und -mergel. Der See wird von mehreren alten Spiegelständen umgeben. Die oberste, sehr deutliche Terrasse findet sich bei 25 m über dem heutigen See. Darüber folgt möglicherweise noch eine weitere, doch blieb unklar, ob diese nicht nur durch einen Schichtkopf der Neogenmergel vorgetäuscht wurde. Die in der 25 m Terrasse stehende Grabung (Abb. 8) zeigte etwa in der Mitte des künstlichen Aufschlusses einen auffallend kräftigen und mächtigen fossilen Humushorizont, der wesentlich stärker ist als der heutige äußerst dünne und schwache Boden unter der dürftigen Steppenvegetation. Lakustrin-äolische Sande auf dem fossilen Boden ergaben das Alter von etwa 104.000 v.h.. Die Bohrung im See und die Grabung am heutigen Ufer sind noch nicht pollenanalytisch ausgewertet worden, so daß dort nichts über die jüngere Seen- und Landschaftsgeschichte bekannt ist.

Sollte das Datum zutreffen, bedeutete dies allerdings, daß der Seespiegel um etwa 104.000 v.h. gut 25 m höher als heute gelegen war. Hinweise auf eine jüngere Vereisung des Gebietes fehlen, zumal da die Seespiegelterrassen geomorphologisch völlig klar und seither nicht mehr vom Gletscher überfahren worden sind.

Südwestlich von Amdo befindet sich der große Co Nag. Seine Oberfläche liegt bei 4588 m Höhe. Er wird von ausgedehnten Seespiegelterrassen umgeben. In 12 m Höhe über dem heutigen See hatte ich eine alte Seespiegelterrasse aufgegraben (Nr. 3 in Abb. 1).

Tab. 1: Thermolumineszenzdaten aus jungquartären Sedimenten Ost-Tibets und West-Sichuans

1) Xin Xin See

1989	1992
Bodenoberfläche +12 bis 14 m	Bodenoberfläche ca. +23 m
Hangmaterial	Solifluktionsmaterial
	Löß 50 cm Tiefe; 12.000 ± 1.000 v.h.
Löß 140 cm Tiefe: 16.000 ± 1.000 v.h. Wurmröhrenlöß fließender Übergang in fossilen, humosen Boden 160 cm Tiefe: 17.000 ± 1.000 v.h. Seesediment 180 cm Tiefe: 22.000 ± 2.000 v.h.	fossiler Boden, humos, gebändert Löß: 18.000 ± 1.500 v.h. humose Bänder

2) Hohxilshan nach Totoyenho

Bodenoberfläche, 25 m über See

sehr schwacher Boden

Sand, ca. 24-32 cm Tiefe: 104.000 ± 7.000 v.h.

65 cm mächtiger, deutlich humoser, teils humos gebänderter Sand

Gröberer, homogener, hellgelber Sand

Roter, etwas lehmiger Sand

3) Südwestlich von Amdo

Seeterrasse eines großen, flachen Sees, etwa 12 m über heutigem Seespiegel

Uferfazies in 70–82 cm Tiefe: 12.000 ± 1.000 v.h.

4) See Yamzho Yum Co

Ca. 40 m- und 12 m-Terrasse

12 m-Terrasse, in Uferfazies: 1990: 20.000 ± 2.000 v.h.
                                     1993: 20.000 ± 1.500 v.h.

```
| | Bodenoberfläche, 25 m über See |
|---|---|
| ‖‖‖‖‖‖ | sehr schwacher Boden |
| :·:·:·:·: | Sand, ca. 24-32 cm Tiefe: 104.000 ± 7.000 v.h. |
| ‖‖‖‖‖‖ | 65 cm mächtiger, deutlich humoser, teils humos gebänderter Sand |
| ::::::::: | Gröberer, homogener, hellgelber Sand |
| XXXXX ? | Roter, etwas lehmiger Sand |
```

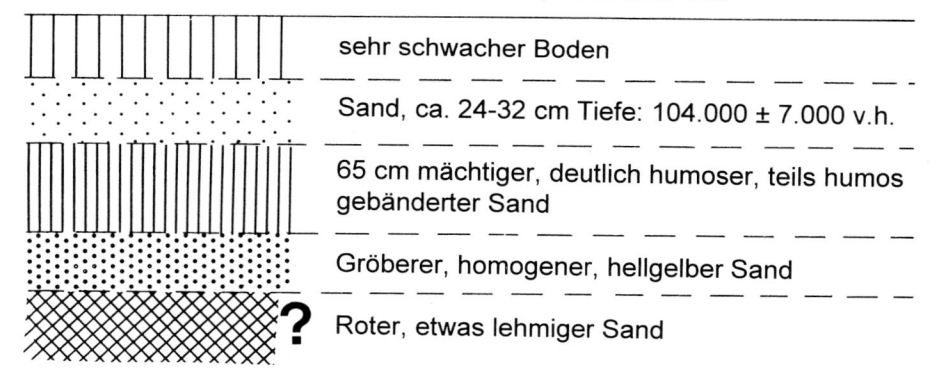

Abb. 8:
Geologisches Profil der 25 m-Terrasse über einem heutigen See am Südrand des Hohxilshan (Ko Ko Hsi Li Schan); Nr. 2 in Abb. 2

Die Probe aus der Uferfazies in 70 bis 82 cm Tiefe ergab ein TL-Alter von 12.000 Jahren v.h. Im selben Gebiet entnahm ungefähr zur selben Zeit Herr Dr. F. SIROCKO bei einer geologischen Bohrung in Sedimenten dieses alten Sees Material zur ^{14}C-Datierung. Es wurde in 8 m Tiefe ein Alter von etwa 18.000 Jahren bestimmt (SIROCKO, frdl. persönliche Mitteilung). Der See war also sicher zwischen etwa 18.000 und 12.000 v.h. wesentlich größer als heute. Ob er innerhalb dieses Zeitraumes eine oder mehrere Regressionsphasen durchgemacht hat, ist nicht erkennbar. Die Seespiegelterrasse wurde seither nicht mehr von Gletscher- oder Inlandeis bedeckt.

Südwestlich von Lhasa liegt südlich des Yalong Tsangpo (Brahmaputra) der See Yamzho Yum Co tief eingeschnitten im Gebirge. Sein Spiegel steht heute bei etwa 4100 m Höhe. Der fjordartige See wird von einer etwa 40 m hohen, nur mehr schwach entwickelten, und von einer 10 bis 12 m hohen, sehr deutlichen Spiegelterrasse umgeben. Besonders die untere hat ein klares Kliff im anstehenden Fels. Die Uferfazies dieser Spiegelterrasse (Nr. 5 in Abb. 1) ergab ein Alter von 20.000 Jahren v.h.. Es ist nichts darüber bekannt, wie sich seither der Spiegelstand zurückgezogen hat. Seit diesem Datum war die Terrasse frei von Gletscher- oder Inlandeis.

Westlich von Nagqu ist der Pengco (4650 m) Teil einer großen Seenlandschaft. Er wird von ehemals vergletscherten Gebirgen umgeben, deren Endmoränen zwischen Nagqu und dem See bei ungefähr 4800 m Höhe liegen. Von ihnen aus führen breite Sanderflächen in Richtung auf einen weiteren See, den Co Ngoin. Sie scheinen sich dort, etwa 30 m über dem See (Höhe von ferne geschätzt!) mit der höchsten Seespiegelterrasse des Co Ngoin zu verzahnen. Das Gebiet befindet sich im Bereich des Dauerfrostes, dessen Wirksamkeit in feuchten Mulden bei etwa 4900 m Höhe in Form von vielen Thufur und Thermokarstseen deutlich wird. In den trockenen lakustrinen Schottern und Sanden beim Abstieg zum Pengco ergaben sich keine Hinweise auf einen dort aktiven Bodenfrost.

Der Pengco wird von zahlreichen hochgelegenen fossilen Spiegelterrassen umgeben. Sie sind gut auf den Bildern der Metric Camera des Space Shuttle zu erkennen (z.B. 0-0031-01). Herr Dr. PÖRTGE und ich haben vier Profile in diesen alten Seespiegelterrassen aufgegraben (Tabelle 2; Nr. 4 in Abb. 1):

Etwa 12 m über dem See stehen die folgenden Schichten und Horizonte an (von oben nach unten):

- Flugsand
- eckiger Schotter des fossilen Strandwalls
- lagunärer Schluff, sehr humos, teils torfig (15 bis 20 cm)
- tiefgreifende braune, bis rot-braune, sehr tonige Bodenbildung in Mittelsand, reich an Steinen, sehr verhärtet: Fluvioglazial bis sehr gletschernaher Schotter. Dieses Material wird durch Kalk zementartig verbacken. Der liegende gletschernahe Schotter und der fossile Boden sind intensiv kryoturbat gestaucht. Die Stauchungen werden mehr oder weniger horizontal durch die Uferfazies gekappt (Abb. 9).

Aus feinkörnigen Partien des glazifluvialen Materials wurden zwei Proben für die TL-Bestimmung entnommen. Obwohl die eine Probe nicht bestimmbar war, mag das Alter von 142.000 ± 12.000 bzw. ± 11.000 v.h. auf Sedimente einer älteren Eiszeit verweisen.

18 m über dem See sind an einem Bach die folgenden Schichten von oben nach unten aufgeschlossen:

- Schuttreicher Grobsand mit vielen Windkantern
- Grobsand, ärmer an Steinen. Von 20 bis 50 cm Tiefe reichlich Mollusken (sie sind noch nicht bestimmt worden). Der Sand ist horizontal geschichtet.
- Erosionsdiskordanz
- kalkhaltiger Ton
- stark rotbraun gefärbter Grobsand, reich an Grobschutt. 65 cm aufgeschlossen, doch wahre Mächtigkeit nicht zu ermitteln, zumal da dieser Grobsand und der kalkhaltige Ton stark kryoturbat disloziert worden sind (Abb. 10).

Abb. 9:
Aufschluß in der +12 m-Terrasse am Ostufer des Pengco. – Stark kryoturbat gestörter, intensiv verwitterter gletschernaher Schotter, vgl. Text.

Zwei Proben aus dem gestörten Ton gaben ein TL-Alter von etwa 80.000 v.h., die über der Erosionsdiskordanz anstehende Uferfazies aber ein Alter von ungefähr 68.000 Jahren.

32 m über dem See wurde ein Schurf an der Rückseite eines fossilen Strandwalles angelegt. Die erzielten TL-Daten sind gegenüber den anderen widerspruchsvoll. Sie sind zunächst deutlich geringer (Tabelle 2) als diejenigen des Strandwalles bei 55 bis 65 m Höhe über dem See. Andererseits wird deutlich, daß innerhalb der Probe große scheinbare Altersunterschiede bestehen. Ich nehme an, daß die Probenentnahme fehlerhaft gewesen ist, obwohl das Datum von 35.000 Jahren v.h. auch aus der Zeit der Absenkung des Seespiegels stammen könnte.

Bei 55 bis 65 m über dem heutigen See wurde der letzte, sehr deutliche und weit verfolgbare Strandwall beprobt. Die Höhenangaben schwanken, da sich damals der Luftdruck schnell verändert hatte. Der Schurf wurde wieder an der Rückseite des Strandwalls angelegt. Die beiden Parallelproben ergaben ein identisches Alter von etwa 45.000 Jahren.

Aus dem Gesagten wird deutlich, daß der Spiegel des Pengco innerhalb der Letzten Eiszeit mehrfach deutlich höher als heute gelegen war. Hinweise auf eine seitherige Eisbedeckung fehlen.

Weitere Daten können aus Tabelle 2 entnommen werden. Sie entstammen entweder der Expedition des Jahres 1992 oder der Literatur. Die Bedeutung all dieser Befunde wird anschließend diskutiert.

Abb. 10:
Aufschluß in der +18 m-Terrasse am Ostufer des Pengco. – Stark kryoturbat gestörter, intensiv verwitterter Grobsand unter gestörtem, hellem Ton, der ein TL-Alter von ca. 80.000 Jahren ergab. Etwa im Niveau des Spatenblattes horizontal geschichtete Sande der Uferfazies mit einem TL-Datum von etwa 68.000 Jahren.

Tab. 2: Thermolumineszenzdaten aus fossilen Seespiegelterrassen des Pengco, vg. Text, und Daten zur Paläohydrologie Tibets.

12 m über dem See:
Unter kräftigem fossilem Boden; der sehr stark gestört ist (wohl kryoturbat), glazifluviales, bis sehr gletschernahes Material:
1990:   142.000 ± 12.000 v.h.
1993:   142.000 ± 11.000 v.h.
           2. Probe 1990 und 1993 unbestimmbar

18 m über dem See:
Uferfazies über gestörtem Material:
     68.000 ± 5.000 v.h.
Gestörtes (kryoturbat ?) lakustrines Material, ufernah:
     80.000 ± 600 v.h.

32 m über dem See:
Strandfazies unter Hangmaterial:
     35.000 ± 3.000 v.h.
Kontrollprobe aus oberer und unterer Seite der Blechdose:
     12.000 ± 1.000 v.h.

55 bis 65 m über dem See:
Strandfazies:
1. Probe: 48.000 ± 4.000 v.h.
2. Probe: 45.000 ± 4.000 v.h.

Paläohydrologie Tibets

1) Xin Xin See, 4400 m

10–12 m höherer Seespiegelstand:	22.000 ± 2.000 v.h.
Abgesenkt:	17.000 ± 1.000 v.h.
	16.000 ± 1.000 v.h.

2) Hohxilshan, 4600 m

25 m höherer Seespiegelstand, kaltzeitlich (ohne Bodenbildung):
     104.000 ± 7.000 v.h.

3) Pengco, 4650 m

12 m über dem See, glazifluvial	142.000 ± 12.000 v.h. (1990)	
	142.000 ± 11.000 v.h. (1993)	
18 m über dem See	80.000 ± 6.000 v.h.	See und Delta, ufernah
	68.000 ± 5.000 v.h.	Nach Erosionsdiskordanz, darauf Uferfazies (Mollusken)
55–65 m über dem See, Uferfazies	48.000 ± 4.000 v.h.	(1. Probe)
	45.000 ± 4.000 v.h.	(2. Probe)
(32 m über dem See, Uferfazies	35.000 ± 3.000 v.h.:	Entweder wieder tieferer Spiegelstand oder gefälschtes Alter:
Datum des Dosenrandes:	12.000 ± 1.000 v.h.)	

4) Yamzho Yum Co, 4200 m
Uferfazies der + 12 m Terrasse   20.000 ± 2.000 v.h.   (1990)
                                    22.000 ± 1.500 v.h.   (1993)

5) Malingango, 4000 m
Stillwassersediment außerhalb von vermutlich
spätglazialen Endmoränen: 22.000 ± 1.500 v.h.

6) Malingango, nördlich des Dorfes auf 10 m-Terrasse:
Bodenoberfläche
20 cm stark humos, fein geschichtet
15 cm hellbraun, humos, fein geschichtet
25 cm stark humos, fein geschichtet
15 cm A_E-Horizont?, ganz hell
60 cm stark prismatisch, sehr tonreich;
Lehmstangen; Humusinfiltrat
80 cm Lehmbröckelsande,
biologisch stark durchwühlt   65.000 ± 5.000 v.h.
30 cm humos, stark verbraunt
stark verwitterter Granitschotter

7) Zogqen, ca. 4000 m
Seesediment außerhalb
von Moränen   22.000 ± 1.600 v.h.

8) Zogqen, ca. 4000 m
Lößreiche Fließerde über sehr stark
verwitterter Moräne   26.000 ± 2.000 v.h.

9) Zogqen, ca. 4000 m
Bodenoberfläche
25 cm sehr schwarzer Humus
20 cm gelbbrauner Schluff
30 cm Löß, etwas steinig   117.000 ± 9.000 v.h.
20 cm Rest eines Humushorizontes,
schwarzgrau
40 cm Rotbrauner, sehr dichter Horizont aus Till

10) Hsiao Tsaidam (Qaidam)
Höherer Seespiegel zwischen 35.200 ± 1.700 v.h. und 23.000 v.h. (^{14}C), gemessen an Ostracoden und Seekreiden (HUANG WEIWEN, 1994).

11) Südhänge des Karakorum
Ca. 45.000 bis 15.000 v.h. viel größere Seen als heute, in Verbindung mit Gletschern stehend (LI SHIJIE et al., 1989, SHI YAFENG et al., 1990, 1992, ZHENG BENXING (et al., 1990).

12) Kukunor (Qinghai Hu)
Gegen 14.000 v.h. viel kleiner als heute (KELTS et al., 1989).

Diskussion

HÖVERMANN und LEHMKUHL (1993) sowie LEHMKUHL und ROST (1993) hatten darauf aufmerksam gemacht, daß in den untersuchten tibetischen Gebirgen zwei Typen von Eisrandlagen zu beobachten sind, nämlich eine weiter außen gelegene Blockstreu, im vorliegenden Falle als Satzendmoräne bezeichnet, und eine innere Gruppe z.T. sehr klar ausgebildeter End- und Seitenmoränen, die sich in einzelnen Fällen als Stauchendmoränen deutlich zu erkennen geben. Seesedimente oder korrelate periglaziale Bildungen deuten an, daß dieser innere Endmoränenstand ungefähr aus der Zeit um 22.000 v.h. datiert (Tabelle 2, Ziffern 5,7 und 8). Bei Zogqen wurde allerdings innerhalb dieser Moränenbögen auch eine Probe entnommen, die auf jüngerem Moränenmaterial ein TL-Alter von 49.800 ± 4.000 Jahren ergeben hat (Labornummer TGD-323). Es ist möglich, daß dieses Material ursprünglich nicht vollständig gebleicht worden war, da es sich weder um Löß, noch um ufernahe lakustrine Sedimente gehandelt hatte, sondern eher um Fluvioglazial (Mitteilung von Dr. Frank Lehmkuhl).

Diesem jüngeren Gletschervorstoß, der zeitlich ungefähr demjenigen der klassischen Jung-Endmoränen Mitteleuropas entspricht, ist möglicherweise in Tibet noch innerhalb der Letzten Eiszeit ein weiterer vorausgegangen. Er könnte sich gegen 50.000 bis 55.000 v.h. ereignet haben (äolischer Feinsand unter einer grobblockigen Seitenmoräne in der Nähe von Bienba, Süd-Tibet, Labornummer TGD-317; Probe 1992 entnommen). Hierzu bedarf es aber noch weiterer Untersuchungen und einer Analyse aller bisher zur Verfügung stehender TL-Proben.

Die studierten jungpleistozänen Profile beginnen vielfach, wie dargestellt worden war, mit einem fossilen Boden, der auf deutlich wärmere und feuchtere Klimate verweist, als gegenwärtig in den betrachteten Gebieten anzutreffen sind. Diese Bodenbildung scheint sich vor 117.000 ± 9.000, bzw. vor 104.000 ± 7.000 v.h. (Tabelle 2, Nr. 9,2), nach 142.000 ± 12.000, bzw. ± 11.000 v.h. (Tabelle 2; 12 m), oder vor 101.000 ± 18.000, bzw. 101.400 ± 8.000 v.h. (Nr. 8 in Abb. 2) ereignet zu haben. Man darf sie sicher in das Letzte Interglazial stellen (vgl. auch PACHOMOV, 1991, der sie allerdings an das Ende der Vorletzten, oder eher noch, in den Beginn der Letzten Eiszeit stellt, wie oben erwähnt worden war).

Auf diese Phase großer Klimagunst ist in Tibet anfangs eine Zeit verbreiteter Lößbildung gefolgt, so am Mekong unterhalb von Qamdo, bei Zogqen und bei Malingango (Nr. 8 in Abb. 2; Tab. 2, Nr. 6 und Nr. 9).

Aus weiteren Abschnitten der Letzten Eiszeit liegen aber wiederholt Hinweise auf höhere Seespiegelstände oder auf deutliche Bodenbildungen vor, die kräftiger als die heutigen ausgebildet sind. Abb. 11 faßt alle diese Daten zusammen. Der Pengco war schon gegen 80.000 v.h. deutlich über sein heutiges Niveau angestiegen. Von damals datieren lakustrine Sedimente, gefolgt von einer Bodenbildung. Der Spiegel muß also anschließend etwas abgesunken sein, der Wasserhaushalt des Bodens war aber so gut, daß kräftige Kryoturbationen das ältere Material anschließend stören konnten. Gemäß den Beobachtungen am Pengco scheint der maximale Wasserstand um etwa 45.000 Jahre v.h. erreicht worden zu sein, dann aber abgesunken zu sein. FUSHIMI et al. (1989) teilten interessante Berechnungen zum Alter des Gozha- und des Aksayqin-Sees gemäß dem heutigen Salzgehalt mit. FANG (1991) und HÖVERMANN (1994) verweisen ebenfalls auf einen ungefähr zeitgleichen Rückgang der Wasserspiegel im oberen Teil der Letzten Eiszeit, wenngleich auch eine zu hohe Präzision im zeitlichen Vergleich der Ergebnisse bei der doch noch dürftigen Datenlage vermieden werden sollte. Noch um 35.000 bis etwa 23.000 v.h. (HUANG WEIWEN, 1994) lag der Spiegel des Xiao Qaidam Sees ungefähr 12 bis 15 m höher als heute, aber der Spiegel des Xin Xin-Sees (Tab. 1, Nr. 1) sank ab etwa 22.000 v.h. deutlich weiter ab. Der Qinghai Hu (Kukunor) hatte schließlich gegen 14.000 v.h. einen wesentlich

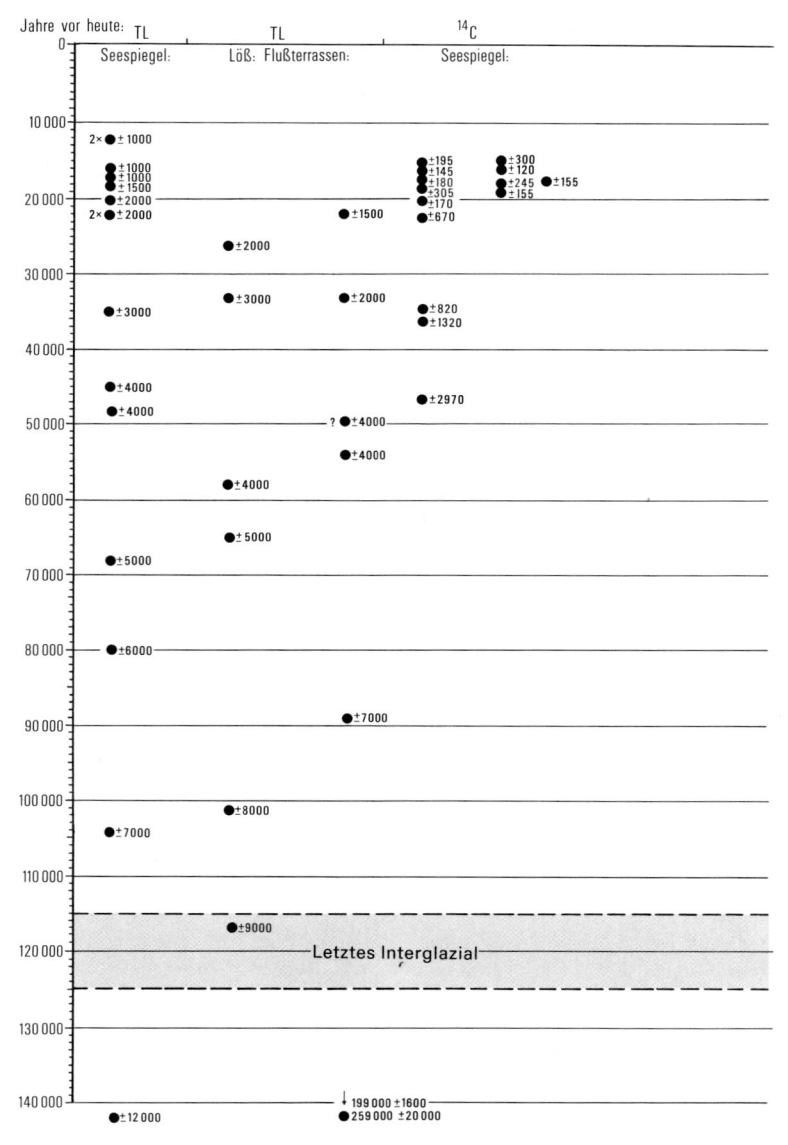

Abb. 11:
Altersangaben subaërischer Sedimente und Oberflächenformen des Tibetischen Plateaus (^{14}C-Daten aus der Literatur)

tieferen Spiegelstand als heute (KELTS et al., 1989), und die eigenen, noch unveröffentlichten Pollenanalysen von mehreren Mooren Ost-Tibets lehren, daß vor 11.000 bis 10.000 ^{14}C-Jahren auf dem Plateau nur eine äußerst dürftige Steppen- oder Halbwüstenvegetation eines sehr trockenen Klimas geherrscht hatte.

Aus den erwähnten Beobachtungen ergibt sich die in Abb. 12 dargestellte Kurve des sich ändernden Wasserhaushaltes für Nord- und Zentral-Tibet. Ob die hier gezeigten Än-

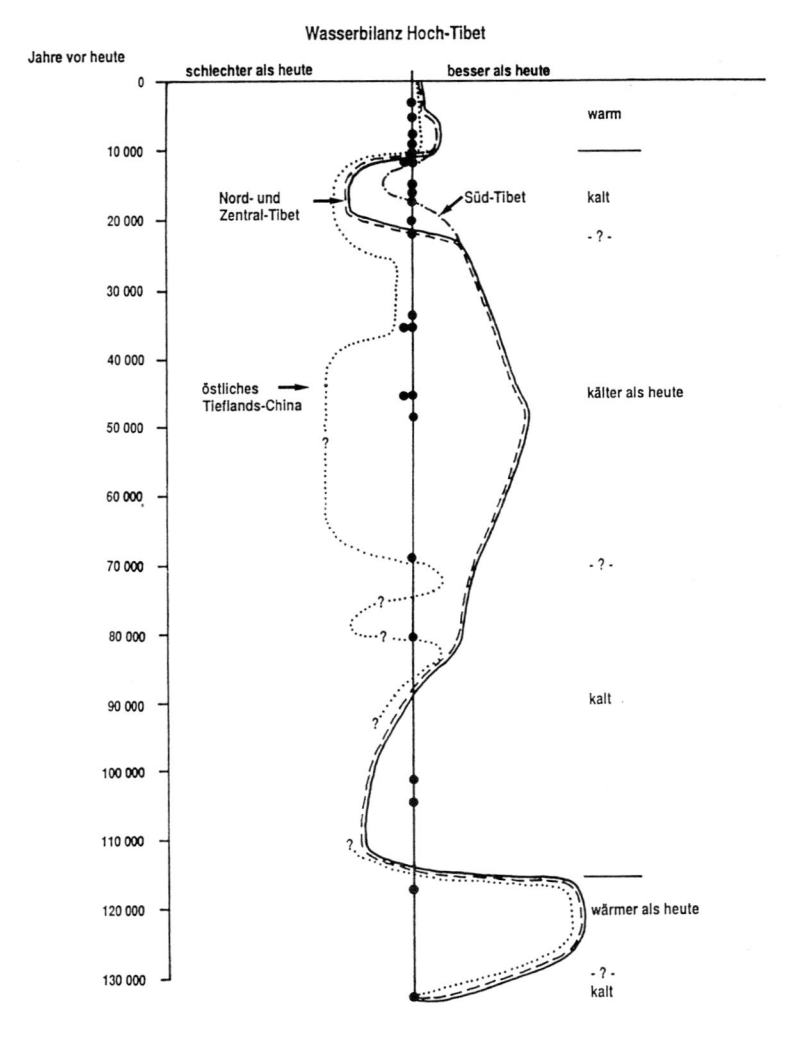

Abb. 12:
Vermutliche Änderungen der Wasserbilanz Tibets und angrenzender Gebiete während des letzten klimatischen Großzyklus.

derungen der Wasserbilanz durch kürzere Phasen andersgearteter Entwicklung unterbrochen worden waren, wie es besonders FANG (1991) dargestellt hatte, kann aus dem eigenen Material nicht entschieden werden und auch bei FANG (1991) werden zu wenige Daten für etwaige Rückzugsphasen der Seen aufgeführt, als daß sich ein klares Bild ergäbe.

Im südlichen Vorland des Karakorum hat die Phase höherer Spiegelstände offenbar noch bis etwa 15.000 v.h. gedauert (LI SHIJIE et al., 1989), und am Nordfuße des Qomolongma-Massivs begann die Torfbildung bereits um 11530 ± 310, bzw. 11340 ± 130 v.h. (vgl. FRENZEL, 1994), obwohl weiter zum Zentrum des Plateaus hin dieser wichtige paläoökologische Schritt erst etwa 1200 bis 1800 Jahre später erfolgt zu sein scheint. Es könnte also sein, daß die Änderungen des Wasserhaushaltes in den hohen Gebirgslandschaften des südlichen und westlichen Tibets zeit- oder auch stellenweise nach einem etwas anderen Zeitplan verlaufen waren als im Zentrum und im Nordteil des Tibetischen Plateaus.

Deutlich anders scheint sich aber die Entwicklung des Wasserhaushaltes Tieflands-Chinas während der Letzten Eiszeit abgespielt zu haben, erschlossen aus dem Vorkommen von Lössen und von fossilen Böden. Das Letzte Interglazial und die Wärmeschwankungen der beginnenden Letzten Eiszeit waren dort durch die Entstehung des polygenetischen Bodenkomplexes S_1 gekennzeichnet (z.B. KUKLA, 1987; AN ZHISHENG et al., 1991). Es folgte eine Phase ausgeprägter Lößbildung, die nur gegen etwa 35.000 bis 23.000 v.h. von der Zeit einer schwachen Bodenbildung unterbrochen worden war, erneut gefolgt von Lößbildung großen Stils. Ob sich die in Europa so wichtige Wärmeschwankung des Bölling-Alleröd-Komplexes tatsächlich in den Lössen der Umgebung von Xian ausgeprägt hatte, wie AN ZHISHENG et al. (1993) anhand von ^{14}C-Daten annahmen, erscheint mir fraglich, zumal da die mitgeteilten Altersdaten nicht zu den erwähnten Zeiten passen. Besser scheint der durch van CAMPO und GASSE (1993) in West-Tibet geführte Nachweis begründet zu sein (vgl. auch FONTES et al., 1993 und KELTS et al., 1989). Wir selbst haben hierfür jedoch bisher noch keine Beweise beibringen können.

Aus dem Gesagten folgt, daß die Letzte Eiszeit in Hoch-Tibet grob in drei Teile gegliedert werden kann:

Auf das Letzte Interglazial folgte zunächst eine Phase angespannten Wasserhaushaltes, als verschiedentlich in den Randlagen des Plateaus Lösse gebildet wurden. Wie weit diese Zeit den Lößphasen zwischen einzelnen der fossilen Böden des Bodenkomplexes S_1 in Tieflands-China entspricht, ist unklar.

Zwischen ungefähr 80.000 und 20.000 v.h. war der Wasserhaushalt verschiedentlich wesentlich besser als heute. Er führte zu hohen Seespiegelständen. Eine feinere Gliederung dieser Phase in Zeiten unterschiedlichen Wasserhaushaltes ist aus dem uns vorliegenden Material noch nicht möglich, wohl aber anscheinend am Südfuße des Karakorum (LI SHIJIE et al., 1989).

Zwischen ungefähr 20.000 und 10.000 (bis 11.530 v.h.) scheint aber der Wasserhaushalt auf dem Plateau insgesamt sehr schlecht gewesen zu sein. Unter der Annahme, daß die frischen Endmoränenlagen vieler Gebirgszüge des Tibetischen Plateaus gemäß den bisher vorliegenden Datierungen (vgl. Tabelle 2, Nr. 5, 7 und 8) aus der Zeit zwischen etwa 22.000 und dem Spätglazial datieren (Jung-Endmoränen), läßt sich für diese Zeit die Höhenlage der klimatischen Schneegrenze angeben (Abb. 13). Aus ihrer Lage und der der heutigen klimatischen Schneegrenze (Abb. 14) errechnet sich die Depression der letzteiszeitlichen Schneegrenze gegenüber der heutigen (Abb. 15). Sie zeigt und verschärft das schon früher rekonstruierte Bild (v. WISSMANN, 1959; FRENZEL, 1959; SHI YAFENG, 1992; SHI YAFENG et al., 1992). Die Daten decken sich im Wesentlichen mit den bei HÖVERMANN und LEHMKUHL (1993) sowie bei LEHMKUHL und ROST (1993) mitgeteilten Werten, wenn auch in Abb. 15 im zentralen Südost-Tibet möglicherweise eine etwas geringere Schneegrenzdepression bestimmt wird, als aus den bei den genannten Autoren für etwas andere Landschaften angegebenen Werten zu erschließen sein mag. Hierbei muß aber stets berücksichtigt werden, daß die Kartengrundlagen vielfach noch recht ungenau sind.

Aus Abb. 15 geht aber deutlich hervor, daß das Klima Hoch-Tibets zu der hier umrissenen Zeit sehr kalt und extrem trocken gewesen sein muß. Die anspruchsvollere Vegetation war damals weit zu den günstigeren Lagen zurückgeworfen (vgl. FRENZEL, 1994). Die Befunde passen gut in das bei FRENZEL et al. (1992) entworfene Bild. Sie stehen aber in krassem Widerspruch zu denen der vorangegangenen Phasen eines deutlich verbesserten Wasserhaushaltes (Abb. 12). Werden aus den bei FRENZEL et al. (1992) mitgeteilten Daten der Zeit zwischen ungefähr 35.000 und 25.000 v.h. die Breitenkreismittel des Nieder-

135

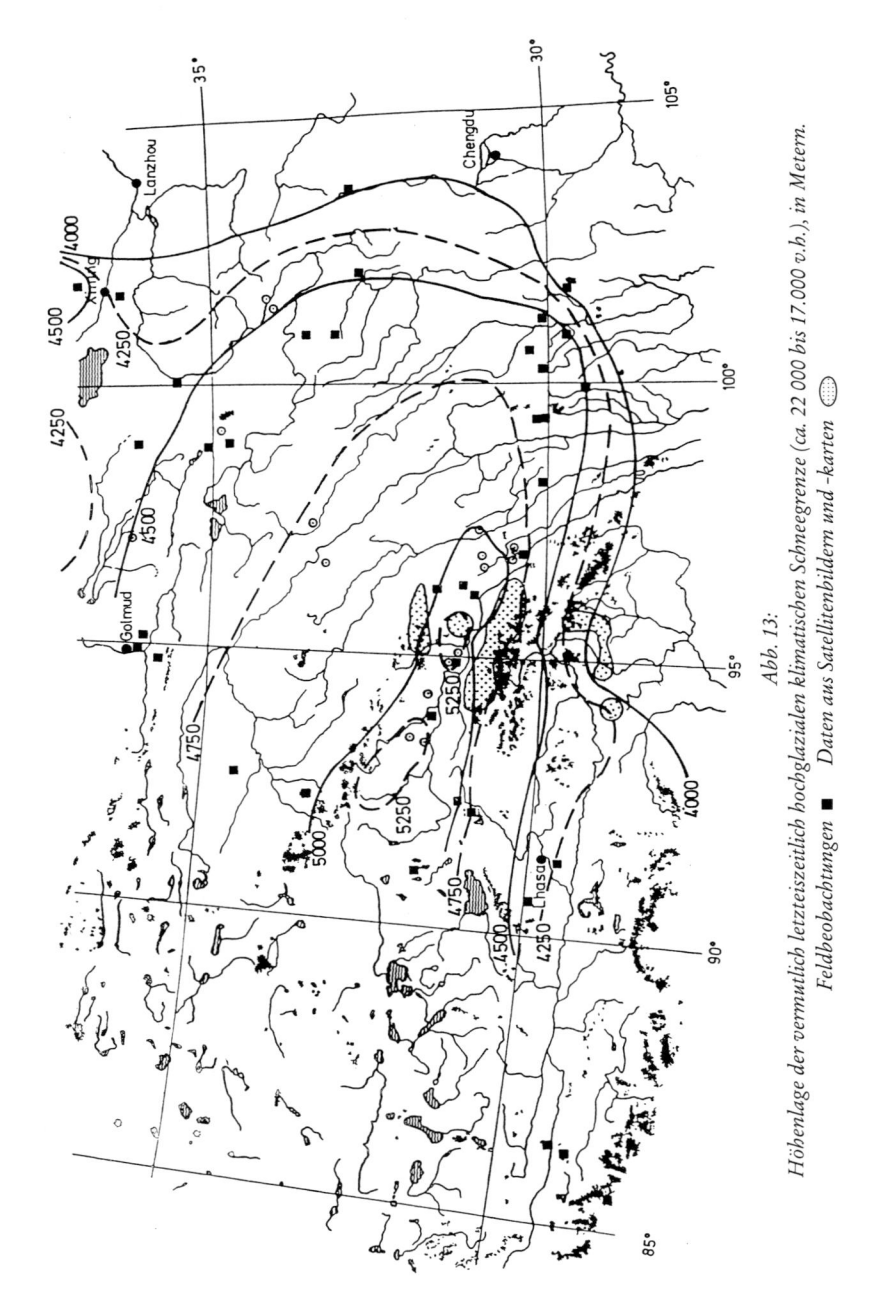

Abb. 13: Höhenlage der vermutlich letzteiszeitlich hochglazialen klimatischen Schneegrenze (ca. 22 000 bis 17 000 v.h.), in Metern. Feldbeobachtungen ■   Daten aus Satellitenbildern und -karten ◐

schlages und der Jahresmitteltemperatur für die Kontinente der Nordhalbkugel gebildet (Abb. 16, 17), dann stellt sich heraus, daß diese Phase den niederen Breiten der Nordhalbkugel generell einen sehr viel besseren Wasserhaushalt als heute gebracht hatte, bei gleichzeitig wesentlich verschlechtertem Feuchtegenuß weiter im Norden. Gleichzeitig waren offenbar die Temperaturen in den südlicheren Breiten der Nordhalbkugel deutlich gerin-

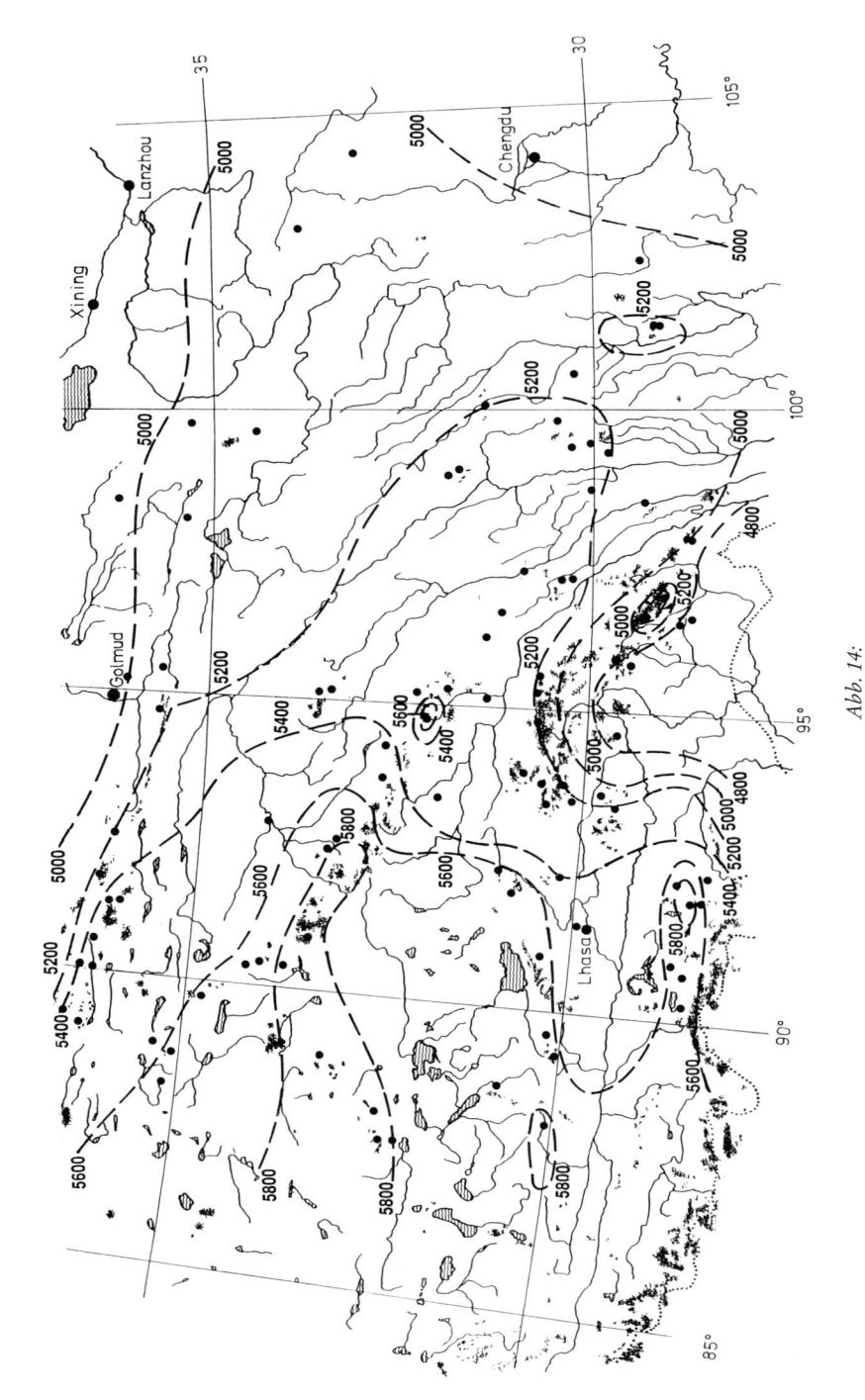

Abb. 14:
Höhenlage der heutigen klimatischen Schneegrenze in Metern. Lokalitäten der Schneegrenzbestimmung – Daten nach SHI YAFENG et al. (1988), sowie eigenen Feldbeobachtungen während der Expeditionen der Jahre 1989 und 1992.

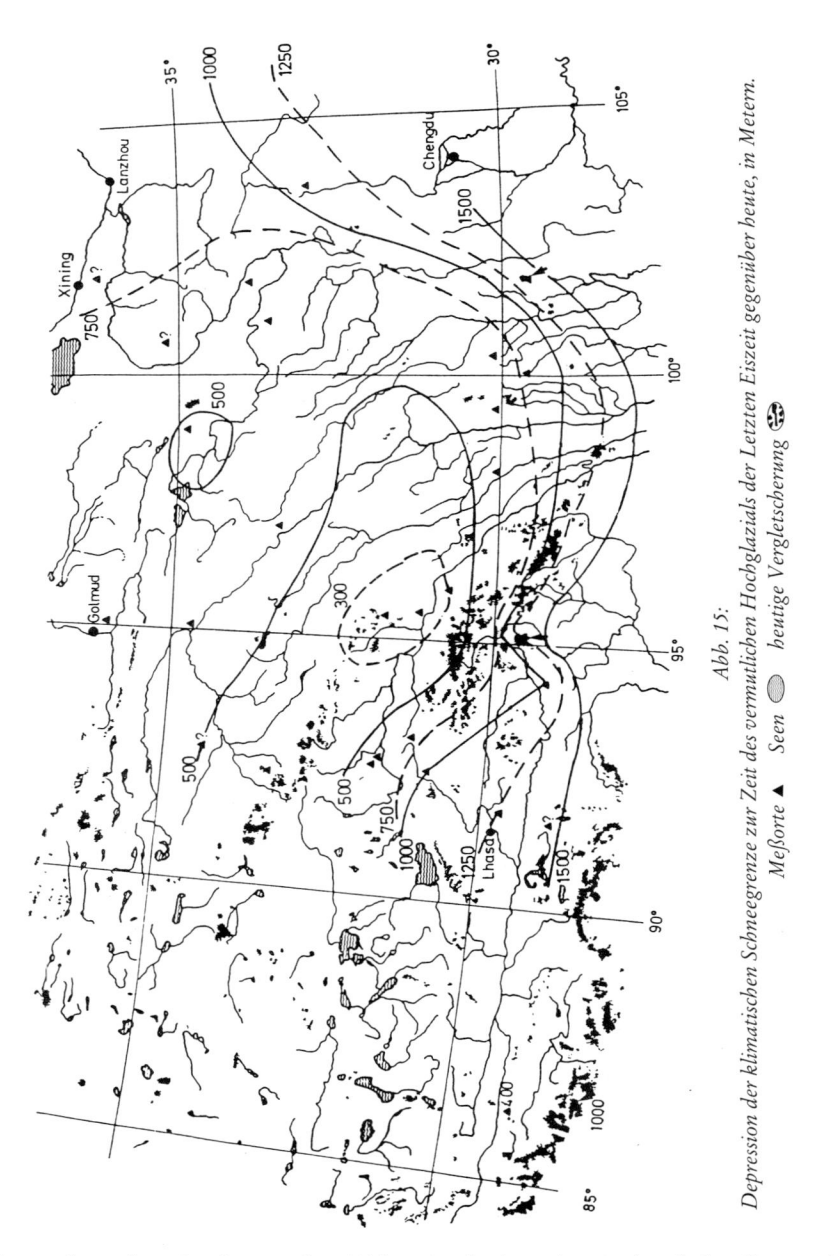

Abb. 15: Depression der klimatischen Schneegrenze zur Zeit des vermutlichen Hochglazials der Letzten Eiszeit gegenüber heute, in Metern. Meßorte ▲ Seen ● heutige Vergletscherung

ger abgesunken, als weiter im Norden (Abb. 16). Ein derartiger Sachverhalt sollte zu einer Verstärkung der latitudinalen Zirkulation und wohl auch zu einer beträchtlichen Intensivierung des Sommermonsunsystems in Hoch-Tibet geführt haben, bei gleichzeitig aber schon extrem starkem Wintermonsun, der sich besonders in den Tiefländern Chinas ausgewirkt haben müßte. Auch van CAMPO (1986) und van CAMPO et al. (1982) verweisen an Hand von Untersuchungen an Tiefseebohrkernen des Arabischen Meeres auf den beträchtlichen Wechsel vom noch recht starken Sommermonsun während langer Abschnitte

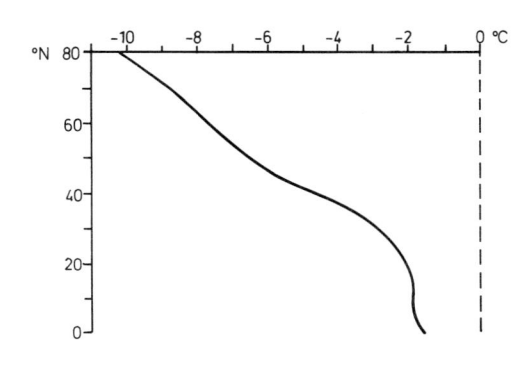

Abb. 16:
Abweichungen der Breitenkreismittel der Jahresmitteltemperaturen der nordhemisphärischen Kontinente z.Zt. des Interstadialkomplexes zwischen etwa 35.000 und 25.000 v.h.
0 °C Bezugslinie (= heutige Temperaturen) ganz rechts. – Berechnet aus FRENZEL et al. (1992).

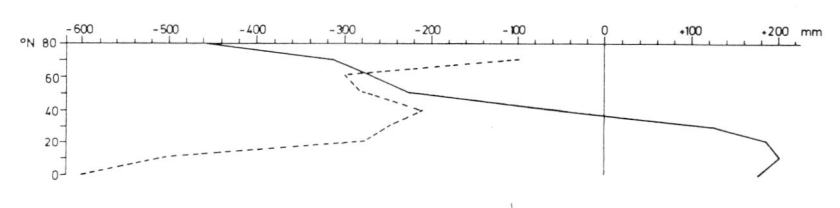

Abb. 17:
Abweichungen der Breitenkreismittel des „Jahresniederschlages" um 35.000 bis etwa 25.000 v.h. von den heutigen Werten. Berechnet aus FRENZEL et al., 1992.
35.000 bis 25.000 v.h. ——— 18.000 v.h. - - - - - -

des ^{18}O-Stadiums 3 gegenüber der Zeit sehr eingeschränkten Sommermonsuns am Ende des Stadiums 3 und nach 22.000 v.h.

Es scheint also, als sei diese Zeit eine Phase höchst ungewöhnlicher Zirkulation gewesen. Sie dürfte sicher untergliedert gewesen sein, doch, wie bereits mehrfach dargestellt, lassen sich hierfür beim gegenwärtigen Stand unserer Gelände- und Laborbefunde noch keine Hinweise finden.

Literatur

AN ZHISHENG; KUKLA, G.J.; PORTER, ST.C. and XIAO, JULE (1991): Magnetic susceptibility evidence of monsoon variation on the loess plateau of Central China during the last 130'000 years. – Quatern.Res., 36, 29–36.

AN ZHISHENG; PORTER, ST.C.; ZHOU WEIJIAN; LU YANCHOU; DONAHUE, D.J.; HEAD, M.J.; WU XIHUO; REN JANZHANG, and ZHENG HONGBO (1993): Episode of strengthened summer monsoon climate of Younger Dryas Age on the loess plateau of Central China. Quatern. Research, 39, 45–54.

BURBANK, D.W.; DERRY, L.A.; and FRANCE-LANORD, Chr. (1993): Reduced Himalayan sediment production 8 Myr ago despite an intensified monsoon. Nature (L.), 364, 48–50.

CAMPO, E. van (1986): Monsoon fluctuations in two 20 000 yr B.P. oxygen-isotope/pollen records off Southwest India. Quatern. Research, 26, 376–388.

CAMPO, E. van and GASSE, F. (1993): Pollen- and diatom-inferred climatic and hydrological changes in Sumxi Co Basin (Western Tibet) since 13'000 yr B.P. – Quatern.Res., 39, 300–313.

CAMPO, E. van ; DUPLESSY, J.C., and ROSSIGNOL-STRICK, M. (1982): Climatic conditions deduced from a 150-Kyr oxygen isotope-pollen record from the Arabian Sea. Nature, 296, 56–59.

FANG JIN-QI (1991): Lake evolution during the past 30'000 years in China, and its implications for environmental changes. – Quatern. Res., 36, 37–60.

FLOHN, H. (1959): Bemerkungen zur Klimatologie von Hochasien. Abhandlungen Math.-Nat. Klasse d. Akad. d. Wiss. und d. Lit., H. 14, 1409–1431.

FLOHN, H. (1987): Recent investigations on the climatogenetic role of the Qinghai-Xizang Plateau: Now and during the late Cenozoic. In: Hövermann, J., and Wang Wenyin (eds.): Reports on the Northeastern Part of the Qinghai-Xizang (Tibet) Plateau. Science Press, Beijing, 387-416.

FONTES, J.CH.; MELIÈRES, F.; GIBERT, E.; LIU QING, and GASSE, F. (1993): Stable isotope and radiocarbon balances of two Tibetan lakes (Sumxi Co, Longmu Co) from 13 000 yr B.P. – Preprint.

FORT, M.; BURBANK, D.W., and FREYTET, P. (1989): Lacustrine sedimentation in a semiarid alpine setting: An example from Ladakh, Northwestern Himalaya. – Quatern.Res., 31, 332–350.

FRENZEL, B. (1959): Die Vegetations- und Landschaftszonen Nord-Eurasiens während der letzten Eiszeit und während der postglazialen Wärmezeit. Teil 1: Allgemeine Grundlagen. – Abhandlungen Math.-Nat. Klasse der Akad. d. Wiss. u. d. Lit., Nr. 13, 165 S. Franz Steiner Verlag, Wiesbaden.

FRENZEL, B. (1990): Forschungen zur Geographie und Geschichte des Eiszeitalters (Pleistozän) und der Nacheiszeit (Holozän). Jahrbuch d. Akad. d. Wiss. u. d. Lit., Mainz. 149–154.

FRENZEL, B. (1992): Forschungen zur Geographie und Geschichte des Eiszeitalters (Pleistozän) und der Nacheiszeit (Holozän). Jahrbuch der Akad. d. Wiss. u. d. Lit., Mainz. 183–203.

FRENZEL, B. (1994): Über Probleme der holozänen Vegetationsgeschichte Osttibets. Göttinger Geogr. Abhandlungen, 95, 143–166.

FRENZEL, B. und LIU SHIJIAN (1994): Rasterelektronenmikroskopische Untersuchungen zur Genese jungquartärer Sedimente auf dem Tibetischen Plateau. Göttinger Geogr. Abhandlungen, 95, 167–183.

FRENZEL, B.; PÉCSI, M., and VELICHKO, A.A. (1992): Atlas of paleoclimates and paleoenvironments of the Northern-Hemisphere; Late Pleistocene – Holocene. Geographical Research Institute, Hungarian Academy of Sciences, Budapest, Gustav Fischer Verlag, Stuttgart–Jena–New York. 153 p. 35 maps.

FUSHIMI, H.; KAMIYAMA, K.; AOKI, Y.; ZHENG BENXING; JIAO KEQIN and LI SHIJIE (1989): Preliminary study on water quality of lakes and rivers on the Xizang (Tibet) Plateau. – Bull.of Glacier Res., 7, 129–137.

GASSE, F.; ARNOLD, M.; FONTES, I.; FORT, M.; GIBERT, E.; HUC, A.; LI BINGYUAN; LI YUANFANG, LIU QING, MELIÈRES, F.; van CAMPO, E.; WANG FUBAO & ZHANG QINGSONG (1991): A 13,000 year climate record from western Tibet. – Nature, 353, 742–745.

HUANG WEIWEN (1994): The prehistoric human occupation in the Qinghai-Xizang (Tibet) Plateau. Göttinger Geogr. Abhandlungen. 95, 201–219.

HÖVERMANN, J. (1994). Neue Ergebnisse zur Paläoklimatologie Zentralasiens. Paläoklimaforschung – Palaeoclimate Research, 17, im Druck.

HÖVERMANN, J. und LEHMKUHL, F. (1993): Bemerkungen zur eiszeitlichen Vergletscherung Tibets. – Mitt. Geograph. Ges. zu Lübeck, 58, 137–158.

HÖVERMANN, J.; LEHMKUHL, F. and PÖRTGE, K.-H. (1993): Pleistocene glaciations in Eastern and Central Tibet – preliminary results of Chinese-German joint expeditions. – Z. f. Geomorph., Suppl.-Bd. 92, 85–96.

KELTS, K.; CHEN KEZAO; LISTER, G.; YU JUNQING; GAO ZHANGHONG; NIESSEN, H. and BONANI, G. (1989): Geological fingerprints of climate history: A cooperative study of Qinghai Lake, China. Eclogae geol. helv., 82/1; 167–182.

KUHLE, M. (1984): Zur Geomorphologie Tibets, Bortensander als Kennformen semiarider Vorlandvergletscherung. Berliner Geograph. Abhandl., H. 36, 127–138.

KUHLE, M. (1985): Glaciation research in the Himalayas: a new ice age theory. – Universitas, 27, 281–294.

KUHLE, M. (1987a): Glacial, nival and periglacial environments in Northeastern Qinghai-Xizang Plateau. – In: Hövermann, J. & Wang Wenyin (eds.): Reports on the Northeastern part of the Qinghai-Xizang (Tibet) plateau by Sino-W.German Scientific expedition. – Science Press, Beijing, 176–244.

KUHLE, M. (1987b): The problem of a pleistocene inland glaciation of the Northeastern Qinghai-Xizang Plateau. – In: Hövermann, J. & Wang Wenyin (eds.): Reports on the Northeastern part of the Qinghai-Xizang (Tibet) plateau by Sino-W.German Scientific expedition. – Science Press, Beijing, 250–315.

KUHLE, M. (1988a): Die Depression der Schneegrenzen. – Forschung. Mitt. d. DFG, 1, 19–22.
KUHLE, M. (1988b): The Pleistocene glaciation of Tibet and the onset of the ice ages – an autocycle hypothesis. – GeoJournal, 17.4, 581–595.
KUHLE, M. (1989): Ice-Margin Ramps: an indicator of semi-arid piedmont glaciations. – GeoJournal, 18.2, 223–238.
KUHLE, M. (1991a): Die Vergletscherung Tibets und ihre Bedeutung für die Geschichte des nordhemispherischen Inlandeises. – Paläoklimaforschung, 1, 293–306.
KUHLE, M. (1991b): Observations supporting the Pleistocene inland glaciation of High Asia. – GeoJournal, 25.2/3, 133–231.
KUKLA, G. (1987): Loess stratigraphy in Central China. Quatern. Sci. Rev. 6, 191–219.
LAUTENSCHLAGER, M., and SANTER, B.D. (1990): Atmospheric response to a hypothetical Tibetan ice-sheet. – Max Planck Institut für Meteorologie, 46, 1–14.
LEHMKUHL, F., und ROST, K.T. (1993): Zur pleistozänen Vergletscherung Ostchinas und Nordosttibets. – Petermanns Geogr. Mitt., 137, 67–78.
LI JIJUN; WEN SHIXUAN; ZHANG QINGSONG; WANG FUBAO; ZHENG BENXING, and LI BINGYUAN (1979): A discussion on the period, amplitude and type of the uplift of the Qinghai-Xizang Plateau. – Scientia Sinica, 22, 1314–1328.
LI JIJUN; LI BINGYUAN and ZHANG QINGSONG (1991 a): Explanatory notes on the quaternary glacial distribution map of the Qinghai-Xizang (Tibet) Plateau. (1:3 000 000). 10 p.; Chinese and English text; Science Press, Beijing.
LI JIJUN; ZHOU SHANGZHE, and PAN BAOTIAN (1991 b): The problems of quaternary glaciation in the eastern part of Qinghai-Xizang Plateau. Quaternary Sciences, Nr. 3, 193–203. Chinesisch; englische Zusammenfassung.
LI SHIJIE; ZHENG BENXING, and JIAO KEQIN (1989): Preliminary research on lacustrine deposits and lake evolution on the southern slope of the West Kunlun Mountains. – Bull. of Glacier Research, 7, 169–176.
PACHOMOV, M.M. (1969): Die Anwendung der Pollenanalyse zur Erforschung der jüngsten Bewegungen in Gebirgsländern. Izv. Akad. Nauk SSSR, ser. geogr., Nr. 4, 147–153.
PACHOMOV, M.M. (1991): Korreljacija sobytij plejstocena v Srednej Azii i dinamika pojasnosti gor. – Korrelation der Ereignisse des Pleistozäns in Mittelasien und die Dynamik der Höhenstufung in den Gebirgen. Izvestija Akad. Nauk, ser. geogr., Nr. 6, 94–103. Rossijskaja Akad. Nauk.
PACHOMOV, M.M. i BAJGUZINA, L.L. (1986): Paleogeografičeskaja obstanovka vremeni obitanija fauny Karamajdana v Tadžikistane (Die paläogeographische Situation zur Zeit der Fauna von Karamajdan in Tadzikistan). Doklady Akad. Nauk SSSR, 293, 945–947.
RUDDIMAN, W.F., und KUTZBACH, J.E. (1991): Plateaubildung und Klimaänderung. Spektrum der Wissenschaft, H. 5, 114-125.
SHI YAFENG (1992): Glaciers and glacial geomorphology in China. Z. Geomorph., N.F., Suppl-Bd. 86, 51–63.
SHI YAFENG; ZHENG BENXING, and LI SHIJIE (1990): Last glaciation and maximum glaciation in Qinghai-Xizang Plateau. – A controversy to M. Kuhle ice sheet hypothesis. – J. of Glaciology and Geocryology, 12.1, 1–16.
SHI YAFENG, ZHENG BENXING and LI SHIJIE (1992): Last glaciation and maximum glaciation in the Qinghai-Xizang (Tibet) Plateau: A controversy to M. Kuhle's ice sheet hypothesis. Z. Geomorph., N.F., Suppl.-Bd. 84, 19–35.
TANG BANGXING, LI JIAN and LIU SHIJIAN (1994): Basic features of glacial landforms in the Minshan. Göttinger Geogr. Abhandl., 95, 233–241.
WISSMANN, H.v. (1959): Die heutige Vergletscherung und Schneegrenze in Hochasien, mit Hinweisen auf die Vergletscherung der letzten Eiszeit. Abhandl. Math.-Nat. Klasse d. Akad. d. Wiss. u. d. Lit., Nr. 14, 308 S.
ZHENG BENXING, JIAO KEQIN, MA QIUHUA, LI SHIJIE, and FUSHIMI, H. (1990): The evolution of Quaternary glaciers and environmental change in the West Kunlun Mountains, Western China. Bull. of Glacier Research, 8, 61–77.

ÜBER PROBLEME DER HOLOZÄNEN VEGETATIONSGESCHICHTE OSTTIBETS

Burkhard Frenzel, Stuttgart-Hohenheim
mit 9 Abbildungen, 2 Tabellen (1 als Beilage) und Anhang

[Holocene Vegetation history on the Tibetan Plateau]

Zusammenfassung: Anhand des vorläufigen Pollendiagramms von Hung Yüan (3600 m Höhe, Becken von Zoige, Nordost-Tibet) und eines umfassenden Literaturstudiums kann die spät- und postglaziale Entwicklung der Vegetation ermittelt werden. Es zeigt sich, daß die Torfbildung im wesentlichen bei den älteren Mooren gegen 9500 bis 10.000 v.h. begonnen hatte, zeitgleich mit einer starken Zunahme der Temperaturen und einer beträchtlichen Verbesserung des Wasserhaushaltes. Die Vegetationsentwicklung verlief in Hung Yüan, ähnlich wie am Kakitu (BEUG, 1987), über lange Teile des Holozäns sehr gleichförmig, ohne daß sich der Einfluß bedeutender Klimaschwankungen nachweisen ließe. Dies mag daran liegen, daß der untersuchte Probenabstand noch wesentlich zu groß ist, doch sind die allgemeinen Tendenzen derart einheitlich, daß an keine großen Wandlungen gedacht werden kann. Es fällt allerdings auf, daß sich ab etwa 5000 bis 4000 v.h. die Bedeutung des Waldlandes in dem betrachteten Gebiet stark reduziert, ohne daß sich Hinweise auf Klimaschwankungen beträchtlicheren Ausmaßes, die diese Vegetationsveränderungen hätten auslösen können, nachweisen ließen. Es wird hieraus die Schlußfolgerung gezogen, daß schon damals die Tätigkeit der Hirtennomaden die Vegetation erst gering, etwa 2000 v.h. aber sehr stark beeinflußt hat.

Summary: The lateglacial and holocene history of vegetation in the northeastern part of the Tibetan Plateau (Zoige basin, 3,600 m a.s.l.) is reconstructed by means of a provisional pollen diagram and an analysis of the relevant literature. Paludification began in the eastern moiety of the Tibetan Plateau at about 10,000 to 9,500 b.p. Simultaneously temperatures and precipitation, as well, increased considerably. The steps in the holocene history of vegetation were in the basin of Zoige as monotonous as they were in the Kakitu massif, Qilian Shan, Northeastern Tibet (BEUG, 1987). Effects of remarkable changes of climate are not perceptible. An explanation for this may be the relatively large vertical distance of the samples analyzed, yet in total all the pollen profiles analyzed by the author show the same tendency. Thus it is hard to speculate about strong holocene changes of climate. On the other hand there happened in the Zoige basin at about 5 000 to 2 000 b.p. a strong decline in the significance of forests, though the region studied is even today situated within the distribution area of spruce and fir forests. This retreat of the forests was not paralleled by an important deterioration of climate, but by a local (?) increase of moisture available and by a remarkable long-distance influx of pollen of thermophilous and hygrophilous trees. From this it is concluded, just as it was already done by THELAUS (1992) that early nomadism was the reason for these changes, which influenced slowly at first, yet from about 2,000 b.p. onwards very rapidly the natural vegetation.

青藏高原东部全新世植被史

Burkhard Frenzel

德国 Hohenheim 大学植物研究所，D—70593 Stuttgart, Germany

摘 要

本文采用花粉图解和分析有关文献的方法来恢复青藏高原东北部（若尔盖盆地，海拔高度 3600m）后冰期和全新世的植被历史，青藏高原东半部沼泽化起始年代可追溯到大约距今 10,000 至 9,000 年，与此同时，作者认为当时的降水和温度都相应地增加。

若尔盖盆地植被史如同 Kakitu（38°25′N, 96°,28′E），祁连山和藏北高原的植被史一样的单调，气候变化显得并不是十分明显，对此有一种解释就是可能与样品分段间距过大有关。总的来讲，由作者所分析的所有花粉剖面都表明相同的趋势，于是这就难以推测出全新世该地区出现过较强烈的气候变化。另一方面，大约在距今 5,000 年至 9,000 年之间若尔盖盆地曾发生过十分剧烈地森林衰退过程，虽然研究区域内现仍然是云杉和冷杉林区。该森林衰退现象并不能与气候恶化相提并论，但这是否与当地有效地湿润程度增大或喜温、喜温的树种和花粉从遥远的地方迁移到此地有关。由此而论，正如 THELAUS（1992）所获得结果一样，早期的游牧生活是导致植被变化的一个原因，并且在初期该变化发生的较缓慢，但到了距今 2,000 年左右这种变化就发生的非常快。

Einleitung

Als mit Beginn der sechziger Jahre dieses Jahrhunderts die Erforschung Hochasiens sowohl auf chinesischer, als auch auf russischer Seite immer höhere Bedeutung erlangte, wandte man sich auch vegetationsgeschichtlichen Untersuchungen zu. Hierbei standen auf russischer Seite besonders Fragen nach der Geschichte der Höhenstufen im Vordergrund des Interesses (u.a. Pachomov, 1961, 1969b, 1971a, b, 1983, 1987, 1991), dann aber sowohl auf russischer, als auch auf chinesischer Seite Versuche, das Ausmaß der tektonischen Bewegungen verschiedener Gebirgsteile Hochasiens während des Neogens zu ermitteln (PACHOMOV, 1961, 1969a, b, 1991; PACHOMOV & BAJGUZINA, 1986; LI JIJUN et al., 1979; SHI YAFENG et al., 1990, 1992; ZHOU KUNSHU et al., 1976). Relativ spät wandte man sich Fragen nach der paläoökologischen Situation einzelner Fundstellen während verschiedener Abschnitte des Quartärs zu (etwa BORTENSCHLAGER & PATZELT, 1978; BEUG, 1987; MIEHE, 1990; NIKONOV et al., 1989;

PACHOMOV, 1971a, 1983, 1969b, 1991; PACHOMOV & BAJGUZINA, 1986; van CAMPO & GASSE, 1993; JARVIS, 1993; THELAUS, 1992; WANG MANHUA, 1987; WANG FUBAO & FAN, 1987; LI BINGYUAN et al., 1982; LI SHIJIE et al., 1989; SEREBRYANNYJ & ORLOV, 1988).

Die Interpretation der mitgeteilten Befunde bereitet aber verschiedentlich Schwierigkeiten, weil bisweilen weder Pollendiagramme, noch die ausgezählten Grundsummen der Sporomorphen mitgeteilt werden, so daß eine Überprüfung der Aussagekraft mancher Daten oder aber eine Neuberechnung der Befunde unmöglich sind, obwohl z.T. ganz unterschiedliche Berechnungsverfahren angewandt werden.

Unabhängig hiervon wird aber auch deutlich, daß vegetationsgeschichtliche Untersuchungen, die bisher sowieso auf dem tibetischen Plateau und in den angrenzenden zentralasiatischen Gebirgen den Charakter von Pionierarbeiten getragen hatten, vor allem genutzt worden sind, um die paläoklimatische Situation der einzelnen Profilstellen kennenzulernen und um die Beobachtungen in ein paläoklimatisches Entwicklungsschema einzuhängen. Hierbei werden z.T. selbst für das Holozän recht detaillierte Paläoklima-Beschreibungen geliefert, etwa von WANG FUBAO & FAN (1987), und von FANG JINQI (1991), die eine Sicherheit in der Gliederung der holozänen Klimageschichte unterstellen (so etwa auch NIKONOV et al., 1989, für den Pamir-Alai), die vielleicht zunächst erst noch erwiesen werden sollte. Sehr vorsichtig äußerten sich daher jüngst SHI YAFENG et al. (1993) und machten deutlich, was alles noch zu untersuchen und zu beweisen ist. Gerade in diesem Zusammenhang regte die Untersuchung von BEUG (1987) an einem fossilen früh- und mittelholozänen Moor am Kakitu, Qilian Shan, Nordost-Tibet, im Vergleich zu den detaillierten klimageschichtlichen Darstellungen durch WANG FUBAO & FAN (1987) zum Nachdenken an, da BEUG zeigen konnte, daß im Gegensatz zu manch anderen Schlußfolgerungen das in 4620 m Höhe gelegene Moor am Kakitu in dem Zeitabschnitt von ca. 9400 bis 6200 vor heute (v.h.) faktisch keinerlei deutliche vegetationsgeschichtliche Änderungen erlebt hatte, obwohl es in einer klimatisch empfindlichen Position gelegen ist. Es fragt sich also, welches Ausmaß den Klimaänderungen während des Holozäns in Hochtibet tatsächlich zukommt.

Die deutsch-chinesischen Expeditionen der Jahre 1989 und 1992 in den Ostteil Tibets, gefördert durch die Deutsche Forschungsgemeinschaft, die Max-Planck-Gesellschaft zur Förderung der Wissenschaften, die Gesellschaft für Technische Zusammenarbeit mit dem Ausland und durch die Chinesische Akademie der Wissenschaften, boten reichlich Gelegenheit, Material für vegetationsgeschichtliche Untersuchungen, mindestens des Spätglazials und des Holozäns, zu bergen. Das Ziel dieser paläobotanischen Arbeiten war es,

– die spätglaziale und holozäne Einwanderungsgeschichte der Vegetation auf das tibetische Plateau nach dem Eisfreiwerden, bzw. nach Besserung der ökologischen Bedingungen, zu verfolgen;

– den Verlauf der holozänen Vegetationsgeschichte der Osthälfte Tibets für verschiedene Landschaften herauszuarbeiten und

– die Frage zu bearbeiten, wie stark und seit wann der Mensch durch Hirtennomadismus und Landwirtschaft die Vegetation dieses Hochplateaus und seiner Gebirge beeinflußt hat.

Gerade die letztgenannte Frage ist von einigem Interesse, da ihre sichere Beantwortung besseren Aufschluß darüber geben könnte, ob nahezu wirklich alles, was vegetationsgeschichtlich in Hochtibet auf Klimaschwankungen und -änderungen zurückgeführt wird, tatsächlich so gedeutet werden muß, oder ob nicht auch der menschliche Einfluß ernsthaft zu berücksichtigen ist.

Material und Methoden

Sowohl während der Expedition des Jahres 1989, als auch während der des Jahres 1992 wurden geologische Handbohrungen in Mooren und Seesedimenten durchgeführt (Abb. 1). Die Versuche, vom Schlauchboot aus zu bohren, schlugen 1989 und 1992 fehl, da das transportable Bohrgerät zu schwach war (russischer Bohrer „INSTORF", 5 cm lichte Weite, 50 cm Kammerlänge; niederländischer Bohrer Beeker Sampler 04.20 (Eijkel-Kamp) für Arbeiten in Seeablagerungen). Kalkkrusten in den Seen und Dauerfrost waren unter diesen Bedingungen von Hand nicht mehr zu durchbohren. Die Mitnahme schwererer, maschinell angetriebenen Bohrgerätes hatte sich verboten, und zwar einerseits des Gewichtes wegen, andererseits aber auch, weil nach Angaben der Herstellerfirmen die anzuwendenden Benzinmotoren beim Schlagbohrgerät der Firma Atlas Copco und beim Rotationskernbohrgerät Mobile Drill Minuteman der Firma Atlas Copco Craelius GmbH in den großen Höhen, die sich ja nahezu stets zwischen 4200 und 5000 m bewegten, nicht mehr genügend Kraft erbrächten.

Zusätzlich zu den geologischen Handbohrungen wurden auch zahlreiche Oberflächenproben des heutigen Polleneintrages in recht unterschiedlichen Vegetationstypen entnommen (Abb. 1). Die Proben werden noch im Botanischen Institut der Universität Hohenheim aufbereitet und bearbeitet.

Die erreichten Bohrtiefen lagen zwischen etwa 70 cm und 1100 cm, meist bei einigen Metern. Die Kerne wurden an Ort und Stelle in Plastikhalbschalen gelegt und sorgfältig mit Plastikfolie umhüllt. Abends erfolgte die kontinuierliche Überführung von jeweils 5 cm langen Proben in kleine, 5 cm lange Plastikdosen, da der Transport in den Halbschalen die Kerne durch die starken Erschütterungen auf dem Expeditionslastwagen zur Unkenntlichkeit zerstört hätte.

Die Oberflächenproben wurden aber in Papiertüten gesammelt und anschließend an der sehr trockenen Luft getrocknet. Die umgebende Vegetation wurde entweder protokolliert oder aber herbarisiert.

Sowohl die Bohrkerne, als auch die Oberflächenproben enthalten in nahezu allen von uns untersuchten Landschaften sehr viel mineralischen Staub und Feinsand, und zwar auch dort, wo nach dem ersten Anschein schöne Torfe vorliegen. Es war daher in der Regel notwendig, daß die Aufbereitung des Materials für die Pollenanalyse unter Anwendung der Schweretrennung durchgeführt wurde. Diese ist aus der bei FRENZEL (1964) gegebenen Methode entwickelt worden. Da das giftige Cadmiumjodid Schwierigkeiten sowohl im Laboratorium, als auch bei der Entsorgung bereitete, wurde es von Herrn Priv.-Doz. Dr. KLAUS HAAS, Botanisches Institut der Universität Hohenheim, chemisch so umgestellt, daß als dichte Lösung eine solche aus Polywolframat verwandt wird. Die pollenanalytischen Kontrolluntersuchungen führte Herr Dr. WOLFGANG BLUDAU aus. Beiden, sowie den sehr umsichtig arbeitenden Technischen Assistentinnen, Frl. GABI EISELE und Frl. SUSANNE LINER, sei für ihre präzise und schnelle Arbeit sehr herzlich gedankt. Das Rezept der angewandten Methode findet sich im Anhang.

Das Bohren im Dauerfrost bereitete erhebliche Schwierigkeiten. Bei beiden Expeditionen wurden die eingesetzten „Russenbohrer" z.T. erheblich verdreht und beschädigt, so daß lange Reparaturzeiten in Kauf genommen werden mußten. 1992 sind daher auch wiederholt Bohrungen mit dem „Pürkhauer" Bohrstock durchgeführt worden. Auch in diesem Falle bereitete das Bodeneis erhebliche Schwierigkeiten, kostete es uns doch 7 Stiele von Vorschlaghämmern.

Verschiedentlich wurden Profile an Tagesaufschlüssen, auch aus dem Bodeneis, mit Meißeln herausgehämmert.

Aus Abb. 1 ist ersichtlich, daß die Bohrungen ein großes Gebiet Osttibets überdecken. Wie die bisherigen Untersuchungen gezeigt haben, ist die Pollenführung und -erhaltung

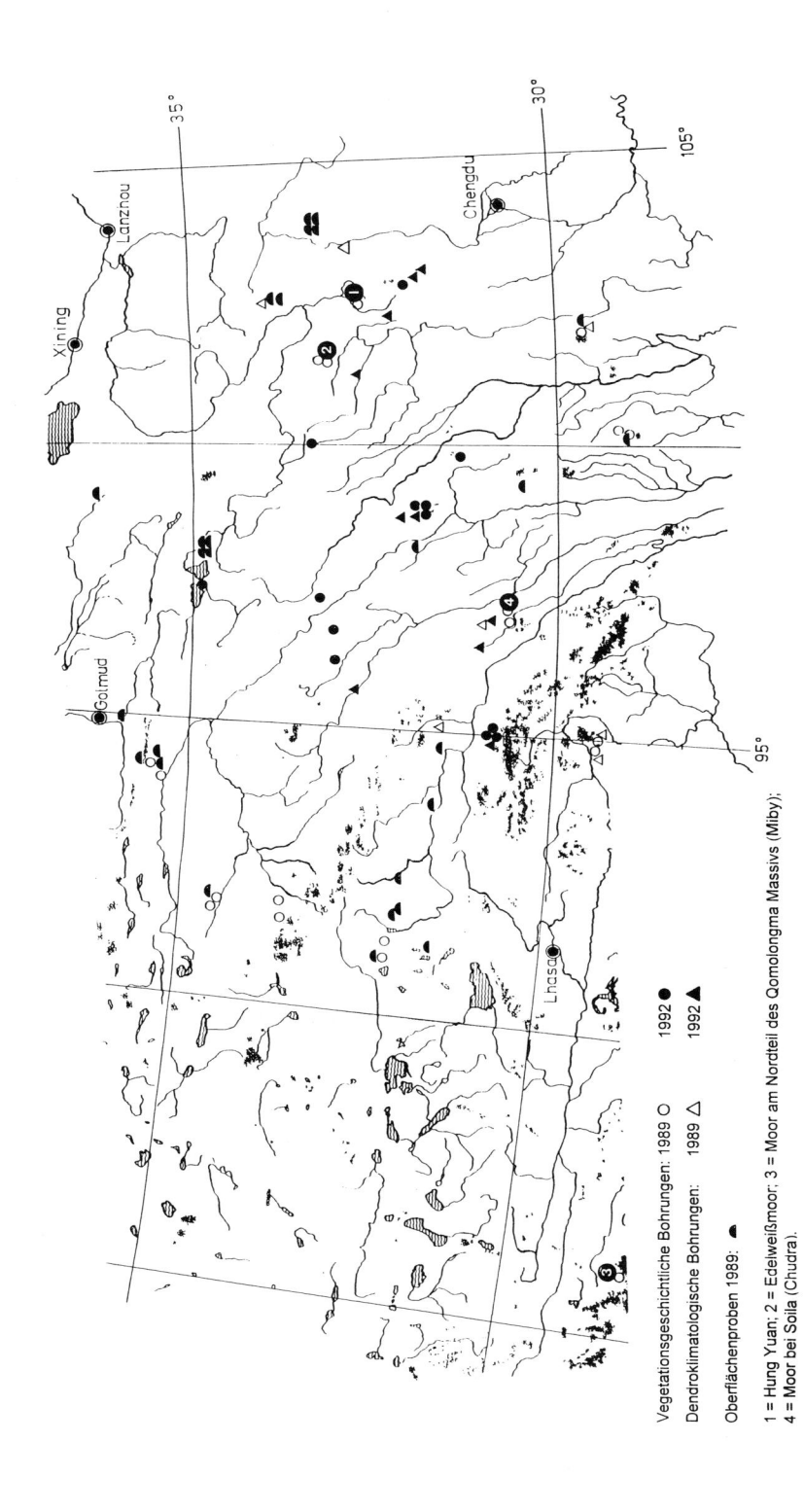

Vegetationsgeschichtliche Bohrungen: 1989 ○ 1992 ●
Dendroklimatologische Bohrungen: 1989 △ 1992 ▲
Oberflächenproben 1989: ◂

1 = Hung Yuan; 2 = Edelweißmoor; 3 = Moor am Nordteil des Qomolongma Massivs (Miby);
4 = Moor bei Soila (Chudra).

Abb. 1:
Lage der vegetationsgeschichtlichen und der dendroklimatologischen Bohrstellen der Expedition 1989 und 1992 in Osttibet und West-Sichuan.

vielfach – wenn auch nicht stets – gut bis sehr gut. Da die pollenanalytischen Untersuchungen noch laufen, soll im vorliegenden Fall bevorzugt nur über das Moor von Hung Yüan (Nr. 1 in Abb. 1) berichtet werden, das auch schon von THELAUS (1992) und von WANG MANHUA (1987) bearbeitet worden ist.

Ergebnisse

Dank der im Rahmen des Klimaforschungsprogramms der Bundesregierung durchgeführten ^{14}C-Datierungen basaler Torfe durch Herrn Professor Dr. MEBUS A. GEYH, Niedersächsisches Landesamt für Bodenforschung, wird deutlich, daß die meisten der bisher datierten Torflagerstätten zwischen etwa 9500 und 10 000 v.h. zu entstehen begonnen hatten. Lediglich ein Moor auf der Nordseite des Qomolangma-Massivs, das 1989 von Herrn Dr. MICHAEL GROSS, damals Botanisches Institut der Universität Hohenheim, im Rahmen einer von Herrn Professor Dr. MATTHIAS KUHLE geleiteten Expedition beprobt worden war, ergab ein etwas höheres Alter (vgl. Abb. 2). Die Daten decken sich gut mit denen, die von anderen Autoren festgestellt worden waren. So begann das Moor von Hung Yüan, Nordost-Tibet, nach THELAUS (1992), vor 9800 ± 90, bzw. 9700 ± 110, zu wachsen, nach WANG MANHUA (1987) aber vor mindestens 9530 ± 205 Jahren, nach unseren Befunden kurz vor 9535 ± 145 v.h.; BEUG (1987) gibt an, daß das Moor am Kakitu, Qilian Shan, gegen 9400 ± 185 v.h. zu wachsen begonnen hat und LI BING-YUAN et al. (1982) nennen als Beginn der ersten holozänen Moorbildungsphase etwa 10 000 v.h. (vgl. auch Tab. 1). Verständlicherweise gibt es Ausnahmen von diesen Daten, doch der früheste Beginn des Torfwachstums scheint sich im wesentlichen auf die Zeit zwischen etwa 9500 und 10 000 v.h. festlegen zu lassen. Dies besagt allerdings nicht, daß die zur Vermoorung führende Verbesserung des Wasserhaushaltes genau aus dieser Zeit datiert, da sicherlich nach Beendigung des extrem trocken-kalten Klimas der Letzten Eiszeit (FRENZEL et al., 1992) eine gewisse Zeit zunächst hat vergehen müssen, bis die Wassersättigung der Böden einer Vermoorung günstig gewesen ist. Dennoch lehrt die Gleichzeitigkeit der Ereignisse (vgl. auch Tab. 1), daß etwa um diese Zeit in Hochtibet eine drastische Verbesserung des Wasser- und Wärmehaushalts eingetreten sein muß.

Nachdem die Vermoorung – mindestens bei Hung Yüan – ausgelöst worden war, scheint sie kontinuierlich verlaufen zu sein. Dies erweisen die beiden Alters-Tiefendiagramme dieses Moores (Abb. 3). Erst gegen 5500 (THELAUS, 1992) oder 5150 v.h. (diese Arbeit) scheint eine Verzögerung des Wachstums an manchen Stellen des großen Moores eingetreten zu sein. Ob diese Verlangsamung stets gleichartig verlaufen ist, bleibt angesichts der doch noch zu geringen Datendichte unbekannt. Hierauf wird später zurückzukommen sein.

Das etwa 4500 km^2 große topogen-soligene Moor von Hung Yüan (= Hong Yuan) hat sich bei etwa 3500 bis 3600 m Höhe in einer weiten Mulde am Südwestrand des Beckens von Zoige (= Ruoergai) gebildet (32° 45' bis 34° 58' N, 101° 10' bis 103° 16' E). Die das Moor umgebenden, weich geformten Berge erreichen Höhen von ungefähr 3700 m (unteres Niveau) bis 3900 m (oberes Niveau). Dauerfrost und lange anhaltender jahreszeitlicher Frost haben ihre Spuren in der Landoberfläche hinterlassen, besonders auf den beiden erwähnten Gebirgsniveaus. Im Becken selbst treten Formen fossilen Dauerfrostes, wie Reste von Pingos, Thermokarstseen und fossile Kryoturbationen häufig auf. Die Jahresmitteltemperatur liegt in Hung Yüan bei +1,2 °C (Januarmittel –10,3 °C, Julimittel +10,9 °C). Die Jahresniederschlagssumme erreicht etwa 750 mm, bei einer potentiellen jährlichen Evaporation von ungefähr 1300 mm (THELAUS, 1992). Verschiedentlich treten im Gebiet einige Meter mächtige Lösse auf, z.T. untergliedert durch einen fossilen braunen Boden. Weiter im Norden werden die Flüsse, die das Becken durchziehen, von Dünen beglei-

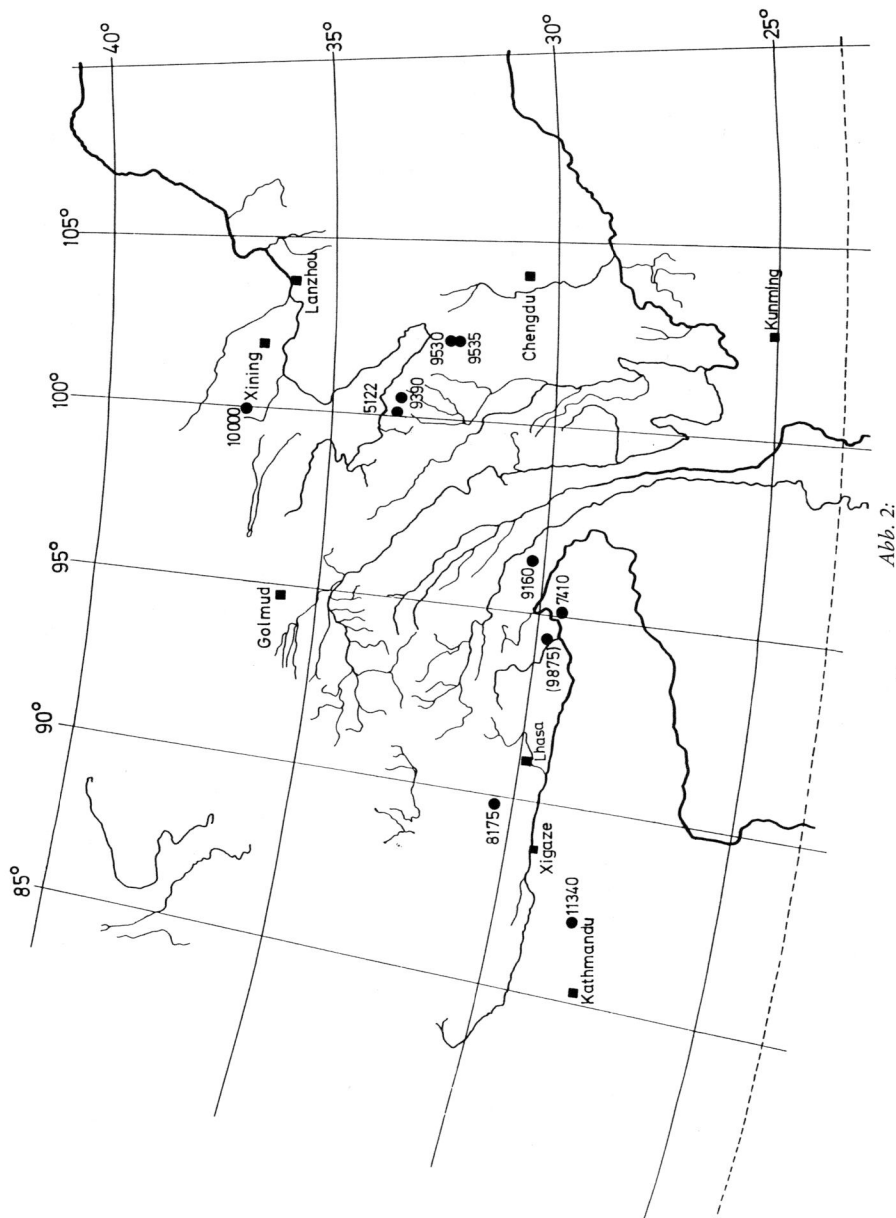

Abb. 2: Zeitraum des Beginns der Moorbildung (unkorrigierte ^{14}C-Daten) – Quellen: BEUG, 1987, KELTS et al., 1989; WANG FUBAO & FAN 1987; WANG MANHUA, 1987; THELAUS, 1992; eigene Daten

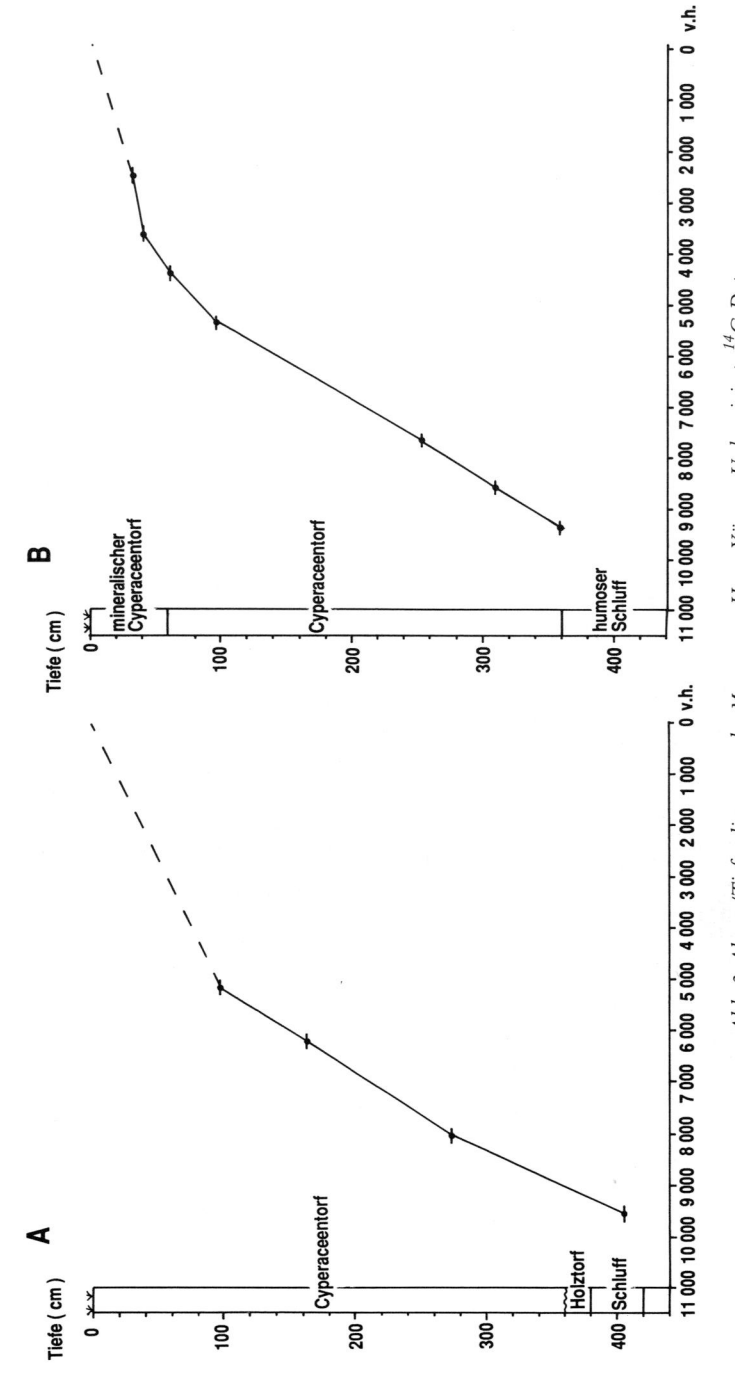

*Abb. 3: Alters-/Tiefendiagramm des Moores von Hung Yüan. – Unkorrigierte ^{14}C-Daten. –
A: Eigenes Material; B: aus THELAUS, 1992, umgezeichnet*

tet, deren Oberfläche heute oft vegetationslos ist, ein Ergebnis der starken Überweidung, besonders durch Yaks (THELAUS, 1992; ZHENG, 1994; dieser Band).

Das Becken liegt deutlich unterhalb der Waldgrenze, und Waldreste finden sich an verschiedenen Stellen noch gut bis auf 3900 m Höhe (Abb. 4). Sie werden heute gebildet vor allem aus *Picea purpurea* und *Abies faxoniana* (beide reichlich behangen mit ca. 30 cm langen Usneen), *Betula albo-sinensis*, *Sorbus kaufmanni*, mehreren Rhododendronarten, *Rosa omeiensis* und *Ribes glacialis*. Auf den Schotterfluren bei Hung Yüan begleiten Wälder aus *Hippophaë* sp. den Fluß. Wie weit *Sabina* sp. und *Quercus* sp. in den Wäldern heute noch zu finden sind, ließ sich 1989 und 1992 nicht ermitteln.

Abb. 4:
Fichten-Tannenwald mit reichem Rhododendron Unterwuchs bei etwa
3900 m Höhe, d.h. 400 m über dem Moor von Hung Yüan;
westnordwestlich von Hung Yüan gelegen

Die Moorvegetation wird vor allem gebildet von Cyperaceen, unter denen *Kobresia capillifolia*, *K. humilis*, *Carex muliensis* u.a. Carexarten, *Polygonum viviparum*, *Chamaesium paradoxum* und *Blysmus sino-compressus* wichtig sind (THELAUS, 1992; ZHENG, 1994). Weitere Elemente sind *Sanguisorba filiformis*, *Parnassia trinervis*, *Caltha scaposa*, das schöne *Cremanthodium brunneopilosum*, *Gentiana*- und *Saussurea*-Arten (vgl. auch THELAUS, 1992). Moose fehlen oder treten doch sehr stark in der Moorvegetation zurück.

Der von uns 1989 abgebohrte Moorteil befindet sich 3 km südwestlich des Ortes Hung Yüan, wo heute Torfe gestochen werden. Es liegt in der flachen Mulde eines kleinen Nebentales. Profilbeschreibung:

Bohrstelle 1, etwa 3490 m Höhe

0– 50 cm	mäßig zersetzter Cyperaceentorf
–100 cm	mäßig bis schwach zersetzter Cyperaceentorf
–380 cm	schwach zersetzer Cyperaceentorf mit einzelnen Bändern stärker zersetzten Torfes

Ende der Bohrung bei 380 cm Tiefe.

Bohrstelle 2, selbe Höhe über dem Meeresspiegel, ca. 30 m nördlich der Bohrstelle 1, in unmittelbarer Nähe eines tiefen Torfstiches.

180–330 cm	wie in Bohrung 1
330–346 cm	sehr wässriger, stark zersetzter Torf. Kleine Wurzeln; Hauptmasse bis zur Unkenntlichkeit zersetzt.
–363 cm	Holztorf; Grundmasse sehr stark zersetzt; feinsandig.
–380 cm	feingeschichteter, feinsandiger Schluff mit humosen Bändern, oben etwas eisenhaltig, oxydiert, darunter reduziert; sehr glimmerhaltig.
–387 cm	sandiger Torf, mäßig zersetzt.
–388 cm	humoser Schluff
–394 cm	geschichteter Schluff mit stark zersetztem humosem Material
–397 cm	schwach humoser Schluff
–425 cm	grauer Schluff, sehr glimmerhaltig.

Im Gegensatz zu den Beobachtungen bei THELAUS (1992) konnte nahe der Basis 20 cm Birken-Holztorf gefunden werden. Das Moor ist an der untersuchten Stelle aus vernäßten Hangschluffen hervorgegangen, wie schon THELAUS (1992) dargestellt hatte. Im Gegensatz zu dem genannten Autor hatten wir aber aus Zeitgründen kein Netz von Bohrprofilen durch das Moor legen können, sondern wir mußten uns auf zwei Bohrungen, die unmittelbar nebeneinander standen, an der offensichtlich tiefsten Stelle beschränken.

Das Pollenprofil, bearbeitet von Frau Dr. MARIA KNIPPING, Frl. Dr. CHRISTINE KORTFUNKE und von mir (Abb. 5), läßt sich in vier Diagrammabschnitte gliedern:

DA 1: 420 bis 398 cm Tiefe

Dieser Abschnitt ist nur in Schluff entwickelt. Er wird durch eine artenarme, aber individuenreiche Nichtbaumpollen-(NBP)-Flora charakterisiert (Baumpollenanteil – BP – nur etwa 10% der Gesamtsumme). Unter dem NBP sind verschiedene Ranunculaceae, Cyperaceae und Varia wichtig; *Artemisia*, Chenopodiaceae und Caryophyllaceae waren stattdessen äußerst bedeutungslos oder fehlten ganz. Unter dem Baumpollen haben die Cupressaceae (*Juniperus/Sabina*) und *Hippophaë* mindestens zeitweise eine gewisse Bedeutung. Der Pollen thermophiler Holzarten, wie der von *Picea*, *Abies*, *Quercus*, *Corylus*, *Pterocarya* und des *Castanopsis*-Typs dürfte entweder von Ferne herangeweht

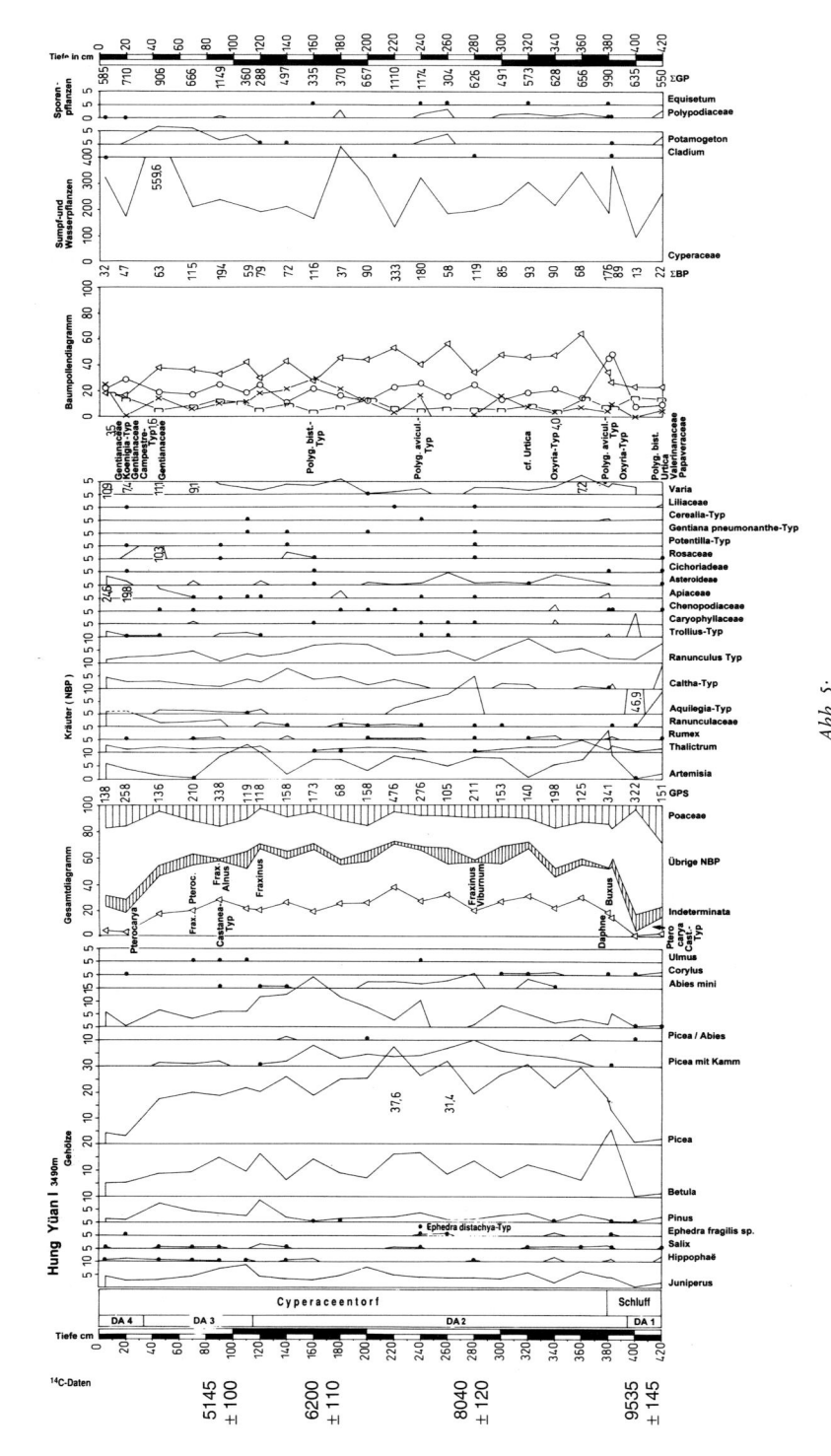

Abb. 5:
Pollendiagramm des Moores von Hung Yüan, 3490 m über dem Meeresspiegel, Südteil des Beckens von Zoige, nordwestliches Sichuan-DA: Diagrammabschnitt; GPS: gesamte Pollensumme, ohne Sumpf- und Wasserpflanzen; Σ BP: Baumpollensumme; Σ GP: Summe aller Sporomorphen.

worden sein, oder aus älteren, wohl interglazialen Sedimenten, stammen. Für Umlagerung spricht, daß der Anteil des BP, einschließlich des Pollens der Thermophilen, von unten nach oben abnimmt. Zum Ende dieses DA sollte aber vermutet werden, daß die Intensität des Sommermonsuns (SIROCKO et al., 1993) zugenommen habe. Dies müßte eine Verstärkung des Pollenferntransportes nach sich gezogen haben. Wenn daher trotzdem der Baum- und der Thermophilenpollen nach oben innerhalb dieses DA abnimmt, dann spricht dies eher für Umlagerung aus älteren, wohl interglazialen Sedimenten. In diesem Falle kann das geologische Geschehen während der Letzten Eiszeit hier nicht sehr wirksam gewesen sein (vgl. FRENZEL & LIU, 1994). Obergrenze des DA: Beginn des Steilanstieges des BP.

DA 2: 398 bis 115 cm Tiefe

Nur die untersten 8 bis 10 cm dieses DA sind noch in Schluff ausgebildet, sonst herrscht Torf vor, der in den unteren 20 cm reich an Birkenholz ist. Im übrigen handelt es sich um Cyperaceentorf. Die Untergrenze des DA 2 hat ein Alter von 9535 ± 145 v.h.; die Obergrenze liegt kurz vor 5200 v.h. Das Torfwachstum war offenbar sehr gleichmäßig erfolgt (Abb. 3). Noch im Schluff wird der DA 2 eingeleitet von einer normalen Einwanderungsfolge der Holzarten: Auf Maxima der Pollenkurven von *Juniperus* und *Salix* folgt der erste Gipfel der *Betula*-Kurve, dann derjenige der *Picea*-Kurve. Dies ist wichtig, weil damit deutlich wird, daß das plötzliche Einsetzen der hohen BP-Werte nicht sedimentbedingt ist, sondern aus einer natürlichen Einwanderungsfolge der Holzarten hervorgegangen ist.

Der DA 2 wird im übrigen durch nahezu stets recht hohe BP-Werte von ungefähr 60% ausgezeichnet, in denen *Picea* klar vorherrscht, ab – geschätzt – etwa 6750 v.h. auch mit höheren *Abies*-Anteilen. Neben diesen beiden Holzarten kommt noch *Betula* und der „*Juniperus*"-Kurve eine gewisse Bedeutung zu. Alle anderen Holzarten sind nur in Spuren oder recht sporadisch vertreten. Es fällt allerdings auf, daß die geschlossene Kurve von *Hippophaë* gegen 6200 v.h. beginnt. *Hippophaë* bildet in Tibet flußbegleitende Wälder, meistens im Überschwemmungsbereich oder doch auf den tiefsten Terrassen, wo noch keine stärkeren Konkurrenten haben Fuß fassen können (Abb. 6). Man wird hieraus entnehmen dürfen, daß der Fluß bei Hung Yüan ab dieser Zeit breite Schotterfluren geschaffen hatte. Es mag sein, daß er sich vorher noch in die älteren Terrassen eingeschnitten hatte.

Die *Juniperus*kurve weist bei etwa 200 cm Tiefe ein deutliches Maximum auf. Es fällt zusammen mit einem Minimum der *Betula*kurve und einem merklichen Rückgang der *Picea*-Werte, bei Zunahme der NBP- und Gramineenwerte und einer Ausbreitung der Chenopodiaceen. Erst etwas später scheint sich der Wald wieder regeneriert zu haben. In Europa würde man ein derartiges Verhalten der beteiligten Pollenkurven auf eine Landnahme-Phase zurückführen. Es wird daher zu diskutieren sein, ob dies auch im vorliegenden Falle zutreffen kann.

Der DA 2 beginnt mit ungewöhnlich hohen Cyperaceen- und *Potamogeton*werten. Wie erinnerlich, befindet sich das Gebiet heute im Bereich des sporadischen Dauerfrostes, bzw. der sehr intensiven jahreszeitlichen Gefrornis. Die durch die beiden Kurvenläufe angezeigte Vernässung mag mit dem Auftauen des vorher beherrschenden Dauerfrostes zusammenhängen, dessen Areal während der Letzten Eiszeit vermutlich sehr viel größer gewesen ist als heute (Abb. 7; SHI YAFENG et al., 1993; PU, 1991).

Obergrenze des DA 2 in 108 cm Tiefe bei dem steilen Anstieg der „*Juniperus*"-Kurve, dem schnellen Abfall der *Picea*- und der *Abies*kurve, einem generellen ersten, anhaltenden Rückgang in der Bedeutung des BP und einer neuerlichen Ausbreitung von *Potamogeton*.

Abb. 6:
Hippophaë sp.-Bestand, wenige Kilometer westlich von Riwogê (31° 14'N, 96° 43'E) als Beispiel flußbegleitender Sanddornwälder des Tibetischen Plateaus. Etwa 4000 m Höhe

DA 3: 115 bis 35 cm Tiefe

Der BP geht bei besonders zum Schluß hin abfallender Tendenz auf ungefähr 40 bis 50% zurück. Kräuter, Cyperaceen und *Potamogeton* breiten sich aus, obwohl die Torfwachstumsgeschwindigkeit zurückgeht (Abb. 3). Lichtholztaxa, wie „*Juniperus*" und *Pinus* nehmen ebenso an Bedeutung zu, wie Pollen von *Quercus, Ulmus, Fraxinus,* bei vereinzeltem Vorkommen des Pollens von *Corylus* und *Pterocarya. Artemisia* breitet sich gleich zu Anfang für einige Zeit aus. Es ist kaum anzunehmen, daß sich die erwähnten thermophilen Laubholztaxa in der Nähe des Moores befunden haben. Hierzu sind ihre Pollenkurven viel zu unbedeutend. Sie scheinen einen verstärkten Ferntransport aus südlicheren Regionen anzuzeigen, ohne daß sich Hinweise auf eine zunehmende Kälte oder Trockenheit finden ließen, zumal dann, wenn an die eben erwähnten, dicht mit Usneen behangenen Fichten-Tannenwälder weiter im NW, bei ungefähr 3900 m Höhe gedacht wird. Die reichlich auftretenden Pollenkörner von Cyperaceen und von *Potamogeton* verweisen stattdessen auf eine hohe Feuchte im Substrat. Gleichzeitig verschob sich in den Coniferenwäldern das Gleichgewicht zugunsten der Fichte. Die schwer zu deutenden Ursachen für diese Veränderungen werden später zu diskutieren sein.

Obergrenze des DA 3 in 35 cm Tiefe beim steilen Abfall der BP-Kurve auf nur noch etwa 20%, verbunden mit einem starken Rückgang der *Pinus-* und der *Picea*-Kurve.

DA 4: 35 bis 0 cm Tiefe

BP, wie erwähnt, um 20% bei relativ hohen Werten von „*Juniperus*" und von *Betula*. Auch *Hippophaë* wird bedeutungsvoller. Alle anderen Baumarten sind nur noch sehr gering vertreten. Der als Fernflugpollen gedeutete Anteil von *Quercus, Corylus* und

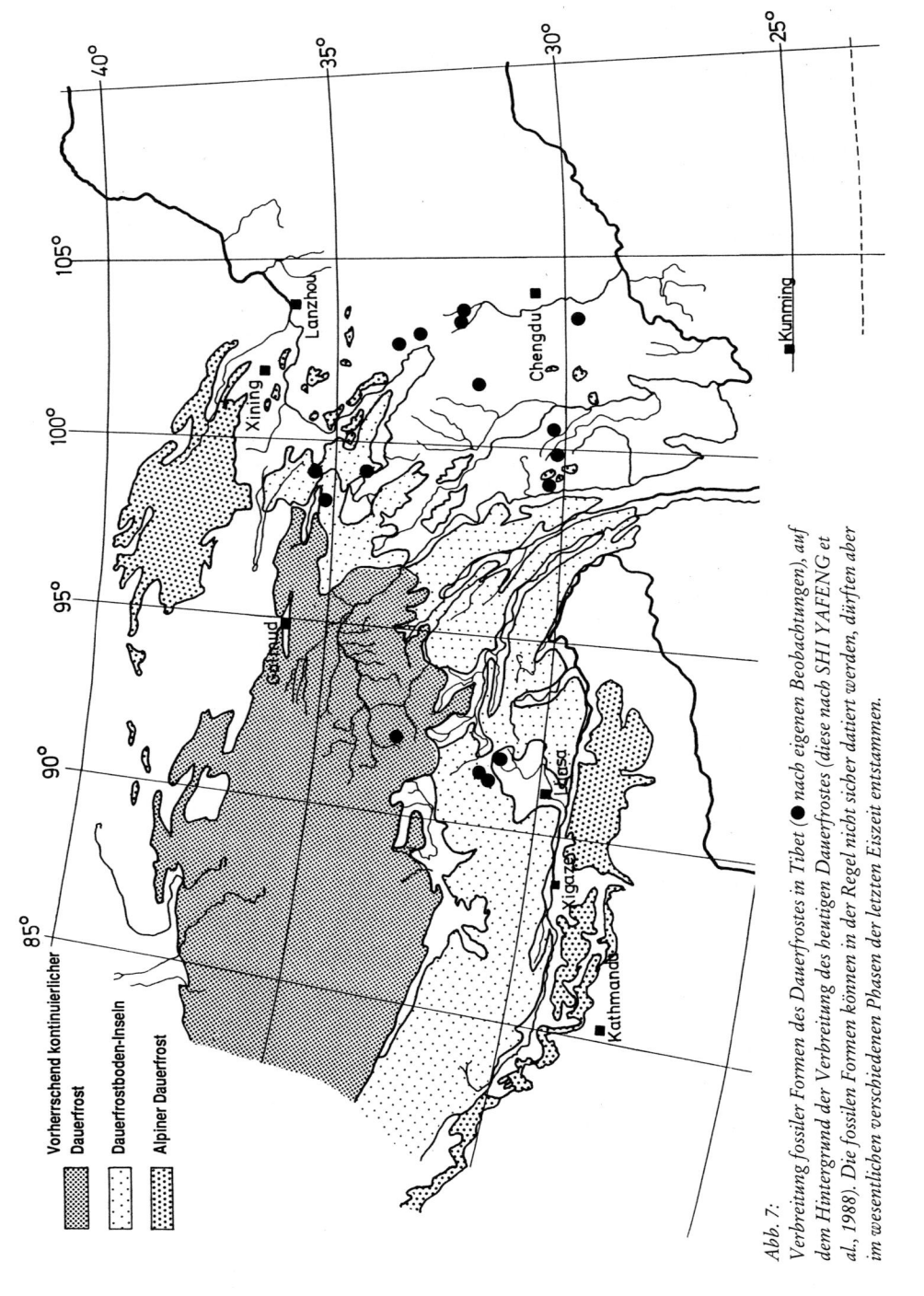

Abb. 7:
Verbreitung fossiler Formen des Dauerfrostes in Tibet (● nach eigenen Beobachtungen), auf dem Hintergrund der Verbreitung des heutigen Dauerfrostes (diese nach SHI YAFENG et al., 1988). Die fossilen Formen können in der Regel nicht sicher datiert werden, dürften aber im wesentlichen verschiedenen Phasen der letzten Eiszeit entstammen.

Pterocarya erreicht relativ hohe Werte. Im NBP beherrscht ein sehr verschiedenartiger Kräuterpollen das Bild.

Die wesentlichen Züge des dargestellten Diagramms entsprechen denjenigen der von THELAUS (1992) und von WANG MANHUA (1987) untersuchten Profile von Huang Yüan (Tab. 2). Die unterschiedliche Zahl der Diagrammabschnitte spielt hierbei keine Rolle.

Wie bereits erwähnt, sind die Daten für den Beginn der Torfbildung in allen drei genannten Arbeiten, einschließlich der vorliegenden, nahezu identisch. Dies scheint nicht mehr für das Ende des hier vorgestellten DA 2 zu gelten. Allerdings bereitet in diesem Falle die Präzision der Datierung einige Schwierigkeiten, da wiederholt extrapoliert werden muß. Dies führt insofern zu Ungenauigkeiten, als, wie schon dargestellt worden war, der obere Teil des Moores von Huang Yüan bedeutend langsamer gewachsen ist, als der untere.

Es scheint, daß bei der eigenen Untersuchung die Grenze der DA 2 und 3 bei etwa 5200 bis 5300 v.h. gelegen war. Bei THELAUS (1992) dürfte derselbe Diagrammabschnitt um 4000 v.h. eingetreten sein, bei WANG MANHUA (1987) aber um etwa 3250 v.h.

Der zweite, jetzt aber entscheidende Rückgang des Baumpollens, also der Übergang des DA 3 in den DA 4, vollzog sich bei den eigenen Untersuchungen um ungefähr 2100 v.h., in der Arbeit von THELAUS scheint er sich etwa gleichzeitig, bei ca. 2500 v.h., ereignet zu haben. Aus der Arbeit von WANG MANHUA lassen sich hierzu keine nähere Angaben machen. Allerdings ergeben sich aus der zuletzt erwähnten Untersuchung für zwei weitere Moore die folgenden geschätzten Daten. Im Moor bei Nianbaoyeze (3500 m) hatte sich ein drastischer Rückgang des Waldes um etwa 3500 bis 3000 v.h. ereignet, im Moor bei Luqu, 11 km nördlich des Xiqing Shan (3540 m), vollzog sich aber ein erster Rückzug des Waldes (vermutlich Ferntransport des BP) gegen 6200 v.h., ein zweiter, drastischer aber um 1700 v.h. Dieses letzte Datum paßt einigermaßen zu den für das Moor von Hung Yüan mitgeteilten Werten, falls die Ungenauigkeit der Berechnungen berücksichtigt wird.

Aus den 1989 erbohrten Mooren sind provisorisch von mir auch diejenigen des „Edelweißmoores" bei Jizhi (Nr. 2 in Abb. 1), des Moores am Nordabfall des Qomolangma-Massivs (Nr. 3 in Abb. 1) und das westnordwestlich von Chudra gelegene (Nr. 4 in Abb. 1) untersucht worden. Auch sie weisen die entscheidende Dreiteilung der Vegetationsabfolge (vom Ältesten zum Jüngsten) auf: offene, waldfreie Steppenvegetation – Annäherung des Waldlandes – offene, waldfreie oder waldarme Steppenvegetation. Es gelang allerdings noch nicht, die Grenzen dieser drei Phasen in den erwähnten Gebieten zu datieren. Immerhin ist wichtig, daß dasselbe Prinzip auch von WANG FUBAO & FAN (1987) an weiteren Stellen Tibets gefunden wurde. Hierauf wird in der Diskussion zurückzukommen sein.

Diskussion

Wie bereits erwähnt, sind bisher die holozänen vegetationsgeschichtlichen Veränderungen in Hochtibet, im Pamir-Alai und Tien Schan im wesentlichen klimatisch gedeutet worden. Lediglich THELAUS (1992) erblickte im deutlichen Rückgang des Baumpollens während des zweiten Teils des Holozäns im Gebiet von Hung Yüan den Einfluß des Menschen, bzw. der intensiven Beweidung, vermutlich durch Yakherden. Dies war auch schon von mir geäußert worden (FRENZEL, 1990 und Vortrag bei der XIII. INQUA-Tagung in Beijing, 1991). Es wird im Folgenden zu prüfen sein, welcher Einfluß diesen beiden Faktoren zukommen mag.

Tab. 1 (Beilage) unterrichtet über wichtige Befunde.

FRENZEL, diese Arbeit	THELAUS (1992)	WANG MANHUA (1987)
DA4 Steppenzeit; Zunahme der Bedeutung von Juniperus und Hippophae; viele thermo- und hygrophile Fernflugpollen	LPAZ HI-6 Steppenzeit; viele Gramineen und Pflanzen des beweideten Landes	Steppenzeit; Thermophile als Fernflugpollen
um 2100 v.h.	um 2500 v.h.	Alter unklar
DA3 Rückzug des Waldes, Zunahme von Juniperus und Pinus	LPAZ HI-5 Rückzug des Waldes	Rückzug des Waldes
	um 4000 v.h.	ab gegen 4000 v.h.
	LPAZ HI-4 Optimum des Fichtenwaldes	Waldsteppe, besonders Pinus und Abies
kurz vor 5200 v.h.		ca. 6000 v.h.
DA2 Waldsteppenzeit; viel Picea, dazu Betula und Abies, mäßig Juniperus; zum oberen Teil hin Maximum der Tanne, von vermutlich 6750 v.h. an Zunahme in der Bedeutung von Abies	LPAZ HI-3 Waldsteppe mit viel Picea	Subalpine Wiesen und Fichten-Tannen-Kiefernwälder
	LPAZ HI-2 Einwanderung des Waldes	
	gegen 9000 v.h.	
um 9500 v.h.	LPAZ HI-1 offene Vegetation; vereinzelte Kälteresistente Holzarten	um 9500 v.h.
DA1 Kältesteppenzeit		Cyperaceenvegetation und Steppen

Tabelle 2

Vegetationsgeschichte Osttibets: Ergebnisse verschiedener Autoren

Es wird aus Tab. 1 schnell deutlich, daß sich im Indischen Ozean und im Arabischen Meer der Übergang vom letzteiszeitlichen Regime der atmosphärischen Zirkulation zu dem holozänen ab etwa 12 300 bis 13 000 v.h. vollzogen hatte (van CAMPO, 1986; van CAMPO et al., 1982; SIROCKO et al., 1993). Etwas später wurde dieser Wandel auf dem tibetischen Plateau fühlbar (Tab. 1), sicher aber ab 10 000 v.h. sind die Folgen der mit der Erwärmung einhergehenden starken Feuchtezunahme außerordentlich deutlich. Dies paßt gut in das Bild des nahezu gleichzeitigen Beginns des Torfwachstums an vielen Stellen Tibets.

Die Klimagliederung des Holozäns bereitet aber regionale und generelle Schwierigkeiten. Unzweifelhaft ist, daß der erste, größere Teil des Holozäns viele Hinweise auf ein gegenüber heute wärmeres und feuchteres Klima gebracht hatte. Eine allgemein gültige feinere Gliederung der Klimageschichte läßt sich aber offenbar aus den Fakten kaum ableiten (Tab. 1). Diese Zeit eines wärmeren und feuchteren Klimas scheint bis etwa 5000, stellenweise auch bis 2500 v.h. gedauert zu haben (so auch SHI YAFENG et al., 1993). Ab dieser Übergangszeit begann eine Phase häufig wechselnder klimatischer Bedingungen. Ähnliches ergibt auch eine Analyse der bisherigen Daten über holozäne Gletscherschwankungen in Hochtibet (Abb. 8). Dies ist ein generell faßbares Bild auf der Nordhalbkugel (FRENZEL et al., 1993). Offenbar hat man es mit zwei Phasen der holozänen Klimageschichte zu tun, einer anfänglichen der relativ langsamen, weitgespannten Klimaschwankungen und, ab etwa 5000 v.h. (unkorrigierte ^{14}C-Daten), einer Zeit höherer Unruhe des Klimasystems bei generell etwas abnehmenden Temperaturen. SHI YAFENG et al. (1993) entnahmen den ihnen zur Verfügung stehenden Beobachtungen, daß die Jahresmitteltemperaturen in Hochtibet seit der postglazialen Wärmezeit um etwa 4 bis 5° C zurückgegangen seien. Das läßt sich aus anderen Arbeiten so nicht erschließen (Tab. 1), und vielleicht sind auch manche Befunde etwas überbewertet worden, wie etwa der Fund des Holzes von *Picea purpurea* im Becken des Qinghai Hu (6245 ± 180 v.h.), da Fichtenbestände noch heute im Qilian Shan unterhalb von 3500 m Höhe vorkommen (HUANG RONGFU, 1987). Auch die ehemalige Verbreitung mancher südlicher Pflanzen- und Tiertaxa in Tieflands-China kann kritisch bewertet werden, denn es ist schwer überschaubar, wie stark der Mensch im Tiefland bereits seit früher Zeit seine Umgebung beeinflußt hat. Hierauf weisen SHI YAFENG et al. (1993) selbst ausdrücklich hin. Mir scheint, daß der Rückgang der Temperaturen seit dem postglazialen Klimaoptimum auch auf dem tibetischen Plateau kaum wesentlich mehr als 1,5 bis 2,0° C betragen hat, bei recht starken Oszillationen, die aber doch nur recht unbedeutende Gletschervorstöße gebracht hatten.

Angesichts dieser Sachlage werden die Veränderungen im Pollendiagramm von Hung Yüan (Abb. 5) erneut interessant. Wie erinnerlich, befindet sich das Vorkommen noch weit unterhalb der alpinen Waldgrenze, noch heute umgeben von mehreren Waldgebieten, deren Fichten und Tannen z.T. dicht mit Usneen behangen sind. Wie schon THELAUS (1992) hervorgehoben hatte, schließt dieser Sachverhalt aus, daß eine starke Klimaverschlechterung seit dem holozänen Klimaoptimum eingetreten ist, die einen derartigen Rückzug des Waldlandes und eine Ausbreitung der Steppenvegetation verursacht habe. Es kommt hinzu, daß dieser Rückgang der BP-Werte offenbar verknüpft war mit einer Feuchtezunahme der entsprechenden Kleinlandschaft und mit einem verstärkten Ferntransport des Pollens anspruchsvoller Arten aus viel weiter im Süden gelegenen Gebieten, also mit einem kräftig wehenden Sommermonsun. Der Verdacht liegt sehr nahe, daß die erwähnten deutlichen Änderungen in der Vegetationsdecke der weiteren Umgebung des Moores von Hung Yüan mit dem menschlichen Eingriff verknüpft waren: Sie weisen in keine klimatisch eindeutige Richtung; es fehlen jegliche Befunde, die überhaupt auf verantwortliche Klimaschwankungen schließen lassen, so daß der menschliche Faktor wesen*tlich deutlicher wird. Dies gilt möglicherweise auch für den Gipfel in der* Juniperuskurve des Moores von Hung Yüan bei 200 cm Tiefe (vgl. oben).

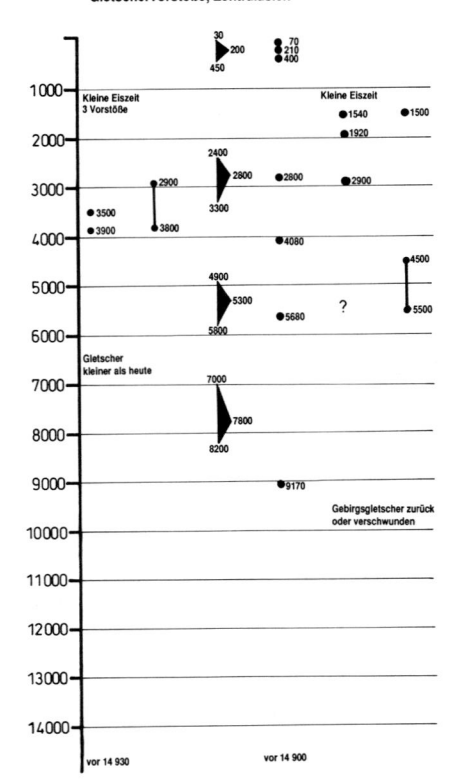

Abb. 8:
Zeiten bisher festgestellter Gletschervorstöße in Zentralasien (Literatur in Tab. 1). Längere Vorstoßzeiten sind durch vertikale Striche gekennzeichnet. Vorstoßphasen mit Kulmination zu einer bestimmten Zeit durch Dreiecke, mit Altersangabe des Maximums.

Wie HUANG WEIWEN (1994) dargestellt hat, geht der Nachweis menschlicher Tätigkeit auf dem tibetischen Plateau schon sehr weit zurück. Hierauf weisen auch WANG FUBAO & FAN (1987), sowie SHI YAFENG et al. (1993) nachdrücklich hin. Gegen 4800 v.h. (unkorrigierte ^{14}C-Jahre) wurde etwas südlich von Qamdo am Mekong, bei etwa 3700 m Höhe, intensiver Ackerbau auf Hirse betrieben, und neolithische Funde lassen sich auch vom Siling Co und dem Quellgebiet des Hoang Ho nennen. In diesem Zusammenhang ist darauf zu verweisen, daß zwar der starke Rückgang des BP-Eintrages bei Hung Yüan und bei Luqu auf eine ungefähr gleiche Zeit fällt, nämlich auf etwa 2000 v.h., daß aber der erste Rückgang des BP-Anteiles in Hung Yüan zwischen etwa 5300 und 4000 v.h. erfolgt ist. Der sehr viel frühere Rückgang des sicher aus der Ferne herantransportierten BP bei Luqu (geschätzt um 6200 v.h., nach den Befunden von WANG MANHUA, 1987) mag aber klimatische Ursachen haben.

Sollte diese Vorstellung zutreffen (vgl. auch THELAUS, 1992), dann folgt hieraus allerdings, daß der menschliche Einfluß auch auf dem tibetischen Plateau schon sehr weit in die Vergangenheit zurückreicht, weiter, als man der selbst heute doch nur recht spärlichen Bevölkerungsdichte zutrauen möchte. Aber die 1989, besonders jedoch 1992 gemachten Routenaufzeichnungen über das Ausmaß der heutigen Bewaldung im potentiellen Waldland (Abb. 9) lehren mit aller Eindringlichkeit, wie stark dieser direkte oder indirekte menschliche Einfluß sein kann, selbst dann, falls die Bevölkerungsdichte nicht groß ist. Hierbei wurde so vorgegangen, daß nach dem heutigen Vorkommen des Gehölzwuchses und der auf ehemalige Gehölze verweisenden Strauchvegetation das potentielle Waldland

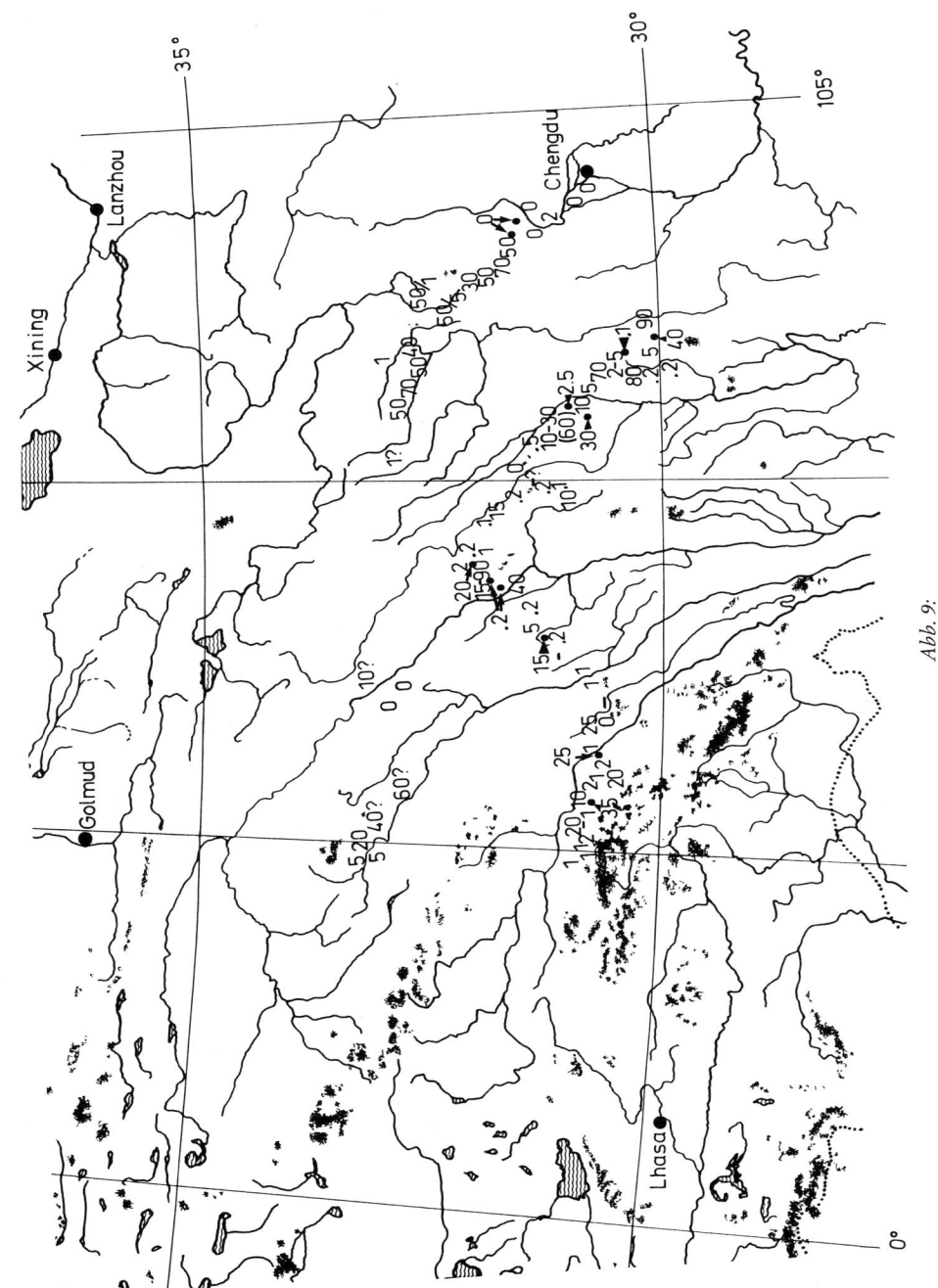

Abb. 9: Heutige Bewaldung Osttibets und West-Sichuans, in Prozent der vermutlich natürlich möglichen (vgl. Text). – Routenaufnahmen der Expedition 1992.

erschlossen wurde und in ihm dann die gegenwärtig tatsächlich nachweisbare Bewaldung oder das Vorkommen der Gehölze geschätzt wurde. Diese Befunde decken sich mit Bodenuntersuchungen, die 1992 von Frl. Dr. GLIEMEROTH durchgeführt worden waren, da in den bereisten Landschaften an den beprobten Stellen unter der heutigen Steppenvegetation häufig Waldböden angetroffen wurden. Sicher läßt sich aus diesen Beobachtungen nicht der Zeitpunkt der Waldzerstörung ableiten. Er mag recht unterschiedlich gewesen sein und oft erst aus der jüngsten Vergangenheit datieren. Dennoch waren viele Standorte sehr weit von Straßen entfernt, wiesen aber trotzdem diese sekundäre Waldarmut auf, so daß auch der starken früheren Holznutzung eine erhebliche Bedeutung beigemessen werden muß.

Dank

Herzlicher Dank gebührt Herrn Dr. Liu Shijan, der während zweier Aufenthalte in Deutschland, die von der Max-Plank-Gesellschaft zur Förderung der Wissenschaften großzügig finanziert worden waren, u.a. der Übersetzung vieler chinesischer Texte in das Englische übernommen hat. Ohne diese Hilfe wären uns viele wichtige chinesische Beobachtungen und Darstellungen verschlossen geblieben.

Literatur

AN ZHISHENG; KUKLA, G.J.; PORTER, ST.C. and XIAO, JULE (1991): Magnetic susceptibility evidence of monsoon variation on the loess plateau of Central China during the last 130'000 years. – Quatern.Res., 36, 29–36.

BEUG, H.J. (1987): Palynological studies on a peat layer in Kakitu Mountain, Northeastern Qinghai-Xizang Plateau. In: Hövermann, J. and Wang Wenyin (eds.): Reports on the Northeastern Part of the Qinghai-Xizang (Tibet) Plateau by Sino-W.German Scientific Expedition, 494–510; Science Press, Beijing.

BORTENSCHLAGER, S., und PATZELT, G. (1978): Das Pollendiagramm vom Kol-e Ptukh (3272 m) im östlichen Wakhan. In: Senarclens de Grancy, R., und Kostka, R. (Herausg.): Großer Pamir. Österreichisches Forschungsunternehmen 1975 in den Wakhan – Pamir/Afghanistan. 193–200; Akad. Druck- und Verlagsanstalt Graz.

CAMPO, E. van (1986): Monsoon fluctuations in two 20 000 yr B.P. oxygen-isotope/pollen records off Southwest India. Quaternary Research, 26, 376–388.

CAMPO, E. van and GASSE, F. (1993): Pollen- and diatom-inferred climatic and hydrological changes in Sumxi Co Basin (Western Tibet) since 13 000 yr. B.P. Quatern. Res., 39, 300–313.

CAMPO, E. van; DUPLESSY, J.C. and ROSSIGNOL-STRICK, M. (1982): Climatic conditions deduced from a 150-Kyr oxygen isotope-pollen record from the Arabian Sea. Nature, 296, 56–59.

CUI ZHIJIU and SONG CHANGQING (1991): Holocene periglacial process in Daqing Mountain, Inner Mongolia, China. Abstracts XIII. INQUA-Congress, Beijing, p. 70.

DAI XÜERONG and ZHANG LINYUN (1991): The loess-palaeosol sequences and environmental changes since late-pleistocene in Longxi area, China. Abstracts XIII. INQUA-Congress, Beijing, p. 70.

FANG, JIN QI (1991): Lake evolution during the past 30 000 years in China, and its implications for environmental changes. Quatern. Res., 36, p. 37–60.

FONTES, J.Ch.; MÉLIÈRES, F.; GIBERT, E.; LIU QING and GASSE, F. (1994): Stable isotope and radiocarbon balances of two Tibetan lakes (Sumxi Co, Longmu Co) from 13 000 yr. B.P. Preprint.

FRENZEL, B. (1964): Zur Pollenanalyse von Lössen. Untersuchungen der Lößprofile von Oberfellabrunn und Stillfried (Niederösterreich). Eiszeitalter und Gegenwart, 15, 5–39.

FRENZEL, B. (1990): Forschungen zur Geographie und Geschichte des Eiszeitalters (Pleistozän) und der Nacheiszeit (Holozän). Jahrbuch der Akademie der Wissenschaften und der Literatur, 1990, 149–154.

FRENZEL, B. und LIU SHIJIAN (1994): Rasterelektronenmikroskopische Untersuchungen zur Genese jungquartärer Sedimente auf dem Tibetischen Plateau. Göttinger Geogr. Abhandl., 95, 167–183.

FRENZEL, B.; MATTHEWS, J.A. and GLÄSER, B. (1993): Solifluction and climatic variation in the Holocene. Paläoklimaforschung-Palaeoclimate Research, 11, 387 p., Gustav Fischer Verlag, Stuttgart.

FRENZEL, B.; PÉCSI, M.; VELICHKO, A.A. (1992): Atlas of Paleoclimates and Paleoenvironments of the Northern-Hemisphere; Late Pleistocene-Holocene. Geographical Research Institute, Hungarian Academy of Sciences, Budapest, Gustav Fischer Verlag, Stuttgart-Jena-New York, 153 p.

GU ZHAOYAN, LIU TUNGSHENG, LIU JIAQI and YÜAN BAOYIN (1991): The lake-level fluctuation of the Siling Co in Tibet during the last 12 000 years and its implication of the paleomonsoon change. Abstracts XIII. INQUA-Congress, Beijing, p. 121.

HUANG RONG FU (1987): Vegetation of the Periglacial Zone in the Northeastern Part of the Qinghai-Xizang Plateau. In: HÖVERMANN, J. and WANG WENYING (eds.): Report on the Northeastern Part of the Qinghai-Xizang (Tibet) Plateau. Science Press, Beijing, 438–495.

HUANG WEIWEN (1994): The prehistoric human occupation in the Qinghai-Xizang (Tibet) Plateau. Göttinger Geogr. Abhandl., 95, 201–219.

JARVIS, D.J. (1993): Pollen evidence of changing holocene monsoon climate in Sichuan Province, China. Quatern. Res., 39, 325–337.

KASHIWAYA, K.; YASAKAWA, K.; MASUZAWA, T.; YUAN BAOYING; LIU JIAQI; GU ZHAOYAN; CONG SHAOGUANG (1991): Paleohydrological process of Siling Co (Lake) in Qing-Zang (Tibetan) Plateau based on the physical properties of its bottom sediments. Abstracts XIII. INQUA-Congress, Beijing, p. 160.

KELTS, K., CHEN KEZAO; LISTER, G.; YU YUNQING; GAO ZHANGHONG; NIESSEN, F. and BONANI, G. (1989): Geological fingerprints of climate history: a cooperative study of Qinghai Lake, China. Eclogae geol. helvet., 82/1, 167–182.

LI BING-YUAN, YANG YI-CHOU, ZHANG QING-SONG (1982): On the environmental evolution of Xizang (Tibet) in Holocene. Quaternary Geology and Environment of China. 173–177, China Ocean Press.

LI BINGYUAN, ZHANG QINGSONG, WANG FUBAO, GASSE, F.; FORT, M. (1991): Lake evolution of West-Kunlun-Karakorum Mountains. Abstracts XIII. INQUA-Congress, Beijing, p. 192.

LI JIJUN, WEN SHIXUAN, ZHANG QINGSONG, WANG FUBAO, ZHENG BENXING and LI BINGYUAN (1979): A discussion on the period, amplitude and type of the uplift of the Qinghai-Xizang Plateau. Scientia Sinica, 22, Nr. 11, 1314–1328.

LI SHIJIE, ZHENG BENXING and JIAO DEQIN (1989): Preliminary research on lacustrine deposits and lake evolution on the southern slope of the West Kunlun Mountains. Bull. of Glacier Research, 7, 169–176.

LIU TUNGSHENG, GU ZHAOYAN, LIU JIAQI, YÜAN BAOYIN, LIU ROUGMA and LIU YÜ (1991): Environmental changes in the Siling Co of Xizang (Tibet), China, in the last 12 000 years. Abstracts XIII. INQUA-Congress, Beijing, p. 212.

MIEHE, G. (1990): Langtang Himal. Flora und Vegetation als Klimazeiger und -zeugen in Himalaya. A Prodromus of the Vegetation Ecology of the Himalayas. Dissertationes Botanicae, 158, 529 S.

NIKONOV, A.A.; PACHOMOV, M.M.; ROMANOVA, E.A.; SULERŽICKIJ, L.D. (1989): Klimatičeskij optimum golocena v gorach Pamiro-Alaj. Das holozäne Klimaoptimum in den Bergen des Pamir-Alais. Paleoklimat pozdnelednikovja i golocena. 122–130, Nauka, Moskva.

PACHOMOV, M.M. (1961): Zur Paläogeographie des Quartärs in den östlichen Pamiren. DAN SSSR, 141, 1191–1193.

PACHOMOV, M.M. (1969): Die Anwendung der Pollenanalyse zur Erforschung der jüngsten Bewegungen in Gebirgsländern. Izv. Akad. Nauk, SSSR, ser. geogr., Nr. 4, 147–153.

PACHOMOV, M.M. (1969): Die Vegetationsgeschichte der Salangur-Senke als Beispiel für eine Degradation der Waldflora in den östlichen Pamiren. Bjull. Komis. po izuč. cetvert. per., 36, 88–99.
PACHOMOV, M.M. (1971): Einige Fragen bei der Erforschung des Holozäns Mittelasiatischer Gebirge. Palinologija Golocena, Nauka Moskva, 189–196; engl. Zus.
PACHOMOV, M.M. (1971): Paläogeographische und pflanzensoziologische Unterschiede der nördlichen und südlichen Pamire im späten Pliozän und im frühen Pleistozän. Izv. Akad. Nauk SSSR, ser. geograf., Nr. 5, 104–110.
PACHOMOV, M.M. (1983): Novye dannye k paleogeografii ljossovo-počvennoj serii Srednej Azii (Neue Fakten zur Paläogeographie der Löß-Boden-Sequenz Mittelasiens). Doklady Akad. Nauk SSSR, 270, 967–972.
PACHOMOV, M.M. (1987): Fitoindikacionneye priznaki klimatičeskich izmenenii v gorach Srednej Azii (Botanische Hinweise auf Klimaänderungen in den Gebirgen Mittelasiens). Bjull. Kom. po izuč. četvert. per., 56, 95–102.
PACHOMOV, M.M. (1991): Korreljacija sobytij pleistocena v Srednej Azii i dinamika pojasnosti gor. (Korrelation der Ereignisse des Pleistozäns in Mittelasien und die Dynamik der Höhenstufung in den Gebirgen). Izvestija Akad. Nauk, ser. geograf., Nr. 6, 94-103; Rossijskaja Akad. Nauk.
PACHOMOV, M.M.; BAJGUZINA, L.L. (1986): Paleogeografičeskaja obstanovka vremeni obitanija fauny Karamajdana v Tadžikistane (Die paläogeographische Situation zur Zeit der Fauna von Karamajdan in Tadzikistan). Doklady Akad. Nauk SSSR, 293, 945–947.
PAN BAOTIAN, LI JIJUN, ZHOU SHANGZHE (1991): Environmental evolution in the northeastern Qinghai-Xizang plateau during the last 150 000 years. Abstracts XIII. INQUA-Congress, Beijing, p. 267.
PU QINGYU (1991): Evolution of natural environment in China since the last glacial period and its position in the global change. Quatern. Sciences, Nr. 3, 245–259. Chines.; engl. Zus.
SEREBRJANNYJ, L.R.; ORLOV, A.V. (1988): Tjan'-Schan' glazami gljaciologa (Der Tien Schan, mit den Augen eines Glaziologen). Reihe: „Čelovek; okružajuščaja sreda". Moskau, Nauka, 143 S.
SHI YAFENG and WANG SUMING (1991). Late Quaternary evolution of the Qinghai lake basin in northeastern Qinghai-Xizang Plateau. Abstracts XIII. INQUA-Congress, Beijing, p. 330.
SHI YAFENG, ZHENG BENXING and LI SHIJIE (1990): Last Glaciation and Maximum Glaciation in Qinghai-Xizang Plateau. A controversy to M. Kuhle Ice Sheet Hypothesis. Journal of Glaciology and Geocryology, 12, Nr. 1, 1–16; engl. Zus.
SHI YAFENG, ZHENG BENXING and LI SHIJIE (1992): Last glaciation and maximum glaciation in the Qinghai-Xizang (Tibet) Plateau: A controversy to M. Kuhle's ice sheet hypothesis. Z. Geomorph., N.F., Suppl.-Bd. 84, 19–35.
SHI YAFENG, KONG ZHAOZHENG, WANG SUMIN, TANG LINGYN, WANG FUBAO, YAO TANDONG, ZHAO XITAO, ZHANG PEIYUAN and SHI SHAOHUA (1993): Mid-Holocene climates and environments in China. Global and Planetary Change, 7, 219–233.
SIROCKO, F.; SARNTHEIM, M.; ERLENKEUSER, H.; LANGE, H.; ARNOLD, M. and DUPLESSY, J.C. (1993): Century-scale events in monsoonal climate over the past 24 000 years. Nature (L.), 364, 322–324.
THELAUS, M. (1992): Some characteristics of the mire development in Hongyuan County, Eastern Tibetan Plateau. Proc. of the 9th Internat. Peat Congress 1992, 1, 334–351. Uppsala.
WANG FUBAO (1991): Recent changes of the lakes on southern side slope of the West Kunlun Mountains. Abstracts XIII. INQUA-Congress, Beijing, p. 375.
WANG FUBAO and FAN, C.Y. (1987). Climatic changes in the Qinghai-Xizang (Tibetan) region of China during the Holocene. Quatern. Res., 28, 50–60.
WANG MANHUA (1987): The spore-pollen groups of peatland on Ruoergai Plateau and paleobotany and paleoclimate. Scientia Geogr. Sinica, 7, Nr. 2, 147–155; engl.-chin. Zus.
WEN QIZHONG, SHI YAFENG (1993). The quaternary climo-environment changes in Chaiwopu basin of Xinjiang region. Chinese Geographical Sciences, 3, nr. 3, 147–158.
ZHENG BENXING, JIAO KEQIN, MA QIUHUA, LI SHIJIE, and FUSHIMI, H. (1990): The evolution of quaternary glaciers and environmental change in the West Kunlun Mountains, Western China. Bull. of Glacier Research, 8, 61–72.

ZHENG YUANGCHANG (1994). Main problems of the ecologic environment on the northeastern part of the Qinghai-Xizang Plateau. Göttinger Geogr. Abh.,95, 263–271.

ZHOU KUNSHU, CHEN SHUOMING, YE YONGYING, LIANG XIULONG (1976): Evidence on quaternary paleogeography in Mount Qomolangma region from spore-pollen data. The Monograph of the Mt. Qomolangma Expedition, Quaternary Geology; Science Press, Beijing, 19–91.

ANHANG

Methode zur Aufbereitung fossilen Pollens aus minerogenen Sedimenten
(Gabriele EISELE; Klaus HAAS; Susanne LINER)

1. Behandlung mit Salzsäure

Die Probe – in der Regel sind 1–2 cm^3 Sediment ausreichend – in einer Porzellankasserolle mit aqua dest. anfeuchten. Mit einigen Tropfen 10%iger HCl auf Kalk prüfen. Bei positiver Reaktion wird der Probe langsam und unter ständigem Rühren soviel 10%ige HCl zugesetzt, bis keine CO_2-Entwicklung mehr stattfindet.

Zu starke Schaumbildung kann durch einige Tropfen Alkohol gebremst werden. Die Flüssigkeit über dem sich absetzenden Sediment nimmt nach Beendigung der Entkalkung meist eine grün-gelbe Farbe an.

Die Suspension in 100 ml-Zentrifugengläser überführen und 10 Minuten bei 3000 U/min. abzentrifugieren. Überstand abgießen, Probe mit aqua dest. aufrühren, zentrifugieren wie oben. Vorgang wiederholen.

2. Behandlung mit Natronlauge

Nach dem 2. Auswaschen die Probe mit 10%iger NaOH versetzen, aufrühren und wieder in saubere Porzellankasserollen überführen.

Kalkfreie, trockene oder stark verfestigte Sedimente sollten vor dem Kochen mindestens eine Stunde, eventuell sogar 1–2 Tage, in der Lauge vorgequollen werden.

Die Probe im Tiegel wird nun langsam erhitzt und solange gekocht, bis eine homogene Suspension vorliegt. Etwas abkühlen lassen, noch warm durch ein Metallsieb (0,4–0,5 mm Maschenweite) direkt in ein 100 ml-Zentrifugenglas gießen. Mit dem Glasstab den Rückstand durchrühren und mit reichlich aqua dest. nachspülen. Der Rückstand im Sieb kann für die Großrestuntersuchung beiseite getan werden.

Die Proben zentrifugieren und auswaschen wie oben.

3. Schweretrennung

Nach dem Abgießen die Probe 1 : 1 mit Natriumpolywolframat-Lösung versetzen:
(Ansatz: 1 kg Natrimpolywolframat – 3 Na_2Wo_4 $9Wo_3H_2O$ – in 500 ml aqua dest. auflösen = D 2,05).

Bei zähem Material (z.B. Tone) empfiehlt es sich, so viel geglühten Seesand hinzuzufügen, bis sich die Probe gut rühren läßt.

Je nach Probenmenge in Schüttelflaschen überführen oder das Zentrifugenglas mit einem Gummistopfen verschließen und auf die Schüttelmaschine geben. Nach 2 Stunden von der Maschine nehmen, die Proben austarieren – keinesfalls mit Wasser, sondern mit Schweretrennungslösung – und 5 Min. bei 3000 U/Min. abzentrifugieren.

ACHTUNG: Nun wird der **Überstand** weiter verarbeitet, der Rückstand kann verworfen werden.

Überstand in ein 250 ml-Becherglas gießen und mit der 5-fachen Menge aqua dest. verdünnen.

In saubere 100 ml-Zentrifugengläser überführen und in mehreren Arbeitsgängen jeweils 10 Minuten bei 3000 U/min. abzentrifugieren.

Überstand nicht verwerfen, sondern auffangen, bis D 2,0 eindampfen und durch einen Faltenfilter gießen. Kann weiter verwendet werden, dunkle Verfärbungen und ein leichter milchiger Niederschlag wirken sich bei der Wiederverwendung nicht störend aus.

4. Behandlung mit Flußsäure

Zeigt sich der nach der Reduktion verbliebene Rückstand zäh und klebrig oder knirscht er noch etwas (Probe mit Glasstab), die Probe in aqua dest. aufnehmen, in ein 15 ml Plastik-Zentrifugenröhrchen überführen, 5 Min. bei 3000 U/min. zentrifugieren, abgießen und mit 40–45%iger HF versetzen. Mit Plastikstab umrühren und je nach Menge und Beschaffenheit des Rückstandes mindestens 2 Stunden, besser noch über Nacht, stehen lassen.

Flußsäure nach gegebener Zeit abzentrifugieren, zweimal mit aqua dest. auswaschen, beim zweiten Auswaschen wieder in ein 15-ml-Glasröhrchen überführen, nochmals zentrifugieren, in 98%iger Essigsäure (Eisessig) aufnehmen und über Nacht, mindestens jedoch 2 Stunden, zum Entwässern stehen lassen.

Bleibt nach der Reduktion ein minimaler oder ein sehr lockerer Rückstand (eventuell einen Tropfen unter dem Mikroskop prüfen), dann erübrigt sich die Flußsäurebehandlung, und die Probe kann nach Überführung in ein 15 ml-Zentrifugenröhrchen und einmaligem Auswaschen mit Eisessig versetzt werden.

5. Acetolyse

Den Eisessig abzentrifugieren – Probe mit **Eisessig** austarieren!

Bei reichlichem Rückstand ist es ratsam, die Probe noch einmal mit Eisessig, **auf keinen Fall mit aqua dest.**, auszuwaschen. Nach Abgießen des Überstandes der Probe mit einer Eppendorfpipette tropfenweise frisch angesetztes Acetolysegemisch (bestehend aus 9 Teilen Essigsäureanhydrid und 1 Teil konzentrierter Schwefelsäure) zugeben und immer wieder vorsichtig umrühren. Die Röhrchen zu $^2/_3$ mit dem Gemisch auffüllen, die Glasstäbe (Kondenswasser) und bei 95 °C im Wasserbad stehen lassen. Nach 5–15 Minuten, je nach Probenmenge, die Röhrchen aus dem Wasserbad nehmen, abkühlen lassen, mit **Eisessig** austarieren, 5 Minuten bei 3000 U/min. zentrifugieren. Acetolysegemisch vorsichtig abgießen! Rückstand mindestens zweimal auswaschen, mit einigen Tropfen Glyzerin versetzen und nochmals kurz ins Wasserbad stellen (Dünnflüssigkeit). Dann in kleine Röhrchen überführen, sofort verschließen, etikettieren.

Manuskriptabschluß 10.94

RASTERELEKTRONENMIKROSKOPISCHE UNTERSUCHUNGEN ZUR GENESE JUNGQUARTÄRER SEDIMENTE AUF DEM TIBETISCHEN PLATEAU

Burkhard Frenzel und Liu Shijian, Stuttgart-Hohenheim und Chengdu
mit 3 Abbildungen und 1 Tabelle

[Scanning electron microscopical investigations on the genesis of upper pleistocene sediments of the Tibetan Plateau]

Zusammenfassung: Die rasterelektronenoptischen Untersuchungen an 1989, zum Teil auch an 1992 geborgenem Material des tibetischen Plateaus lehren, daß, wie schon andere geologisch-geomorphologische und sedimentologische Beobachtungen hatten zeigen können (HÖVERMANN et al., 1993; HÖVERMANN & LEHMKUHL, 1993; LEHMKUHL & ROST, 1993; FRENZEL, 1994, 1992, 1990; LIU & LI, 1994; TANG et al., 1994), das Hochland von Tibet mindestens in seiner Osthälfte nicht von einem Inlandeis bedeckt worden war, sondern daß während der Letzten Eiszeit nur die Gebirge auf dem Plateau, die systematisch höher als etwa 4800 bis 4900 m aufragen, recht lokale Gebirgsvergletscherungen, zum Teil auch kleinere Eiskappen getragen hatten. Eine ältere, größere Vergletscherung war vor dem vermutlich Letzten Interglazial eingetreten. Auch bei ihr handelte es sich nur um eine Gebirgs- oder Eiskappenvergletscherung.

Summary: During two joint Chinese-German expeditions (1989 and 1992) through the eastern moiety of the Tibetan Plateau and to western Sichuan sediment samples were taken to be analyzed lateron in the Botanical Institute of the Hohenheim University by means of scanning electron microscopy regarding the genetical types of surface textures of quartz grains. It could be shown that during the last glaciation the area studied was not covered by an inlandice. This corroborates the already obtained results of geological-geomorphological and sedimentological observations made during the two expeditions mentioned (HÖVERMANN et al., 1993; HÖVERMANN & LEHMKUHL, 1993; LEHMKUHL & ROST, 1993; LIU & LI, 1994; TANG et al., 1994; FRENZEL, 1990; 1992; 1994). On the contrary during the last glaciation only those Tibetan mountain systems which are systematically higher than approximately 4800 to 4900 m had experienced local mountain glaciations or smaller icecaps, only. Traces of an older or of some older glaciations were met with, too, which predate the last (?) interglacial. This / these glaciation(s) were of the same rank like that of the last glaciation, i.e. mountain glaciations and / or icecaps only.

青藏高原晚更新世沉积物成因电镜扫描观测

Burkhard Frenzel

德国 Hohenheim 大学植物研究所，D-70593，Stuttgart，Germany

刘世建

中国科学院成都山地灾害与环境研究所，中国　四川 610041

摘　要

在 1989 年和 1992 年中德联合科学考察中，作者在四川西部和青藏高原东部采集了许多各种沉积物样品，并在德国 Hohenheim 大学植物研究所采用电子扫描电镜的方法对这些沉积物的石英颗粒表面结构成因类型进行了观测，其结果表明：末次冰期时，该地区并没有被统一大冰盖所覆盖。同时，地质地貌和沉积特征观测的结果也证实了这一观点（Hövermann 等人，1993，Hövermann & Lehmkuhl，1993，Lehmkuhl & Rost，1993，刘世建和李㭎，1994，唐邦兴等人，1994，Frenzel，1991，1992，1993）。另一方面，青藏高原海拔高於 4800 至 4900 米的山峰末次冰期时仅存在山谷冰川和局部小冰帽。

在青藏高原东部可以见到一次或几次较老的冰期遗迹，其年代可能早于末次间冰期（?），但这次（这几次）冰期的类型与末次冰期类型相类似，即为山谷冰川或冰帽。

Einleitung

Die Frage nach der Realität einer ehemaligen Inlandvereisung des tibetischen Plateaus (KUHLE, 1984, 1985, 1987 a,b, 1988 a,b, 1989, 1991 a,b) ist von hoher paläoklimatischer und paläoökologischer Bedeutung. Sie kann von geologisch-geomorphologischer und von paläoökologischer Seite aus zu beantworten versucht werden. Dies ist bereits an anderer Stelle in diesem Bande geschehen. Sie kann aber natürlich auch von sedimentologischer Seite aus aufgegriffen werden. Hierbei ist an Untersuchungen der Sedimentpetrographie, der Korngrößenverteilung und der Textur der fraglichen Sedimente zu denken, aber ebenso auch an die Textur der Quarzkornoberflächen, besonders nach den Pionierarbeiten von CAILLEUX (etwa: CAILLEUX, 1969). Zu dem letztgenannten Forschungsansatz besteht eine reiche internationale Literatur (z.B. KRINSLEY & FUNNELL, 1965; KARPOVICH, 1971; KRINSLEY & DOORNKAMP, 1973; MARGOLIS & KRINSLEY, 1974; FRENZEL, 1981; DOWDESWELL et al., 1985; GRAVENOR, 1985; ORR & FOLK, 1985; MANICKAM & BARBAROUX, 1987; NEDELL, 1987; KOWALKOWSKI, 1988). Die in diesen Arbeiten mitgeteilten Befunde lassen erkennen, daß dann, falls größere Mengen an Quarzkörnern jeder zu untersuchenden Sedimentprobe auf die Textur ihrer Oberflächen hin untersucht worden sind, recht zuverlässige Angaben über die Sedimentgenese gewonnen werden können (KRINSLEY & FUNNELL, 1965; KARPOVICH, 1971; MARGOLIS & KRINSLEY, 1974; FRENZEL, 1981, 1983; ELZENGA et al., 1987). Der einzelne Fall mag aber recht trügerisch sein (ELZENGA et al., 1987; KOWALKOWSKI, 1988; vgl. auch MAHANEY, 1992), und auch bei entsprechenden Experimenten (LINDÉ & MYCIELSKA-DOWGIALLO, 1980) können zum Teil unterschiedliche genetische Oberflächentypen innerhalb einer einzigen Probe bei nur einer Behandlungsart erzielt werden. Dies trifft besonders für scheinbar glazigene Oberflächentexturen zu, die auch durch Frost und damit verbundene Periglazialerscheinungen gebildet werden können. Allerdings gilt hier, daß dann, falls die bei weitem überwiegende Mehrzahl der Quarzkörner glazigene Oberflächentexturen aufweist, dies ein Hinweis auf glazigenen, nicht aber periglazialen Einfluß ist. Auch die Texturen der Quarzkornoberflächen aus mud flow-Sedimenten (LIU SHIJIAN, 1994 a) unterscheiden sich generell deutlich von denen, die unter dem Einfluß des Gletschereises entstanden sind.

Angesichts dieser Sachverhalte hat einer von uns (B.F.) bei der Expedition des Jahres 1989 systematisch Sedimentproben von der Bodenoberfläche und von aufgegrabenen Profilen oder aus geologischen Bohrungen entnommen, um zusätzlichen Hinweis auf die Sedimentgenese mit Hilfe rasterelektronenoptischer Untersuchungen zu gewinnen. Wir haben aber gemeinsam die Proben in Hohenheim durchgearbeitet.

Material und Methoden

Die Proben wurden an den in Abbildung 1 eingetragenen Stellen entnommen, deren Position zu den von uns beobachteten Endmoränenanlagen ebenfalls aus dieser Abbildung hervorgeht. Die Proben wurden entweder aus wenigen Zentimeter Tiefe unterhalb der Bodenoberfläche gewonnen, oder aus natürlichen Profilen, Aufgrabungen oder geologischen Handbohrungen (Bohrer INSTORF = Russischer Bohrer, 5 cm lichte Weite, 50 cm Länge der Kammer). Die Proben wurden an Ort und Stelle beschriftet und in kleine Plastiktüten verpackt. Sie wurden anschließend im Labor des Botanischen Instituts der Universität Hohenheim aufgearbeitet (vgl. KRINSLEY & DOORNKAMP, 1973; FRENZEL, 1981): die eine Fraktion wurde in Wasser gewaschen, getrocknet, gesiebt (Maschenweite 2 mm) und mit Gold besputtert (Gerät SCD o4o der Firma Balzers Union). Die andere Fraktion wurde mit 10% HCl entkalkt, dann ebenfalls gewaschen, getrocknet, gesiebt und besputtert. War dann immer noch ein zu starker Belag an neu gebildeten Kristallaufwüchsen im Rasterelektronenmikroskop zu sehen, dann wurden die Proben abermals entkalkt und zum Teil auch mit Ultraschall vorsichtig behandelt. In seltenen Fällen wurden die Proben in H_2SO_4 gekocht und dann wie üblich weiterbehandelt. Wir sahen von einer intensiven Ultraschall-Behandlung ab, da diese, wie umfangreiche Vorversuche durch B.F. ergeben hatten, leicht zu einer Zersplitterung der Mineralkörner führt, falls diese schon im Sediment feine Risse erhalten hatten (vergleichbare Resultate zur Rolle der Risse und Klüfte: MAY, 1980; NAHON & TROMPETTE, 1982).

Auf die Objektträger wurde jeweils eine Messerspitze des Materials aufgetragen, ohne Auswahl bestimmter Korngrößen und zunächst auch ohne Auswahl nur der Quarze. Dies diente dem Ziel, sich einen breiten Überblick über die unterschiedliche Formung einzelner Korngrößen, über die Korngrößenverteilung und über die Formungstypen verschiedener Mineralien zu verschaffen. Die Analyse selbst erfolgte an Quarzen.

Jede Probe wurde komplett analysiert, und es wurden die Formungstypen und ihre relativen Mengenanteile protokolliert. Falls nötig, wurden pro Sedimentprobe 2 bis mehrere Objekttischchen im Rasterelektronenmikroskop untersucht.

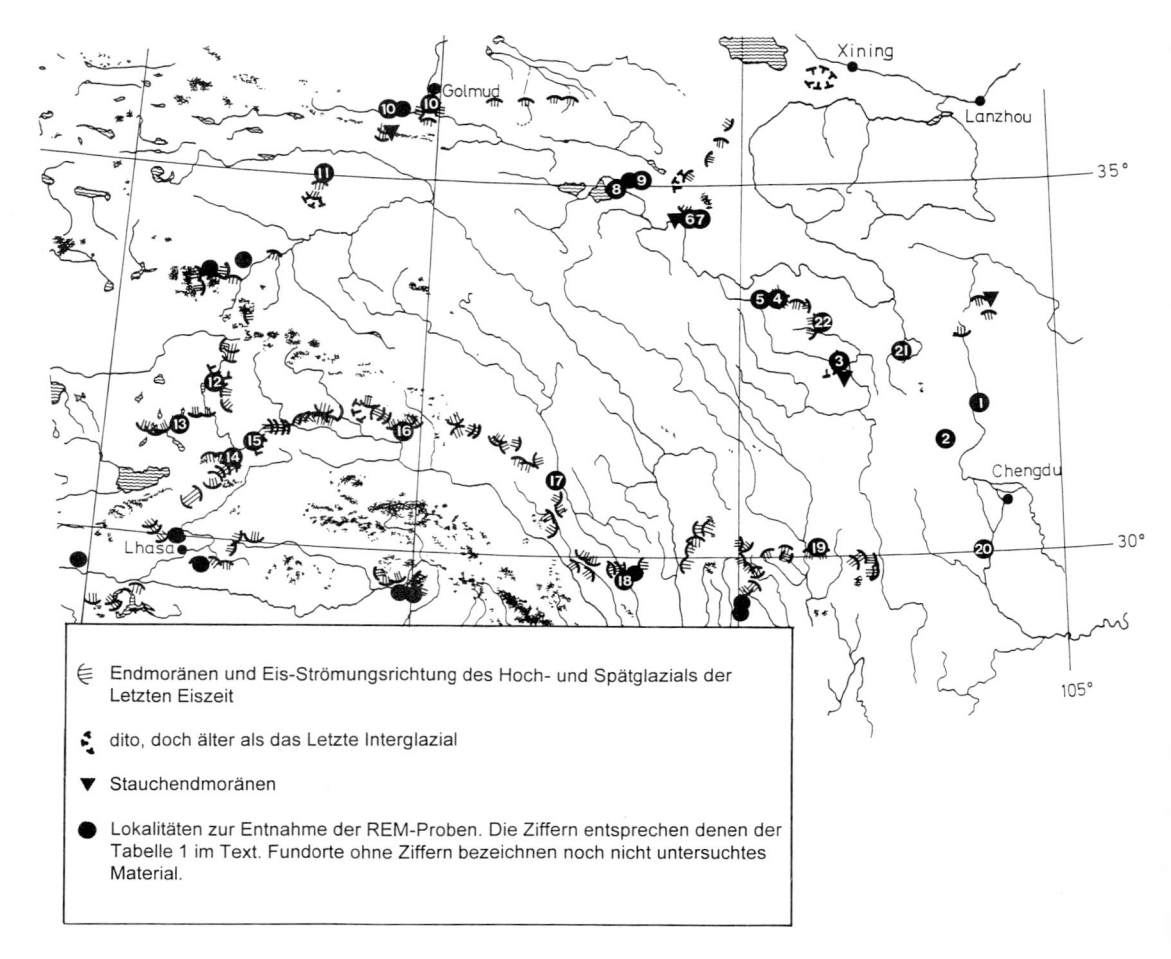

⋲ Endmoränen und Eis-Strömungsrichtung des Hoch- und Spätglazials der Letzten Eiszeit

⋞ dito, doch älter als das Letzte Interglazial

▼ Stauchendmoränen

● Lokalitäten zur Entnahme der REM-Proben. Die Ziffern entsprechen denen der Tabelle 1 im Text. Fundorte ohne Ziffern bezeichnen noch nicht untersuchtes Material.

Abb. 1: Quartärgeologische Beobachtungen zur Lage jungquartärer Eisrandlagen und Lage der Lokalitäten, aus denen Proben für die REM-Analyse zur Sedimentgenese entnommen worden sind.

Wir danken unseren technischen Assistentinnen Frau Susanne Hennig und Frau Bärbel Curth sehr herzlich für die solide, kritische und zuverlässige Arbeit bei der Präparation und – gemeinsam mit uns – am Rasterelektronenmikroskop, aber auch für die mit uns erfolgende kritische Analyse der Proben. Das bedeutet, daß jede Probe von 2 Personen unabhängig voneinander beurteilt worden ist. Traten Unterschiede in der Beurteilung auf, wurde neues Material bearbeitet.

Als Rasterelektronenmikroskop stand uns ein DSM 940 der Firma Carl Zeiss zur Verfügung. Die Aufnahmen wurden mit Rollfilm Agfapan APX 100/120 der Firma Agfa hergestellt.

Ergebnisse

Tabelle 1 und Abbildung 2 berichten über die erzielten Resultate. Hierbei ist zu bemerken, daß zusätzlich zu der Hauptmasse der Daten, die anläßlich der Expedition des Jahres 1989 gewonnen worden sind, auch einige Befunde der Expedition des Jahres 1992 aufgeführt wurden. Diese betreffen das Vorkommen von Li Xian, das in der quartärgeologischen chinesischen Literatur eine große Rolle spielt. Es handelt sich um einen Diamict zwischen etwa 1800 und 2300 m Höhe am Zagunao, einem der Nebenflüsse des Min Jiang (Nummer 2 in Abbildung 1). Dieser Diamict ist fluviatil terrassiert und wird zum Teil in der chinesischen Literatur als Till angesehen (TANG & SHANG, 1991). Bei der Interpretation als Till spielen Granite eine Rolle, die Erratika sein sollen, aber doch vereinzelt im Gebiet anstehen. Hierauf wird weiter unten erneut zurückzukommen sein.

Tabelle 1: Resultate rasterelektronenoptischer Untersuchungen an Sedimenten aus West Sichuan und vom tibetischen Plateau. Die Lokalitätsnummern der Abb.1 sind identisch mit denen der Tab. 1.

1)   Bergsturzgelände bei Jiochangba am Heishui, 2010 m Höhe.
1.1) Nach geologischer Position Seesediment im Stau der Bergsturzmassen des Jahres 1933. Recht inhomogene Korngrößen. Kristalle zersplittert. Keine glazigene Formung; viele Körner kantengerundet. Teils sehr starker Aufwuchs von Tonmineralien

Diagnose: Kräftig bewegter Hangschutt.

1.2) Recht gut sortiert, meist 150 bis 270 µm Durchmesser. Knochenreste. Formung wie bei 1.1; selten äolische Überformung.

Diagnose: Seesediment aus 1.1 mit organischem Material

2)   Genetisch fragliches Material von Li Xian, zwischen 1800 und 2300 m Höhe.
2.1) Körner um 1,5 mm Durchmesser. Häufig klar äolisch geformt, dann gerutscht und gequetscht; keine glazigene Formungstypen.
2.2) Sehr stark verwittert: Tiefe Narben, starke Tonmineralaufwüchse. Zersplittert; nichts Glazigenes.
2.3) Sehr stark verwittert: Tiefe Löcher, starke Tonmineralaufwüchse; gut äolisch überformt. Nichts Glazigenes.
2.4) Starke Tonmineralaufwüchse, aber auch klare Oberflächen: Gesplittert, nichts Glazigenes. Äolisch überformt. Sehr starke Korngrößenunterschiede.
2.5) Zersplittert; gut äolisch gerundet; sehr stark verwittert: Tiefe Löcher, viele Aufwüchse. Keine glazigene Formung.
2.6) Sehr heterogene Korngrößen. Ein Korn mit glazigener Formung, hat aber auch deutliche solifluidale Einflüsse. Generell kräftiger periglazialer Einfluß. Zum Teil sehr stark verwittert: Viele Aufwüchse und Löcher.
2.7) Zersplittert: Starke Pressungen beim Gleiten; starke solifluidale Formung. Zum Teil äolisch überarbeitet; zum Teil stark verwittert. Kein glazigener Einfluß.
2.8) Stark verwittert. Sehr deutliche äolische Formung. Nichts Glazigenes.
2.9) Solifluidale Formung; viel gerutscht, Kanten weggesplittert. Häufig verwittert; wenig äolischer Einfluß. Nichts Glazigenes.
2.10) Nahe der Straße bei 1800 m Höhe. Sehr starke Verwitterung. Viel äolischer Einfluß. Nichts Glazigenes.
2.11) Stark verwittert, viel äolische Formung, kein glazigener Einfluß.
2.12) Stark zersplittert. Starker äolischer Einfluß; beträchtlich verwittert, nichts Glazigenes.

Fortsetzung von Tabelle 1

2.13) Zum Teil stark verwittert. Außerordentlich kräftige solifluidale Formung, kein glazigener Einfluß.
2.14) Ebenso; sehr stark verwittert, äolisch deutlich überformt. Nichts Glazigenes.
2.15) Basale Lage: Einige Körner weisen vielleicht einen glazigenen Einfluß auf; sonst aber wie bei 2.11 bis 2.14: Stark verwittert, äolisch gerundet.

Diagnose: Diamict von Li Xian geht im wesentlichen aus Bergsturz- und Hangrutschmaterial hervor. Vielleicht findet sich an der Basis etwas glazigenes Material. Dies ist aber keineswegs sicher. Die überwiegende Menge des Materials ist wesentlich stärker gepreßt, als es LINDÉ & MYCIELSKA-DOWGIALLO (1980) experimentell erzeugt hatten, doch schlossen sich ähnliche Formungsprozesse an wie die, die von den beiden genannten Autoren angewandt worden waren.

3) Aba
3.1) Feingeschichtetes Material unter Schotter (Abb. 3): Ungewöhnlich inhomogen in Korngröße. Große glazigene Schläge, aber alles sehr stark von Tonmineralien überwachsen. „Glazigenes" Material schwach solifluidal überformt.
3.2) Schicht wie 3.1. In Korngrößen sehr inhomogen. Sehr große glazigene Schläge, etwas solifluidal überformt. Sehr starke Tonmineralaufwüchse, alles bis zur Unkenntlichkeit überdeckend.

Diagnose: Am Aufschluß für 3.1 und 3.2: Waterlain Till. Diagnose nach rasterelektronenmikroskopischer Analyse: Till.

4) Sogruma (Suhuyima), 3840 m hoch. Schwemmlöß vor Endmoräne: Korngrößen sehr inhomogen. Glazigenes Material recht gut äolisch überformt. Stark von Tonmineralien überwachsen.

5) Nordwestlich von Sogruma, 4020 m Höhe. Humoser Schluff in Eisrandlage: Klar glazigene Formung, äolisch überformt. Sehr starke Aufwüchse von Tonmineralien.

6) Bei Qamalung (Iqikai). Parabraunerdeplasma in Grundmoräne und Kryoturbationen. Grundmasse um 160 bis 180 μm. Dazu wenige Körner um 350 bis 650 μm. Starke glazigene Formung; beträchtlich äolisch überformt. Wenig Aufwuchs von Tonmineralien.

Diagnose: Till mit äolischem Einfluß.

7) Vor Qamalung, 4280 m Höhe. Kiesreiche Bank aus gestauchtem Material: In Korngröße sehr inhomogen: Durchmesser bei 2 bis 5 mm (Grundmasse) bis 100 μm. Grobe glazigene Formung äolisch überarbeitet. Hornblenden angeätzt. Zum Teil tiefe Verwitterungslöcher.

Diagnose: Till mit äolischem Einfluß; deutlich verwittert.

8) Xin Xin See im Quellgebiet des Hoang Ho. Solifluktionsmaterial zwischen 2 starken fossilen Böden (vgl. FRENZEL, 1994). Extrem inhomogene Korngrößenverteilung. Recht unkenntlich durch starke Tonmineralaufwüchse. Solifluidale Formung aber klar. Ist sie die einzige?

9) Pingo Gebiet zwischen Madoi und Huashixia, etwa 4000 m hoch.
9.1) Zerfallender Pingo: Sehr schöne äolische Formung. Nichts Glazigenes. Bisweilen Körner tief verwittert. Einmal sehr kleine chattermarks.
9.2) Intakter Pingo: Sehr schön äolisch geformt. Recht unterschiedliche Korngrößen. Keine Tonmineralaufwüchse. Keine glazigene Formung.

Diagnose: Starker äolischer Einfluß, nichts Glazigenes.

Fortsetzung von Tabelle 1

10) Kunlun Shan von Golmud zum Kunlun-Paß.
10.1) Schotterflur im Gebirge, Oberflächenprobe. Klar glazigen, äolisch überformt, zum Teil etwas frostgesprengt. Wenig Tonmineralaufwüchse, etwas solifluidal bewegt.
10.2) Tal zum Kunlun-Paß, 3320 m Höhe. Salzkrusten. Meist frostgesprengt. Oft Tonmineralaufwüchse. Korngrößen sehr inhomogen. Starke abschließende äolische Formung.
10.3) Ebenso.
10.4) Bei der Brücke über den großen Fluß bei Naij tal. Diagnose im Gelände: Möglicher fossiler Boden im Schotter oder nur Feuchtaustritt?
REM: sehr schwacher glazigener Einfluß. Kräftig äolisch überformt. Kaum Mineralneubildung. Sehr inhomogene Korngrößenverteilung.

Diagnose: Kein fossiler Boden.

10.5) Über dem möglichen fossilen Boden von 10.4: Sehr gute äolische Formung, anscheinend aus glazigenem und aus Frostmaterial. Geringe Verwitterung. Teils aber anscheinend älteres angewittertes Material von harten glazigenen Schlägen betroffen. Sonst wie 10.4.

Diagnose: Wiederholt (10.1, 10.4, 10.5) zum Teil glazigenes Material, doch keineswegs stets (10.2, 10.3).

11) Permafrost-See am Südrand des Hoh Xil Shan (Kokoxilishan), 4600 m Höhe, + 25 m Terrasse über dem See (vgl. FRENZEL, 1994, Abb.8).
11.1) Ca. 5 cm Tiefe: Recht inhomogene Korngrößen, aber homogene Grundmasse um 100 bis 150 µm. Sehr stark äolisch geformt, nach vorangegangener Frostsprengung. Viele Periglazialerscheinungen, teils junge Frostsprengung und solifluidale Verlagerung. Kein glazigener Einfluß. Teils mehr oder weniger homogener Mineralüberzug.
11.2) Ca. 15 cm Tiefe. Formung wie 11.1. Mineralkrusten. Grundmasse 80 bis 130 µm Durchmesser.
24 bis 32 cm Tiefe: Thermoluminescenz-Datum von 104 000 +/− 7000 Jahre v.h..
11.3) 50 cm Tiefe. Kristalle stark körnig überwachsen. Recht inhomogene Korngrößenverteilung. Material frostgesprengt. Solifluidal verlagert, dann äolisch überformt.
11.4) 60 bis 70 cm Tiefe. In fossilem Humushorizont. Homogene Grundmasse von 100 bis 150 µm Durchmesser. Darin einzelne größere Körner. Alles sehr gut äolisch gerundet und mehr oder weniger glatt überzogen durch Mineralneubildung.

Diagnose (11.1 bis 11.4): Frostgesprengtes Material äolisch überformt, dies im See gesaigert. Körner dann von Verwitterung beeinflußt, teils organisches Material; kein glazigener Einfluß.

11.5) 80 cm Tiefe, unter dem Humushorizont. Frostgesprengtes Material, solifluidal verfrachtet. Etwas äolisch überformt. Mehr oder weniger homogene Verwitterungskrusten. Sehr homogene Korngrößenverteilung von 100 bis 130 µm Durchmesser. Wenige Körner um 200 µm Durchmesser. Schönes Seesediment.
11.6) 100 cm Tiefe. Sehr homogene Korngrößenverteilung. Korngrößen bei 60 bis 150 µm Durchmesser. Frostgesprengt, äolisch überformt. Meist vor dem äolischen Einfluß solifluidal überarbeitet, teils aber auch nachher.

Diagnose (11.5, 11.6): Seeablagerungen.

Fortsetzung von Tabelle 1

11.7) 110 cm Tiefe. Recht inhomogene Korngrößenverteilung. Grundmasse gegen 80 bis 120 µm, dazu Körner um 200 bis 300 µm Durchmesser. Alles nahezu bis zur Unkenntlichkeit von Tonmineralien überwachsen. Anscheinend Frostsprengung und solifluidaler Transport in den See.

Diagnose: Vermutlich periglaziales Material, im See etwas gesaigert.

12) Granitplateau bei 4900 m südlich von Amdo. Aufschluß.
12.1) Lößhaltige obere Fließerde über Humushorizont (vgl. FRENZEL, 1994, Abb. 5, Probe 1). Humushorizont über Till.
REM: sehr inhomogene Korngrößenverteilung. Kleine Körner (100 bis 200 µm Durchmesser) sehr gut äolisch geformt. Große Körner stark frostgesprengt, aber auch äolisch geformt. Grundformung insgesamt durch Frost, dann äolisch sehr gut überarbeitet.
12.2) Ansprache am Aufschluß: Till oder sehr gletschernahe Schotter. Darauf sehr starke Bodenbildung (vgl. FRENZEL, 1994, Abb.5, Probe, 2).
REM: Sehr heterogene Korngrößenverteilung. Grundmasse zeigt recht klare glazigene Formung: Kritzer, Schlagmarken, große Bruchflächen, scharfe Kanten. Kein Periglazialeinfluß. Alles stark äolisch überformt.

Diagnose: Till, aber ausgeblasen.

12.3) Ansprache am Aufschluß: Humose Fließerde aus Till.
REM: Sehr heterogene Korngrößenverteilung. Mineralien zeigen, soweit klar erkennbar, solifluidale Formung, möglicherweise aus glazigenem Material.
12.4) Ansprache am Aufschluß: Till, obere Probe (Probe 3 in Abb. 5, FRENZEL, 1994).
REM: Recht heterogen in der Korngrößenverteilung. Klar glazigene Formung. Ganz wenig solifluidal bewegt. Zum Teil starke punktförmige und flächenhafte Mineralaufwüchse. Sehr selten äolischer Einfluß.
12.5) Ansprache am Aufschluß: Till, untere Probe (Probe 4 in Abb. 5, FRENZEL, 1994).
REM: Korngrößen sehr heterogen. Klar glazigenes Material, stark solifluidal überformt. Geringer äolischer Einfluß. Starke Mineralneubildung.

Diagnose (12.3 bis 12.5): Till, teils später solifluidal transportiert. Recht geringer äolischer Einfluß. Verwittert.

13) Pengco, Untersuchungen an Seespiegelterrassen.
13.1) Ansprache am Aufschluß: Gestörte alte Seeablagerungen, untere Probe (vgl. FRENZEL, 1994, Abb. 10).
REM: Korngrößen sehr homogen, um 200 bis 230 µm Durchmesser. Alles sehr gut gerundet. Anscheinend äolisches Material im See. Dieses glazigen geprägt, dann Kanten wieder gerundet. Vor letzter äolischer Formung auch kräftiger solifluidaler Einfluß. Glatte, löcherige Überzüge aus Mineralneubildung. Mäßig dicke Klumpen neu gebildeter Mineralien.
13.2) Oberflächenprobe. In Korngröße sehr heterogen. Mehrere Körner gesprengt, ob durch Frost? Wieder verheilt. Klare ursprüngliche äolische Formung.

14) Nordöstlich des Nyainqentanglha Shan.
14.1) Diagnose am Aufschluß: Unter gletschernahem Schotter.
REM: Glazigene Grundformung recht deutlich, trotz sehr starker Tonmineralneubildung. Etwas solifluidal bewegt. Äolischer Einfluß sehr gering.
14.2) Diagnose am Aufschluß: Gletschernahe Schotter über 14.1.
REM: In Korngrößen extrem heterogen. Größe der äolisch geformten Körner etwa

Fortsetzung von Tabelle 1

2,5 bis 4,5 mm Durchmesser. Grundmasse heterogen. Starke glazigene Formung, etwas solifluidal überarbeitet. Dann äolische Formung, nachträglich offenbar fluviatil bearbeitet. Sehr viele Aufwüchse neugebildeter Mineralien.

Diagnose: Glazigenes Material, etwas solifluidal und dann äolisch überformt.

15) Nordöstlich von Nagqu,
Diagnose am Aufschluß: Till bei 4600 m Höhe, stark von Bodenbildung betroffen.
15.1) REM: Stark verwittert. Zu starker Aufwuchs von neu gebildeten Mineralien für eine eindeutige genetische Ansprache. Manches sieht nach glazigener Formung aus.
15.2) Sehr heterogene Korngrößen. Starke Tonmineralaufwüchse. Glazigene Formung recht deutlich, etwas solifluidal überarbeitet, andererseits auch äolisch überformt.

Diagnose (15.1, 15.2): Till, sehr stark verwittert, offenbar alt.

16) Endmoränen bei Rongbu.
REM: Sehr grobes Material, zum Teil deutlich glazigen geformt. Kein Feinmaterial vorhanden. Steinchen zum Teil sehr schön äolisch überformt. Starke Mineralaufwüchse.

17) Tal des Mekong südöstlich von Qamdo. Sandlöß, ca. 3600 m hoch.
17.1) Oberer Sandlöß. Grundmasse der Körner um 65 bis 80 μm Durchmesser, bis 120 bis 150 μm. Wenige Körner größer als 250 μm Durchmesser. Frostsprengung; solifluidal und äolisch geformt. Die äolische Formung scheint zuletzt erfolgt zu sein. Teils aber auch ganz frische Frostsprengung.
Thermolumineszenz-Datum 33000 +/- 3000 Jahre v.h..
17.2) Humoser Sandlöß, älter als 33000 Jahre.
REM: Grundmasse etwa 40 bis 70 μm Durchmesser. Periglaziale Formung, teils äolisch überprägt. Körner teils auch 20 bis 30 μm Durchmesser. Deutlich stärkere Verwitterung als bei 17.1; Mineralneubildung.
17.3) Humoser Löß. Korngröße der Grundmasse 50 bis 80 μm Durchmesser. Kleinere Fraktion um 30 bis 40 μm Durchmesser. Größere um 120 bis 180 μm Durchmesser, sonst wie 17.2.

Diagnose: Periglazialmaterial, stark äolisch überformt. Kein glazigener Einfluß.

18) Chuka am Mekong, 3700 m Höhe: Grobblockige Talverfüllung.
18.1) Extrem heterogene Korngrößenverteilung. Keine glazigene Formung. Alles Frostverwitterung und solifluidaler Transport. Etwas äolisch überformt. Viele Tonmineralaufwüchse, die zum Teil zu „geröllartigen" Kugeln geformt sind.
18.2) Selber Aufschluß, selbes Material. Befunde wie bei 18.1.
18.3) Rechtes Ufer des Flusses, Hangschutt unter Grobblocklage. Vertritt vielleicht geschichtete Seesedimente (18.5.). Klar frostgesprengtes Material; vorher zum Teil verwittert. Nach der Frostsprengung Material solifluidal bewegt.
18.4) wie 18.3.
18.5) Fein geschichtete Seesedimente unter Grobblocklage: Recht homogene Korngrößen von 30 bis 60 μm Durchmesser. Viel verwittertes Material. Material frostgesprengt, solifluidal verlagert, dann ganz deutlich fluvial überformt. Eindruck: Abgetragener Boden, der von einem mud-flow erfaßt worden ist.
18.6) Wiederholung der Untersuchung aus derselben Schicht. Diagnose wie bei 18.5.

Diagnose: Gerutschtes Hangschuttmaterial. Kein glazigener Einfluß.

Fortsetzung von Tabelle 1

19) Bei Wuqu, östlich von Yajiang. Material im Tal, direkt unter großem Granitblock im Gebiet von Sandstein und Schiefer.

19.1) In Korngröße sehr heterogen. Stark gerundete, große Körner: Hoher Anteil der äolischen Formung, sehr stark verwittert. Falls überhaupt ein glazigener Einfluß vorhanden sein sollte, dann ist dieser stark solifluidal überprägt.

Diagnose: Mud-flow Sediment mit hohem äolischem Anteil.

19.2) 5 m unter dem großen Granitblock: Feine Grundmasse, leicht sortiert, etwa 70 bis 100 µm Durchmesser bis 130 bis 170 µm Durchmesser. Dazu größere Steinchen. Diese hervorragend äolisch geformt, dann fluviatil überarbeitet. Alles stark verwittert. Kein glazigener Einfluß.

20) Südlich von Meishan im Roten Becken. Feinsandiges Sediment, stark pseudovergleyt, viele Mn-Flecken. Fraglich, ob es sich um Löß handelt.

20.1) Mittlere Probe: Sehr feinkörnig: 90 bis 140 µm Durchmesser, dazu viel kleineres Bruchmaterial. In der Regel Frostbruch; sehr wenig äolisch geformt. Sehr starke Bodenbildung.

20.2) Oberstes feinkörniges Sediment, stark pseudovergleyt. Wegen zu starker Mineralaufwüchse keine Ansprache möglich.

20.3) Feines Material direkt über dem liegenden Schotter: Inhomogene Korngrößen: Größere Körner 100 bis 250 µm Durchmesser. Dazu sehr viel feiner Bruch und Tonmineralien. Starke Verwitterung. Nichts Äolisches. Mehrfach Brüche verheilt: Ob Frost, dann starke Bodenbildung?

Diagnose zu 20.1 bis 20.3: Kein Löß, Frosteinfluß vor Bodenbildung aber deutlich.

21) Hongyuan, Bohrung II, Südrand des Beckens von Zoige, 3588 m Höhe.

21.1) 392,5 cm Tiefe, an Basis des Torfes. Alles sehr stark, bis zu Unkenntlichkeit von Tonmineralien bedeckt. Nur wenige Körner mehr oder weniger klar. Sie alle frostgesprengt, solifluidal überarbeitet. Dann stark äolisch geformt. Dies zum Teil erneut frostgesprengt. Nichts Glazigenes.

21.2) 395,0 cm Tiefe. Alles sehr stark von Tonmineralien überwachsen, bis zur Unkenntlichkeit verdeckt. Die wenigen klaren Körner sind stark frostgesprengt, solifluidal transportiert, teils auch äolisch überformt. Nichts Glazigenes.

21.3) 397,5 cm Tiefe. Wie vorige Probe. Alles frostgesprengt, bzw. solifluidal geformt. Mit Tonmineralien überwachsen. Große Körner äolisch schwach geformt. Ein Korn vielleicht glazigene Textur, dann solifluidal überarbeitet, wahrscheinlich eher jedoch solifluidal geformt wegen vieler kleiner „Retouchen" am Kornrand.

21.4) 400 cm Tiefe: Weniger starker Aufwuchs. Zum Teil sehr schöne klare Oberflächen: Frostgesprengt, solifluidal verlagert. Zum Teil schwach äolisch geformt. Nichts Glazigenes.

21.5) 402,5 cm Tiefe. Sehr starke Mineralaufwüchse. Dann frostgesprengt, solifluidal und dann äolisch überformt, teils danach erneut solifluidal überarbeitet.

21.6) 405 cm Tiefe: Wie 21.5. Frostgesprengt, solifluidal und/oder äolisch überformt, teils auch umgekehrte Reihenfolge der Formung.

21.7) 407,5 cm Tiefe: Frostgesprengt und solifluidal verlagert. Kein bemerkenswerter äolischer Einfluß.

21.8) 410 cm Tiefe: Alles stark von Mineralneubildung überzogen. Klare Körner zeigen nur solifluidale Formung ohne äolischen Einfluß.

21.9) 412,5 cm Tiefe: Solifluidal geformt, teils etwas äolischer Einfluß. Sehr starke Überzüge durch Mineralneubildung.

Fortsetzung von Tabelle 1

21.10) 415 cm Tiefe: Sehr starker Tonmineralbewuchs. Kleine Körner zum Teil gut erkennbar: Alles solifluidale Formung, zum Teil nachträglich schwach äolisch überarbeitet. Nichts Glazigenes.
21.11) 417,5 cm Tiefe: Alles solifluidale Formung. Starker Tonmineralaufwuchs. Dieser aber schwächer als in 21.10.
21.12) 420 cm Tiefe: Alles solifluidal geformt. Sehr starke Aufwüchse durch Mineralneubildung.

Diagnose: Unter dem Moor von Hongyuan liegt in der untersuchten Tiefe kein glazigenes Material.

22) „Edelweißmoor III" bei Jigzhi. Sedimente unter Torf.
22.1) 190 cm Tiefe: Solifluidal und äolisch geformt. Kein glazigener Einfluß. Schwach verwittert.
22.2) 192,5 cm Tiefe: Solifluidal und äolisch geformt. Wenig Tonmineralaufwuchs.
22.3) 195 cm Tiefe: Solifluidal geformt. Sehr stark von Mineralneubildung überzogen.
22.4) 197,5 cm Tiefe: Solifluidal, dann äolisch geformt. Tonmineralaufwüchse.
22.5) 200 cm Tiefe: Solifluidal, dann schwach äolisch geformt. Nichts Glazigenes. Starke Mineralaufwüchse.
22.6) 202,5 cm Tiefe: Klare solifluidale Formung, ohne jeden glazigenen Einfluß. Starke Mineraleubildung.
22.7) 205 cm Tiefe: Wie 22.6.
22.8) 207,5 cm Tiefe: Solifluidale Formung herrscht vor; diese ist dann äolisch überprägt worden. Teils ist die Folge der Einflüsse auch umgedreht. Sehr wenige Körner, die möglicherweise glazigen geformt sein könnten, dann aber intensiv solifluidal und äolisch überprägt worden sind.

Diagnose: Vielleicht ganz an der Basis etwas glazigenes Material. Dies wird auch durch Erratika deutlich. Sonst handelt es sich nur um solifluidales und äolisches Material. Die Pollenflora der hangenden Torfe geht von der einer waldlosen Steppenzeit aus, die von Waldwuchs in der weiteren Umgebung alsbald abgelöst wird. Alter der basalen Torfschichten: ^{14}C 9535 ± 145.

Wie ersichtlich, sind 84 Proben untersucht worden, einige von ihnen mehrfach. Der glazigene Einfluß ist generell gering. Hierbei gilt offenbar, daß er nur in einzelnen Gebirgen deutlicher wird, in denen auch geomorphologische Beobachtungen auf eine ehemalige Eisbedeckung verweisen. Es lassen sich aber offenbar ältere, größere, von einer jüngeren und kleineren Vergletscherung unterscheiden.

Die ältere, größere Vergletscherung ist bei Aba (Proben 3.1 und 3.2), bei Qamalong (Proben 6 und 7), auf dem Granitplateau in 4900 m Höhe südlich Amdo (Proben 12.1 bis 12.5), am Pengco (Probe 13.1), direkt nordöstlich des Nyainqentanglha Shan (Proben 14.1, 14.2), nordöstlich von Nagqu (Proben 15.1, 15.2), vielleicht auch im „Edelweißmoor II" (Probe 22.8) nachweisbar. Sie wird stets durch eine sehr intensive Verwitterung von den jüngeren Sedimenten geschieden, datiert also offenbar aus einer älteren Eiszeit, da die Verwitterung in der Regel viel kräftiger ist als die heutige.

Die letzteiszeitliche Vergletscherung war nur auf einige Gebirge beschränkt, betraf keineswegs alle und führte erst recht nicht zu einer Inlandvereisung. Die vor dem „Interglazial" gelegene Vergletscherung war zwar größer; nichts aber aus den gegenwärtig verfügbaren Labor- und Geländebefunden spricht dafür, daß diese Inlandeischarakter gehabt habe.

Ein bemerkenswerter Fall scheint das Vorkommen von Li Xian zu sein. Der Diamict, der von TANG & SHANG (1991) als Moränen zweier Eiszeiten dargestellt worden war,

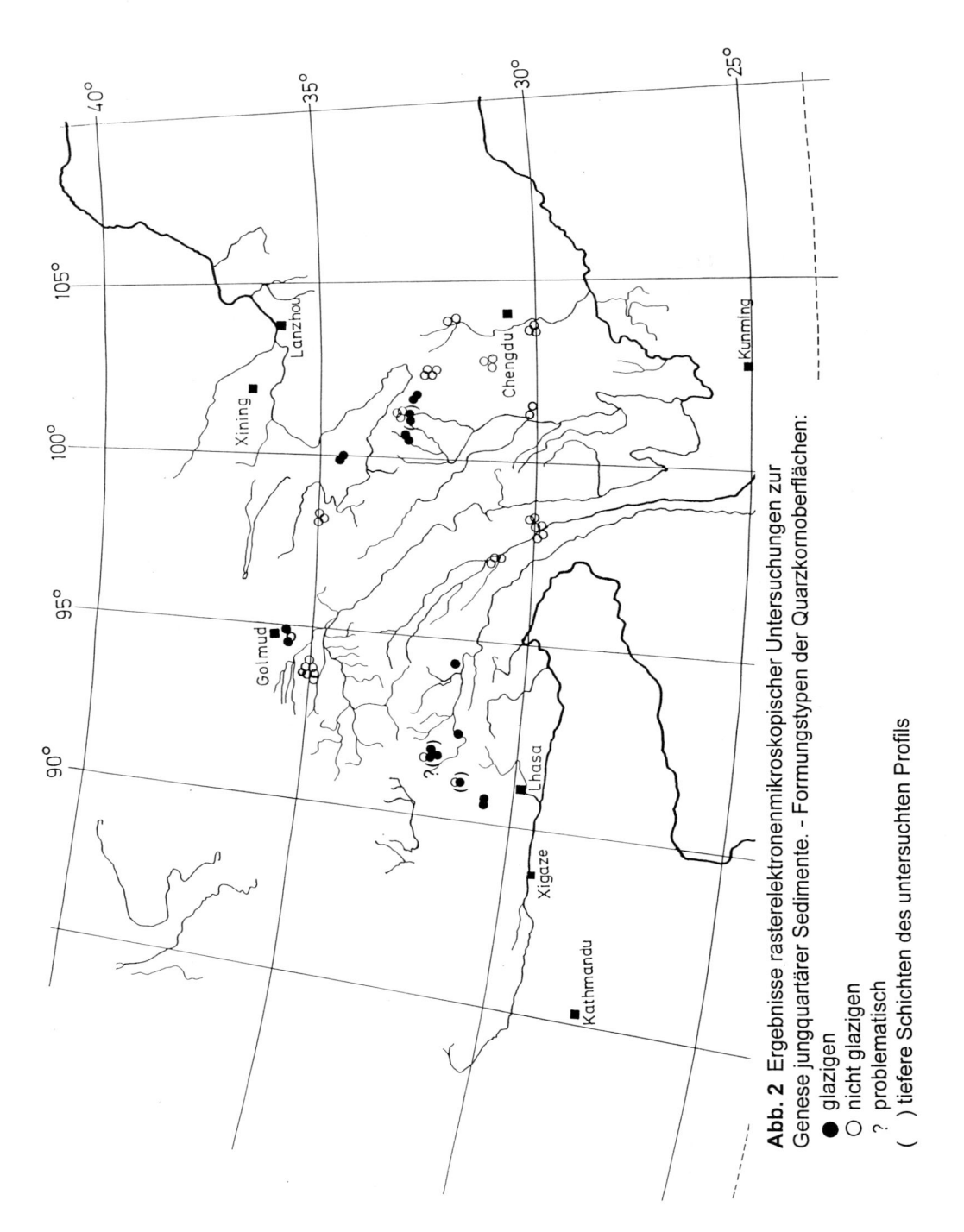

Abb. 2 Ergebnisse rasterelektronenmikroskopischer Untersuchungen zur Genese jungquartärer Sedimente. - Formungstypen der Quarzkornoberflächen:
● glazigen
○ nicht glazigen
? problematisch
( ) tiefere Schichten des untersuchten Profils

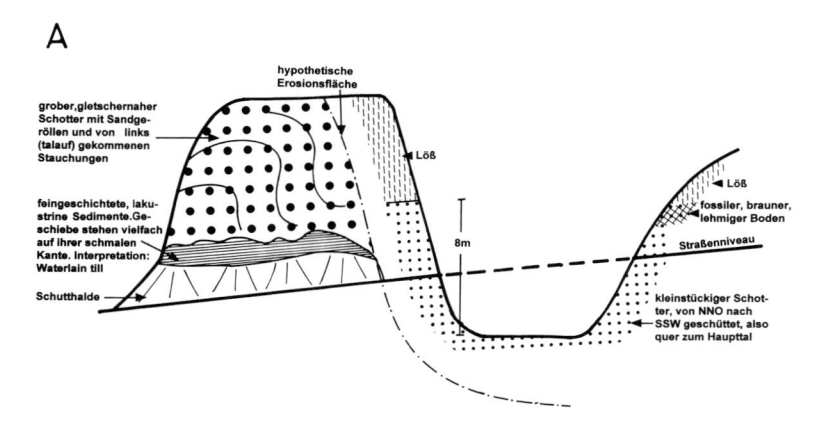

Abb. 3:
Geologisches Profil von Aba. Die Proben 3.1 und 3.2 stammen aus dem „waterlain till"

befindet sich zwischen 1800 und etwa 2300 m Höhe. Die Geländebefunde zur Sedimenttextur und zur Einregelung der „Geschiebe" sprechen für Bergsturzmaterial, das aus dem Nordwesten gekommen ist, und zum Teil für eine nachträgliche Verlagerung durch fließendes Wasser. Das vielfach im Umkreis größerer Steine stark zersplitterte Material verweist ebenfalls auf einen oder mehrere Bergstürze, nicht aber auf Gletscherbewegungen. Granite, die als „Erratika" auftreten, und die als Hinweise auf den glazigenen Ferntransport gewertet worden sind, stehen im Gebiet an, scheinen aber auch aus manchen Nebentälern talabwärts transportiert worden zu sein. Die rasterelektronenoptischen Analysen zahlreicher Proben dieses Materials (Proben 2.1 bis 2.15) zeigen mit Ausnahme der basalen Sedimente keinerlei ehemaligen Gletschereinfluß, und dieser ist in der einzigen Probe (2.15), in der etwas derartiges beobachtet werden konnte (vgl. Tabelle 1), äußerst unklar.

Man wird also das Material von Li Xian aus der Reihe der Beweise für eine ehemalige, tief herabreichende Vergletscherung streichen müssen: Es handelte sich um das Material eines oder mehrerer Bergstürze, die in ihrer Ausdehnung an den Flimser-Bergsturz in der Schweiz erinnern (HANTKE, 1980).

Diskussion

Die mitgeteilten Befunde basieren zunächst nur auf rasterelektronenmikroskopischen Analysen an Quarzkörnern oberflächennaher, wie aber auch recht tief gelegener Sedimente West Sichuans und der Osthälfte Tibets. Zur methodologischen Kritik derartiger Untersuchungen ist bereits in der Einleitung einiges gesagt worden. Es wurde deutlich, daß bestimmte Formungstypen der Quarzkornoberflächen wahrscheinlich nur dann Beweiskraft haben, wenn ein umfangreicheres Material untersucht worden ist (besonders ELZENGA et al., 1987), nicht aber nur einzelne Quarzkörner. In der vorliegenden Untersuchung wurde daher auf die Bearbeitung eines größeren Materials besonderer Wert gelegt wie auch schon bei einer früheren Analyse (FRENZEL, 1983). Dennoch bleiben manche Zweifel an der zuverlässigen Ansprache einzelner Sedimenttypen bestehen. Im vorliegenden Zusammenhang kommt es aber auf die Entscheidung der Frage „glazigen oder nicht glazigen" an. Hierbei ist wichtig, daß zum Teil glazigene Formungstypen der Quarzkornoberflächen auch allgemein durch Frost und periglaziale Prozesse verursacht werden können. Wenn allerdings eine große Zahl untersuchter Quarzkörner einer Probe oder – besser noch – eines Gebietes auf glazigene Formung verweist, wird es doch recht sicher, daß Gletscherwirkung im Spiel oder gar entscheidend war (vgl. KRINSLEY & DOORNKAMP, 1973; FRENZEL, 1981, 1983; DOWDESWELL et al., 1985; GRAVENOR, 1985; ELZENGA et al., 1987; KOWAL-KOWSKI, 1988). Es sind allerdings nie klare Hinweise auf einen Materialtransport innerhalb des Eises gefunden worden, wie sie von KOWALKOWSKI & KOCON (1992) für Material in Gletschern Spitzbergens beschrieben worden sind. In Tibet scheint vielmehr der Transport und die Formung an der Basis der Gletscher entscheidend wichtig gewesen zu sein.

Diese Schlußfolgerung gilt umso mehr, falls sie durch andere Beobachtungen erhärtet werden kann (z.B. DOWDESWELL et al., 1985). Aus Abbildung 2 und 1 wird nun deutlich, daß überwiegend glazigen geformte Quarzkornoberflächentexturen in West Sichuan und in der Osthälfte Tibets nur dort auftreten, wo andere geomorphologische Befunde auf die ehemalige Existenz der Gletscher verweisen. Ausnahmen hiervon treten nur selten auf. Sie betreffen eine oder mehrere ältere Vereisungen (Proben 3.1, 3.2, 6,7, 12.2 bis 12.5, 13.1, 14.1, 14.2, 15.1, 15.2, 22.8?), deren Spuren ausnahmslos durch eine wesentlich stärkere Bodenbildung als die heutige von den jüngeren Sedimenten getrennt sind. Es handelt sich offenbar um Vereisungen, die älter als das letzte Interglazial sind. Aber selbst diese Spuren sind klar an Sedimente gebunden, die auch aus der Ansprache am Aufschluß selbst als Till oder als vom Gletscher beeinflußt erkannt worden sind (vgl. Tabelle 1). Diese Spuren reichen nicht weit über die klaren Hinweise der Letzten Vereisung hinaus, die nach den bei FRENZEL (1994 a) mitgeteilten Befunden vermutlich zwischen etwa 25000 und 15000 v.h. gebildet worden sind, um einen breiten zeitlichen Rahmen anzugeben. Diese Beobachtungen decken sich mit den von SHI YAFENG et al. (1990, 1992, 1988); LI JIJUN et al. (1991); HÖVERMANN et al. (1993); HÖVERMANN & LEHMKUHL (1993); LEHMKUHL & ROST (1993); HÖVERMANN (1994); FRENZEL (1990, 1992) mitgeteilten Befunden.

Es ergibt sich somit aus den dargestellten Beobachtungen, daß die Osthälfte Tibets, damit aber aller Wahrscheinlichkeit nach auch das gesamte tibetische Plateau, während der Letzten und während der unmittelbar vorangegangenen Eiszeit nicht von einem Inlandeis bedeckt worden war. Es ist allerdings nötig, diese Befunde mit denen zu vergleichen, die von KUHLE (1984, 1985, 1987 a, b, 1988 a, b, 1989, 1991 a, b) mitgeteilt worden waren. Dies ist schwierig, weil eine gemeinsame Expedition nicht zustande gekommen war. Dennoch ist es gelungen, 1992 diejenigen Schlüssel-Lokalitäten aufzusuchen, die von KUHLE (1984) nach einer Satellitenbild-Interpretation als Beweise für ein tibetisches letzteiszeitliches Inlandeis angesehen worden sind. Die von dort beschriebenen „Bortensander" nördlich der großen Seen im Quellgebiet des Huang He sind aber alles andere als Sander. Eher liegt der Gedanke an einen Typ von Molasse nahe. Hierüber wird im Zusammenhang mit anderen Mitteilungen der Ergebnisse der Expedition von 1992 zu berichten sein.

Literatur

CAILLEUX, A. (1969): Morphoscopie de sables d'URSS, Mongolie et Chine. – Cahiers Géologiques, 85, 1044–1053.

DOWDESWELL, J.A.; OSTERMAN, L.E. and ANDREWS, J.T. (1985): Quartz sand grain shape and other criteria used to distinguish glacial and non-glacial events in a marine core from Frobisher Bay, Baffin Island, N.W.T., Canada. – Sedimentology, 32, 119-132.

ELZENGA, E.; SCHWAN, J.; BAUMFALK, Y.A.; VANDENBERGHE, J. and KROOK, L. (1987): Grain surface characteristics of periglacial aeolian and fluvial sands. – Geologie en Mijnbouw, 65, 273–286.

FRENZEL, B. (1981): Rasterelektronenmikroskopische Analyse der Sedimentgenese. – Verh.naturwis.Ver.Hamburg, NF 24 (2), 73–102.

FRENZEL, B. (1983): Rasterelektronenmikroskopische Untersuchungen zur Sedimentgenese am Material aus der Forschungsbohrung FBZ (Kgr. Lutz-Pech) bei Murnau. Internat. Union for Quaternary Research; Stratigraphic Commission; Subcommission on European Quaternary Stratigraphy. 50–52. Bayer. Geol. Landesamt München.

FRENZEL, B. (1990): Forschungen zur Geographie und Geschichte des Eiszeitalters (Pleistozän) und der Nacheiszeit (Holozän). – Jahrbuch der Akademie der Wissenschaften und der Literatur Mainz, Steiner, Stuttgart, 149-154.

FRENZEL, B. (1992): Forschungen zur Geographie und Geschichte des Eiszeitalters (Pleistozän) und der Nacheiszeit (Holozän). Jahrbuch der Akad. d. Wiss. u. d. Lit., 183–203.

FRENZEL, B. (1994): Zur Paläoklimatologie der Letzten Eiszeit auf dem Tibetischen Plateau. Göttinger Geograph. Abh, 95, 115–141.

GRAVENOR, C.P. (1985): Chattermarked garnets found in soil profiles and beach environments. – Sedimentology, 32, 295–306.

HANTKE, R. (1980): Eiszeitalter. Die jüngste Erdgeschichte der Schweiz und ihrer Nachbargebiete. 2: Letzte Warmzeiten, Würm-Eiszeit, Eisabbau und Nacheiszeit der Alpen-Nordseite vom Rhein- zum Rhone-System. 703 S., Ott Verlag Thun.

HÖVERMANN, J. (1994): Neue Ergebnisse zur Paläoklimatologie Zentralasiens. Paläoklimaforschung – Palaeoclimate Research, 17, im Druck.

HÖVERMANN, J. und LEHMKUHL, F. (1993): Bemerkungen zur eiszeitlichen Vergletscherung Tibets. – Mitt.Geograph.Ges. zu Lübeck, 58, 137-158.

HÖVERMANN, J.; LEHMKUHL, F. and PÖRTGE, K.-H. (1993): Pleistocene glaciations in Eastern and Central Tibet – preliminary results of Chinese-German joint expeditions. – Z.f.Geomorph., Suppl.-Bd. 92, 85–96.

KARPOVICH, R.P. (1971): Surface features of quartz sand grain, northeast coast, Gulf of Mexico. Gulf-Coast Association of Geological Societies. Transactions of the Annual Meeting, New Orleans, 21, 451–461.

KOWALKOWSKI, A. (1988): Cechy urzezbienia powierzchni ziarn piasku kwarcowego w kwásnych i alkalicznych glebach klimatu zimnego. – Textural features of the surface of quartz sand grains in acid and alkaline soils of the cold climate. – In. Mycielska Dowgiallo, E. (eds.): Geneza osadów i gleb swietle w badań w mikroskopie elektronowym. 87–100, 179–199, Wydawnictwa Univ.Warszawskiego.

KOWALKOWSKI, A., und KOCON, J. (1992): Kryogene Verwitterung der Quartzsandkörner im Gletschermilieu Spitzbergens. Mitt. d. Deutsch. Bodenkundl. Ges., 68, 271–274.

KRINSLEY, D.H. and DOORNKAMP, J.S. (1973): Atlas of quartz sand surface textures. – Cambridge Univ.Press, 91 S.

KRINSLEY, D.H., and FUNNELL, B.M. (1965): Environmental history of quartz sand grains from the Lower and Middle Pleistocene of Norfolk, England. Quart. J. Geol. Soc. London, 121, 435–461.

KUHLE, M. (1984): Zur Geomorphologie Tibets, Bortensander als Kennformen semiarider Vorlandvergletscherung. Berliner Geogr. Abh., H. 36, 127–138.

KUHLE, M. (1985): Glaciation research in the Himalayas: a new ice age theory. – Universitas, 27, 281–294.

KUHLE, M. (1987a): Glacial, nival and periglacial environments in Northeastern Qinghai-Xizang Plateau. – In: Hövermann, J. and Wang Wenyin (eds.): Reports on the Northeastern part of the Qinghai-Xizang (Tibet) plateau by Sino-W.German Scientific expedition. – Science Press, Beijing, 1987, 176-244.

KUHLE, M. (1987b): The problem of a Pleistocene inland glaciation of the Northeastern Qinghai-Xizang Plateau. – In: Hövermann, J. and Wang Wenyin (eds.): Reports on the Northeastern part of the Qinghai-Xizang (Tibet) plateau by Sino-W.German Scientific expedition. – Science Press, Beijing, 1987, 250–315.

KUHLE, M. (1988a): The Pleistocene glaciation of Tibet and the onset of the ice ages – an autocycle hypothesis. – GeoJournal, 17.4, 581–595.

KUHLE, M. (1988 b): Die Depression der Schneegrenzen. – Forschung.Mitt.d.DFG, 1, 19–22

KUHLE, M. (1989): Ice-Margin Ramps: an indicator of semi-arid piedmont glaciations. – GeoJournal, 18.2, 223–238.

KUHLE, M. (1991a): Die Vergletscherung Tibets und ihre Bedeutung für die Geschichte des nordhemispherischen Inlandeises. – Paläoklimaforschung, 1, 293–306.

KUHLE, M. (1991b): Observations supporting the Pleistocene inland glaciation of High Asia. – GeoJournal, 25.2/3, 133–231.

LEHMKUHL, F. und ROST, K.T. (1993): Zur pleistozänen Vergletscherung Ostchinas und Nordosttibets. – Petermanns Geogr.Mitt., 137, 67–78.

LI JIJUN; LI BINGYUAN and ZHANG QINGSONG (1991): Explanatory notes on the quaternary glacial distribution maps of the Qinghai-Xizang (Tibet) Plateau. (1 : 3 000 000). 10 p.; Chinese and English text; Science Press, Beijing.

LI JIJUN; WEN SHIXUAN; ZHANG QINGSONG; WANG FUBAO, ZHENG BENXING and LI BINGYUAN (1979): A discussion on the period, amplitude and type of the uplift of the Qinghai-Xizang Plateau. – Scientia Sinica, 22, 1314–1328.

LI JIJUN; ZHOU SHANGZHE and PAN BAOTIAN (1991): The problems of Quaternary glaciation in the eastern part of Qinghai-Xizang plateau. – Quatern. Sciences, 3, 193–203.

LINDÉ, Kr. and MYCIELSKA-DOWGIALLO, E. (1980): Some experimentally produced microtextures on grain surfaces of quartz sand. Geogr. Ann., 62 A, (3–4), 171–184.

LIU SHIJIAN (1994): Quartz-grain surface features of debris flow in the marginal mountain of the Tibetan plateau. – GeoJournal, 23.3.

LIU SHIJIAN and LI JIAN(1994): Basic characteristics of moraine types from the last glaciation in northeastern Qinghai-Xizang (Tibet) Plateau. – Göttinger Geographische Abh., 95, 221–231.

MAHANEY, W.C. (1992): Quartz particle types in Chinese and European loesses. Naturwissenschaften, 79, 266.

MANICKAM, S. and BARBAROUX, L. (1987): Variations in the surface texture of suspended quartz grains in the Loire River: A SEM study. – Sedimentology, 34, 495–510.

MARGOLIS, St.V., and KRINSLEY, D.H. (1974): Processes of formation and environmental occurrence of microfeatures on detrital quartz grains. Amer. J. of Sci., 274, 449–464.

MAY, R.W. (1980): The formation and significance of irregularly shaped quartz grains in till. – Sedimentology, 27, 325–331.

NAHON, D. and TROMPETTE, R. (1982): Origin of siltstones: glacial grinding versus weathering. – Sedimentology, 29, 25–35.

NEDELL, S.S.; ANDERSEN, D.W.; SQUYRES, S.W. and LOVE, F.G. (1987): Sedimentation in ice-cored Lake Hoare, Antarctica. – Sedimentology, 34, 1093–1106.

ORR, E.D. and FOLK, R.L. (1985): Chattermarked garnets found in soil profiles and beach sediments. – Sedimentology, 32, 307–308.

SHI YAFENG and The Lanzhou Institute of Glaciology and Geocryology, Academia Sinica (1988): Map of snow, ice and frozen ground in China. – China cartographic publishing house, Beijing, 18 p.

SHI YAFENG; ZHENG BENXING and LI SHIJIE (1990): Last glaciation and maximum glaciation in Qinghai-Xizang Plateau. – A controvery to M.Kuhle ice sheet hypothesis. – J.of.Glaciology and Geocryology, 12.1, 1–16.

SHI YAFENG; ZHENG BENXING and LI SHIJIE (1992): Last glaciation and maximum glaciation in the Qinghai-Xizang (Tibet) Plateau: A controversy to M. Kuhle's ice sheet hypothesis. Z. Geomorph., N. F., Suppl-Bd. 84, 19–35.

TANG BANGXING, and SHANG XIANGCHAO (1991): Geological hazards on the eastern border of the Qinghai-Xizang (Tibetan) Plateau. Excursion Guidebook XIII, 28 p., XIII. INQUA-Congress, Beijing.

TANG, BANGXING; LI JIAN and LIU SHIJIAN (1994): Basic features of glacial landforms in the Minshan. – Göttinger Geographische Abh, 95, 233–241.

Manuskriptabschluß 10.94

DENDROCHRONOLOGISCHE UNTERSUCHUNGEN AN OSTTIBETISCHEN WALDGRENZSTANDORTEN

Achim Bräuning, Stuttgart/Hohenheim
mit 5 Abbildungen und 1 Tabelle

Zusammenfassung: In Ost-Tibet wurden sechzehn Jahrringchronologien an Standorten nahe oder an der oberen Baumgrenze aufgenommen, die längste reicht zurück bis in das Jahr 620 v. Chr. Die verwendeten Arten sind Abies, Picea, Larix, Pinus und Sabina. Die meisten dieser Chronologien haben 40–50% Weiserjahre, bei einer Serie beträgt der Anteil der Signaturen sogar 75%. Daher nehmen wir an, daß an diesen Standorten die klimatischen Faktoren das Wachstum der Bäume verhältnismäßig stark beeinflussen. Durch Fernkorrelationen der Jahrringsequenzen konnten die Standorte zu drei Gruppen gleichen Baumwachstums zusammengefaßt werden. An einigen Standorten weisen abrupte Wachstumseinbrüche auf menschliche Beeinflussung durch Schneiteln von Viehfutter und Brennholz hin. Starke Zuwachsraten in den letzten 25 Jahren sind vermutlich auf Abholzungsmaßnahmen in den 60er und 70er Jahren zurückzuführen.

[Tree-ring chronologies at the upper tree line in Eastern Tibet]

Summary: Sixteen tree-ring chronologies from sites near or at the upper tree line in eastern Tibet were established, the longest one dating back to 620 A.D. The species used are Abies, Picea, Larix, Pinus and Sabina. Most of the chronologies have between 40 to 50% signature-years, one series even consists of 75% signatures. Therefore we assume that the impact of climate limiting tree-growth of those sites is reasonably high. Furthermore, long-distance correlation analyses between the tree-ring sequences indicate three distinct regions of similar tree growth. Human impact by lopping for fodder and fuelwood is indicated by abrupt growth depressions at some sites. Long-term increases of growth rates in modern times are very probably caused by forest opening since the 1960s.

青藏高原东部地区森林上限树木年代研究

Achim Bräuning

德国 Hohenheim 大学植物研究所 ,D-70593,Stuttgart,Germany

摘　要

经对十六个青藏高原东部森林上限的树木年代分析得知:最老的树木年代可追溯到公元 620 年。所分析的树种为冷杉、云杉、松、柏树和落叶松。大部分树木年代曲线反映出相同的生长变化趋势,例如一些树木年代曲线变化相同性可达 40%—50%,个别可达 75%。因此,作者推测气候对这一地区树木生长具有相当大的限制性。此外,长距离树木年代相关分析表明:三个完全不同的地区却有十分相似的树木生长变化特征。在一些地方,树木年轮反映出快速生长的变化,它可能表明人类砍伐森林作为燃料而 对树木 生长造成的影响。近期树木年轮增长幅度较大可能是自 60 年代以来大量 砍伐森林所致。

1. Einführung

Jahrringchronologien können wertvolle Informationen über die Temperatur- und allgemeine Klimageschichte eines Standortes oder einer Region enthalten, besonders wenn sie von klimatischen Extremstandorten stammen (BRIFFA et al. 1987). In Tibet sind Klimadaten erst seit 1951 aufgezeichnet worden, daher müssen zur Klimarekonstruktion früherer Zeitabschnitte dieser Region andere Informationsquellen herangezogen werden. Möglicherweise können Jahrringchronologien aus Tibet auch Hinweise auf Klimaentwicklungen geben, die bereits von anderen Regionen bekannt sind, wie z. B. die sogenannte „Kleine Eiszeit".

Auf den beiden deutsch-chinesischen Tibetexpeditionen im Jahre 1989 wurden insgesamt ca. 150 Bohrkerne aus Bäumen an oder nahe der Waldgrenze gezogen, die derzeit am Jahrringlabor der Universität Hohenheim dendrochronologisch und dendroklimatologisch ausgewertet werden. Da die Untersuchungen noch nicht abgeschlossen sind, kann hier lediglich ein Zwischenstand der Arbeiten vorgestellt werden.

Abb. 1 zeigt die geographische Lage der Gebiete, aus dem die Proben stammen. Die genaue Aufstellung der Einzelstandorte, die untersuchten Baumarten, die Anzahl der beprobten Bäume sowie das Alter der erstellten Chronologien gibt Tab. 1 wieder.

Tab. 1: Name und Höhenlage der beprobten Bestände, Baumarten sowie Belegung und Länge der erstellten Chronologien

Standort	Höhe	Baumart	Belegung	Chronologie
Quamdo	4400	Sabina tibetica	11	1620–1989
Quamdo	4400	Picea sp.	6	1646–1988
Gong Gang Ling	3440	Abies sp.	11	1679–1988
Zolge	600	Abies sp./Picea sp.	10	1830–1988
Militärlager	3950	Picea sp.	5	1906–1989
Nam,				
-Wiesenlager	3900	Abies densa	9	1836–1989
-Lichtung	4000	Abies densa	7	1740–1989
-Moräne	4100	Abies densa	10	1770–1989
-Wasserleitung	3600	Abies densa	6	1938–1989
		Picea sp.	7	1933–1989
		Larix griffithiana	6	1694–1989
-Wasserfall	3350	Picea sp.	11	1846–1989
Niang Qu	3500	Pinus sp.	9	1958–1989
Makalu				
-Gletscher	3800	Larix himalaica	10	1938–1989
-Moräne	3840	Larix himalaica	6	1749–1989
Sojiang	4060	Sabina sp.	9	1594–1989

2. Länge der Chronologien

Die Länge der Chronologien, die ausschließlich von lebenden bzw. stehenden toten Bäumen erstellt wurden, ist z. T. beträchtlich: So weisen acht Chronologien eine Länge von mehr als 200 Jahren auf, darunter zwei Lärchenchronologien, drei Tannen- und eine Fichtenchronologie sowie zwei Wacholderchronologien.

Der Standort „Qamdo Wacholder" zeichnet sich durch sehr alte Exemplare aus: Der älteste Bohrkern weist 1103 Ringe aus, wobei das Zentrum des Stammes noch lange nicht erreicht war, der Baum also noch wesentlich älter sein kann. An diesem Standort wurde

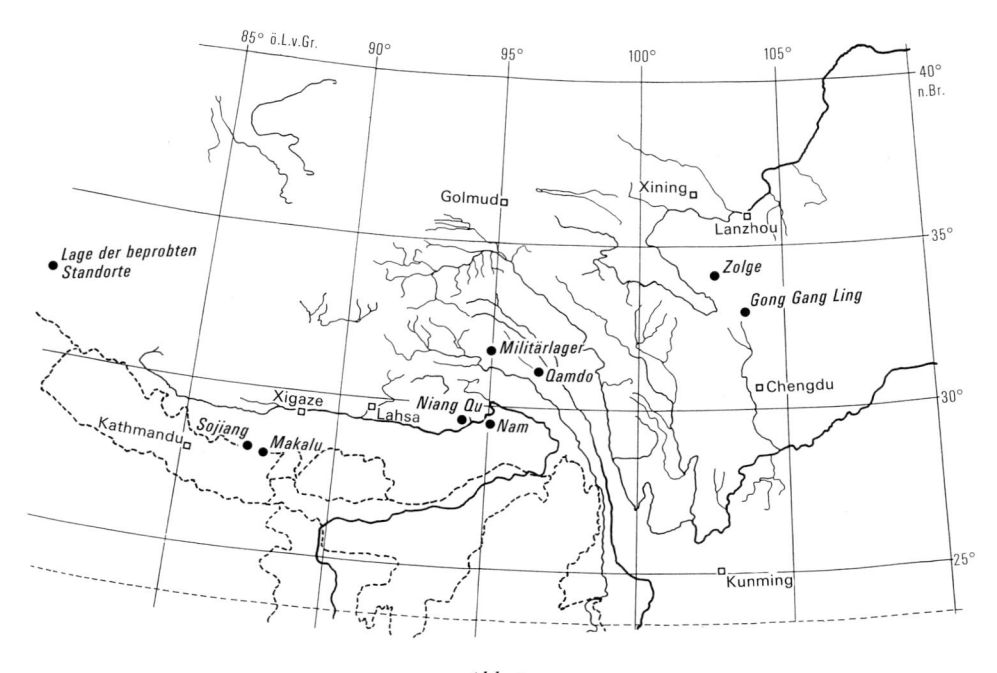

Abb. 1:
Geographische Lage der untersuchten Standorte

auch ein abgestorbener, aber noch stehender Baum beprobt, sein Endjahr datiert 1314. Er verlängert mit seinen fast 700 meßbaren Jahrringen die Chronologie auf 620 n. Ch. (ca. 100 weitere folgen noch nach innen, weisen aber durch eine Bruchstelle keinen Zusammenhang zum Rest des Kernes mehr auf). Dem Baum fehlte zwar die Waldkante und somit eine unbestimmte Zahl der äußersten Jahresringe, er dürfte aber möglicherweise schon über sechs Jahrhunderte als Baumleiche an seinem Standort stehen. Dies ist zum einen sicherlich durch die Imprägnierung des Wacholderholzes durch pilz- und bakterienhemmende Substanzen, deren freiwerdende Gerüche den Wacholder in Tibet zu einem beliebten Weihrauchholz werden ließen, zu erklären. Es läßt aber auch Rückschlüsse auf abbauhemmende, extreme Standortsbedingungen zu, die die Wacholder an der tibetischen Waldgrenze als wertvolle Zeugen der Witterungsabläufe an solchen Standorten erscheinen lassen.

3. Anteil der Signaturjahre

Signaturen oder Weiserjahre sind Jahre, in denen das Wachstum der Mehrzahl aller Bäume eines Standortes durch äußere Faktoren gleichsinnig geprägt wird, und in denen die individuellen Wachstumsdifferenzen durch kleinräumige Standortsunterschiede oder Einzelereignisse gegenüber großräumigen Einflüssen zurücktreten. Als Signaturjahre gelten Kurvenabschnitte, in denen mehr als 75% aller Bäume einer Chronologie in einem Jahr gleichsinnige Wachstumstendenzen im Vergleich zum Vorjahr aufweisen (BECKER & GLASER 1991). Dazu ist eine Mindestbelegung der Chronologie mit vier Bäumen erforderlich.

Bei den wachstumsbeeinflussenden äußeren Faktoren kann es sich um Schädlingseinflüsse auf einen ganzen Bestand (Schweingruber 1986), um menschliche Eingriffe wie Durchforstungs- oder Abholzungsmaßnahmen, insbesondere aber um Witterungseinflüs-

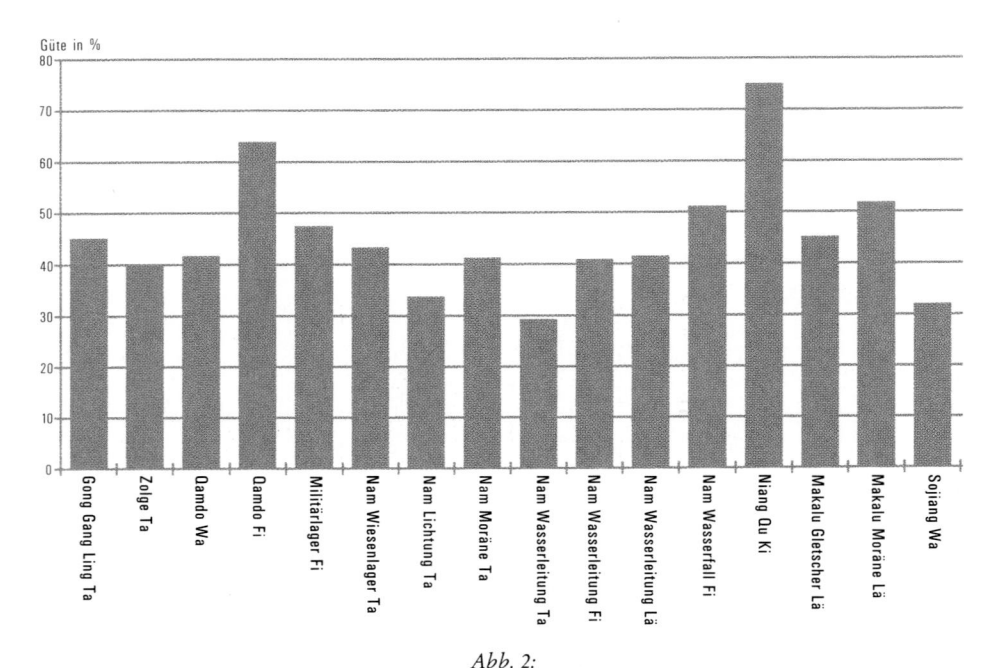

Abb. 2:
Güte der Standortschronologien
Ta = Tanne (Abies), Fi = Fichte (Picea), Lä = Lärche (Larix), Ki = Kiefer (Pinus),
Wa = Wacholder (Sabina)

se handeln. Daher sind die Weiserjahre für die Rekonstruktion der Witterungsbedingungen in der Vergangenenheit von besonderem Interesse.

Der Anteil der Weiserjahre an den interannuellen Ringbreitenschwankungen einer Chronologie wird als Güte bezeichnet. Je größer die Güte einer Chronologie, desto aussagekräftiger wird diese im Hinblick auf ihren klimatologischen Informationsgehalt.

Abb. 2 gibt die Güte aller aufgestellten Chronologien wieder. Die höchste Güte mit 75% erreicht die Kiefernchronologie „Niang Qu", obwohl die Bäume noch sehr jung sind (s. Abb. 2) und sich gerade in ihrer Jugendwachstumsphase befinden (Ringbreiten um 1 cm). In dieser Phase treten äußere Einflußfaktoren gegenüber der Individualentwicklung oft in den Hintergrund, so daß die dennoch sehr hohe Güte diese Baumart für künftige Untersuchungen an älteren Bäumen sehr interessant erscheinen läßt.

Für die dendroklimatologische Auswertung von besonderem Interesse ist vor allem auch der Standort „Qamdo Fichten", der in unmittelbarer Nachbarschaft zu den oben erwähnten Wacholdern steht. Er weist eine Güte von 64% auf. Die meisten übrigen Chronologien weisen Signaturanteile zwischen 40–50% auf und erweisen sich für dendroklimatische Interpretationen ebenfalls als sehr geeignet.

4. Fernkorrelation

Wenn wachstumslimitierende Witterungsereignisse großräumig auftreten, weisen auch die Jahrringmuster der Bäume an voneinander entfernten Standorten in klimatischen Extremjahren gleiche Wachstumstendenzen auf. Hierbei stellt sich die Frage, inwieweit verschiedene Baumarten auf denselben Witterungsverlauf gleichartig reagieren, ob alle Baumarten innerhalb einer Region oder Höhenlage das gleiche Wachstumsverhalten zeigen, und auf welche räumlichen Distanzen Fernkorrelationen erkennbar sind.

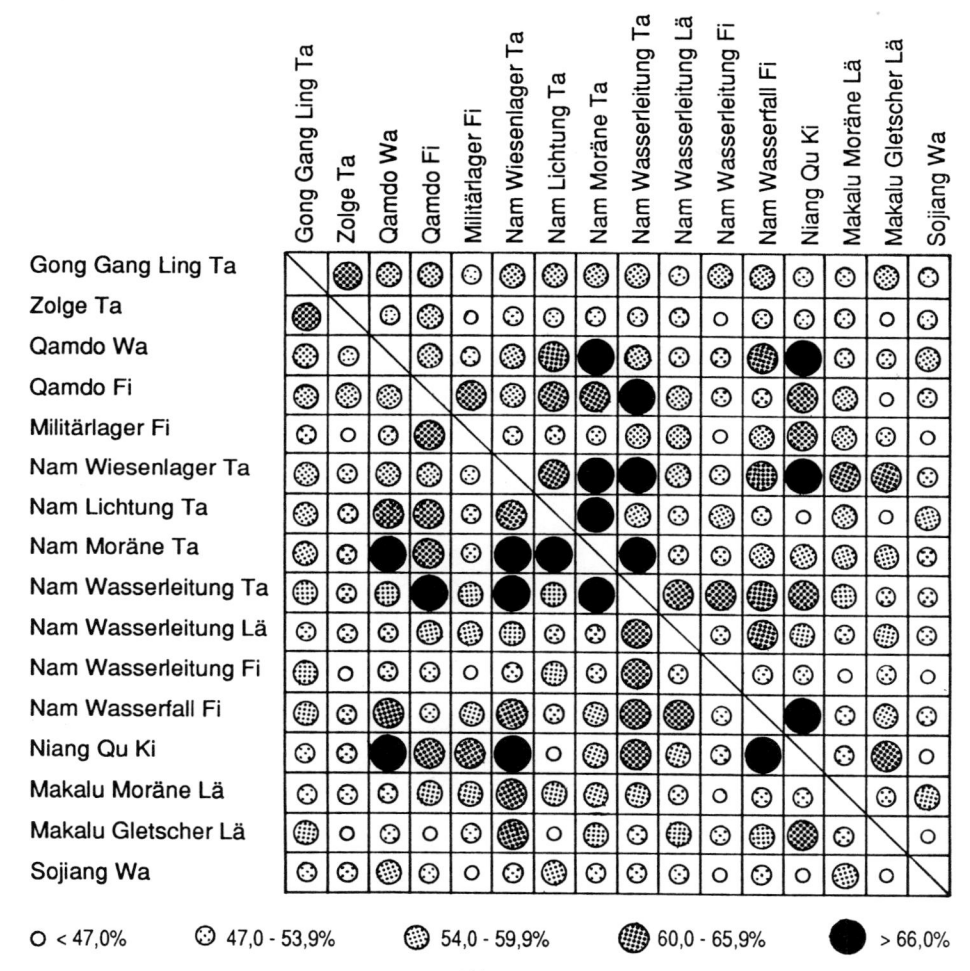

Abb. 3:
Fernkorrelationen (% Gleichläufigkeit) aller Chronologien zueinander über deren gesamten Überlappungszeitraum
Ta = Tanne, Fi = Fichte, Lä = Lärche, Ki = Kiefer, Wa = Wacholder

Als Maß für die Ähnlichkeit von Chronologien dient dabei die Gleichläufigkeit, die die prozentuale Übereinstimmung gleichsinniger Jahrringbreitenschwankungen wiedergibt. In den Abb. 3 und 4 sind die Fernkorrelationen aller Standorte gegeneinander aufgetragen.

Bei Abb. 3 ist zu beachten, daß die Chronologien sehr unterschiedliche Längen aufweisen (s. Tab. 1), so daß zur besseren Vergleichbarkeit der Werte die Gleichläufigkeit nochmals für die Zeitspanne angegeben wurde, welche von allen Chronologien (außer den sehr jungen Kiefern von Niang Qu) abgedeckt wird. Während also Abb. 3 zwei Chronologien jeweils über den gesamten Zeitraum, in dem sie sich überlappen, vergleicht, ist in Abb. 4 die Gleichläufigkeit in den letzten 50 Jahren dargestellt.

Im Test über die gesamte Kurvenlänge (Abb. 3) lassen sich drei Standortsgruppen ausgliedern:

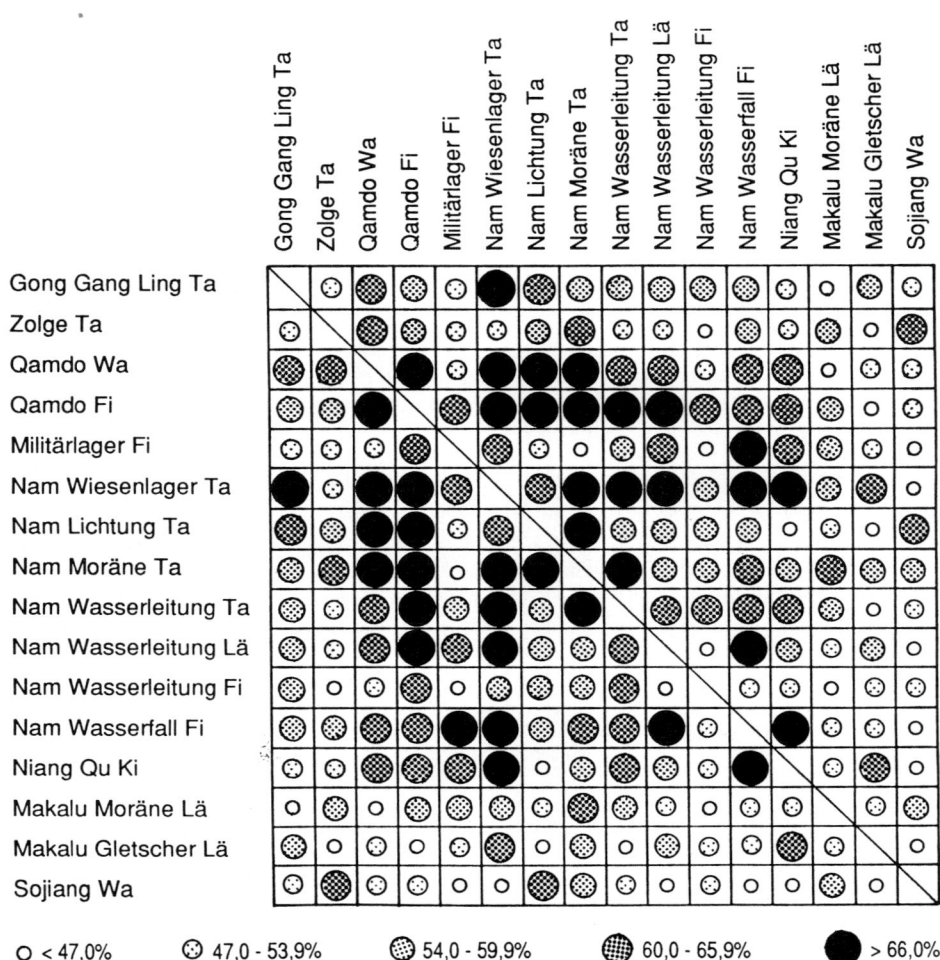

Abb. 4:
Fernkorrelationen (% Gleichläufigkeit) aller Chronologien zueinander von 1940 – 1989
(Niang Qu Ki nur 1958–1989)
Ta = Tanne, Fi = Fichte, Lä = Lärche, Ki = Kiefer, Wa = Wacholder

– die Standorte Gong Gang Ling und Zolge einerseits, die Standorte Qamdo, Militärlager, und schließlich Nam und Niang Qu andererseits, die untereinander hohe, zu den anderen Standorten jedoch geringe Korrelationen aufweisen.
– die Standorte Makalu und Sojiang, die sowohl zu den meisten anderen Standorten als auch untereinander meist nur geringe Gleichläufigkeiten aufweisen.

Die höchsten Korrelationen innerhalb der zweiten Standortsgruppe treten zwischen den Tannenstandorten, aber auch zwischen Tannen und den anderen Baumarten auf, wobei ein Einfluß der Höhenlage nicht deutlich erkennbar wird. Tannen zeigen auch in Mitteleuropa auffallende Fernkorrelationen (MÜLLER-STOLL 1951, HUBER 1970).

Die Kiefern von Niang Qu zeigen trotz ihres geringen Alters hohe Korrelationen zu fast allen anderen Standorten der Gruppe, obwohl sie sich noch in der starken Jugendwachstumsphase (gemessene Ringbreiten um 1 cm) befinden. Offenbar reagieren die Bäume sehr sensibel auf den Witterungsverlauf (siehe auch die hohe Güte der Chronologie).

Die Fichten des Standorts Militärlager weisen außer zu den erwähnten Kiefern nur noch zu den Fichten von Qamdo hohe Korrelationen auf.

Die Fichten vom Standort Nam Wasserleitung dagegen zeigen lediglich zu den Tannen desselben Standortes gute Gleichläufigkeiten, nicht aber zu anderen Chronologien derselben Region. Möglicherweise befinden sich die Bäume noch in der Jugendwachstumsphase, in der das Baumwachstum noch nicht so deutlich vom Klima geprägt wird.

Bei den schlecht korrelierenden Standorten der Gruppe drei handelt es sich z. T. um edaphische Sonderstandorte. Die Lärchen Makalu Gletscher wurzeln direkt auf Schuttmassen über Toteis (M. Groß, mündl. Mittlg.) und sind daher sicherlich stark von den lokalen Verhältnissen geprägt. Lärchen sind zwar sehr kälte- und dürreresistent, aber aufgrund ihrer Lichtbedürftigkeit schwache Konkurrenten, so daß sie auf günstigen Standorten von den stärker schattenvertragenden Baumarten auf Extremstandorte verdrängt werden (CUNGEN CHEN 1987).

Die Analyse der Fernkorrelationen läßt aber erkennen (Vergleich der Abb. 3 und 4), daß die Gleichläufigkeiten einiger Standorte nicht über lange Perioden hinweg konstant verlaufen. So weisen die Standorte Gong Gang Ling und Zolge zwischen 1940 und 1989 eine Gleichläufigkeit von 52,1%, zwischen 1890 und 1940 jedoch (nicht abgebildet) 75,5% auf. Dafür sind in der Periode von 1940–1989 die Korrelationen der Bäume von Gong Gang Ling zu einigen Standorten der Nam-Gruppe höher als über den Gesamtzeitraum der Chronologie von 310 Jahren, so daß der Standort durchaus noch Ähnlichkeiten zu den Standorten der Gruppe 2 zeigt.

Die starken Schwankungen der Gleichläufigkeit können außer durch unterschiedliche Klimaabläufe in den verschiedenen Regionen auch durch eine unterschiedliche Beeinflussung durch den Menschen hervorgerufen sein (s.u.).

5. Mögliche Hinweise auf menschliche Beeinflussung der Standorte

Anzeichen für eine anthropogene Einflußnahme an verschiedenen Standorten zu verschiedenen Zeiträumen äußern sich immer wieder in abrupten, starken Wachstumseinbrüchen einzelner Bäume, die keine Entsprechung im Wachstumsverlauf der anderen Individuen desselben Standortes finden, deren Ursache also nicht klimatischer Natur sein kann. Schädlingskalamitäten äußern sich im Jahrringmuster zwar als abrupter Wachstumseinbruch, es tritt jedoch in der Regel bereits ein bis zwei Jahre nach dem Befall wieder eine Erholung der Bäume ein (SCHWEINGRUBER 1979). Eine Wachstumsabnahme durch Beschattung durch einen Bestandesnachbarn hat zwar rasche Ringbreitenzunahmen nach dessen Entfernen bzw. Umstürzen zur Folge, jedoch nur allmähliche Wachstumsminderungen zu Beginn der Unterdrückung.

Unregelmäßige, markante Wachstumseinbrüche mit Erholung nach ca. 5 Jahren, wie sie Abb. 5 ab 1890 zeigt, weisen daher wohl auf menschliche Tätigkeit hin: Ursache könnte das Schneiteln der Bäume als Viehfutter und Brennmaterial sein (B. Frenzel, mündl. Mittlg.). Diese Art der Wachstumseinbrüche wurde bei Tannenproben der Standorte Nam Lichtung (ab 1850, Abb.5), Gong Gang Ling (seit ca 1680 immer wieder an verschiedenen Bäumen) und Zolge (um 1860 und 1896), sowie an den Fichten des Militärlagers beobachtet.

Einige Standorte weisen starke Wachstumssteigerungen ab Mitte der 60er bis Anfang der 70er Jahre auf, so die Standorte Qamdo, Gong Gang Ling, Nam Lichtung und Wiesenlager. Betroffen sind dort Tannen, Fichten und Wacholder, von denen selbst 800 bis 1000- jährige Exemplare Zuwachssteigerungen von 300% in 25 Jahren aufweisen. Da andere Standorte diese Zuwachssteigerung nicht aufweisen, scheinen klimatische Ursachen als Auslöser wenig

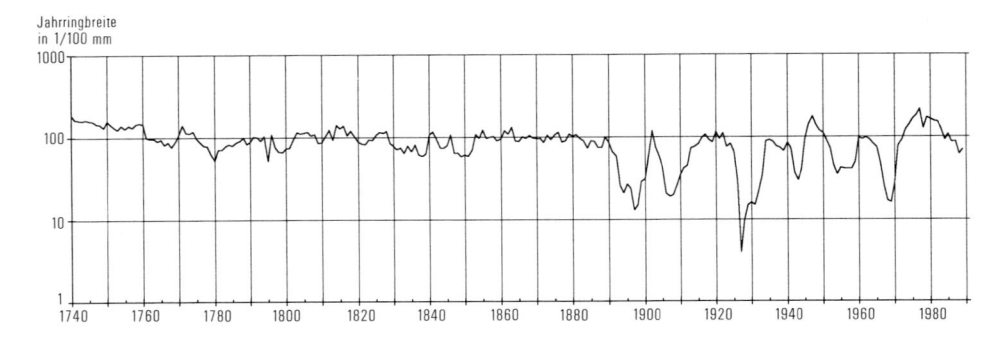

Abb. 5:
Jahrringverlauf einer Tanne des Standortes Nam Lichtung mit Jahrringeinbrüchen durch Schneitelung ab 1893

wahrscheinlich. Hier wird an eine Freistellungsreaktion der Bäume als Folge von Abholzungsmaßnahmen und der damit verbundenen Konkurrenzbeseitigung gedacht.

Die weitere Auswertung der Jahrringkurven umfaßt vor allem die Korrelation mit Klimadaten aus Tibet. Dabei soll untersucht werden, ob bestimmte Wachstumsmuster mit charakteristischen Witterungabläufen übereinstimmen, so daß eine Rekonstruktion vergangener Witterungsgeschehen anhand der Jahrringkurven möglich wird.

Literatur

BECKER, B. & R. GLASER, (1991): Baumringsignaturen und Wetteranomalien (Eichenbestand Guttenberger Forst, Klimastation Würzburg). Forstw. Cbl. 110, S. 66–83

BRIFFA, K. R.; JONES, P. D. & F .H. SCHWEINGRUBER. (1987): Summer temperature patterns over Europe: a reconstruction from 1750 A.D. based on maximum latewood density indices of conifers. Quat. Res. 30, p. 36–52

CUNGEN CHEN (1987): Standörtliche, vegetationskundliche und waldbauliche Analyse chinesicher Gebirgsnadelwälder und Anwendung alpiner Gebirgswaldbau-Methoden im chinesischen fichtenreichen Gebirgsnadelwald. Dissertationen der Universität für Bodenkultur in Wien, 30, 316 S.

HUBER, B. (1970): Dendrochronologie. In: FREUND (Hrsg.): Handbuch der Mikroskopie in der Technik V, Teil 1, S.171–211

MÜLLER-STOLL, H. (1951): Vergleichende Untersuchungen über die Abhängigkeit der Jahrringfolge von Holzart, Standort und Klima. Bibliotheca Botanica 122, 93 S.

SCHWEINGRUBER, F. H. (1979): Auswirkungen des Lärchenwicklerbefalls auf die Jahrringstruktur der Lärche. Separatdruck aus Schweiz. Zeitschrift für das Forstwesen, 130/12, S.1071–1093

SCHWEINGRUBER, F. H. (1986): Abrupt growth changes in conifers. IAWA Bulletin n.s., Vol. 7 (4), p. 277–283

Manuskriptabschluß 11.91

THE SHRINKING OF QUATERNARY LAKES AND ENVIRONMENTAL CHANGES ON THE TIBETAN PLATEAU

Zhao Yongtao, Chengdu
with 2 Figures

[Der Rückgang der Seen und die Veränderung der Umweltbedingungen in Hochtibet während des Quartärs]

Zusammenfassung: Die tibetanische Hochebene ist die größte geomorphologische Einheit Zentralasiens. Dieses Plateau, das „Dach der Welt", liegt im allgemeinen über 4500 m hoch und ist die höchste Terrasse der Erde. Die starke Hebung des Plateaus während des Quartärs ist nach früheren Untersuchungen die Folge des Zusammenpralls der indisch-australische Kontinentalplatte mit der eurasischen Kontinentalplatte. Das Plateau bildet ein Hindernis für Luftströmungen, was zur Ausbildung eines speziellen Klimas auf dem Plateau führt. Die aktuellen geomorphologischen Strukturen und die Verteilung der Seen hängen nicht nur von der Tektonik, sondern auch von den Klimaschwankungen ab. Die Rückgänge der Wasserstände in den Seen spiegeln die Veränderung der Umweltbedingungen wider. Die Geländebeobachtungen zeigen, daß die Seen (auch die Salzseen) auf dem Plateau im allgemeinen kleiner werden. Die Wasserflächen vermindern sich von Jahr zu Jahr, und die Tiefe der Seen nimmt ab. Um die Seenbecken sind mehrere Terrassen ausgebildet; die Strände der Seen haben sich vergrößert. Einige Seen sind ausgetrocknet. Nach einigen Untersuchungen, unter Zuhilfenahme der Literatur, läßt sich die Entwicklung der Seen in vier Perioden gliedern: 1. frühe Periode: warm und feucht; 2. mittlere Periode: trocken und kalt; 3. späte Periode: Rückgang der Seen unter trockenem Klima; 4. letzte Periode: weiterer Rückgang, z.T. Austrocknung der Seen. Seit dem Holozän sind die Seen wegen der intensiven Veränderung des globalen Klimas stark zurückgegangen und teilweise ausgetrocknet. Die Veränderung der Seen zeigt, daß das Klima auf dem Plateau trockener wurde. Dies beweisen auch die zunehmende Ausbreitung der Desertifikation, der Rückgang der Gletscher, die Hebung der Schneegrenze und die Veränderung der Wälder.

Summary: The lowering of lake levels witnesses important information on natural environmental changes in modern geomorphologic processes in Tibet. During the two-months field exploration of geomorphologic processes and mountain disasters on the Tibetan Plateau in 1989 we found that interior lakes there generally exhibit evidences of a pronounced lowering of their levels. Evidently the levels of the saline lakes of the Tibetan Plateau are lowering continuously and the lake surfaces decrease or the lakes even dry up. On the other hand this paper deals with the evolution of the lakes on the Tibetan Plateau. During the Quaternary the plateau lakes underwent mainly four stages in their evolution: 1) an early stage of warm and humid climate; 2) a middle stage of alternating dry and cold climates; 3) the later stage of aridity and high salt concentrations; 4) the last stage of shrinking and drying. Especially during the Holocene the natural environment changed. This resulted in a continuously progressing shrinking and drying up of the plateau lakes. This means that the climate on the plateau tends to become drier.

西藏高原第四纪湖退缩与环境变迁

赵永涛

中国科学院成都山地灾害与环境研究所

中国　四川610015

成都417信箱

摘　要

亚洲中部最大的地貌单元－西藏高原。海拔高度一般大于4500米以上，构成地球上地势最高的一级台阶，早就素有"世界屋脊"之称。这样如此巨大的高原前人研究表明属印度大陆与欧亚大陆两大板块相撞的结果。致使高原第四纪以来大幅度地抬升并获得了巨大的高度，截阻了南来北往的气流去路，形成了独特的高原气候特征。因此，现代高原湖泊结构和分布特点除受构造作用控制外，在很大程度上受高原气候变化的影响，故现代高原湖泊退缩现象应是现代高原自然环境变化的一个重要的自然要素标志。

八九年七月至九月，中国科学院成都山地灾害与环境研究所和联邦德国哥廷根大学联合对西藏高原气候地貌现代过程，冰川、湖泊、森林植被及泥石流、滑坡等方面进行了二个多月的野外路线考察。作者兴趣于高原湖泊观察，野外发现高原上的湖泊(含盐湖)目前普遍出现退缩现象，特征表现为湖泊水位线逐年下降，湖泊水面减少，湖水变浅，甚至水体趋向干沽；沿湖盆周围湖岸阶地发育、湖岸边滩增大，部份湖盆底部出露。

本文据野外考察资料和前人研究结果，依湖泊的演化时间顺序初步划分了四期不同时代的演化阶段：1、早期湖泊温暖湿润阶段；2、中期湖泊干冷交替阶段；3、晚期湖泊干旱浓缩阶段；4、后期湖泊退缩干沽段。同时研究表明：全新世以来，由于全球性气候急剧变化，再度引起高原湖泊再次退所缩直至有些湖泊干沽。湖泊的演化过程反映了高原上现代自然环境仍向着干燥趋势发展，这种变干的气候趋向也表现在高原沙漠化的范围扩大、冰川后退、雪线位置升高及森林老化干枯等自然要素方面。

关键词：西藏高原　湖泊退缩　自然环境

1. Introduction

The collision of the Indian and the Eurasian Plates caused a strong uplift of Tibet during the beginning of the Quaternary (CHEN ZHIMING, 1981). This was not the only significant geological event which influenced present-day China, but it was also a phase of strong mountain uplift in whole Asia. Especially during the Quaternary, global climate experienced strong changes from cold to warm. This repeatedly triggered off glacial activities on the Tibetan Plateau itself.

As a consequence of a specific geological background and modern physio-geographical conditions on the Tibetan Plateau the lakes there obviously depend upon the interactions of two agents: namely tectonics and glaciers. The innumerable lakes on the plateau interested a lot of scientists, who studied their development and mysterious evolution. Investigations were done by scientists from China and abroad. During several years they did comprehensive research work on the magnificent modern glaciers, on widespread interior lakes, on the geology of the plateau, and on its geography, climate, vegetation and soils. Several disciplines and scientists were involved in this research work. The work was organized by the Comprehensive Exploration Committee of the Chinese Academy of Sciences. This proved to be very helpful for a continuous research work, and thus a large amount of data was obtained.

The author participated in a joint Chinese-German expedition under the guidance of the Chengdu Institute of Mountain Disasters and Environment, Chinese Academy of Sciences, and the Geographical Institute of the Goettingen University, Germany. The expedition took part during the summer and the autumn of the year 1989.

During the two-months field exploration about geomorphologic processes and mountain disasters in the Tibetan Plateau we found that the interior lakes (saline lakes included) generally show evidences of a remarkable shrinking. This is evidenced by geomorphologic and hydrologic features. Comparable to the retreat of several glaciers, the shrinkage of lakes holds important information on natural changes in modern geomorphologic processes on the Tibetan Plateau. Therefore this article pays some attention to this topic.

2. The distribution of lakes on the Tibetan Plateau

Lakes of various sizes (saline lakes included) are in general found on the soft-rolling plateau surface at about 4,700–4,800 meter above sea level (m a.s.l.). They characterize the wide valleys between the mountain ridges, too (YANG YICHOU et al., 1982). Geographically, they are distributed south of the Kunlun and Tanggula Mountains, north of the Himalaya, east of the Karakorum, and west of the Hengduan Mountains. The former research work demonstrated that there are about 2,000 named lakes on the Tibetan Plateau, among which more than 1,000 have a surface of more than 1 km^2. The total of the lake surfaces amounts to more than 27,000 km^2 (ZHENG XIYU et al., 1988). Thus the Tibetan Plateau is, regarding the number of the lakes and their surface area, the richest region of the world.

The analysis of the lake sediments points out that these groups of lakes are remnants of a disintegrated ancient lake basin, influenced by climatic changes and tectonic activities. This former lake gradually disintegrated into scores of smaller lakes and into so-called "satellite lakes" around the original basin (ZHENG MIANPING, 1983). This caused a large number of lakes with relatively small surfaces. In 1980 the Institute of Plateau Saline Lakes of the Chinese Academy of Sciences classified ten groups of lakes according to their size (tab.1). It is understood that 1,898 lakes have a surface of less than 50 km^2, 95 have a surface of 50–400 km^2, and only 10 have a surface area of more than 400 km^2. The data mentioned above give not only the general impression that a large number of relatively small lakes occur, but they also show the general tendency in the interrelations between quantity and lake surface.

Table 1:
Lakes on the Tibetan Plateau

size (km²)	number of lakes	total surface area (km²)
1	1,000	475
1–50	898	8,211.5
50–100	55	3,624.5
100–150	20	2,503
150–200	4	495
200–250	4	954
250–300	5	1.025
300–350	5	1,248
350–400	2	702
400	10	8,696

(from: ZHENG XIYU et al., 1988)

The lakes are horizontally and vertically distributed in a charcteristic way (CHENG KEZHAO et al., 1981). From north to south three distinct levels are met with, representing the general structure of the vertical zonation of these lakes (Fig.1).

A. Level 4,800–4,900 m
B. Level 4,500–4,600 m
C. Level 4,200–4,300 m

Horizontally, the number of the lakes increases from low to high latitudes, respectively from south to north, and quite a lot of them are located in Amdo and Nagqu County, a southern part of the Tanggula Mountains. The biggest one, with a surface of 1,920 km², is Lake Namco. The second one, with an area of 1,865 km², is Lake Silingco. Both are located in the same region. The total lake surface in the northern part of the Tibetan Plateau is much bigger than that of the southern part. The data show that there are about 900 lakes (saline lakes included) with a total surface area of 24,400 km² in the north (ZHENG XIYU et al., 1988). This is about 91.99 % of the total surface area of all the plateau lakes. In the south the total surface area is only 2,125 km² (the late Holocene new lakes included). This is only about 8.01 % of the total surface area of all the plateau lakes. This distribution pattern does not only evidence the geological processes of the plateau, but also the later natural environmental changes, such as climate, landform, soil and vegetation.

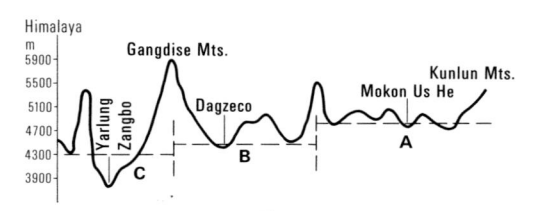

Fig. 1:
The general structure of the vertical sonation

3. The hydrological and geomorphologic indications for shrinking lakes

The hydrological evidences are that the water level lowered from year to year. Thus more traces of shrinking lakes are found. The water volume and the surface areas of the lakes decrease and some lakes even dry up. The geomorphologic evidence are the lacustrine deposits, which can be found in a large area. From this it becomes evident that the modern lake area is much smaller than the surface area of the ancient lake deposits. Lake shores were exposed and lake terraces developed. Estimations, basing on field investigations and on the study of maps on a large scale, show that differences of more than 10 km exist between the modern shore line and ancient lake sediments, deduced from the landforms of lake terraces and the like around the modern lakes.

The indications mentioned above show that the lakes on the Tibetan Plateau have a general tendency to shrink. This can evidently be demonstrated by the analysis of several lakes around Amdo.

Lake Bamco is a saline lake with a lake level of 4,523 m. It is located near Desa, about 60 km west of Nagqu, and between two mountain ridges with altitudes of 5,743 m and 5,505 m. Landforms show that the former Lake Bamco and the Lake Dongco near to it may have formed one lake only in earlier times. In the surroundings of Shi Xin there even today exist smaller lakes, which are remnants of this former bigger lake. Due to a neotectonic uplift this ancient big lake disintegrated. Three terraces and several traces of shores are found in the former flood plain in the eastern part of the basin. The first terrace is

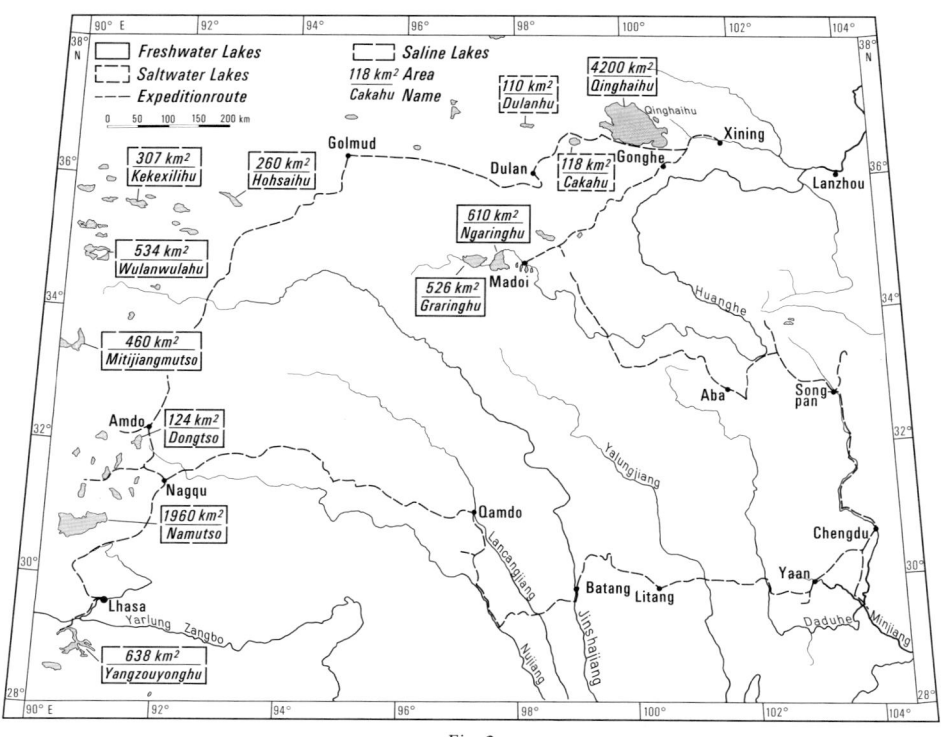

Fig. 2:
The Expedition route and the distribution of the lakes

7–10 m high, the second terrace 25–65 m, and the third terrace more than 100 m. An exposure in the second terrace shows that the sediment originates from glacial outwash:

- The lower part may be a moraine.
- The middle part (fine sand and clay) belongs to the lacustrine facies. There about 1 m thick light-yellow lake sediments are folded, triggered off by a later advance of a glacier.
- The upper part belongs to glacial outwash sediments of middle and fine grained sands. The grain size of the sands is bigger than that of lake sediments.

Herdsmen reported that during the last 30 years the shore line retreated by more than 500 m. During our field trip it was observed that traces of 4-5 younger shore lines exist, demonstrating a retreat step by step. It shows that the range of lake level changes is great. We regret that, due to the limited time, no hydrological measurements could be made.

Lake Silingco, one of the biggest lakes in Tibet, is located within the plateau basin north of the Kangbaduoqing Mountain. It is nourished by the River Zhajiazangbu, which originates in the southern part of the Tanggula Mountains. The river is flowing slowly through the plateau into the lake, strongly meandering. Since the modern glaciers supply it, Lake Silingco is one of the biggest lakes on the plateau. It has a surface area of 1,865 km^2 and an elevation of 4,530 m. When the 23 remnant lakes in the surroundings of Lake Silingco are added, the total surface area is about 2,940 km^2. Compared with the ancient shore line of the Quaternary lake sediments, the lake must have shrunk at least by 50–60 km. ZHENG XIYU & YANG ZHAOXIU (1983) claimed that the Lake Silingco was much bigger in the Early Quaternary than it is now and covered about 10,000 km^2. Due to later natural environmental changes the lake shrank. Thus many sub-basins and sub-depressions were formed and about 23 lakes, surrounding Lake Silingco, were left (Fig. 2).

The shrinkage of the lakes mentioned above does not only exist in Northern Tibet, but can also quite regularly be found in the valleys and gorge areas of Southern and Eastern Tibet. WANG MINGYE & CHENG MIANPING (1965) claimed that the Lake Duoqing and Lake Gala in Southern Tibet once were completely connected. There are two terraces surrounding both lakes, which consist of layered sand and clay of lacustrine facies.

At the Lake Duoqing, Dinggye County, there are 4-5 lake terraces with a relative elevation of about 10-100 m, composed of lake sediments. The same holds true for the banks of the Peng-qu River. Also in the surroundings of Lake Paikuco there exist four terraces of lake sediments at an elevation of 20, 40, 60, and 75 m. In addition to the terraces mentioned above other evidences of lake shrinkage are old shore lines. More than 20 shore lines were found in the surroundings of Lake Zuocu. 5 or 6 of them are very clear.

Modern glaciers and paleoclimatology indicate that the plateau since 10,000 b.p. was influenced by global climatic change. During this time the formerly much bigger glaciers retreated. Climate of the interior plateau became drier since the precipitation was reduced. In consequence, the plateau lakes tended to become salty.

Meteorological data measured in Gerze County show that the average annual temperature is -0.1°C, the mean annual precipitation is 166.1 mm, but the mean annual evaporation amounts to 2,427.9 mm. In Tibet the evaporation is in general much bigger than the precipitation. This is one of the factors which cause an increasing salinity and shrinkage of the lakes. A study of the geological and geomorphologic evolution of Quaternary shrinking lakes shows that in addition to the fact that the climate is becoming dry and cold, the Eurasian plate tectonics, causing the tectonic uplift of the plateau, may be the main factors which cause lake shrinkage. The decreased precipitation and increased evaporation caused saline sediments to be formed. Neotectonics contributed to lake uplift, lowering of the groundwater level, and resulted in a decrease of water volume.

4. The evolution of the plateau lakes

The points mentioned above show that on the Tibetan Plateau there occurred two important geological events during the Quaternary. One was the collision of the Indian and the Eurasian Plates. This fact triggered off a strong uplift of Tibet. The other was a global climatic change, which contributed to the occurrence of several glaciations. There is no doubt that the history of the lakes is closely related to the uplift and to the environmental changes after the uplift. To stimulate more scientists to become much more interested in the relations between lake shrinkage and natural environments four evolutionary stages are classified:

4.1 The early Pleistocene warm and humid period

During the late Tertiary or the early Quaternary Tibet was cut off from the ocean. The Himalaya Mountains began to uplift. Folds, faults, uplifts and subsidences occurred within the plateau. The present-day main faults, lakes and basins were largely formed during this period. The height of the Himalaya system was estimated less than 3,000 m. The warm and humid air, coming from the former Indian Ocean, provided a high precipitation. Since the plateau was relatively low, regional climate was warm and rainy. Vegetation was well developed and water filled the lake basins. ZHANG QINGSONG et al. (1981) reported that the lakes of that time were fresh-water lakes, supplied by a strong precipitation, melt water, river and ground water from a wide catchment area and with a low salinity. At that time there was a high bioproduction in the fresh-water lakes and fine sands and clay sediments of lacustrine origin were formed.

4.2 The middle Pleistocene period of alternating dry and cold climates

In the middle Pleistocene mountains had uplifted much higher, most of all the Himalaya Mountains, which blocked the air from the Indian Ocean. Thus climate changed to dry and cold conditions. Glaciers developed and contributed to lake level changes. In interglacial periods lake water filled the basins with much melt water. ZHENG XIYU et al. (1988) claimed that it was the period of "Big Lake". The changing glaciations and interglacials caused a repeated lowering or increase of lake levels. The climatic changes, evidenced by lake sediments, went from dry and cool to humid and then to dry and cold again.

In the later part of the middle Pleistocene the tectonic uplift continued, with regional differences. This was paralleled by an increasing aridity of climate together with an increasing evaporation. Thus the lake surface area decreased, and the former lake basin disintegrated into a lot of small lakes of various sizes, forming the "satellite lakes" around the bigger ones. The lake salinity increased when the water supply decreased and the lakes became salty.

4.3 Later Pleistocene stage of drying lakes and increasing salinity

After the "Big Lake" stage of the middle Pleistocene the plateau lakes diminished step by step. The saline sediments of lacustrine facies demonstrate that at that time (upper Pleistocene) climate was dry and the lake salinity increased. During the late Pleistocene there occurred two glaciations. Their influence on the lakes decreased from the older to the younger one. Presumably the uplift of the Himalaya reduced the precipitation. This resulted in a transition from fresh-water lakes to salty lakes and at last to saline lakes.

4.4 The Holocene stage of shrinking and drying lakes

Shrinking and drying of lakes obviously occurred at various times of the Holocene. Climate on the plateau continued to be dry during the late Holocene and present-day times. At least three late Holocene glacier advances caused lake level changes, i.e. an increase and an ensuing decrease of the water level. Nevertheless the general tendency of a decrease of water volume continued. Some decennia ago several lakes filled up, but recently their water volume diminished and some of them even dried up. The lakes in the surroundings of Madoi County, for instance, had high water levels, but now all of them are dry and we drove during our field trip through the former lakes. This phenomenon is even more common in Amdo County. Here a large area of a dry saline lake basin is exposed. In the cross section, cut by water erosion, we can see 60-80 m thick lake sediments (measured by altimeter). Four peat layers are found with a respective thickness of 10 cm, 45 cm, 43 cm, and 12 cm. Evidently a marsh environment formed on fine sands of lake sediments.

5. Conclusions

The described evolution shows that the tendency of the climate to become drier continues. The general tendency is less precipitation and deglaciation of mountain glaciers. As a result, those lakes which are supplied by modern glaciers' melt water are shrinking. Formerly big lakes disintegrated into a lot of small lakes. Due to a decrease of water available at present, some of the basins were transformed to wetland, marsh or even to dry lakes.

Finally it should be stressed that the problem of desertification, degeneration of grassland on the plateau, and some other consequences should be intensively studied further on and discussed in agreement with the evolution of the plateau lakes. It is important for human beings to understand the evolution of the Tibetan Plateau in the context of global climatic change.

References

CHEN ZHIMING (1981): The origin of lakes on Xizang Plateau. – Oceanologia et Limnologia Sinica, Vol.12, **2**:178-187 – in Chinese with English summary

CHENG KEZHAO, YANG ZHAOXIU & ZHENG XIYU (1981): The salt lakes on the Qinghai-Xizang Plateau. – Acta Geographica Sinica, Vol.36, **1**:13–21 – in Chinese with English summary

WANG MINGYE & CHENG MIANPING (1965): Remnants of Quaternary glaciation on the Tibetan Plateau. – Acta Geographica Sinica, Vol.31, **1**:63–72 – in Chinese with English summary

YANG YICHOU, LI BINGYUAN, YI ZESHENG & ZHANG QINGSONG (1982): The formation and evolution of landforms in the Xizang Plateau. – Acta Geographica Sinica, Vol.37, **1**:76–87 – in Chinese with English summary

ZHANG QINGSONG, LI BINGYUAN, JINGKE & WANG FUBAO (1981): On the Pliocene Palaeogeography and the uplift of the Qinghai-Xizang Plateau. – Science Press, 26–39, Beijing – in Chinese

ZHENG MIANPING (1983): On saline lakes in Tibet, China. – Acta Geologica Sinica, **2**:184-194 – in Chinese with English summary

ZHENG XIYU & YANG ZHAOXIU (1983): On the components of the saline lake water in Xizang. – Oceanologia et Limnologia Sinica, Vol.14, **4**:342-352 – in Chinese

ZHENG XIYU, TANG YUAN, XU CHANG, LI BINXIAO, ZHANG BAOZHEN & YU SHENGSONG (1988): Salt lakes in Xizang. – The series of the scientific expedition to the Qinghai-Xizang Plateau. – Science Press, 1–12, Beijing – in Chinese

Manuskriptabschluß 7.91

THE PREHISTORIC HUMAN OCCUPATION OF THE QINGHAI-XIZANG PLATEAU

Huang Weiwen, Beijing
with 14 figures and 1 table

[Die prähistorische Besiedlung des tibetischen Plateaus]

Zusammenfassung: Aufgrund hier geschilderter archäologischer Befunde können auf dem Tibetischen (Qinghai-Xizang) Plateau mindestens zwei Perioden prähistorischer Besiedlung ausgewiesen werden, eine im oberen Pleistozän und eine im mittleren Holozän. Die erste stimmt mit einer Warmphase innerhalb der letzten Vereisung um 30 000 v.h. überein. Die Menschengruppen dieser prähistorischen Periode könnten Nordtibet von nordchinesischen Lößplateau kommend besiedelt haben. Möglicherweise zur selben Zeit könnten andere Gruppen die Täler Südtibets von Gebieten südlich des Himalaya aus erreicht haben. Die zweite Besiedlungsphase fällt in das postglaziale Klimaoptimum des mittleren Holozäns, d.h. zwischen 7500 und 3000 v.h. Dies ist die bis dahin stärkste Phase menschlicher Aktivität auf dem Plateau. Die Menschengruppen lebten nicht nur in den Tallandschaften, sondern dehnten ihre Aktivitäten auch in die alpinen Steppen- und Wüstenregionen aus.

Summary: Based on the archaeological evidences reported, two periods of prehistoric human occupation may be recongnized on the Qinghai-Xizang Plateau at least, one in upper Pleistocene and the other in the middle Holocene. The first one coincides with a warm stage within the last Glaciation, ca. 30,000 b.p. The human groups of this prehistoric period might have come from the Loess Plateau of North China and occupied Northern Qinghai. Perhaps at the same time, other groups might have arrived at the valley area of Southern Tibet from the South of the Himalayas. The second occupation phase belongs to the postglacial climatic optimum of mid-Holocene times, i.e. 7,500 to 3,000 a b.p. This is a prosperous stage of human activities, which has never before been seen on the Plateau. The human groups not only lived in river valley areas, but extended their activities into the alpine steppe and desert regions.

青藏高原的史前人类活动

黄慰文

（中国科学院古脊椎动物与古人类研究所，北京643信箱，100044）

摘 要

现有资料表明，青藏高原至少有过两期史前人类活动：一期在晚更新世，约距今30,000年；另一期在中全新世，距今7,500至3,000年。第一期正值晚冰期中的暖期，一些大约来自华北黄土高原的人群到达青藏高原东北角的柴达木盆地；另一些人群可能在同一时间从喜马拉雅山以南沿河谷到达藏南。第二期正值全新世气候最宜期,人类在高原上空前活跃。他们不仅在河谷地带构筑村落,从事农耕、畜牧、采集和打猎,而且在海拔很高的高山草原也留下猎人的足迹。

Introduction

The important consequences of the profound uplift of the Qinghai-Xizang Plateau since the Tertiary on the global environments as well as on human activities has been given more and more attention by the scientific world. The Chinese Academy of Sciences has organized a series of multi-disciplinary expeditions to investigate the Qinghai-Xizang Plateau since the 1950s. In the 1980s, along with the opening of "the Chinese Gate", foreign organizations have joined this work continuously, and research on the Qinghai-Xizang Plateau has entered a prosperous period. However, prehistoric research is less developed in comparison to other disciplines. The known finds are so pitifully rare that it is but a drop in the bucket of the prehistoric remains preserved on the Plateau. Therefore, any information about prehistoric human activity on the Plateau is as yet difficult to attain.

The stone artefacts, collected by Prof. Dr. Burkhard Frenzel in the vicinity of the Xing-xing Lake, near to Madoi, southern Qinghai during the field season of 1989, represent the earlist known evidence of prehistoric human occupation in the source area of the Yellow River. He attached great importance to these finds and invited the present author to join his expedition for reexamining the site during the field season of 1992. And stimulated by this research, I collected and sorted out the reports on the prehistoric archaeology of the Qinghai-Xizang Plateau, which are distributed in various publications, and gave a summary introduction to each of them. Considering that these reports are almost all published in Chinese, I believe that my introduction will be helpful to readers who want to understand the current condition of prehistoric research on the Qinghai-Xizang Plateau.

Environmental Background

The Qinghai-Xizang Plateau, covering an area of about 1,920,000 km^2 has an elevation of approximately 4,000 to 5,000 m in Tibet and of 2,500 to 4,500 m in Qinghai. The majority of its mountain systems has a mean elevation of 6,000 to 7,000 m above sea level. It is known as the roof of the World. On the Plateau, there are many lakes and broad and flat valleys in which many main rivers of South and East Asia originate. The climate is a continental highland climate in Qinghai and a special highland climate in Tibet.

Geomorphologically the Qinghai-Xizang Plateau can be subdivided into six regions (Fig. 1):

I. Southern Tibet

A valley area oriented W to E between the Gangdise-Nyainqentanglha Range and the Himalayas is Tibet's principle farming and pastoral region today. The rivers located in the western part of this belt belong to the upper reaches of the Indus and to its main tributaries. Its central and eastern parts are composed of broad valleys and basins of the Yarlung Zangbo River and its tributaries. In addition, some rivers cut through the southern Himalayas and flow into the Ganga and Brahmaputra rivers in India.

II. Eastern Tibet

The region is located to the east of the Nyainqentanglha Range. Here the mountains and valleys of the Nu Jiang, Lancang Jiang and Jinsha Jiang are oriented N to S and run parallel to each other.

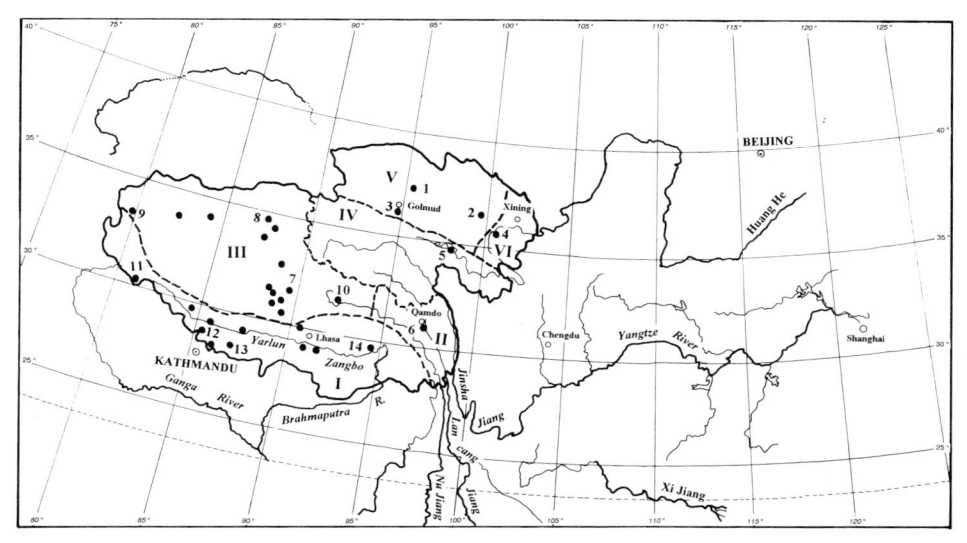

Fig. 1: The map showing the geographic position, regions and main prehistoric sites in the Qinghai-Xizang Plateau

1. Xiao Quidam; 2. Heinahe; 3. East Kunlun Mountain; 4. Layihai; 5. Xing-sing Lake; 6. Karou; 7. Geting; 8. Mani; 9. Payequzhen; 10. Nagqu; 11. Huoer, 12. Yangquan; 13. Sure, 14. Nyingchi

III. Northern Tibet

It is a vast plateau with hills, flat basins, lakes and snow-covered peaks. The Kunlun Range lies at its northern and the Gangdise-Nyainqentanglha Range at its southern edge. The plateau has a mean elevation of 5,000 m.

IV. Southern Qinghai

The plateau consists of the Kunlun Range and its branches, the Hoh Xil, Bayan Har, Anyemaqen, Tanggula Ranges and of broad valleys. The mean elevation is over 4,500 to 5,000 m. Its southern and eastern parts are the places of origin of the Yangtze River, Yellow River, Lancang Jiang, etc.

V. Northern Qinghai

The region is composed of the Altun and Qilian Mountains, the Qaidam Basin, Qinghai Hu which is the largest salt lake of China with an area of 4,583 km^2, and of valleys with an elevation of more than 1,600 m.

VI. Eastern Qinghai

The region is located to the north of the Anyemaqen, including valleys of the Yellow River, Huangshui River and Datong He, and the eastern part of the Altun and Qilian Mountains. This is a large depression located on the NE Qinghai-Xizang Plateau, where the elevation of the valleys is generally below 3,000 m.

Prehistoric Sites

The prehistoric research began in the Qinghai-Xizang Plateau in the 1950s. Up to now, more than 70 sites are known from various parts of the Plateau (see Table and Fig. 1). No doubt, these discoveries have enabled a preliminary understanding of the outlines of the early colonisation of the Plateau. However, prehistoric research was for a long time only a subsidiary work of the multi-disciplinary expeditions of the Chinese Academy of Sciences, and almost no archaeologists joined the field work until the 1970s. Moreover, the majority of the artefacts known till now are surface finds only, devoid of a clear stratigraphic context, and very few sites have been excavated by archaeologists. Thus prehistoric research in the Qinghai-Xizang Plateau is still at its beginning. Some of the main sites will be described as follows.

1. Xiao Qaidam

The site named Xiao Qaidam is located on the southeastern shore of the Xiao Qaidam Hu (literally lake), a salt lake which covers ca. 40 km^2 with an elevation of 3100 m, in the central part of the Qaidam Basin of Qinghai Province. It was discovered by the China-Australia Expedition for salt lake and aeolian deposits in 1982. Further surveys joined by the present author were made in 1983 to 1984 successively (HUANG et al., 1987). In total 158 stone artefacts were collected from the 8–13 m terrace which consists of gravels, lenses of cross-bedded fine sand, clay and fine sand with stratification (Fig. 2). No mam-

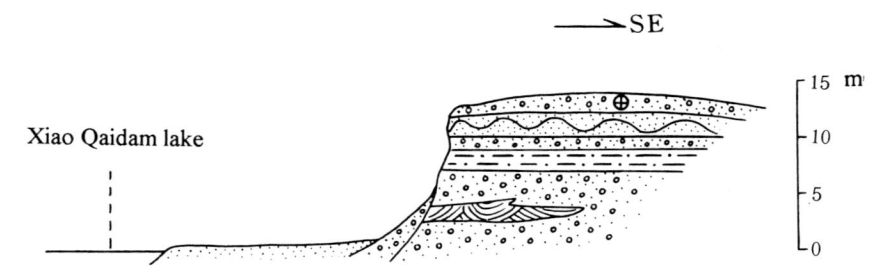

Fig. 2: Section showing the terrace yielding stone artefacts (⊕) of Xiao Qaidam lake (Huang et al., 1987)

malian fossils have been found together with the stone artefacts. Observations indicate that the gravels yielding the stone artefacts were accumulated during a major period of saltwater dilution of Xiao Qaidam Hu during the Pleistocene. In those days, the rivers which fell into the lake had a rather large and comparatively steady discharge. According to the materials of nearby geological borings this period of dilution happened at 31800 to 23800 bp. Thereafter a major period of increasing salinity of the lakes in this area followed. Although there were at that time several phases of increasing or decreasing salinity, the general tendency of an increasing salinity remained unchanged. Therefore, the age of the formation of the terrace yielding the stone artefacts could not be later than 23800 bp. Dates from fossil Ostracoda and of marl from a stratum which is thought to be comparable in age by its geomorphological position gave radiocarbon ages of 23000, 33000 ± 3300 and 35200 ± 1700 bp. It seemes feasible to take the date of 30000 bp as the age for the site mentioned.

Most of the artefacts were made of pebbles of quartzite, but a small number was made of quartz, silica and granite, which were collected from local gravels. The observations suggest that hard percussion technique was applied in flaking and retouching. No traces of preparing platforms on cores and flakes are recognized, but some retouches on a few tools point to the pressure method. The categories of tools include side-scrapers, end-scrapers, notches, borers and burins (Fig. 3).

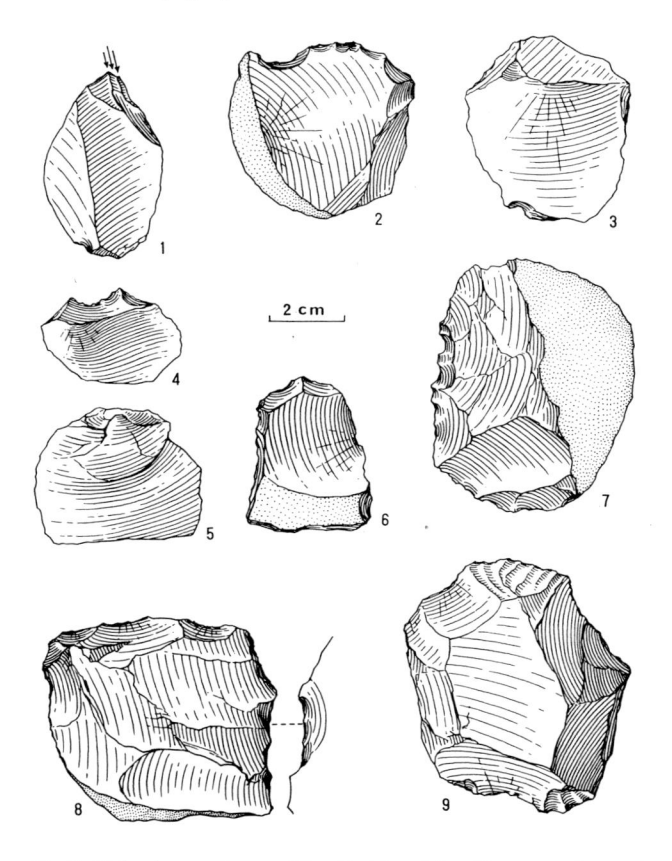

Fig. 3: Light-duty tools from Xiao Qaidam (after Huang et al., 1987)

2. Geting

Geting is the name of a limestone hill located on the southeastern shore of Silingco ("co" means "lake" in Tibetan), the second largest salt lake in North Tibet. The total surface area of the lake is about 1865 km^2, with an elevation of 4530 m. Since Late Pleistocene times the lake level has fallen stepwise following the strong uplift of the Qinghai-Xizang Plateau and the retreat of the glacier. As a result, a wide lake-floor plain with several lake-terraces which consist of sand and gravel have been formed (Fig. 4). The Geting limestone hill reaches 133 m above the presentday lake level and may be part of the high lake terrace formed in Late Pleistocene or Early Holocene times.

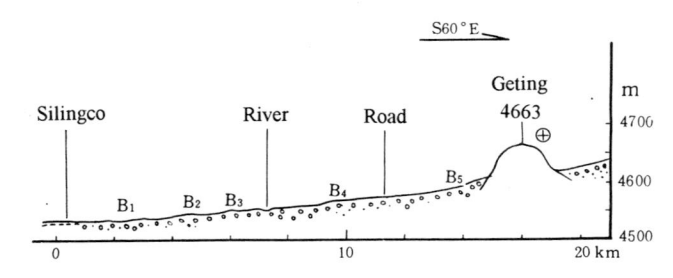

Fig. 4:
*Section showing the geographic position of stone artefacts at Geting
(Qian et al., 1988)
⊕ stone artefacts; B1–B5 ancient lake strandlines*

More than 100 stone artefacts were in 1983 collected from the surface of the hill by a team of the Institute of Geomechanics of the Chinese Academy of Geological Sciences. They were described by the present author (QIAN *et al.*, 1988). The collection includes 21 side-scrapers, 17 notches, an end-scraper, six cores, 64 flakes and some wastes. The raw material are siliceous rock pebbles which come from the gravels nearby. The observation suggests that a simple direct percussion method was applied in the flaking and retouching processes. No trace of preparing platforms on cores and flakes are found. All of the implements were made of flakes. Their working edges are rather sinuous generally (Fig. 5).

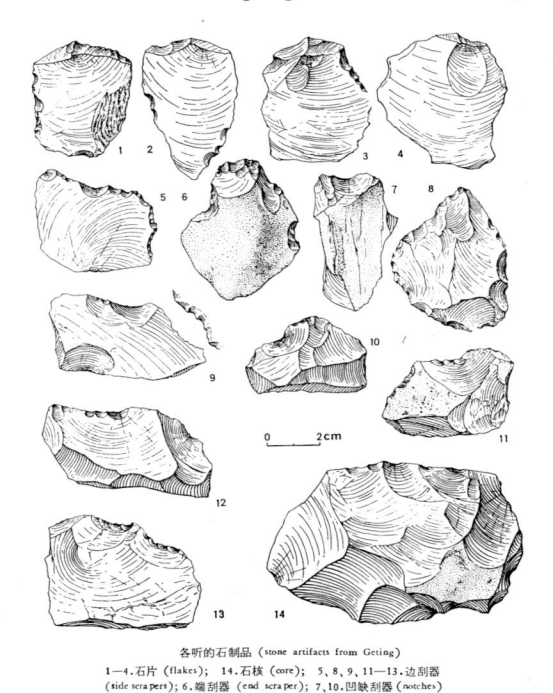

各听的石制品 (stone artefacts from Geting)
1—4. 石片 (flakes); 14. 石核 (core); 5、8、9、11—13. 边刮器
(side scraper); 6. 端刮器 (end scraper); 7、10. 凹缺刮器 (notches)

Fig. 5: Light-duty tools from Geting (after Qian et al., 1988)

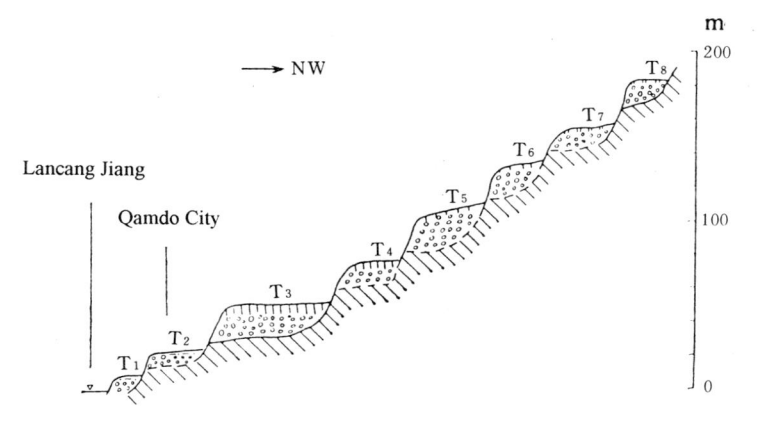

Fig. 6:
Map showing the terrace series (T_1–T_8) near Karou (after Chinese Academy of Sciences Multi-disciplinary Expedition of Qinghai-Xizang Plateau, 1983)

3. Karou

Karou is a village situated 12km to the S of Qamdo city, East Tibet. It is located on the second terrace of the Lancang Jiang at an elevation of 3100 m (Fig. 6). The site of Neolithic settlement covered ca. 10000 m². It was discovered in 1977 and two seasons of excavation followed in 1978 to 1979 (CPAM, Tibet *et al.*, 1985). The excavations informed about remains of 28 dwellings, two sections of cobbled road, three sections of stone circles, four ash pits, 7968 stone artefacts, 366 bone artefacts, more than 20000 pieces of pottery sherds, 50 pieces of ornament, abundant animal bones as well as some bird's bones, shells and millets. The stone artefacts consist of heavy-duty tools, light-duty tools, ground stone tools and microliths (Figs. 7–9).

The animal bones were identified to belong to about 14 species, including *Macaca, Lepus, Ochotona, Rattus, Marmota himalayana, Vulpes, Sus, Hydropotes inermis, Cervus elaphus, Capreolus capreolus,* Bovidae, *Procapra picticaudata, Naemorhedus goral* and *Capricornis*. All of them were wild mammals. The climate shown by this fauna was much warmer and more humid than it is today. The sporopollen analyses showed comparable conditions. ^{14}C determinations on material from this site gave for the early stage ages of 4955 ± 100 bp (tree ring corrected to 5555 ± 125), 4280 ± 100 bp (tree ring corrected to 4750 ± 145) and for the later stage 3930 ± 80 bp (tree ring corrected to 4315 ± 135).

4. Layihai

The site named Layihai is located in the region of Layihai, some 200 km to the SW of Xining, the capital of Qinghai Province. The cultural remains including stone and bone artefacts, ornaments, animal bones, kitchen middens and human tooth were found *in situ* in the sediments of the second terrace of the upper Yellow River (Fig. 10). The stone artefacts consist of heavy-duty tools, light-duty tools and microliths, in total 1480 specimens. Five species of wild mammals including *Ochotona, Meriones, Marmota himalayana robusta,*

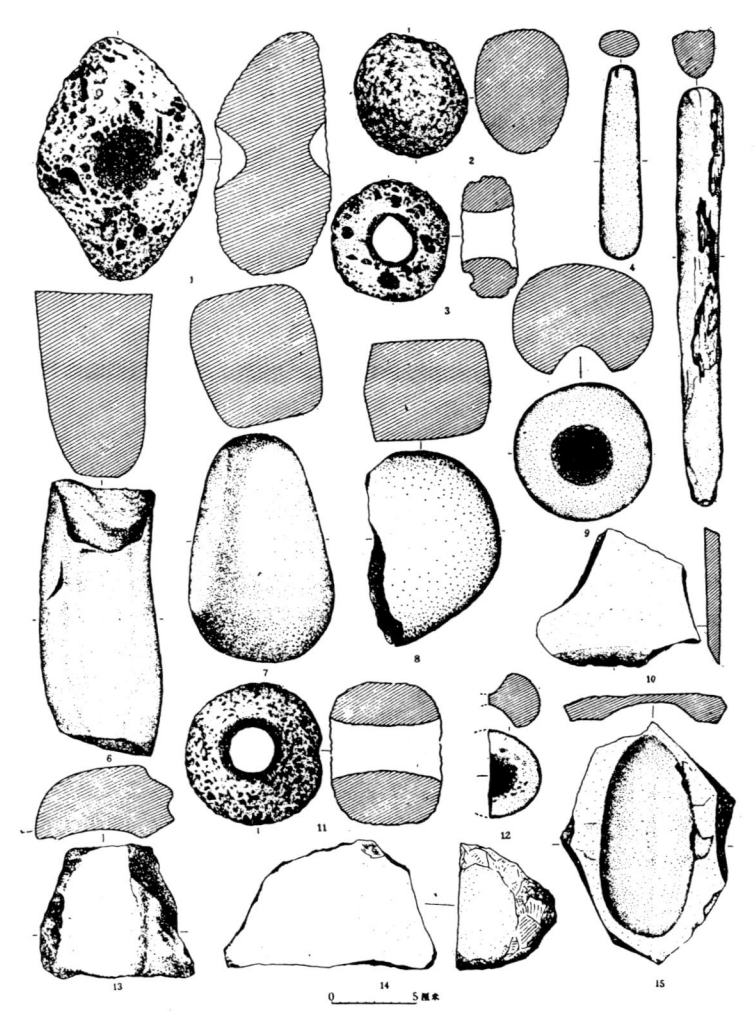

Fig. 7:
Heavy-duty tools from Karou (after CPAM, Tibet Autonomous Region et al., 1985)

Vulpes vulpes and *Ovis*, as well as two species of birds, *Phasianus colchicus stauchi* and ostrich were recognized from the bone remains of the site. A radiocarbon date of 674585 bp was obtained, too (GAI *et al.*, 1983).

5. Xingxing Lake

Xingxing Lake, one of the lakes which lie in the source area of the Yellow River, is located to the south of Madoi county town of southern Qinghai. The northern part of the lake is filled with water, whereas the southern part has dried up. Here active dunes and loesses are formed along the edge and the slopes of the basin. Some stone artefacts in an exposure

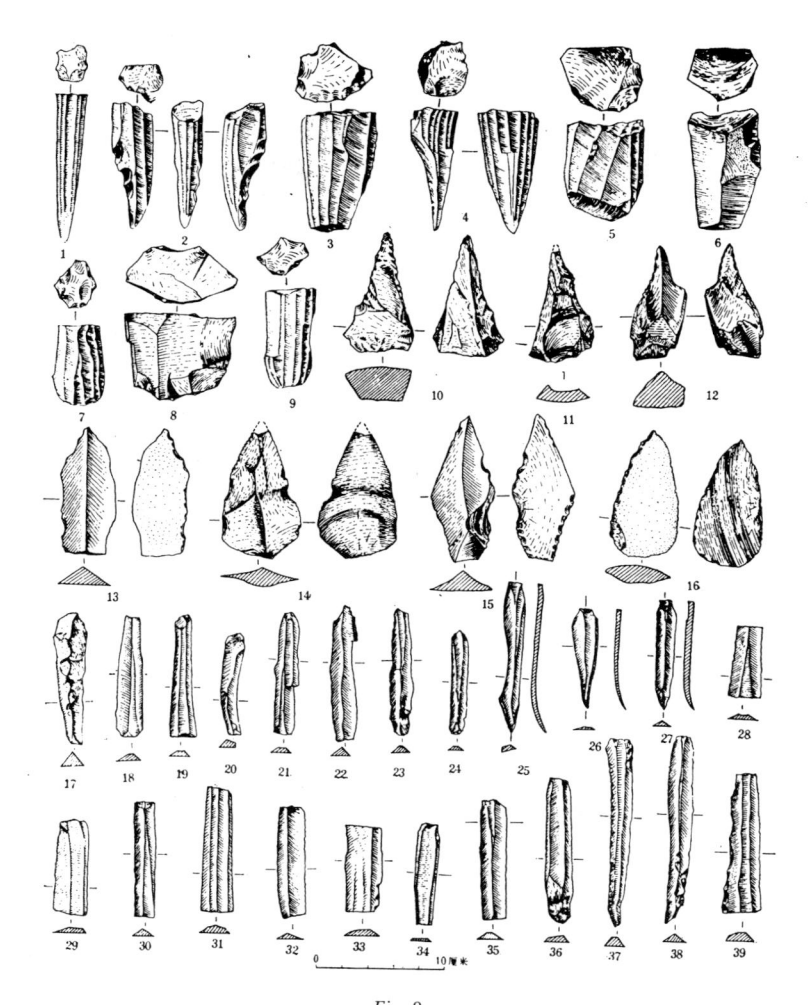

Fig. 8:
Microliths from Karou (after CPAM, Tibet Autonomous Region et al., 1985)

of dune sands were found by Prof. Burkhard Frenzel during the field season of June 1989 (see FREUND, 1991). They stimulated him to reexamine the site together with the present author in June 1992. The place where stone artefacts were found is located at the southeastern shore of the lake, ca. 12 km to the south of the Yellow River, at about 98°7'33"E, 34°50'N, ca. 4300 m above sea level. The road leading from Madoi to Yematan ascends from the beach of the lake and traversing the dunes, goes to the southeast (Fig. 11).

The stone artefacts are found on the surface of the shore as well as within the dunes. They include flakes and crude tools, which are made of local cobble, chunk of schist and volcanic rock. Observation suggests that a simple direct percussion method was used for flaking and retouching, and a few of the flakes might be produced by the bipolar technique (Figs. 12, 13). Due to the lack of a clear stratigraphic context the age of these stone artefacts remains to be determined, though they are attributed to Neolithic times. Moreover, consi-

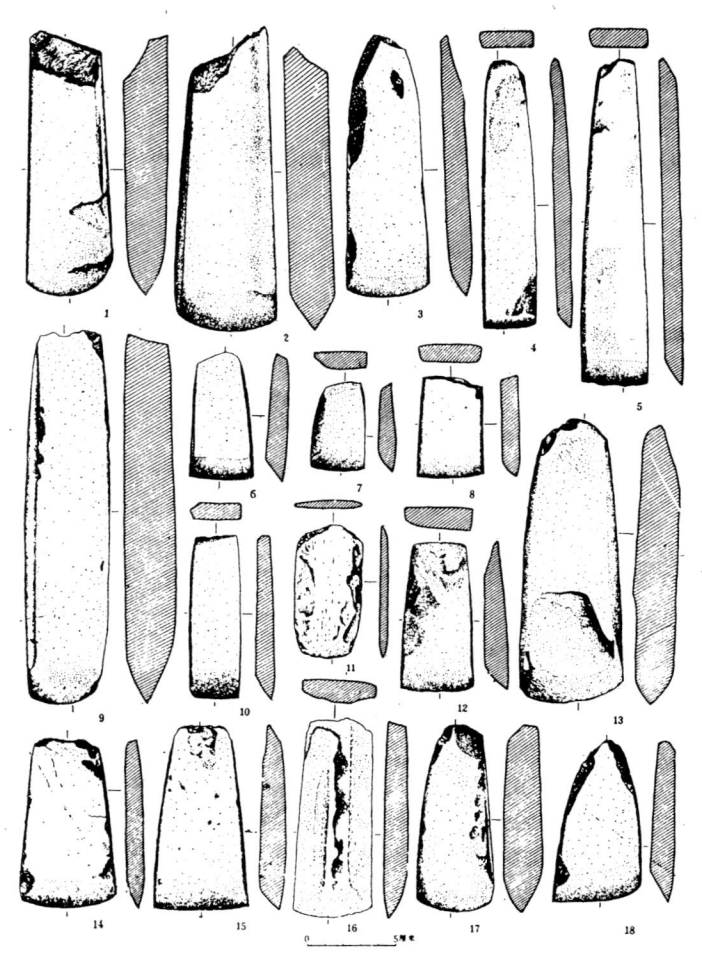

Fig. 9:
Ground stone tools from Karou (after CPAM, Tibet Autonomous Region et al., 1985)

dering that flakes split from chunk or the outer layers of bedrock by frost action and lumps of rock pitted by scars of frost spalls ("pot-lid") are common in the working area, and that they are easily mistaken for the work of man, it must be borne in mind that caution is necessary.

Discussion and Conclusion

1. Regional Variability of Stone Industry

In most of the prehistoric sites of the Plateau stone artefacts are usually the only material collected except a few sites where stone artefacts are associated with other remains, such as bone artefacts, ornaments, potsherds. So analysing the stone industry is the important way

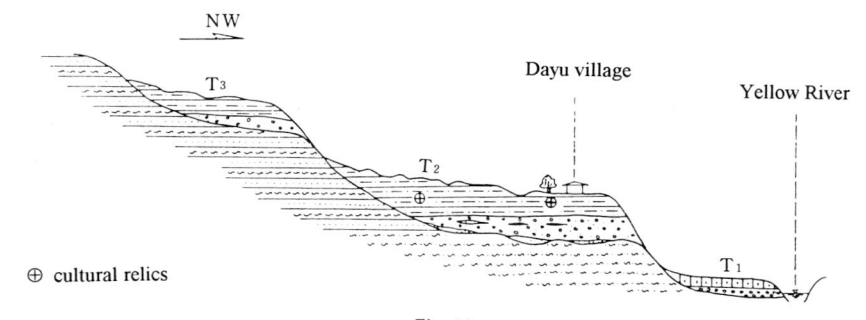

Fig. 10:
Section showing the terrace yielding cultural reliecs of Layihai (after Gai and Wang, 1983)

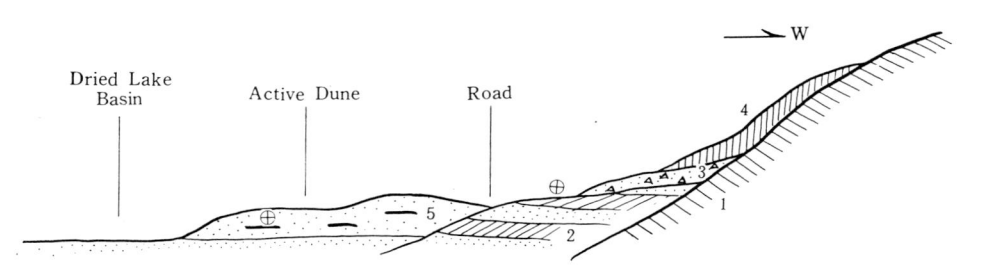

Fig. 11:
The free-hand section shows the exposure position of stone artefacts in Xing-xing Lake
1. bedrock; 2. sand and gravel; 3. slope wash; 4. loess; 5. dune;
⊕ stone artefacts

to understand prehistory of this region. Technologically and typologically the stone artefacts from the Plateau can be classified into four groups: light-duty tools, heavy-duty tools, microliths and ground-stone tools.

1) Light-duty tools are specimens with a mean diameter of less than 100 mm. Two types of this group have been recognized – one is represented by the assemblage of Xiao Qaidam and the other is represented by those from Geting, Xulong in Northern Tibet. The industry from Xiao Qaidam is technologically and typologically close to the flake industry of the Upper Paleolithic from North China, the tools from Geting and Xulong show certain distinct patterns in style. They are monotonous in type, which consists of some side-scrapers, notches and a few unnormal end-scrapers. The percentage of true artefacts is small. Their working-edges generally lack smooth contours or regular shapes.

2) Heavy-duty tools are specimens with a mean diameter of or exceeding 100 mm, which were made of cobbles or heavy flakes. They are represented by the artefacts from Karou of eastern Tibet. Here they accounted for 85.6% of the industry. The raw materials for heavy-duty tools are usually cobble of schist, slate, sandstone and quartzite. The trimming of tools is crude, monotonous and unnormal.

3) Microliths, consisting of microcores, microblades and bladetools, are the most common element of prehistoric relics on the Plateau. They are not only discovered in valleys, where microlithic objects are often unearthed *in situ* from cultural layers of open-air sites such as Karou and where they are associated with other relics, but they are collected too in

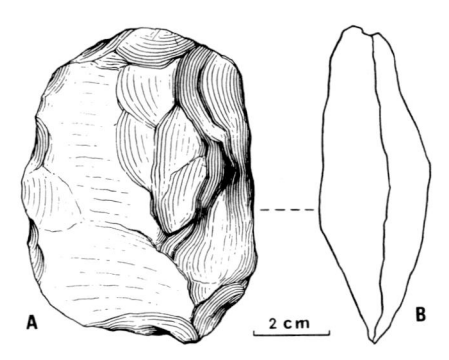

Fig. 12:
Stone artefact from Xing-xing Lake

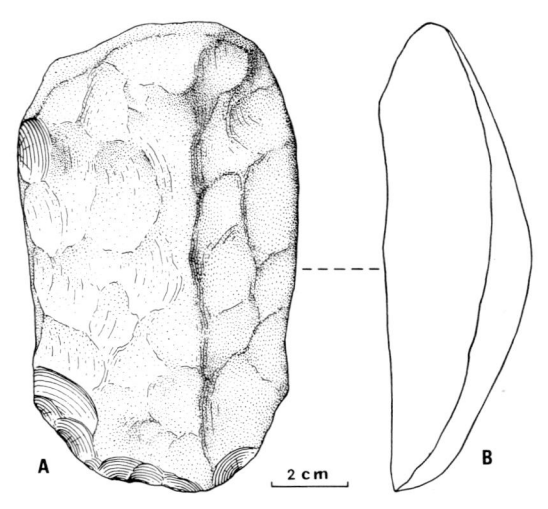

Fig. 13:
Stone artefact from Xing-xing Lake

various parts of the Plateau, where microlithic objects are exposed on the surface of lake or river terraces, alluvial fans and foothills. The raw materials for microliths are generally fine in quality such as chert, chalcedony, agate, etc. Indirect percussion and pressure flaking were used to produce the artefacts. Cylindrical cores (often called "pencil"), conic cores and wedge-shaped cores are common. The microblades are characterized by straight parallel sides. The categories of tools made from blades include end-scrapers, side-scrapers, burins, points, borers, arrow-heads, backed pieces, etc., in which end-scrapers are of a relatively high importance. Based on the technology and typology mentioned, the microliths from the Qinghai-Xizang Plateau belong to the tradition of East-North Asia and North America and are not akin to the geometric objects from the surrounding regions of the Mediterranean.

4) Ground-stone tools: The artefacts are made by flaking, grinding and polishing. They include axes, adzes, chisels, knives, arrow-heads, etc. The raw materials for making them are volcanic rock, marble, slate and sandstone. They amount to 6.4% of all the tools in Karou.

The style of ground-stone tools from the Plateau is close to those of the Neolithic from the middle to lower Yellow river such as the Yanshaoian and the Rongshanian (CPAM, Tibet et al.,.1985)

2. The Question of Chronology

At present, chronology is a weak part in prehistoric research of the Qinghai-Xizang Plateau, because the majority of the remains are surface finds devoid of a clear stratigraphic context. Luckily, some exceptions, including several Paleolithic and Neolithic sites, have enabled us to evaluate the history of the prehistoric human occupation on the Plateau chronologically.

The site of Xiao Qaidam gave a date which may be the earliest known for human colonists on the Qinghai-Xizang Plateau. Several ^{14}C determinations on material from the layer yielding stone artefacts confirm that the human occupation at Qaidam Basin goes back to about 30,000 years ago. Based on a comparison of the technology and typology used the artefacts from Sure (ZHANG, 1976), Hadongtang (LI, 1991a) and Quedetang (LI, 1991b) may be included into the same stage. In other words, groups of prehistoric man may have entered the valley area in Southern Tibet from the Indian subcontinent already before 30,000 years ago, when other groups had arrived at Northern Qinghai. ^{14}C determinations of 11,000 bp from Heimahe (Report, 1988) and ca. 10,000 bp from East Kunlun (Report, 1993) may serve as examples for a human occupation of Northern Qinghai at the end of the Upper Paleolithic period.

Karou, a Neolithic site from Eastern Tibet, not only provided us with abundant cultural remains and a clear stratigraphic context, but with very nice dating results, too, i.e. ^{14}C determinations from 5,000 to 4,000 bp. Layihai, another Neolithic site in Eastern Qinghai, yields ^{14}C ages of 6,74585 bp. Considering the microlithic objects from various parts of the Qinghai-Xizang Plateau and finding out that they are in essential similar to eachother in technology and typology, we believe that they may date from a period after the Paleolothic. Of course, a conclusive assessment must wait for further evidences. The same holds true for the crude heavy-duty tools, which are associated with ceramics and ground-stone tools in Karou and presumably some sites, including Xing-xing Lake of Southern Qinghai, may be of Neolithic age.

It is difficult to give a conclusive assessment of the chronology of the light-duty tool's assemblages from Geting, Xulong and other localities of Northern Tibet (AN et al., 1979), since they slightly differ in style from those of Xiao Qaidam. However, considering the geomorphological situation of these localities, we can put them into the span of time from late Upper Paleolithic to the early Neolithic.

3. Conclusions and Prospects

Based on the archaeological evidences reported here, we can conclude that at least two periods of prehistoric human occupation may be recognized on the Qinghai-Xizang Plateau, one in the Upper Pleistocene and the other in the mid-Holocene. The first one coincides with a warm stage within the last Glaciation, ca. 30,000 bp., when climate of the Qaidam Basin was humid and the lakes were filled with fresh water or with brackish water only. The human groups of this prehistoric period might have come from the Loess Plateau of North China. They occupied Northern Qinghai. Perhaps at the same time other groups, represented by Sure artefacts, might have arrived at the river valley area of Southern Tibet from the South of the Himalayas. The second occupation phase belongs to the postglacial climatic optimum of mid-Holocene times, i.e. 7,500 to 3,000 bp. This is a prosperous stage of human activities, which has never before been seen on the Qinghai-Xizang Plateau. The human groups not only lived in river valley areas, where they erected structures, domesticated plants and animals, but they extended their activities into the alpine steppe and desert regions in which they managed hunting and gathering of plants.

However, the author of the present paper does not suggest that Upper Pleistocene localities such as Xiao Qaidam and Sure represent the only evidence of the earliest human occupation of the Qinghai-Xizang Plateau. Geographically the Plateau lies to the north of the road on which groups of *Homo erectus* migrated repeatedly from their hypothetical home-area, East Africa, to East Asia during the late Lower and Middle Pleistocene (Fig. 14). The Lower Paleolithic cultures such as Soan (Indian subcontinent), Anyathian (Burma), and fossils of *Homo erectus* such as Yuanmou man (Yunnan-Guizhou Plateau, South China), Lantain man (Loess Plateau, North China), Peking man (North-China Plain), He-xian man (mid-lower Yangtze River, South China) and Java man (Indonesia), indicate that South and East Asia where close to the Qinghai-Xizang Plateau and that they were inhabited at least during the last one million y.a. The new discoveries from Nepal have also strengthened the above-mentioned inference. It is reported that a pebble-tool complex was discovered from "the red soil" of locality Patu in the Siwalik hills of eastern Nepal and the deposit is thought to date back possibly into the late Middle or early Upper Pleistocene periods (CORVINUS,

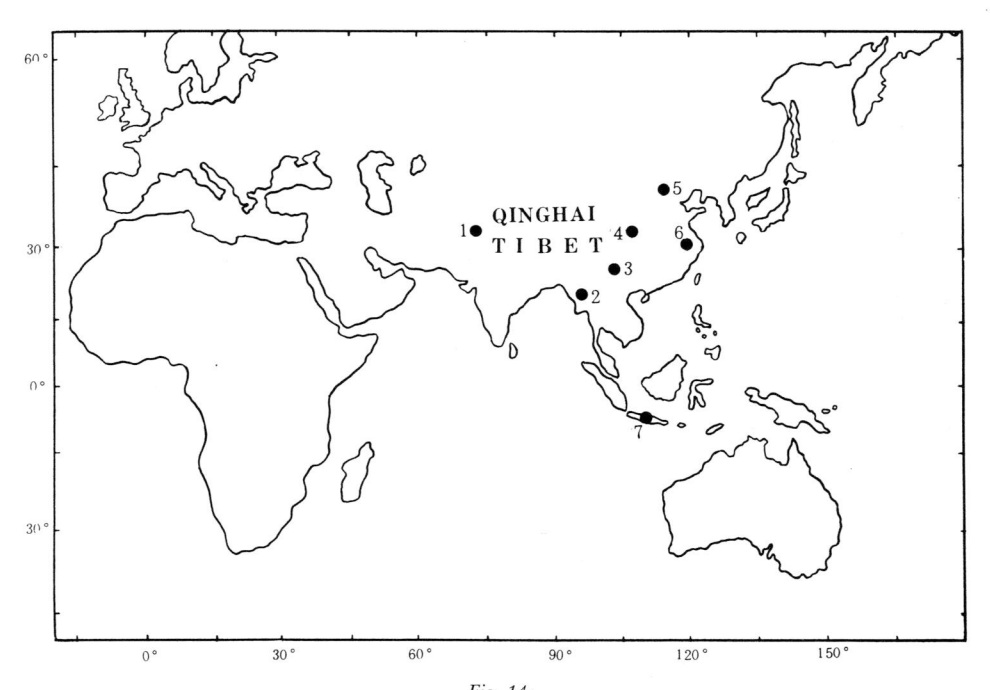

Fig. 14:
Map shows the main sites yielding Homo erectus fossil or Lower Paleolithic industry, which round the Qinghai-Xizang Plateau

1. Soan; 2. Anyathian; 3. Yuanmou man; 4. Lantain man; 5. Peking man; 6. Hexian man;
7. Java man

1987). It is very interesting that a type of red soil is also found in Southern Xizang. An important goal for future expeditions will be the exploration of the valley areas in Eastern Qinghai, southern and eastern Tibet where there are possibly preserved records of the immigration of the earliest human beings into the Qinghai-Xizang Plateau, perhaps as early as the Middle Pleistocene.

Acknowledgements

This paper is finished as a contribution of a Chinese-German Expedition to Eastern Qinghai-Xizang Plateau, which was financially supported by MPG, DFG and Academia Sinica. I wish to acknowledge Prof. Dr. B. FRENZEL, University of Hohenheim, for his interesting discovery from Xing-xing Lake and his kind suggestion to invite me to join the 1992 expedition. I am also very grateful to my dear fellows of this expedition, who are from the Institute of Mountain Disasters and Environment, Chengdu and from Germany, for their kind helps.

Table 1 Prehistoric sites in Qinghai-Xizang Plateau

Region & Site	Geomorphological Context	Archaeological Collection	Chronology
Southern Tibet			
A-li	Nyalam county; 4300 m a.s.l.; surface findfrom terrace covered by travertin	microliths	Mesolithic or light later (DAI, 1976)
Yang-quan	Nyalam countys; 4900 m a.s.l.; surface find of terrace.	microliths	as above
Su-re	Tingri county; 4500 m a.s.l.; surface find of 20 m T2.	light-duty tools	Middle or Late Paleolithic (ZHANG, 1976).
Nying-chi	Nying-chi basin; 94° 20'E, 29° 30'N; 2950–3080 m a.s.l.; artefacts were *in situ* found from the fine sand layer of T1.	human skull, ground-stone tools, heavy-duty tools and pottery.	the post-glacial climatic optimum. (CHEN, 1980).
Chu-cuo-long	Gyirong county; 85° 5'E, 29°N; 4620 m a.s.l.; surface find of lake-terrace.	microliths	the post-glacial climatic optimum (LIU et al., 1981).
Huo-er	Burang county; NE of the Mapam-Yum-Co (Mafamu) lake; 81° 55'N; 4630 m a.s.l. surface find of lake-terrasse	light-duty tools and microliths	as above
Bang-gar	Qonggyai county; SE 100 km of Lhasa city; 3700 m a.s.l.; artefacts were in situ found from the terrace deposit of Yarlung Zangbo R.	heavy-dutys tools, ground stone tools, pottery and animal bones	Late Neolithic (KANG, 1986)
Qin-ba	Nedong countys; SE of Lhasa city; artefacts were in situ found from the terrace deposit of a tributary of Yarlung Zangbo R.	ground-stone tools, burnt bones and building debris	Neolithic (ZHANG, 1985)
Yi-qi	Maizhokunggar county, NE 70 km of Lhasa city; artefacts were in situ found from the terrace deposit.	heavy-duty tools and pottery	Neolithic (DAN, 1990)
Luo-long-gou A&B	Gyirong county; 85° 21'E, 29° 11'N; surface find of alluvial fan (A), 4600 m a.s.l. and lake-terrace (B), 4530 m a.s.l.	light-duty tools (A); microliths (B)	the post-glacial climatic optimum (CPAM Tibet 1991).

Qu-gong	S 5 km to Lhasa city; artefacts were in situ found from the terrace deposit	heavy-duty tools, ground-stone tools, pottery, bone artefacts and animal bones	late Neolithic (ZHANG and GAN, 1985).
Ha-dong-tang	S 2.5 km of Gyirong county town; 92 pieces of stone artefacts were found on the surface of 20 m T2	heavy-duty tools	Middle Paleolithic (LI, 1991a)
Que-de-tang	NW 1.5 km of Gyirong county town; 11 pieces of stone artefact were found on the surface of 60 m T2	heavy-duty tools	as above (LI, 1991b)
Zhong-ba	surface find of more than 600 pieces of microliths from six localities located at the valley of upper Yarlung Zangbo R., ca. 4600 m a.s.l.	microlithic artefacts and light-duty tools	Mesolithic (LI, 1991c)
Sa-ga	surface find of ca. 100 pieces of stone artefact from 13 localities located at the valley of upper Yarlung Zangbo R. and its tributaries, 4500–4900 m a.s.l.	microlithic artefacts and light-duty tools	as above (LI, 1991d)
Ngam-ren	surface find of ca. 300 pieces of stone artefact from 8 localities located at lake shore or river terrace, 4300–5000 m a.s.l.	microlithic artefacts and light-duty tools	as above (LI, 1991e)
Xi-ga-ze	surface find of 309 pieces of stone artefact from three localities located at the valley of Yarlung Zangbo R.	microlithic artefacts and light-duty tools	Mesolithic (HUO, 1991)
Da-long-ca	artefacts were in situ found from the valley of Lhasa R.	abundant groun-stone tools and pottery	late Neolithic (HE, 1991)
Pang-guo	A village site located on river bank, near Tingri county town.	heavy-duty tools, pottery, building debris	end or post of Neolithic (GUO, 1991)

Eastern Tibet

Ka-rou	Qamdo region; 97° 2'E, 31° 1'N; 3100 m a.s.l.; artefacts were in situ discovered from upper parts of T2 of Lancang Jiang R.	heavy-duty, light-duty and ground-stone tools, microliths, bone artefacts, pottery, ornaments, animal bones and building debris	Neolithic. ^{14}C: 4955 ± 100 (tree ring corrected: 55551± 25) 4280 ± 100 (tree ring corrected: 4750 ± 145) 3930 ± 80 (tree ring corrected: 4315 ± 135 bp; (CPAM, Tibet et al., 1985)
Xiao-n-da	Qamdo region; 97° 08'E, 31° 11'N; 3140 m a.s.l.; artefacts were in situ found from deposit of T1 and T2 of Ngom-Qu R.	light-duty, heavy-duty and ground-stone tools, microliths, bone artefacts and pottery which are like to Karou.	Neolithic (CHEN, 1987)

Northern Tibet

Nag-qu	the river bank, W 2 km of Nag-qu town	microliths	Neolithic (CHIU,1958)
Ma-ni	87° 09'E, 34° 47'N; 4920 m a.s.l.; surface find from hills-hollow.	microliths/light-duty tools	Mesolithic or Early Neolithic/Late Paleolithic (AN et al.,1979)

A-mu-gang	88° 30–31'E, 33° 14–15'N; 5200 m a.s.l.; surface find from alluvial fan.	as above	as above
Zu-lo-le	88° 30'E, 31° 23'N; 4800 m a.s.l.; SE of Co-e lake; surface find from alluvial fan and T2.	as above	as above
Xu-long	89° 64'E, 31° 24'N; 4770 m a.s.l.; SE of Silingco lake; surface find from valley.	as above	as above
Luo-ma-song	88° 33'E, 31° 34'N; 4580 m a.s.l.; W of Co-e lake; surface find from alluvial fan and T2.	microliths	Mesolithic or Early Neolithic (AN et al., 1979)
Xiong-mei	88° 01'E, 31° 24'N; 4630 m a.s.l.; SE of Silingco lake; surface find from hill slope	microliths	as above
Bang-kang	88° 27'E, 31° 09'N; 4750 m a.s.l.; N of Gyaring-Co lake; surface find from alluvial fan.	microliths	as above
Za-bu-jin-xiong	87° 58'E, 31° 19'N; 4680 m a.s.l.; N of Gyaring-Co lake; surface find from alluvial fan.	microliths	as above
Gai-za	88° 42'E, 30° 32'N; 4820 m a.s.l.; Yuecaco basin; surface find.	microliths	as above
Duo-co	88° 20'E, 30° 43'N; 4860 m a.s.l.; SW of Xainza county; surface find from alluvial fan.	microliths	as above
Ta-er-ma	89° 04'E, 30° 33'N; 4800 m a.s.l.; SE of Xainza county; surface find from valley.	microliths	as above
Duo-ge-zhai	87° 3'E, 31° 50'N; 4830 m a.s.l.; Bangduo region of Xainza county; surface find from terrace.	light-duty tools and microliths	Late Paleolithic-Mesolithic (Chinese Academy of Sciences Multidisciplinary Expedition of Qinghai-Xizang Plateau, 1983)
Ge-ting	89° 22'E, 31° 35'N; 4663 m a.s.l.; surface find from 133 m lake terrace, SE of Siling-Co lake	light-duty tools	Late Paleolithic or Early Neolithic (QIAN et al., 1988)
Pa-ye-qu-zhen	Rutog county; surface find from alluvial fan of southern slope of Payebuye Peak	microliths	the post-glacial climatic optimum (LIU et al., 1981)

Southern Qinghai

Tuo-tuo-he R.	surface find from N 10 km Tuo-tuo-he river bank	microliths	may be Neolithic (CHIU, 1958).
Hoh Xil	surface find from the bank of Qushui R., S 20 km of Hoh Xil.	heavy-duty tools and light-duty tools	may be Paleolithic (CHIU, 1958).
Xing-xing lake	98° 7'33"E, 34° 50'N; about 4300 m a.s.l S of Madoi county town; artefacts from the beach of the Xing-xing lake	heavy-duty tools	?Neolithic (collected by Prof. B. FRENZEL, 1989).

Northern Qinghai

Xiao Qaidam	95° 30'32"E, 37° 27'32"N; 3100 m a.s.l.; artefacts were in situ found on the gravel of 8–13 m lake terrace of Xiao Qaidam lake in Qaidam basin.	light-duty tools	Late Paleolithic, ^{14}C ca. 30000 bp (HUANG et al., 1987).
Hei-ma-he R.	artefacts were in situ found from loess on the ca. 100 m lake-terrace, southern bank of Qinghai Hu lake	light-duty tools, bone artefacts, charcoals	Late Paleolithic, ^{14}C 11000 bp (Report,1988).
East Kunlun	artefacts were found in situ from loess deposit located at Kunlung Shan (Mts.), ca. 4000 m a.s.l.	shell ornament, animal bones, charcoals and ash.	ca. 10000 y.a. (Report, 1993)

Eastern Qinghai

La-yi-hai	Guinan county; 2580 m a.s.l.; loess-like deposit of 70 m T2 of Yellow R.	heavy-duty tools, light-duty tools, microliths, bone artefacts, ornaments, animal bones and kitchen range	Mesolithic, ^{14}C 674585 bp (GAI et al., 1983)

Reference

AN ZHIMIN, YUN ZHAISHENG and LI BINGYUAN (1979): Artefacts of Paleolithic and Microlothic from Shenza and Shuanghu, North Tibet. *Kaogu* (Archaeology), (6), 481–494. (in Chinese)

CHEN JIANBIN (1987): Xao-n-da, a Neolithic site from Qamdo region, Tibet. *Yearbook of Chinese Archaeology 1987*, Culture Relics Publishing House, Beijing, 250–251. (in Chinese)

CHEN WANYONG (1980): The Natural Environment of Lin-Zhi Basin, Tibet in late Pleistocene and Holocene. Vertebrata PalAsiatica, 18(1), 51–58. (in Chinese)

Chinese Academy of Sciences, Multi-disciplinary Expedition of Qinghai-Xizang Plateau, 1983. *Quaternary Geology in Tibet*, Sciences Press, Beijing. (in Chinese)

CHIU CHUNGLANG (1958): Discovery of Paleolithic on the Xizang-Tsinghai Plateau. Vertebrata PalAsiatica, 2(2–3), 157–163. (in English)

CORVINUS, G. (1987): Patu, a new Stone Age of Jungle Habitat in Nepal. Qurtar, (37/38), 135–187. (in English)

CPAM, Tibet Autonomous Region and Dept. of History, Sichuan University (1985): *Karou: A Neolithic Site in Tibet*. Cultural Relics Publishing House, Beijing. (in Chinese with English & Tibetan abstract)

CPAM, Tibet Autonomous Region (1991): Stone artefacts from Luo-long-gou, Jilong county, Tibet. Southern Ethnology and Archaeology, 4, 25–42. (in Chinese)

DAI ERJIAN (1976): Stone artefacts from Nielamu. In *Chinese Academy of Sciences Multidisciplinary Expedition of Qomolangma (Mt. Everest), 1966–1968*.Sciences Press, Beijing, 110–112. (in Chinese).

DAN ZA (1990): A stone tool from *Yi-qi* village of Maizhokunggar county, Tibet. *Yearbook of Chinese Archaeology 1990*, Cultural Relics Publishing House, Beijing, 310–311. (in Chinese)

FREUND (1991): Einige Bemerkungen zur Steinzeit Süd- und Ostasiens. Quartär, 41/42, 139–153 (in German)

GAI PEI, Wang Kuodao (1983): Excavation report on a Mesolithic site at Layihai, Upper Yellow river. Acta Anthropologica Sinica, 2(1), 49–59. (in Chinese with English abstract)

GUO ZHOU-HU (1991): Ancient village site near Pang-guo, Tingri county, Tibet. *Yearbook of Chinese Archaeology 1991*, Cultural Publishing House, Beijing, 290–291. (in Chinese)

HE QIANG (1991): A Neolithic site at Da-long-ca, Doilungdeqen county. *Yearbook of Chinese Archaeology 1991*, Cultural Relics Publishing House, Beijing, 290. (in Chinese)

HUANG WEI-WEN, CHEN KEZAO and YUAN BAOYIN (1987): Discovery of Paleolithic artefacts in the Xiao Qaidam Lake area, Qinghai Province. In *Works of Symposium of China-Australia Quaternary*, Sciences Press, Beijing, 168–179. (in Chinese with English abstract)
HUO WEI (1991): Microlithic localities of Xi-ga-ze city, Tibet. *Yearbook of Chinese Archaeology 1991, Cultural Relics Publishing House, Beijing, 297–289. (in Chinese)*
KANG LE (1986): *Bang-gar,* a Neolithic site from Qiong-jie county, Tibet. *Yearbook of Chinese Archaeology 1986,* Cultural Relics Publishing House, Beijing, 205–206. (in Chinese)
LI YONG-XIAN (1991a): Peleolithic artefacts from Ha-dong-tang in Jilong Basin, Tibet. *Yearbook of Chinese Archaeology 1991,* Cultural Relics Publishing House, Beijing, 283–284. (in Chinese)
LI YONG-XIAN (1991b): Paleolithic artefacts from Que-de-tang in Jilong Basin, Tibet. *Yearbook of Chinese Archaeology 1991,* Cultural Relics Publishing House, Beijing, 284. (in Chinese)
LI YONG-XIAN (1991c): Microlithic localities of Zhong-ba county, Tibet. *Yearbook of Chinese Archaeology 1991,* Cultural Relics Publishing House, Beijing, 284–285. (in Chinese)
LI YONG-XIAN (1991d): Microlithic licalities of Sa-ga county, Tibet. *Yearbook of Chinese Archaeology 1991.* Cultural Relics Publishing House, Beijing, 285–286. (in Chinese)
LI YONG-XIAN (1991e): Microlithic licalities of Ngam-ren county, Tibet. *Yearbook of Chinese Archaeology 1991,* Cultural Relics Publishing House, Beijing, 287–287. (in Chinese)
LIU ZECHUN, WANG FUBAO, JIANG ZANCU, QIN HAO and WU JIANMIN (1981): Microliths from northeast shore of Mafamu Lake. Journal of Nanjing University (Philosophy and Sociology), (4), 87–90 and 7. (in Chinese)
Qian Fang, Wu Xihao and Huang Weiwen, 1988. Preliminary observation on Geting site in North Tibet. Acta Anthropologica Sinica, 7(1), 75–83. (in Chinese with English abstract)
Report (1988): News. People's Daily (overseas edition) Jan. 7, 1988. (in Chinese)
Report (1993): News. People's Daily. Aug. 24, 1993. (in Chinese)
ZHANG JIANLING, GAN DUI (1985): A Neolithic site at Qugong village of Lhasa, Tibet. *Yearbook of Chinese Archaeology 1985,* Cultural Relics Publishing House, Beijing, 216–217. (in Chinese)
ZHANG JIANLING (1985): Neolithic artefacts from Qinba village of Lhasa, Tibet. *Yearbook of Chinese Archaeology 1985,* Cultural Relics Publishing House, Beijing, 217. (in Chinese)
ZHANG SHENSHUI, 1976. Newly discovery of Paleolithic from Dingri, Tibet. In *Chinese Academy of Sciences Multi-disciplinary Expedition of Qomolangma (Mt. Everest) 1966–1968,* Sciences Press, Beijing, 105–109. (in Chinese)

Manuskriptabschluß 10.94

BASIC CHARACTERISTICS OF MORAINE TYPES FROM THE LAST GLACIATION IN NORTHEASTERN QINGHAI-XIZANG PLATEAU (TIBET)

Liu Shijian & Li Jian, Chengdu
with 8 Figures

[Die Hauptcharistika der Moränen der letzten Vereisung im Nordosten des Qinghai Plateaus]

Zusammenfassung: In der nordöstlichen Randzone des Qinghai-Xizang Plateaus gibt es viele Spuren von Quartärvereisungen, besonders die Moränen der letzten Vereisung sind relativ vollständig erhalten und leicht zu erkennen. Die Untersuchung dieser Moränen hatte folgende Ziele: a) Darlegung der Gletschertypen und Abgrenzung der Ausdehnung der Vereisung; b) Untergliederung der Quartärvereisungen und Erkennung der Quartärmischsedimente. Die Moränen der letzten Vereisung befinden sich am Rand im Nordosten des Plateaus (im Westen der Provinz Sichuan, im Süden der Provinz Qinghai und im Südosten von Tibet). Die Moränen liegen in den Tälern oft in Höhenlagen zwischen 2600 und 4500 m; die Höhe nimmt von Osten nach Westen allmählich zu. Wegen des uneinheitlichen Reliefs und Klimas innerhalb des Untersuchungsgebietes haben sich in einigen Bereichen kontinentale in anderen ozeanische Gletscher gebildet. Große Endmoränenwälle von Kargletschern sind oft im Talbereich in den Gebirgsregionen des westlichen Sichuan vorhanden. Seitenmoränenwälle erstrecken sich über bis zu 10 km im Süden und Westen von Qinghai. Grundmoränenhügel befinden sich überwiegend in den breiten Trogtälern Südosttibets. Die Verbreitung der Moränentypen beweist, daß die Formung der Gletscher vom Relief abhängt. Die Moränen im Untersuchungsgebiet weisen folgende Charakteristika auf: 1) Endmoränen: vollständige Sedimentationsstrukturen, feine Textur, keine großen Erratika, bestehen aus Kiesen und feinen Sanden, relative Höhe über 10 m. 2) Seitenmoränenwälle: ohne Schichtung, auf der Oberfläche viele Erratika, gröbere Lockermaterialien, die Länge kann bis zu 20 km betragen (manchmal mit Unterbrechungen). 3) Grundmoränenhügel: gemischte Substrate ohne Schichtung, bogenförmig oder gruppenweise angeordnet, befinden sich in den Trogtälern, Höhe zwischen 5 und 10 m.

Summary: The northeastern part of the Qinghai-Xizang Plateau is located in the marginal zone of the plateau. A lot of moraines were left there by the last glaciation. Terminal moraines, lateral moraines and basal moraine hills are the main types. Their characteristics are as follows: 1. Terminal moraines are characterized by a fine grain size and by a fully depositional structure. They are composed of gravel and sand. 2. Lateral moraines consist of large-grained detrital deposit and there are a lot of boulders on the surface. They have a length of more than 20 km. The types are divided into discontinuous and continuous lateral moraines. 3. Basal moraine hills occur individually or in colonies in wide U-shaped glacial valleys. The height of their depositional forms is between 5 and 10 m. Their fabric is disorderly and unsystematic, which reflects the fact that during deglaciation melting and deposition speeded up strongly.

青藏高原东北部末次冰期冰碛物基本特征

刘世建　李　械

中国科学院成都山地灾害与环境研究所

中国　四川610015

成都417信箱

摘　要

　　青藏高原东北部位于高原的边缘地带，这里保存了许多第四纪时期冰川活动的遗迹，其中以末次冰期的冰碛物保存得较完整，更容易区分和辩认。开展该地区末次冰期冰碛物研究，对于探讨末次冰期冰川类型和活动范围，划分第四纪冰期和辨别第四纪地质时期混杂堆积物均有较重要的意义。

　　青藏高原东北部地区末次冰期冰碛物集中分布在高原边缘地带，分布范围在四川西部、青海南部和西藏东南部，且多在高山山谷和高原浅谷区。分布的高度在海拔2600－4500米之间，分布高度从东向西逐渐增高。

　　由于该地区大多处在高原的过渡地带，独特的地形和降水条件，导致发育了海洋性冰川和大陆性冰川，冰川作用所残留下的冰碛物类型在川西高山山谷内多见由山谷冰川作用残留下的高大终碛堤，在青海南部和西部高原浅谷区内则多是长达几公里到十几公里的侧碛堤；而基碛丘陵多分布在藏东南一些宽阔的古冰川"U"型谷内。冰碛物的类型反映了当地冰川发育条件和与地形条件有较密切的关系。

　　该地区冰碛物具有下列特征：

　　1、终碛物具有粒径细，堆积结构完整，堆积剖面中缺乏大漂砾，物质组成以砾石和砂级为主，组构特征不明显，其堆积体高度在10米以上等特征。

　　2、侧碛堤由粗大的碎屑物质组成，侧碛堤表面散布着许多大漂砾，组成物质杂乱无章，无层理（次），堆积长度最长可达20公里，同时还可分为间断型和连续型侧碛。

　　3、基碛丘陵是该地区一独特的堆积地貌现象，它们呈孤状和群状分布在宽阔的古冰川"U"形谷内，高度在5－10米之间，组成物质较为杂乱，无层理，反映了冰川后退融化快速停积的特征。

　　关键词　　末次冰期　终碛　侧碛　基碛丘陵

1. Introduction

Since the late 1950's modern and quaternary glacial geology of the Qinghai-Xizang Plateau has extensively been investigated by Chinese scientists of glaciology, geomorphology and quaternary geology. It is generally agreed that glaciations occurred several times in the plateau. Under the influence of a large-scale uplift of the plateau since the Pliocene three or four glacial periods can be differentiated (ZHENG BENXING & SHI YAFENG, 1976; ZHENG BENXING et al., 1981). Traces of mountain glaciations from the beginning of the Quaternary are not easy to distinguish from younger sediments, because of the fact that they were destroyed severely by the last glaciation. On the other hand, traces of the glaciation and glacial features of the last glaciation are much more complete and can easily be distinguished (SHI YAFENG et al., 1990). The moraines of the last glaciation are commonly distributed in the modern glacial valleys. Terminal moraines, lateral moraines and basal moraine hills are the predominant sedimentary forms.

The northeastern part of the Qinghai-Xizang Plateau, which involves parts of Western Sichuan, Southern Qinghai and Southeastern Tibet, is one of those areas in China in which moraines from the last glaciation are wide-spread. A wealth of complete moraines dated from the last glaciation remained in the marginal regions of the plateau. Thus it is a good place to study the extent and to distinguish various glacial types of landforms, which were formed by glaciers of the last glaciation. Many traces of the last glaciation can be discovered in this area (Fig.1.). Moreover, if basic principles of till or moraine formations are well understood, it would help greatly to distinguish between glacial and non-glacial sediments (such as debris flows, alluvial deposit and avalanches).

It was shown by preliminary results of several expeditions that most of the moraines were formed during the last glaciation the age of which is more than 15,000 years. There do exist some older moraines dated from the Late Pleistocene. But their forms are not as typical as those of the moraines which were formed during the last glaciation. At that time maritime glaciers were more active in Southeastern Tibet and Western Sichuan. Here remained a lot of traces of this glaciation.

2. Characteristics of moraine types

As a result of the location in the northeastern marginal parts of the Qinghai-Xizang Plateau, which are characterized by a high relief and different climatic belts with a relatively high precipitation, glaciers could develop there during the last glaciation. They developed between 2,600 and 4,500 m in the valleys. There are two kinds of glaciers: the maritime ones and the continental ones. The maritime glaciers are known by their fast movement, large ablation and their descent deep into the valleys. The continental glaciers resemble much more cold glaciers. This means that in general their movement velocity is low and that they are situated higher up in the mountains or on the plateau. Their geomorphological activity is not as pronounced as that of the maritime glaciers. Both these glacier types formed moraines, which can be divided in the area under discussion into terminal moraines, lateral moraines and basal moraine hills.

2.1 Terminal moraines

Terminal moraines are the most typical moraine type which was left by the last glaciation in Northeastern Qinghai-Xizang Plateau. Their range of distribution is large. Complete terminal moraines (Fig. 2) are preserved in many valleys of the peripheral parts of the plateau.

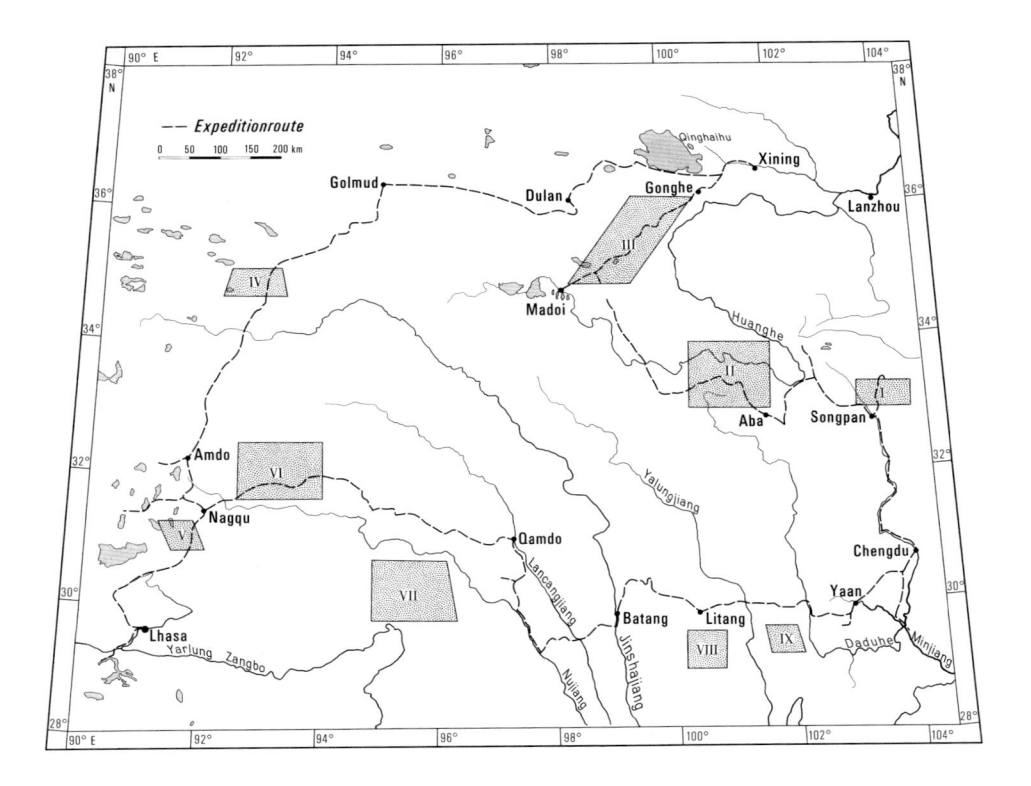

I   Taller terminal moraines and glacial lakes region, in Gongganglin, Western Sichuan
II Longer lateral moraines and wide slack region, in Jigzhi County, Southern Qinghai
III Lateral moraines and terminal moraines region, in Gonghe Basin, Southern Qinghai
IV Wide glacial U-shape valleys region, in north slope of Kunlun Mountain Ranges, Western Qinghai
V   Short terminal moraines and lateral moraines region, in south slope of Kunlun Mountains, Northeastern Tibet
VI Short terminal moraines region, in Northeastern Tibet
VII Terminal moraines and basal moraine hills region, in Southeastern Tibet
VIII Large ice sheet region, in Daocheng County, Western Sichuan
IX Glacioaqueous platform region, in Gonggang Mountains, Western Sichuan

Fig. 1.:
Distribution map of the typical moraines in Northeastern Qinghai-Xizang Plateau

These moraines are mainly distributed between 2,600 and 4,500 m. In the east and in the south they tend to be found at lower elevations than in the north or on the plateau. This tendency fully reflects the fact that maritime glaciers are controlled most of all by precipitation. As an example the terminal moraines of the Minshan System, Western Sichuan, are located between 2,600 and 3,200 m. Because the precipitation in the region is governed by the southeast and southwest monsoon climates, which are charcterized by abundant rainfall, maritime glaciers were favoured to occur. Therefore all of the mountain peaks here, which are higher than 4,500 m, were occupied by maritime glaciers during the last glaciation. Due to the modern distribution pattern of several endemic plant and animal species of this area it is held that the glaciers penetrated into the forest to move down the valleys. When glaciers moved down to less than 2,600 m they were influenced by several factors, such as temperature, glacial supply etc.. Thus the glaciers melted down quickly

Fig. 2:
Terminal moraine in Southern Qinghai

during the deglaciation. Abundant gravels and sand masses, which were transported by the glaciers, were deposited at the position which the glacier had finally reached. In some valleys end moraine dams were formed, so that glacial lakes could develop. After the glaciers had melted more than 10 km of outwash terraces appeared. This phenomenon can be studied very clearly in Gonggangling (Fig. 3), upstream of the Minjiang. Here, at an elevation of 3,500 m, terminal moraines and outwash sediments are distributed on both sides of the pass. As a result of blocking the valley by terminal moraines a glacial lake was created on the north side of the pass. Later it fell dry. Here the terminal moraines are extremely thick. This results in a strong difference of landforms between the former glacial and periglacial areas. This terminal moraine is one of the lowest in the area. In contrast to this there is a wide and flat outwash terrace on the southern side of the pass (upstream of the Minjiang). The Minjiang cuts off the outwash terrace to flow from north to south. On both sides of the pass terminal moraines are composed of gravel and coarse sand (grit) (Fig. 4). There are only a few boulders in the deposits. Boulders occur very rarely on the surface of terminal moraines. An outcrop in this terminal moraine can be described as follows:

– at the top: Gravel deposits and sands are predominant. The fabric feature is not obvious. The sediment is layered. In some of them gravels occur, which are very angular. Boulders are lacking.
– at the bottom layers: There are a lot of angular boulders. Sand forms the matrix between boulders and gravels. There is no layering in the strata. The fabric texture is not as well developed as that of the top layers.

The amount of the boulders increases with an increasing depth. It is thought that the valley was excavated by a glacier.

Fig. 3:
Glacioaqueos platform in Gougganglin valley, Western Sichuan

The terminal moraines clearly indicate the intensity of the former glaciation in Northeastern Qinghai-Xizang Plateau. To the south of the Nyainqentanglha Mountain Ranges the intensity as well as the scale of maritime glaciers were larger than those of the continental glaciers on the northern slope of the Kunlun Mountain Ranges. Repeatedly terminal moraines are more than 10 m high and composed of different material. The height of the terminal moraines in the southeastern region is generally more than 10 m and the grain size is obviously smaller than that of the northwestern region. Moreover, the number of boulders is less than that in the other region. In contrast to this the height of terminal moraines in the northwestern region is less than 10 m. They contain several boulders and gravel. The angular features are more obvious than those in the southeastern region and a lot of boulders cover the surface of the terminal moraines. The fabric changes only a little. In the lithology of terminal moraines granites predominate. However, the most obvious difference between the terminal moraines of the southeast and those of the northwest is that in the northwest the glacier tongues in general stopped near the mouth of the gully, whereas in the southeast the glaciers could penetrate far into the forest and stopped not before the main valleys.

2.2 Lateral moraines

Lateral moraines dating from the last glaciation remained completely preserved in those places where either a very extensive erosion surface exists on the plateau or where wide valleys occur. For instance, the lateral moraines on the northern slope of Bayanhar Mountain, Southern Qinghai Province, are formed in close relation to the landform conditions

Fig. 4:
Moraines compose of gravels and grit

and to the property of former glaciers. In Southeastern Tibet and Western Sichuan high mountains and deep valleys are characteristic features of the landscape. Thus here the relief energy is much higher than in Southern Qinghai. When glaciers move into the narrow valleys their width is limited by these narrow valleys and the glaciers are forced to move more quickly. Therefore on both sides of the glacier the slopes are too steep and do not favour the preservation of sediments and the formation of obvious lateral moraines. On the other hand, this situation is suitable for the formation of terminal moraines. Quite another situation is found on the erosion surface of the plateau. Here the valleys are extremely wide and the glaciers belong to the continental type. These glaciers are not as active as the maritime ones in the southeastern region. Although the glaciers' velocity is slower than that of maritime glaciers the ice supply is enough to move. Due to the differences in the ice velocity and the flat landforms glacial sediments are easily laid down on both slopes of the valley. In consequence of the glaciers' properties lateral moraines are mainly distributed here between 3,600 m and 4,200 m.

The lateral moraines in the studied area are divided into continuous (Fig. 5) and discontinuous types (Fig. 6). The different types respond to different types of glacier activity, for example the Hongtuya Pass in Jiuzhi county, Southern Qinghai. The landforms are gentle. The valleys are wide and former glaciers, which moved down from different peaks, formed a glacial U-shaped valley, which is about 20 km long. It was created by a continental glacier. Its lateral moraines are continuously distributed and they are 90 m higher than the surface of the valley right now. The type of lateral moraines which belong to taller glaciers and the deposits of them, which are nearly everywhere distributed on the slopes of the valleys show the feature of the former glaciation. There occurs a lot of boulders on these lateral moraines.

The sediments of the lateral moraines discussed consist of boulders, gravel, coarse sand, silt and clay. On the surface there are met with a number of boulders, which were laid down by glacial activity at the bottom of the glaciers. Their surface relief is rugged. In some wide valleys parts of lateral moraines are completely separated from the slope of the valley. The distance between the moraine ridge and the valley slope is unequal. It is clearly constructed by the glacier. It does not depend on rock fall supply on the slopes. This type of lateral moraines is probably related to an ice supply from a larger ice cap. On the other hand, it is difficult to understand that valley glaciers would move such a long distance and form such wide U-shaped valleys as well as these huge lateral moraines.

Lateral moraines in some places of Western Sichuan and Southeastern Tibet are not as completely preserved like those in Southern Qinghai. They are discontinuous forms in the valleys. The height of lateral moraines in this region is less than 10 m. They depend on the intensity of the former glacial action and the type of landforms. Moreover, these lateral moraines are not as typically developed as those in Southern Qinghai. While glaciers are moving down the valleys the slopes are eroded by them. Thus both slopes are not stable and rock fall occurs repeatedly supplying the glaciers. A lot of solid material belongs to rock fall on the surface of the lateral moraines here. Since the mountains are rising intensively, rock fall happens very often and rock fall material covers the surface of the lateral moraines. This makes it difficult to distinguish between lateral moraines and rock fall.

2.3. Basal moraine hills

The term "basal moraine hills" means that formerly surface moraines, englacial moraines and middle moraines were deposited on ground moraines to form a rolling landscape after the glaciers melted (YANG YICHOU, 1983). These hills are mainly distributed be-

Fig. 5:
Continuos lateral moraine in Southern Qinghai

Fig. 6:
Discontinuous lateral moraine in Southern Qinghai

tween 2,800 m and 3,500 m in ancient glacial U-shaped valleys. The basal moraine hills in Southeastern Tibet are the most typical ones (Fig. 7).

Basal moraine hills are a unique geomorphological feature of glacial sediments in Northeastern Qinghai-Xizang Plateau. They are mainly related to the property of the former glacial action in this area. In Southeastern Tibet the maritime glaciers developed quietly. Because this type of glaciers is characterized by a rapid melting and deglaciation, the bottom of glacial U-shaped valleys is always gentle. On the inner side of the terminal moraines several basal moraine hills were formed in the glacial melting area. In different regions there are different forms of basal moraine hills (Fig. 8). The common feature of basal moraine hills is that they occur singularly. They are rounded or tabular. Their height is between 5 and 10 m. Singular basal moraine hills can be found in the wide valley upstream of the Huanghe. They look like small hills. In Southern Qinghai groups of basal moraine hills occur very seldom. Groups of basal moraine hills are distributed most commonly on the wide valleys in Southeastern Tibet. Their height is generally between 3 and 5 m. Sediments of basal moraine hills consist of a mixture of gravels and boulders. The maximum height of basal moraine hills in this area is more than 10 m. They are always distributed in the large glacial U-shaped valleys. They look like hills but they are only formed by glaciers. The Gonggangling glacier in Western Sichuan moved down into the valley to form taller singular basal moraine hills in the mouth of some ravines. It is obvious that basal moraine hills indicate the property of glacier activity in the region during the last glaciation.

Fig. 7:
Basal moraine hill in the inner of terminal moraine

3. Conclusions

The Northeastern Qinghai-Xizang Plateau is located in the marginal zone of the plateau. Landforms are high and steep. Climate is influenced by southeast and southwest monsoons. The precipitation is relatively more abundant than on the interior plateau. Therefore various conditions are suitable to form maritime glaciers here. The investigations have indicated that maritime valley and mountain glaciers occupied most of the mountain peaks of Southeastern Tibet and Western Sichuan during the last glaciation. The glaciation's traces are quite clear. Terminal moraines, lateral moraines and basal moraine hills are the main sedimentary features in this region. However, moraine types vary with landform conditions and elevation above sea level. In Western Sichuan taller terminal moraines blocked the valley to form various glacial lakes which became a charming feature of the landscape. There are a lot of typical terminal moraines in the region. Quite high lateral moraines, which are more than 10 km long, remained in some wide valleys or in intermountain basins of Southern Qinghai. Basal moraine hills which are a unique moraine type are created by the ice melting action in the valleys. In Southeastern Tibet they were formed mainly on the inner side of terminal moraines. They date from the last glaciation. The moraine features mentioned above play an important role in distinguishing the various types of glaciation and in understanding or constructing the properties of glacial activity as well as the erosional processes of that time.

Fig. 8:
Basal moraine hill in Western Sichuan

References

SHI YAFENG, ZHENG BENXING & LI SHIJIE (1990): Last glaciation and maximum glaciation in Qinghai-Xizang Plateau. – Journal of Glaciology and Geocryology, Vol.12, **1**:1–16 – in Chinese with English summary

YANG YICHOU (1983): Basal moraine hills at Baduizangbu Basin in the Southeastern Tibet. – Journal of Glaciology and Cryopedology, Vol. 5, 4:71–74 – in Chinese with English summary

ZHENG BENXING & SHI YAFENG (1976): Study on the Quaternary Glacial Period of the Qomolangma Peak, Monograph on mountains. – Qomolangma Scientific Expedition (1966–1968). – Quaternary Geology, Science Press, 29–62, Beijing – in Chinese

ZHENG BENXING, MOU JUNZHI & LI JIJUN (1981): The evolution of the Quaternary glacier in the Qinghai-Xizang Plateau and its relationship with the uplift of the plateau. – Studies on the period, amplitude and type of the uplift of the Qinghai-Xizang Plateau. – Science Press, 52–62, Beijing – in Chinese with English summary

BASIC FEATURES OF GLACIAL LANDFORMS IN THE MINSHAN [1]

Tang Bangxing, Li Jian und Liu Shijian, Chengdu
with 1 figure

[Glazialmorphologische Besonderheiten des Ming-Shan-Gebirges]

Zusammenfassung: Der Ming-Shan gilt als das einzige Gebirge mit aktueller Gletscherbildung am Ost-Rand des Qinghai-Xizang Plateaus. Der höchste Gipfel hat eine Höhe von 5588 m (Xiuobaoding). Xiaoxiuoboding und Mendongfeng haben aktuelle Gletscher. Bei einer Schneegrenze von 4800–5000 m sind es überwiegend Kar-, Tal- und Hanggletscher. Im Bereich des Xiuobaoding haben Gletscher während des Quartärs Erosions- und Akkumulationsformen geschaffen. In Höhenlagen ab 2800 m finden sich zahlreiche vorzeitliche Kare, Trogtäler, Karlinge und Moränen. Um den Gipfel des Xiuobaoding hatte sich eine Eiskappe gebildet. Seit dem späten Pleistozän gab es mindestens zwei Vereisungen. Die ältere wird durch die Endmoränen am Duomishi belegt; die damalige Schneegrenze lag bei 4000 m. Sie ist mit der Julangma-Vereisung während des späten Pleistozäns gleichzusetzen. Der jüngeren Vereisung sind die endmoränen am Changhai in Jinzaigou zuzuordnen, sie gehören zur letzten Vereisung (little iceage). Der Rückzug der Gletscher seit dem Pleistozän ist mehrmals unterbrochen worden, dadurch entstand eine Reihe von Endmoränen.

Summary: The Minshan is the only mountain system where modern glaciers developed in the eastern part of the Qinghai-Xizang Plateau (33°N, 103°50'E). The Xuebaoding with an elevation of 5,588 m is the highest peak in the Minshan. Xuebaoding, Xiaoxuebaoding and Mendongfeng etc. have modern glaciers. The main types are cirque and hanging glaciers. The modern snow line is at about 4,800–5,000 m above sea level (a.s.l.). During the Quaternary glaciation caused glacial erosion and glacial sedimentary landforms in the Minshan-Xuebaoding area. Ancient glacial valleys, cirques, arêtes, horns and the moraine geomorphology are quite well developed in valleys and mountains above 2,800 m a.s.l.. In the Minshan, with its center at the Xuebaoding, occurred a small ice cap. Since the Late Pleistocene two glaciations occurred. The older one is represented by the Duomishi terminal moraine. At that time the snow line lay at about 4,000 m a.s.l. It was similar to the Qomolangma ice stage in the Late Pleistocene. The next glacial stage is represented by the Changhai terminal moraine in Jiuzhaigou and belonged to neoglaciation. Thereafter, glaciers oscillated repeatedly forming several terminal moraines during the deglaciation.

---

[1] the Chinese word "shan" means "mountain or mountains"

岷山冰川地貌基本特征

唐邦兴　李　械　刘世建

中国科学院成都山地灾害与环境研究所

中国　四川610015

成都417信箱

摘　要

岷山是青藏高原最东缘(东径103°50′)唯一发育现代冰川之地，主峰雪宝顶海拔5588米，小雪宝顶以及门洞峰等均分布有现代冰川、主要为冰斗谷冰川和悬冰川类型、现代雪线海拔4800-5000米。

第四纪期间，岷山雪宝顶地区曾经历过冰川作用，形成冰川侵蚀和堆积地貌。在海拔2800米以上的谷地和山地古冰川槽谷、冰斗、刃脊角峰和冰碛地貌十分发育。岷山以雪宝顶为中心形成了小的冰帽。晚更新世以来至少发生过两次冰川作用，较老一次冰期以朵米寺终碛垄为代表，古雪线高约海拔4000米，相当于晚更新世珠穆朗玛峰冰期。最新一次冰期以九寨沟长海终碛垄为代表，该冰期应属新冰期。此后，在冰川退缩的过程中，曾有过多次较长时间的停顿，形成了多列的终碛垄。

关键词　　雪宝顶　现代冰川　冰帽　雪线

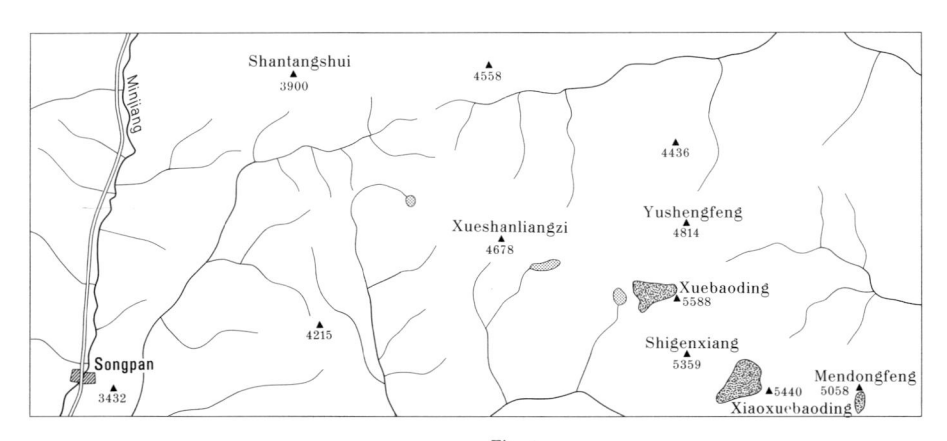

Fig. 1:
Map of the Minshan area

1. Intruduction

The Minshan, situated in the north of the Aba Zhang Autonomous Prefecture, Sichuan province, is oriented from south to north with high mountains and numerous peaks and forms the water divide between the Minjiang, the Baishuijiang and the Fujiang[2]. The Xuebaoding (5,588 m) has many modern glaciers and traces of past glaciers. It is one of those regions in which modern and past glaciers existed at the eastern edge of the Qinghai-Xizang plateau (103°50'E, 33°N), China (Fig.1).

According to the preliminary studies of the joint Chinese-German expedition to the Qinghai-Xizang Plateau in 1989 the results are summarized as follows:

2. Natural conditions for the occurence of glaciers

2.1 Tectonics

The northern part of the Minshan is an expanding part of the Motianling tectonic zone trending from east towards west within the Qinling tectonic system. It is limited in the northeast by the Lungmenshan tectonic zone, which trends from north towards east. This region is characterized by complicated tectonic activities, a large number of faults and by strong neotectonics, since several tectonic zones, such as Minshan fault, Xueshan fault, Huya fault, Shiyan fault, Zhaduoshan fault etc., impact on one another here.

The western part of the Qinling tectonic zone trends from east towards west. It mainly consists of marine Palaeozoic sediments. Due to a large number of strong tectonic movements the sediments were pressed intensively in this zone and the two joints mentioned above, trending northwest-southeast, were developed. This system moved since the Cenozoic Era. From this resulted a mainly composite fold including some big active faults, such as the east to west striking Xueshan fault (LUO LUNDO, 1983).

The tectonic zone trending from south towards north is composed of a series of nearly south-north striking faults. One of them is the Minshan fault, which is larger and cuts both tectonic zones trending from east towards west or from north towards west.

The north-west striking tectonic zone is composed of a series of folds. It is part of the east-west striking complex Qinling tectonic zone deflecting to the northwest. During the Quaternary neotectonic movements in the Minshan region were very active. In general they happened in an upward direction and caused frequently strong earthquakes. According to the results of the geodetic survey the velocity of the tectonic uplift from the Gonggangling to the Ganhaizi is 312 mm in 15 years and the deformation gradient is 0.6 mm/year. This shows that the northwest striking Gonggangling tectonic zone is still uplifting and continuing an old tectonic movement, which was active since the Later Pleistocene.

2.2 Geomorphologic features

The Minshan, located in a transitional zone between the Qinghai-Xizang Plateau and the Sichuan basin, is a high mountain massif, whose landforms are controlled by tectonic movements. The topographical outline is the Minshan fault trending from south towards north. To the west of this outline a plateau is situated which is cut linearly and has two erosional surfaces. The first one with an elevation of 4,000 m is composed of low mountains and hilly lands resulting from erosion. The second one is approximately 3,800 m a.s.l.

---

[2] the Chinese word "jiang" means "river"

and is well preserved in the northwest. The eastern part, however, is the main part of the Minshan where high peaks, high mountains and deep gorges were formed due to the strong erosion. The mountain peaks pass 4,000 m. Seven of them are higher than 5,000 m with valleys of about 2,500–3,500 m. This means a relative height of 1,500–2,000 m.

The Gonggangling, formed by neotectonics and with an elevation of 3,500 m, is the water divide between the Minjiang and the Baishuijiang. The northern landform of the Gonggangling differs strongly from the southern one. Towards the north, from the Gonggangling to Nanping, the valley of the Baishuijiang is narrow and it is mainly a high mountain gorge deeply cut into the rocks. Its length amounts to about 130 km. Weakly developed terraces and extensive debris accumulative fans are found here. Till is widely spread above the level of the Ganhaizi. However, the valley of the Minjiang becomes wide in the south with a maximum width of 1.5 km. It has 5 terraces, among which the mostly developed ones are the glacio-fluvial terraces with relative heights of 80 m, 120 m and 200 m. They are well developed above the elevation of the Duomishi. In general their width is 1 km. The length amounts up to 15 km along the valley. This wide valley of the Minjiang ends in Huangqiaoguan. Then there follow meanders and meander terraces from Huangqiaoguan to Songpan.

The Xueshanliangzi forms the water divide between the Minjiang and the Fujiang. The eastern river in the source area of the Fujiang follows mainly a gorge, whose northern bank is much steeper than the southern one. The channel gradient is 6%. This river is a fault river formed along the Xueshan fault. Its northern left-hand mountains are the axis of the Huanglong anticlinorium. Here a vertical wall of fault and sheer structures and with overhanging rocks is formed. Its southern right-hand mountains are the northern part of the Xuebaoding anticlinorium. They are the basal part of a fault; thus the relief is gentle.

2.3 Climate and vegetation

The main feature of the climate in the Minshan region is cold and semiarid. Since it is situated within the transitional zone between summer and winter monsoon and because it is dominated by westerlies and the southeastern winds it exhibits a clear seasonality in moisture supply with dry winters and wet summers. During the winter, when the dry-cold climate of the north controls the region, the weather is fine. There is much wind so that the precipitation is low, only about 30% of the annual amount. Then climate is dry with 0.66 % of the annual precipitation in December, January and February. In summer (from May to September), however, when the southwest monsoon, which carries a large amount of moisture, controls the weather the precipitation is high, about 70 % of the annual amount. The mean annual precipitation amounts to about 700–800 mm.

Songpan, for example, has a mean annual temperature of about +5.7 °C. The mean temperature of the coldest month ranges from (4.3 °C to –10 °C. The average temperature of the warmest month (July) lies between +14.6 °C and +17.6 °C. Thus the range of the annual temperature is only relatively less, yet the daily range of temperature is large.

Climate differs at various elevations in the Minshan region and has a pronounced vertical zonality:
 – an alpine frigid belt (above 4500 m)
 – an alpine subfrigid belt (4000–4500 m)
 – an alpine cold-temperate belt (3000–4000 m)
 – a belt of wet mountain climates (below 3000 m)

Therefore the vegetation in this region has a vertical pronounced zonality, too. Especially on southeastern slopes. It can be divided into four altitudinal belts:

a. Alpine frigid-desert belt (above 4,300 m)

The climate is extremely cold here. Nivational and periglacial landforms, such as block fields, block streams, stone circles, stone benches etc., are characteristic.

b. Belt of alpine meadows (4,000–4,500 m)

Frost acts intensively. Mountains are often free of vegetation. Traces of former glaciers are found. Meadow vegetation occurs, such as grass, Sichuan grass etc.

c. Belt of alpine bushes (3,800–4,000 m)

Alpine bushes, such as cypress, small leafed azalea etc. prevail.

d. Coniferous forest belt (3,200–3,800 m)

With a primeval coniferous forest composed of fir, dragon spruce, larch etc.

3. Modern glaciers in the minshan

Modern glaciers in the Minshan are mainly distributed in the Xuebaoding region, in which seven peaks pass 5,000 m a.s.l.. The heavy precipitation brought here by the southwest monsoon causes a large number of modern glaciers to be formed. The three largest glaciers are found on the Daxuebaoding, Xiaoxuebaoding and Mendongfeng. The biggest one is the Xiaoxuebaoding glacier with a length of more than 1.5 km and a width of more than 1 km. The smallest one is the Mendongfeng glacier, which is 1 km long and 0.2 km wide. It is situated in the south of this peak.
The Daxuebaoding glacier is 1.2 km long and 0.5 km wide. It is located in the southwest of this peak. The ice thickness in an icefall of the eastern part of the glacier is about 50 m. This glacier can be divided into a western and a southwestern part beyond the firn basin. The southwestern branch is larger and considers to be the main part. It steeply descends into the valley at an elevation of about 4,800 m. The glacier's tongue ends at about 4,800 m. It is a cirque glacier. The western branch is smaller. It is a hanging glacier with a slope angle of 60–70°. Its tongue also ends at about 4,500 m (LUO LUNDO, 1983).
The height of the modern snow line is calculated to lie at 4,800–5,000 m. This value is obtained by the height of the glacier.

4. Quaternary glacial traces in the minshan

After the Pleistocene glaciation various glacial landforms were left in the Xuebaoding and Gonggangling regions of the Minshan, such as horns, trough valleys, glacial erosion lakes, morainic platforms, moraine ridges etc..

4.1 Ancient glacial erosional landforms

In the Minshan quite well developed glacial erosional landforms, such as horns, arêtes, ancient cirques or ancient U-shaped valleys are found above 2,800 m . They are described as follows:

a. Horns

As a result of a long-lasting glacial erosion the horns, which are precipitous cliffs and sharp peaks, were formed in the Xuebaoding region, such as the Xiaoxuebaoding, Sigenxiang peak, Dongrizhimi peak, Yu peak, Mendong peak, Dongriqiju peak, Xueshanliangzi peak, the Daxuebaoding peak etc.. The Daxuebaoding peak, situated in the axis of an anticlinorium and consisting of carboniferous limestone, is a typical horn looking like a pyramid. Three arêtes below this peak are oriented westward, southward and eastward. They have undulating crests and form many horns, which are linked together (e.g. the Sigenxiang peak). Precipitous cliffs and deep and badly accessible valleys are situated between the ridge and arête line in the Daxuebaoding massif. The most typical one of them is the north slope of the Daxuebaoding peak, which inclines more than 65°. The Xiaoxuebaoding peak is a glacial horn, too.

Thirty-four peaks are higher than 4,500 m in the northern part of the Minshan. They were formed step by step by headward glacial erosion. In phase with the widening of the trough valley almost all of them were shaped like pyramids. The arêtes and horns look like sawteeth.

The Yuqiaozhi mountain in the south of the Xuebaoding has twenty-five peaks which are higher than 4,500 m. It is mainly a horn.

In the Minshan, within an area measuring 90 km in the south to north direction and 28 km in the east to west direction, seventy-nine peaks are higher than 4,500 m and ten peaks even pass 5,000 m. They have numerous horns and arêtes formed during the Quaternary. These are clear traces of an ancient glaciation during the Quaternary.

b. Cirques

The Minshan peaks, which are higher than 3,800 m, have numerous ancient cirques. They differ in size and height. The shape of the cirque bottoms is variable due to glacial material and lakes. There are about 1,000 lakes mentioned in the Songpan county annual reports. The cirques can be divided into two groups according the height of their floors:

1. Cirques which are situated between 4,400 and 4,600 m, i.e. 200 m below the modern cirques. They are mainly distributed in the Xuebaoding and Zhangmalongli regions, which belong to the northeastern part of the Minshan. Their length to width (L/W) ratio is about 0.8. If water is available small and round lakes are formed.

2. Cirques which lie at an elevation of about 3,900–4,100 m. They are mainly distributed in the central part of the Xuebaoding region. They are approximately 1 km long and 1.2 km broad. The depth to width (D/W) ratio is 0.2 to 0.4. Thus their depth profile is more rounded. Here glacial erosion was more intensive. In the northeastern part of the Minshan the distribution of ancient glaciers was extensive but the number of the cirques is small and they are scattered. This is due to the fact that here only a small area passed the former snow line, especially on the south and southwest facing slopes. Thus, for example, the diameter of cirque bottoms is less than 40–50 m on the southwestern slope of the Najouzaga pass, 70–90 m in the Guoqige cirque and 100–200 m in the Suongpuoci cirque where we have the biggest area of slopes unexposed to the sun.
In this group the cirque lakes are well developed and they have one or two terminal moraines each.
The elevation of the ancient glaciers rises with a strong glaciation and interglacial stage from north towards south to the Xuebaoding.

c. Ancient glacial troughs

In the Minshan sources of three big rivers occur, for example the Minjiang and the Baishuijiang. Here the rivers follow ancient trough valleys. Their small discharge does not correspond with the broad valleys.

In the Xuebaoding region the ancient trough valleys are well developed and twenty of them are quite typical. Almost all of the drainage channels at the center of the Daxuebaoding and the Xiaoxuebaoding are glacial troughs, especially the six valleys parallel to the northern slope. Among them the Huanglunggou is the longest and the most typical one with a length of 7.5 km and a width of 0.3–1.0 km. It lies at an elevation of 3,100 m.

The ancient trough valleys in the northern area of the Minshan are widely distributed, too. The most typical one is the Hulugou at the right side of Gonggangling with a length of 6.5 km. It is 0.5–0.7 km broad at an elevation of 3,445 m in Goukou but 4,100 m at the firn basin. In addition, the Zezawagou trough valley in Giuzaigou at an elevation of 2,800–3,600 m is 12 km long and 0.3–0.4 km broad.

The ancient trough valleys in the Minshan are U-shaped. They have steep and straight walls and broad bottoms. This is the result of an intensive glacial erosion with a depth to width (D/W) ratio of 0.2 to 0.3. The length of the ancient troughs is different. The longest one is about 12 km and the shortest one is only 3 km. The height of Goukou (i.e. the minimum height of the ancient glaciers) is 2,600 m. These ancient glacial troughs contain moraine material etc.

4.2 Ancient glacial depositional landforms

There are numerous ancient glacial depositional landforms. In the Minshan they are met with at a minimum elevation of 2,600 m. They occur here either in the main valleys or in the tributaries. Terminal moraine ridges, lateral moraine hills, moraine terraces etc. can be found there.

a. The Xuebaoding region

The ancient glacial troughs in this region have many morainic ridges as a result of a repeated glaciation. For example, in the Huanglunggou the valley is followed by many terraces which correspond to six terminal moraines. The terminal moraine ridge in Yitaipin at an elevation of 3,530 m is 500 m long, 10–30 m broad and has a relative height of 100 m. It looks like an arched ridge and consists of loose material such as boulders, gravel etc.. The lateral moraine merges with the terminal moraine. It has a relative height of about 30 m. This evidences that the ancient glaciers in Huanglunggou repeatedly advanced, retreated and stopped.

There are at least three terminal moraine ridges in the ancient trough valley of Rijougou. Their elevation is about 4,360 m, 4,170 m and 3,800 m.

b. The northern area of Minshan

  b.1. A lateral moraine is preserved in Gonggangling due to the broad glacial trough there. It has an elevation of 3,485 m. Its relative height is 45 m. The length amounts to 1.25 km. It is well preserved, looks like a round hill and is composed of greyish gravel.

  b.2. The Duomishi terminal moraine in the Minjiang valley has an elevation of 3,212 m. It crosses the valley in the shape of a hill and is 1 km long and 0.75 km broad. Its relative height approaches 80–100 m. The Minjiang valley is formed by cutting this terminal moraine ridge on the left-hand side.

The above mentioned terminal moraine ridge can be divided into four layers (from the top to the bottom):

(1) Humus layer: 0.2–0.5 m thick.
(2) Grey-yellowish, sandy and muddy material with gravel: 0.8–1.5 m thick.
(3) Grey-yellowish, lateritic, sandy and muddy sediment with gravel; limestone dominates. The diameter of the gravelstones is in general 2–5 cm. The biggest diameter attains 70–80 cm. The lateritic weathering of the gravel was only caused by wet and hot climate.
(4) Greyish, sandy, muddy and gravelly bed with strong weathering. The mean diameter is less than 5 cm. Yet some boulders up to 2 m occur.
This is the oldest moraine in the Minshan region.

b.3. Hongyangan lake terminal and lateral moraine in the Baishuijiang valley. It lies at about 2,650 to 2,700 m. The terminal moraine crosses the Baishuijiang valley. It is 300 m long, 200 m broad and has a relative height of about 40–50 m. The lateral moraine joins on the right bank the terminal moraine. It was formed when the ancient glacier entered the Baishuijiang valley from its tributary valley.

b.4. Changhai-Shangjijiehai ancient terminal moraine in Zezawagou of the Jiuzhaigou valley. The Changhai Lake was formed when a series of terminal and lateral moraines blocked the runoff at the end of the present-day lake. Two lateral moraines follow the mountain on the right bank of the lake and form a long and narrow terrace. Moreover, three terminal moraines block the end of the lake. They are 115 m high, 670 m long and together 700 m broad. The width at their top is 100 m. They lie at an elevation of about 3,100 m. After the formation of the terminal moraines rock slides developed on the bedrock on the left-hand side of the lake. They slid into the water at the northwestern side of the lake and formed a peninsula. The primary structure of the sediments is in general preserved (YANG YICHOU et al., 1989).

4.3 Fluvioglacial sedimentation landforms

Fluvioglacial sediments are quite well developed from Zhangla to Gonggangling in the Minjiang valley. They are broadly distributed, have a remarkable thickness and form several steps, especially on the left side of the valley. Above Duomishi the terraces have relative heights of 80 m, 120 m and 200 m. They are widespread and about 1 km broad. The terraces mainly consist of greyish sand and gravel. They are more than 50 m thick. The Minjiang cuts into these fluvioglacial sediments.

5. A study of the glacial period in the minshan region

Basing on the features of ancient glacial erosion and glacial sedimentary landforms it can be seen that numerous glaciers existed in the center of the Xuebaoding in the Minshan. Although the geographical situation of this region is favourable to receive a high precipitation the low elevation of most of the mountains here and the deeply eroded valleys prevented a strong accumulation of snow. Thus only some ice caps were formed in the center of the Xuebaoding. In general only cirque glaciers and some hanging glaciers could develop yet. In the southeastern part of the Minshan there occurred only cirque and hanging glaciers.

There have been at least two glaciations during the Later Quaternary. The older one is represented through the Duomishi terminal moraine. It is intensively weathered to lateritic or greyish boulders, which contain some Zhangla conglomerate. During this glaciation the ancient cirque level was about 3,900–4,100 m. This corresponds with an ancient snow line of about 4,000 m. Thus it may belong to the Mt.Qomolangma glacier period during the Later Pleistocene (LI JIJUN, 1986).

After this glacial period, when climate became warmer, the glaciers shrank and much fluvioglacial sediment developed. Three fluvioglacial aggradation terraces were formed.

The younger glacier period was represented by the Changhai terminal moraine in the Jiuzhaigou. Several longer phases of glacier retreats and stops happened there after this glacial period, so that several terminal moraine ridges were formed in the course of the deglaciation.

References

LI JIJUN, ZHENG BENXING & YANG ZHENNIANG (1986): Glaciers of Xizang (Tibet). – Science Press: 258–281 – in Chinese

LUO LUNDO (1983): The summit of the Min Mountain Range – Xuebaoding. – Journal of the Southwest-China Teachers College, 4:131–140 – in Chinese

YANG YICHOU, TAKASHI OKIMUVA, TANG BANGXING, LIU SUQING & LIU SHI-JIAN (1989): The essential characteristics, formation and evolution of geomorphology in Jiuzhaigou. – Geography, **2(3)**: 1–12 – in Chinese

Manuskriptabschluß 7.91

DISTRIBUTION PATTERN AND MINIMIZING MEASURES OF LANDSLIDES AND ROCK AVALANCHES ALONG THE MOUNTAIN HIGHWAYS IN SICHUAN, QINGHAI AND TIBET

Wang Chenghua, Chengdu
with 3 Figures and 2 Tables

[Hangrutschungen und Bergstürze entlang der Straßen in den Provinzen Sichuan, Qinghai und Tibet sowie die Gegenmaßnahmen]

Zusammenfassung: Die Untersuchungsgebiete befinden sich im Westen Chinas, im Grenzgebiet von Sichuan, Qinghai und Tibet. Die Tektonik ist hier sehr kompliziert. Grundsätzlich lassen sich zwei tektonische Systeme unterscheiden: das S-N streichende Hengduan-Shan System und der mittlere Ausschnitt des E-W streichenden Qingling- und Kunlun-Shan Systems. Sie bilden eine bogenförmige tektonische Struktur, die das Streichen der Gebirge und die Entwässerungsrichtung des Gebietes bestimmt. Die Flüsse verlaufen in ihrem Oberlauf zunächst in nordwestlicher Richtung und biegen dann nach Süden ab. Das Klima im Untersuchungsgebiet ist inhomogen. Betrachtet man die Sinie Dangxun-Suoxian-Dari als Grenze, dann ist das Klima auf der südöstlichen Seite mild und feucht, mit einem jährlichen Niederschlag von über 500 mm (Niederschlagsmaximum: 1200 mm/a in Guanxian), und auf der nordwestlichen Seite semiarid bis arid (Niederschlagsminimum: < 40 mm/a in Geermu). Es gibt vier Gebiete, in denen Rutschungen und Stürze stark verbreitet sind: 1) am Oberlauf des Ming-Jiang, 2) zwischen Naqu und Changdu, 3) zwischen Mangkang und Batang und 4) zwischen Yajiang und Yaan. Die Faktoren, Relief, Gesteinszusammensetzung, Tektonik und Niederschlag bestimmen die Wahrscheinlichkeit des Auftretens von Rutschungen und Stürzen. Ihnen werden nach Wirkungsgrad Zahlenwerte zugeordnet. Soll die Gefährdung eines Gebietes für Rutschungen und Stürze ermittelt werden, so werden die einzelnen bestimmenden Faktoren addiert. Die Höhe der Summe (R) gibt die Stabilität der Hänge des Gebietes an. Drei Klassen lassen sich so unterscheiden: a: $R > 0{,}7$ – unstabiles Gebiet; b: $R = 0{,}4$–$0{,}7$ – Gebiet mittlerer Stabilität; c: $R < 0{,}4$ – stabiles Gebiet. Das Untersuchungsgebiet kann hinsichtlich seiner Gefährdung für Rutschungen und Stürze in drei Regionen (mit 14 Teilregionen) unterteilt werden. Im letzten Abschnitt der Arbeit werden Maßnahmen gegen Rutschungen und Stürze vorgestellt.

Summary: From July to September 1989 scientists from Germany and China co-operated in a survey of glacial landforms, Quaternary sediments, hydrology, plant ecology and mountain disasters in the high mountain and plateau areas of Sichuan, Qinghai and Tibet. In this paper the author will mainly discuss the distribution pattern of the landslides and collapse structures (rock avalanches) along the mountain highways, the distribution of endangered regions and the possible ways of prevention.

川、青、藏公路干线
滑坡崩塌分布特征及减灾对策

王 成 华

中国科学院成都山地灾害与环境研究所

中国　四川610015

成都417信箱

摘　要

1、自然地质环境概况

本区位于中国西部，川、青、藏接壤区，高山向高原过渡的地带。区内地质构造复杂，主要两大构造体系。即仅南北走向的横段山构造体系北段，秦－昆纬向构造体系中段，二者组合"呈弧型"。山脉走向与河流发育方向受地质构造的控制，由北西折向近南北。

本区气候复杂，从南到北，从东到西，气候差异较大。以当雄－索县－达日为界，东南气候温和湿润，年降雨量在500毫米以上，灌县为本区最大降雨量，在1200毫米左右；此线西北气候逐渐过渡到半干燥、干燥气候，格尔木雨量最少，40毫米以下。

2、滑坡崩塌分布特征

从图1中可以看出，滑坡崩塌的分布有四个密集段：⑴岷江上游滑坡崩塌密集段；⑵那曲－昌都滑坡崩塌密集段；⑶芒康－巴塘崩塌滑坡密集段；⑷雅江－雅安崩塌滑坡密集段。

本区滑坡崩塌的分布具有如下特征

⑴崩塌滑坡的分布受地形条件的控制，主要分布在中高山地区沟谷两岸，高原中丘陵地形和山间盆地地形一般无滑坡崩塌分布。

⑵崩塌滑坡的分布受气候因素的影响，当雄－索县－达日西北气候干燥，滑坡崩塌分布很少；此线东南降雨量较多，滑坡崩塌分布也较多。

⑶崩塌滑坡的分布受多种因素的共同控制。本文涉及的主要因素有地形、地质构造、地层岩性和气候等。

3、崩塌滑坡发生危险性分区

⑴本文选地形、地层岩性、构造和气候等为分区指标。用作用指数来表示。

地形(t)，作用指数为 0.01—0.40，分为三级：⑴稳定地形，t 为 0.01—0.05；⑵偶发地形，t 为 0.15—0.20；⑶易发地形，t 为 0.30—0.40。

地层岩性(s)，作用指数为 0.01—0.20，也分为三级：⑴稳定地层，s 为 0.01—0.05；⑵偶滑地层，s 为 0.06—0.10。⑶易滑地层，为 0.15—0.20

断裂构造(f)，作用指数为 0.01—0.10，同样分为三级：⑴无影响带，f 为 0.01；⑵影响带，f 为 0.05；⑶严重影响带，f 为 0.10。

降雨量(p)，作用指数为 0.01—0.30。其中降雨量在 450 毫米以下的干燥区，p 为 0.01—0.05；450 毫米以上的湿润区，P 为 0.10—0.30。其中多大、暴雨的区域（日降雨量在 100 毫米以上），p 为 0.25—0.30。

⑵分区。按上述分区指标，用因子迭加法，将本区公路干线滑坡崩塌发生的危险性分为三个区，14个段。也可结合下式计算进行分区：

$$R = t + s + f + p$$

R〉0.7 为滑坡崩塌易发区，R 在 0.4—0.7 之间为偶发区；R〈0.4 为稳定区。

本文最后，根据滑坡崩塌对公路的危害特征，提出了减灾防治对策。

关键词　滑坡　崩塌　作用指数　危险性分区

1. General situation of the natural environment

The area surveyed is located at the geomorphological transition between Western China's high mountains and the plateau, including high mountains and plateaus in Western Sichuan and those of Southern Qinghai and Eastern Tibet (Fig. 1).

There are two dominating structures in this area. The northern one is the Henduang Longitudinal Structure System and the middle one is the Qing-Kun Latitudinal Structure System, which forms the arched structured outline in the area. They control the strike of mountains and river valleys. In the northwest where Changjiang and Huanghe originate the landforms are mostly composed of plateaus and relatively low mountains. Here the tectonical structures turn from the northwest to the north to south direction. On the other hand several deep canyons and high mountains characterize the southeastern part of the plateau. For example Gonggashan (Minya Gonggar), which has an elevation of 7,556 m, on the southeastern border.

Climatically there are strong differences between the various regions. The frontier line between the districts of Damxung, Sogxian, Xiangda and Darlag may be taken as a climatic boundary in this area. Southeast of it climate is temperate and humid with rainfall of more than 500 mm. It even reaches a maximum value of 1,200 mm in Guanxian County. Northwest of it climate becomes gradually drier. For instance, at Golmud the rainfall is only 40 mm (Fig. 2).

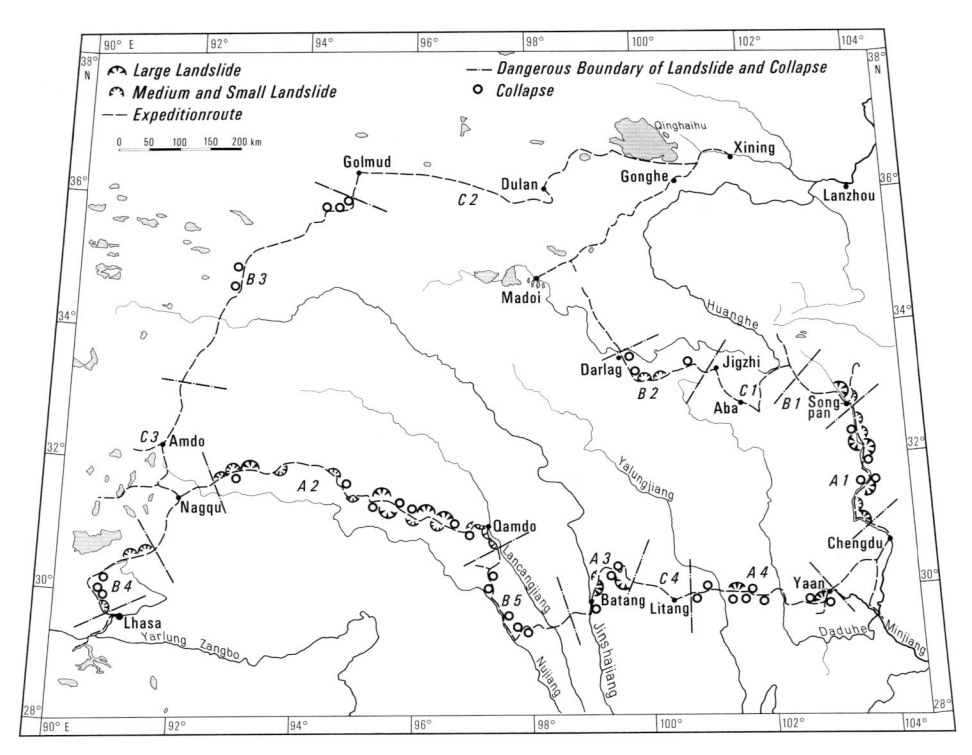

Fig. 1:
Distributed Sketch of Landslides and Collapses on the Main Highway of Sichuan-Qinghai-Tibet

Natural conditions such as geological features, landforms and climatic factors are greatly responsible for the development and distribution pattern of landslides and collapse structures in this area.

2. Distribution characteristics of landslides and collapse structures along the highways

2.1 General distribution situation

Figure 1 illustrates that there are 4 sections of mountain highways where landslides and collapse structures are densely concentrated.

a. Area of dense concentration in the upper reaches of the Minjiang

The Minjiang follows the famous Longmengshan fold fault zone. Great crustal stress badly shattered the bedrock here. Moreover, strong weathering has produced a thick eluvium and colluvium on the slopes. They easily cause landslides. Following the highway upstream the landforms are characterized by high mountains and canyons with a local relief of 1,000–1,500 m and a slope inclination of more than 35 degrees. Here

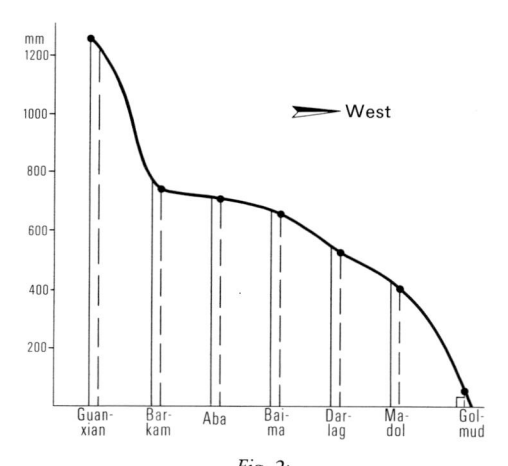

Fig. 2:
A Change of Rainfall from East to West

plenty of landslides and collapse structures occur in the middle and lower parts of the slopes. But they are relatively small and their occurrence is in general due to the highway construction. Between Wenchuan and Zhenjiangguan there are some larger ancient landslides. The better-known ones are the Diexi landslide and the Zhouchangpin landslide. The former has a volume of $50*10^6$ m³, caused by the strong earthquake of August 25, 1933. The latter with a volume of $10*10^6$ m³ happened in June, 1982.

The bedrocks which are most susceptible to landslides and collapses in this region consist of Paleozoic marble, dolomitic limestone, phyllite, slate and Triassic shales, slate and phyllite. Small collapse structures develop on intensively eroded banks of the river; whereas large landslides occur on slopes which are covered by thick layers of loose sediments.

Due to the gentle slopes in the source region of the Minjiang, north in Songpan county, very few landslides and collapse structures can be seen. But one can find some smaller ones on the sides of small ravines where loess and moraines are deposited.

b. Area of dense concentration between Nagqu and Qamdo

The highway follows the valley, which is caused by the Amdo-Qamdo fault zone. The bedrock along the valley is mostly Jurassic and Cretaceous sandstone and mudstone as well as little Triassic slate and Paleozoic dolomitic limestone and phyllite. In general the bedrock is strongly ruptured, deeply weathered and covered by deep Quaternary fluvial sediments. This part of the road crosses the south-eastern part of the Tanggulashan, where the air masses from the Indian Ocean govern climate bringing relatively heavy rainfall of more than 600 mm/year. This taken together provides important factors for slope deformation and damage.

Going in the eastern direction from the Nagqu plateau, down to Xagquka, the landscape gradually changes to medium high mountains. Here moderate or small landslides and collapse structures are concentrated in the Xagquka and Riwoqe-Qamdo regions, as well as those in the Xielashan frost area.

c. Area of dense concentration between Markam and Batang

This area extends for 130 kilometers from Lamiaoshan to Haizishan transversing the high mountains on both sides of the Jinshajiang. Deep valleys and steep slopes characterize the geomorphic feature in this region. Relatively weak bedrocks, such as Triassic carbonaceous slate and Paleozoic slate and phyllite, are cut by several faults. This resulted in a disintegration of bedrock and in a strong weathering and a formation of thick colluvium. The valley bottoms have dry climates but the annual overall rainfall in the area always reaches 500 mm with heavy rains in summer. All these factors are responsible for the frequent occurrence of landslides and collapse structures. The survey shows that the landslides and collapse structures in this region are of medium or small size. But between Yidun and Batang some huge ancient landslides occurred even in recent times. They threatened the regular function of the highway. One of them is a 338 km landslide with a volume of $60*10^6$ m^3.

d. Area of dense concentration between Yajiang and Yaan

The highway in this area passes the Zheduoshan, Daxueshan and Erlangshan. Most of all Triassic, Jurassic and Cretaceous strata build up the rather uniform bedrocks. Very few faults exist. But steep slopes cause repeatedly rock slides. On the southern side of Erlangshan several large landslides can be found.

e. Additional remarks

There are many small landslides caused by frost along the highway between Jiuzhi and Darlag and a few between Damxung and Lhasa, while typical landslides can hardly be found in other regions.

2.2 General principles in the distribution pattern of landslides and collapse structures

a. Distribution pattern controlled by topographic factors

Each of the four areas mentioned above are situated in the medium up to high mountains. For example, on the slopes of the hills and the flat basins on the plateau from Zolge to Aba and from Amdo to Nagqu. In general no landslides or collapse structures are situated along the highways.

b. Distribution pattern controlled by climatic factors

In temperate and humid areas with an annual rainfall of more than 450 mm the four areas mentioned above are characterized by heavy summer rainfall. On the contrary, in the dry regions with an annual precipitation of less than 450 mm, i.e. between Golmud and Amdo, even on the steep slopes of Kunlun Mountain, Tanggula Mountain and on the soft bedrocks of sandstone, mudstone and weakly consolidated rock, which are disrupted by several faults, no typical landslides or collapse structures are lacking.

c. Distribution pattern controlled by several factors

Such factors like topography, stratum and climate play an active role in slope deformation. If factors, such as a suitable gradient, weak and/or tectonically intensively disrupted bedrocks, are combined with a humid climate there will occur frequent and disastrous landslides or collapse structures like those in the four areas mentioned above.

3. Method of evaluating the strength of danger caused by landslides etc.

3.1. Indexing of relevant factors

As we know from their distribution patterns factors like topography, bedrock, tectonical structure and climate are critical for the deformation and slip of slopes. These factors can be used for an evaluation of the dangers of landslides or collapse structures. In order to judge about the differences a parameter effective exponent is given according to the importance of these factors. The maximum total value will be 1.0 with topography attaining the factor 0.4, bedrock 0.2, faults 0.1 and rainfall 0.3. These values are given according to the present experience in this area.

a. Topography (t)

According to a statistical analysis of field survey the value of "t" is divided as follows:
- Stable slope (1–10°): The slopes on the plateau, on plains, in basins and on low hills have effective exponents "t" of 0.001–0.05.
- Moderately stable slopes (11–25°): These are slopes on medium or high hills and on borders of the basin. "t" has a range of 0.15–0.20.
- Unstable slopes (25°): Most of the slopes in mountain areas belong to this type. But there are also unstable slopes with an inclination of less than 25 degrees in medium high mountains. So we must do more detailed work to define the relative importance of slopes with more or less than 25 degrees. Nevertheless, the "t" value for these slopes can be determined to be 0.3–0.4. The steeper a slope the larger is the value of "t".

b. Stratum and rock (s)

After an analysis of deformed rocks and their mechanical characteristics the following category of rocks is available (table.1).
- Hard rocks: They are granite, thick-layered sandstone and limestone with "s" values of 0.01–0.05.
- Moderately weak rocks: Sandstone, limestone, conglomerate and some magmatite belong to this group. They have effective exponents of 0.06–0.1.
- Weak rocks: Table 1 shows some weak rocks, which easily cause landslides in China. They also occur in the studied area and have "s" values of 0.15-0.2.

Table 1: Easily sliding strata in China

rock	stratum	distribution area	density of landslides
clay	Chengdu clay	Chengdu plain	densely
	Xiashu clay	middle and lower reach of Changjiang	moderately
	red clay	Western Shanxi, north of Shaanxi, Hebei and middle of China	moderate densely
	black clay	Northeastern China	moderately
	loess	Northern provinces along the middle part of the Huanghe	densely
not entirely	Gonghe group	Qinghai	densely
	Xigeda group	Southwestern	very densely

rock	stratum	distribution area	density of landslides
conso-lidated rocks	mottled mud-stone	Sichuan Shanxi	
	pink mudstone, sandstone with shale	Southwestern China	densely
	carboniferous strata	Shaanxi, North-eastern Shanxi	moderately
	phyllite	Western Sichuan, Southern Ganshu and Shanxi	very densely
	slate, schist	Sichuan, Yunnan, Tibet, Hubei and Hunan	moderate densely
muddy mag-matite	Fujian		moderate densely
special stratum	frozen ground	mountain areas in Sichuan, Qinghai and Tibet	moderately

c. Tectonical and fault structures (f)

- Out of the shatter zone: The region is situated out of a fault shatter zone and the rocks with unloading cracks are relatively uniform, so the value "f" is given as 0.01.
- Near the shatter zone: Rocks or rock masses are next to the fault shatter zone with big joints. They have the effective exponent "f" of 0.05.
- Series of shatter zones: With seriously broken rock masses; the value of "f" is 0.10.

d. Precipitation (p)

Very few landslides or collapse structures happen there where the annual precipitaion never exceeds 450 mm. This gives a "p" value of 0.01–0.05. Precipitation of more than 450 mm takes generally part in the intensive wasting process of slopes. But the outbreak of landslides or collapse structures depends on the rain intensity and on the continuity of the precipitation. So two types of landslides can be differentiated: a sluggish-induced type and a quick-induced type. A "p" value of 0.10–0.20 is given for the former and a "p" value of 0.25–0.30 for the latter.

3.2 Determination of dangerous areas

After having discussed the different factors affecting landslides or collapse structures and after having determined the range of effective exponents the determination of dangerous regions along the highways is carried out at three grades differentiating, 14 regions using the factor adding method (table 2). The danger can also be expressed by the equation:

$$R=t+s+f+p$$

"R" is the total value of all the factors, "t" is the effective exponent of the topography, "s" the effective exponent of rocks, "f" is that of the faults and "p" that of the precipitation. Then define:

A) R 0.7 unstable area
B) R = 0.4-0.7 moderately stable area
C) R 0.4 stable area.

Table 2: Sketch of danger division of landslide and rockfall

division of dangerous regions	A: unstable areas	A1: Guanxian-Songpan A2: Xagquka-Qamdo A3: Markam-Haizishan A4: Yajiang-Yaan
	B: moderately stable areas	B1: Songpan-Daoban B2: Juizhi-Darlag B3: Naijtal-Tanggulashan B4: Damxung-Lhasa B5: Qamdo-Markam
	C: stable areas	C1: Zolge grassland C2: Southwest Qinghai Plateau C3: Northern Tibetan Plateau C4: Litang Plateau C5: Western Sichuan Plain

4. Countermeasures against landslides and collapse structures

4.1 Highway damages by landslides and collapse structures

Landslides and collapse structures have caused serious damages to the mountain highways in this area. We differentiate the following types of disaster according to the intensity of their destruction:

a. Destroying roadbeds completely

When a slide goes down it destroys the roadbed by the sliding mass and ruins it completely. This always happens through larger scale landslides, which cause considerable losses. Frequently traffic is blocked for dozens of days. An example of this is a landslide in the east of Tianquan town (Fig.3). This landslide happened in September 1973 with a volume of $8*10^5$ m^3. It completely destroyed some 100 meters of the highway and blocked the traffic for 7 days.

b. Burying roadbeds

The landslide masses pile up as loose material on the roads but they do not destroy them. The traffic will be blocked as long as the landslide masses are being removed.

c. Collapsing roadbeds

This case usually takes place where the road is destroyed by deep cracks or where the slope of the road is eroded by running water. In this case a partial or complete collapse of the roadbed causes serious traffic problems lasting for a short time or even for ever.

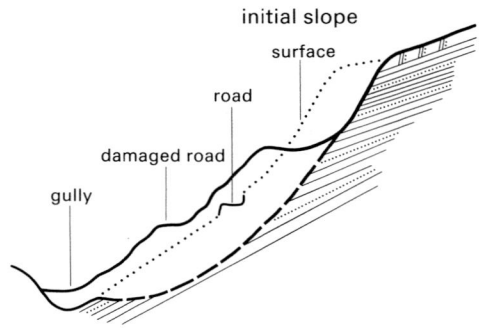

Fig. 3:
Landslide in the East of Tianquan Destroying a Highway

4.2 Preventive countermeasures against landslides and collapse structures

The landslides and collapse structures along the mountain highways are largely triggered by the construction of the road itself. They bear serious dangers for man. But if these processes are studied in detail and if they are surveyed, it is possible to control them. Yet some large natural landslides exist in Batang and along the upper reaches of the Minjiang. They are much more difficult to control. However, detailed investigations will make a management probable. The following suggestions aim at a systematical and effective management:

a. The basic approach is the comprehensive study of the geological conditions in the area, accomplished by regional landslide mapping and a detailed determination of the danger.

b. Developing protective programms for highway sections with a lot of landslides and collapses. Most of all it is necessary to focus investigations on larger landslides that may cause catastrophes. Here successful countermeasures have to be planned including the sequence of technical and financial approach.

c. Both preservative activities on former landslides and protective projects for possible future landslides are important for the people and must be constantly taken into consideration. In order to minimize the disasters of landslides and collapses the stability of the slopes on both sides of the roads has to be controlled by engineering activities. This even holds true for the construction of new roads and for the widening of already existing ones.

References

EDITORIAL OF THE CENTRAL METEOROLOGICAL BUREAU (1979): Climatological Atlas. – China Cartographic Publishing House, Beijing, 115–116 – in Chinese

LU ZHONGYOU (1984): The probing into the basic contents and the way of landslides prediction. – Memories of landslide 4:15 – Railway Press, Beijing – in Chinese

SUN TAIYU (1978): Main Tectonic system in China. – Institute of Geomechanics, Chinese Academy of Geological Sciences – Geological Publishing House, 62-64, Beijing – in Chinese

Manuskriptabschluß 7.91

RECENT MOUNTAIN DISASTERS AND PREVENTION OF DEBRIS FLOWS IN THE EASTERN QINGHAI-XIZANG PLATEAU.

Tang Bangxing, Liu Shijian & Liu Suqing, Chengdu
with 1 Figure

[Debrisflowkatastrophen in Ost-Tibet und ihre Gegenmaßnahmen]

Zusammenfassung: Seit dem Tertiär hat sich der Ostrand des tibetanischen Plateaus aufgrund der kontinuierlichen Hebung zu einer Region entwickelt, die für die Entstehung von Debrisflows besonders geeignet ist. Diese Region zeichnet sich aus durch ihre große Höhe, eine komplexe Tektonik mit einer Vielzahl von Faltungen und ein spezielles Klima. In diesem Teil Chinas treten im landesweiten Vergleich die meisten Debrisflows auf und verursachen große Schäden. Seit den 80er Jahren treten Debrisflowkatastrophen überall im Osten des Qinghai-Xizang Plateaus auf. Sie sind generell im Süden häufiger als im Norden, und das Ausmaß der Katastrophen ist im Westen größer als im Osten. Debrisflowkatastrophen ereignen sich hauptsächlich entlang der Straßen (Sichuan-Xizang, Qinghai-Xizang, Yunnan, Xizang und Naqu-Changdu) und der großen Flüsse. Die Debrisflows im Untersuchungsgebiet sind wie folgt zu charakterisieren: großes Ausmaß; häufiges, auch wiederholtes Auftreten; schneller Ablauf des Ereignisses und große Schäden als Folge der Debrisflows. Debrisflows verändern Relief und Böden in großem Ausmaß, zerschneiden Hangoberflächen, beschädigen oder zerstören die Vegetation und vermindern so das Naturraumpotential. An den Mündungen kleinerer Flüsse in ihre Vorfluter werden Schuttfächer abgelagert und bilden Steinmeere. Die Lebensräume entlang der Flußufer werden geschädigt oder zerstört. Da Debrisflows am Ostrand des Qinghai-Xizang Plateaus sehr häufig auftreten und große Schäden verursachen, müssen Gegenmaßnahmen getroffen werden, wobei die Vorbeugung an erster Stelle stehen sollte. Eine umfassende Planung kombinierter Schutzmaßnahmen ist anzustreben. Hauptsächlich sollten agrar- und forstwirtschaftliche Maßnahmen Anwendung finden und bei Bedarf durch technische Maßnahmen ergänzt werden. Sollen derartige Maßnahmen langfristig erfolgreich sein, müssen sie von einer neu aufzubauenden Verwaltung unterstützt und koordiniert, und von sozialen Programmen begleitet werden.

Summary: Since the 1980s debris flows appreciably frequently increased in intensity in the eastern part of the Qinghai-Xizang Plateau. In general they occur more frequently in the south than in the east and they are larger in the west than in the east. Debris flow disasters mainly followed the highways of Sichuan-Xizang, Qinghai-Xizang, Yunnan-Xizang and Heichang (Nagqu-Qamdo), also the banks of big rivers. These debris flows are of large extent. They occur extremely often and cause serious disasters. Their frequency is high, even at the same site. Various types of debris flow disasters do exist there and they start very rapidly. They have a strong destruction capacity, and they strongly change form, structure and ecological setting of the landscape. Of course they influence or even deteriorate man's environment. Number and detrimental power of the debris flows are augmenting, due to the uncontrolled activities of man. Thus measures must be started to prevent them. Of prime importance in this respect is a general planning and the creation of a comprehensive prevention. This concerns managing of vegetation in combination with some engineering practices. Thus the major goal must be to decrease the number and to control the detriments caused by debris flows, in order to protect and to regain the ecological balance. The eastern part of the Qinghai-Xizang Plateau (i.e. between 91° to 103° eastern longitude and 26° to 36°20' northern latitude) is composed of wide highlands, source areas of rivers, high mountains and deep ravines. The area mentioned includes the eastern part of Tibet, the western part of Sichuan, the northern part of Yunnan and the southern part of Qinghai. Due to very active neotectonic movements the Qinghai-Xizang Plateau was strongly uplifted since the Neogene. This caused high mountains to be built with extremely strong altitudinal differences between valley bottoms and mountain summits. Moreover the geological structure is very complicated, rich in active faults and folds. Thus the geological strata were repeatedly disrupted and divergent local climates were created. All together this strongly favoured the formation of debris flows and of concomitant serious disasters. This also threatens national welfare and economy.

青藏高原东部地区近期泥石流灾害及防治对策

唐邦兴　　刘世建　　柳素清

中国科学院成都山地灾害与环境研究所

中国　　四川610015

成都417信箱

摘　要

青藏高原东缘地区自新第三纪以来随着高原不断隆升,形成了地势雄伟,地形高差巨大,地质构造复杂,断裂褶皱发育,岩层变质破碎,气候独特多变,从而成为泥石流发生发展的有利条件和场所,形成我国泥石流最发育、分布集中和危害严重的地区。

自80年代以来,泥石流灾害遍及青藏高原东部地区,在宏观上泥石流灾害分布南部多于北部、灾害规模西部大于东部。泥石流灾害主要分布于川藏、青藏、滇藏和黑昌(那曲－昌都)公路沿线及各大江河沿岸。

该地区泥石流具有规模大、数量多、危及面广;活动频繁、重复成灾;暴发突然,成灾率高等特点。泥石流暴发常以强大破坏力,剧烈地改变地表形态、结构和物质组成,导致环境恶化,因此,泥石流对山地和河谷环境影响巨大,使坡地不断被蚕食和肢解。昔日林木葱葱的青山绿水,演变成为童山秃岭的荒芜景像泥石流冲出山口(或河口),进入宽缓的大河谷地,大量泥砂石块停积,形成一片沙滩石海,致使河谷环境恶化。

青藏高原东部地区泥石流活动强烈，危害严重，因此需要采取防治措施。文中提出"以防为主，防治结合、全面规划，综合治理；以生物措施为主，生物与工程措施结合；以行政措施为主，行政与社会防治结合的防治原则，以达到保护和恢复生态环境、减轻和抑制泥石流危害的目的。

关键词 青藏高原 泥石流 灾害 对策

Distribution pattern of debris flow disasters

Since the 1980s the authors are investigating the processes of debris flows and the measures available to prevent them. The results obtained will be discussed in the following. Within this time the debris flow disasters occurred most of all in eastern Qinghai-Xizang. In general they happened much more often in the southern than in the eastern part, but their extent was larger in the west than in the east. They most of all happened along the highways of Sichuan-Xizang, Qinghai-Xizang, Yunnan-Xizang and in Heichang (Nagqu-Qamdo), but they followed the banks of the big rivers, too.

Thousands of debris flows have taken place along the Sichuan-Xizang highway. Every year, during rainy seasons, debris flows block the traffic here and cause great economic losses. Also several people were killed. At present the most serious gullies of debris flows in the eastern part of Qinghai-Xizang Plateau are the following ones (Fig. 1):

1. The glacial debris flow of Peilung gully of Tangmai in Bomi county. It happens every year, beginning with the huge debris flow of 29th July, 1983. At that time a large debris flow with solid material rushed down into the Peilong Zangbo. The diameter of which was 5x10 m. This debris flow often destroys roads, bridges and other facilities, submerges fields and villages. Traffic is blocked at least for one month per half a year (TANG BANGXING & WU JISHAN, 1990).
2. The huge glacial debris flow of Mido gully in Bomi county happened on 15th July 1988. It destroyed 21.57 km of the highway. The Peilong Zangbo was blocked and the dammed up waters submerged vast areas. This caused losses of about 6 million yuan. Traffic was hindered for nearly half a year and the expenses for repairing the road equalled nearly 40 million yuan.
3. The debris flow of Chubalung in Batang county happened in 1989. It caused economic losses of millions of yuan. Bridges and roads were destroyed and traffic was hindered for about 8 days.

260 debris flows took place in 1989 together with the active movements of debris flows along the Qinghai-Xizang highway. They were densely distributed in Huangzhong, Huangyuan of Qinghai, Naijtal pass of Kunlun mountain, Yanshiping, Damxung-Doilungdeqen, etc.. The debris flows destroyed and buried bridges and roads, damaged water conservation facilities and fields, menaced towns, property and the lives of the people.

Other debris flows happened frequently along the Yunnan-Xizang highway. More than one hundred gullies were formed by them recently. They are densely distributed at the Yanjing-Deqen highway and along the banks of the Lancangjiang. Debris flows destroyed and buried bridges, roads, fields and villages. They were deleterious to towns and to people's properties and lives.

Debris flows along the Heichang highway are densely distributed in the counties of Soxian, Baqen, and Dengqen. About 600 debris flows happened from June to September 1989. Roads were often obstructed and it became the worst highway in the eastern part of the Qinghai-Xizang Plateau. Debris flows buried fields, blocked rivers and threatened towns (Soxian county, Baqen county etc.).

Recently, debris flows occurred repeatedly along the Jinshajiang, Lancangjiang, Nujiang and their tributaries. They caused disasters of large extents. It can be shown that there are 2,400 gullies of debris flows distributed along the Jinshajiang and its tributaries. About 1,000 gullies of debris flows were formed since the 1980s causing serious disasters:

1. About 200 debris flows happened in the area between Batang town and Chubalung on 26th July, 1989. Here they destroyed bridges, roads and towns and caused large economic losses (TANG BANGXING et al., 1991).
2. On 11th August, 1984, debris flows happened in the mountains behind the capital of Derong county. They destroyed and buried half of the town, damaged governmental buildings and killed seven persons. The economic losses amounted to about 6 million yuan.
3. Only recently several debris flows happened in Dege, Xiangcheng, Kangding and Yushu. They damaged the counties seriously and caused the death of several people and the loss of people's properties.

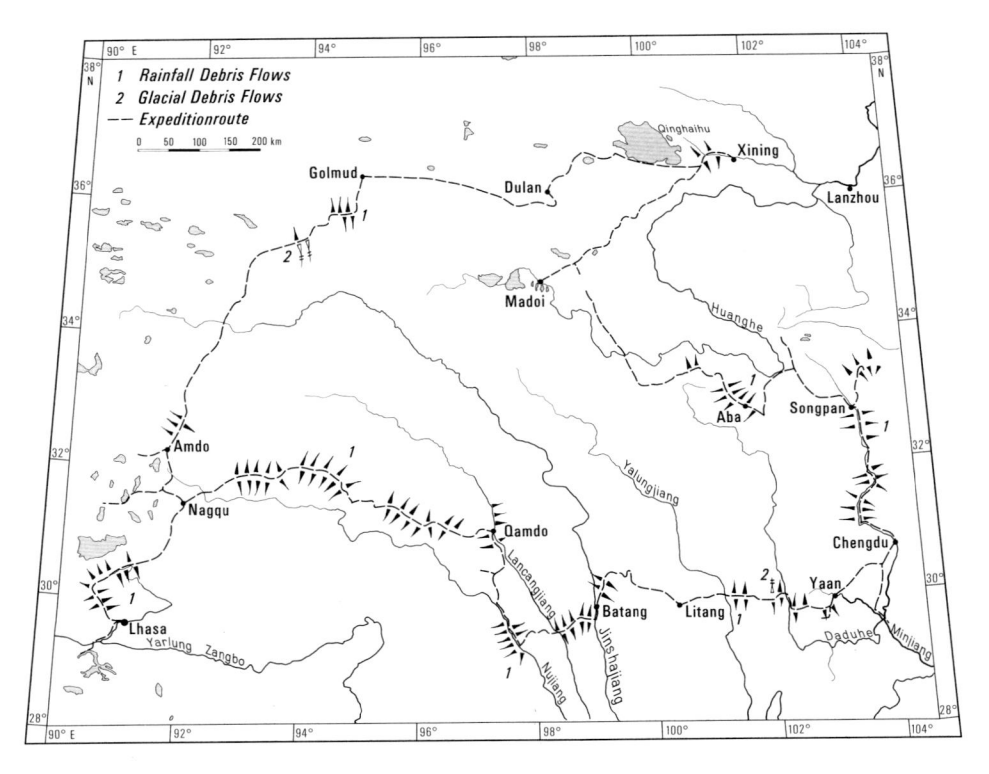

Fig. 1

Characteristics of debris flow disasters and of their environmental effects

This problem must be divided into various subunits.

1. Characteristics of debris flow disasters

a. Large-scale and serious disasters

Steep landforms, a wealth of solid and yet more or less unconsolidated material and a high rainfall (the threshold values depending on the special natural environment) provided favourable conditions for large-scale debris flows in the eastern part of the Qinghai-Xizang Plateau. Especially in the south-eastern part of Tibet glacial debris flows broke out in high mountains covered by modern glaciers. Here more than one million m^3 of solid material were moved. The large-scale debris flows did not only destroy various technical facilities (TANG BANGXING et al., 1991), agricultural land and forest, but they caused secondary disasters as well: They blocked rivers and submerged land. On the other hand these obstructed rivers tend to break their dams. The glacial debris flow of Peilong gully in Bomi county is an example for this.

b. Enormous quantity and large scope of disasters

Debris flows are widely spread in the eastern part of the Qinghai-Xizang Plateau. Only along the roads of Sichuan-Xizang, Qinghai-Xizang, Yunnan-Xizang and Heichang there are about 2,000 gullies of debris flows, which were active recently. In addition there are about 1,000 gullies of debris flows along the Jinshajiang and its tributaries. Debris flows destroyed everything in this area where they rushed down:
- railways, highways, navigational routes, channels and buildings (ZHAO XIWEN, 1982)
- towns, factories, mine resources, power stations, bridges, tunnels, etc. (LIU SU-QING et al., 1987)
- agricultural land, forests, mines, water conservation areas and other natural and energy resources (INSTITUTE OF MOUNTAIN DISASTERS & ENVIRONMENT, 1989)
- crops, cattle and other types of husbandry and cattle breeding
- nature reserves and scenic spots (LIU SUQING et al., 1989)
- people's lives and properties etc.

c. Frequency of the activity of debris flows and the disasters

The activity of debris flows in the eastern Qinghai-Xizang Plateau is affected by the regional environment. The frequency of debris flows varies from yearly to hundreds of years. Since the 1980s the activity of debris flows in this area became more frequent. Especially in some of the new gullies debris flows happen either once a year or even several times per year with repeated disasters. For example, the glacial debris flow of Peilong gully in Bomi county caused serious disasters due to its large scope and the frequency of its activity. The roads in this area are very important ones with active traffic. So disasters, which happen there several times a year, are much more worse than hazards, happening only once during several years or once a year.

d. Several types of debris flows and disasters

Many types of debris flows occur due to special natural conditions in this area. Four types of debris flows can be classified here according to hydrology:

– type caused by melting ice or snow
– type caused by bursting ice of dammed lakes
– type caused by heavy rainfalls
– combination of various types

The type of debris flow caused by rainfall is widely spread in this area, but its extent is smaller and the disasters are only slight. The type of debris flows caused by melting ice or snow is often much larger and the disasters are more serious due to the enormous quantity of solid materials and water.

e. Catastrophic rapidity of debris flow disasters

Many debris flows in this area are triggered by short and heavy rainstorms. The strong intensity of rainstorms in only a short time causes extremely rapidly moving debris flows, which induce heavy disasters and are difficult to forecast and to prevent effectively.

2. Effects of debris flows on the environment

A debris flow is a special phenomenon of mass movement. It forms only under certain environmental conditions and exerts a strong destructional power. Moreover it greatly changes form, structure and composition of a landscape and influences the environment or is even deteriorating it.

a. Effects of debris flows on mountain environment

– Debris flows deeply erode those gullies in which they were formed. Especially in the middle and upper reaches of the gullies one huge debris flow can erode 3-5 m or even more than 10 m. By this a volume of several hundred thousands or even several million m^3 of solid material is transported upstream to the accumulation area and to rivers (DU RONGHUAN & ZHANG SHUCHENG, 1985). The erosion module per year can be as high as $20-30 \times 10 \ m^3/km^2$ in active areas of debris flows. The strong erosion of debris flows can destroy the source area of the gully itself and can cause instability of the slopes.
The increasing effects of gravity cause landslides and avalanches of stones. This in its turn triggers new debris flows thus causing badlands with deep gullies and wild sceneries (ZHONG DUNLUN, 1982).

b. Effects of debris flows on rivers

Debris flows are a special type of flood, which is composed of sand and stones. It is characterized by a high content of solid material, big boulders, a flood velocity, destructional power etc.. When debris flows move down the mountains and enter a gently inclined river high amounts of material will be deposited and will form fans. Most of the huge debris flows with a high frequency are able to transport solid material of millions of m^3 thus changing the topography of the rivers with this huge amounts of sand and gravel.

In rivers with a high debris flow density many outwash fans can intergrade thus forming continuous sand masses which often bury fields and villages. A huge debris flow is able to transport cohesive masses of solid material into the rivers. Here they form natural stone dams and dam up rivers to lakes. The raising water level will perhaps overflow this dams and cause the bursting of them. This in its turn causes special floods. By this the fluvial erosion increases seriously. Everything is rushed away and the river's landscape is changed tremendously. All these events influence the water resources, the exploitation of land resources and the environment protection. Glacial debris flows in south-eastern Tibet and rainstorm debris flows of the Jinshajiang are outstanding examples of strong effects to rivers' environment.

Much sand and stones are carried down to the rivers by debris flows. Here this material causes the raising of the river beds, if the transport capacity of the river is lower than the capacity of the debris flow. Thus the river slopes and shapes will be changed.

For example, in the bed of the Xiaojiang, in Yunnan province, there was an aggradation of 25 cm/year. A large wild land of sand and stones was formed which deteriorated the environment of the river (ZHONG DUNLUN, 1982).

c. Effects of debris flows on climate, hydrology and environment

Debris flows influence mountain environments in a negative way, destroy almost all forests and thus cause a series of disasters following from this.

– Increase of aridness and floods
  Repeatedly occurring debris flows are able to cause on the one hand serious changes of local or regional climates by increasing wind speeds and decreasing rainfalls. This causes a local and temporal aridness. On the other hand they enhance the runoff during rainstorms remarkably. This leads to flood disasters. Moreover the groundwater recharge is impeded strongly by the decrease in the regulation capacity of the rivers and even some of them dry out temporarily.
– Acceleration of land deterioration
  Land is deteriorated in areas of heavy debris flow activity due to losses of usable land, strong transports of sand and stones, the formation of badlands and even by disasters of wind-blown sands.
– Increase of environmental pollution
  The destruction of forests diminishes the ability of cleaning the atmosphere. It increases the contents of CO_2, poisonous gases and of dust in the air.

Prevention of debris flow disasters

Activity and disasters of debris flows have a long history in the eastern part of the Qinghai-Xizang Plateau. With the exception of south-eastern Tibet, recent debris flows are formed and they develop with increasing strength due to not reasonably planned human activities. So some counter-measures must be developed. According to the causes, characteristics and intensity of debris flow disasters and the objects which must be protected, the principles of prevention are:

– The main goal is to prohibit debris flow disasters and to have an overall planning together with a comprehensive control
– of the same importance is the development of principles for the control of vegetation and the development of engineering techniques
– moreover it is important to strengthen the executive in combination with a good social management
– strengthening the observance of laws, thus protecting and regaining the ecological equilibrium and decreasing debris flow disasters

1. Counter-measures of prevention

a. Protection of the natural ecological situation

Many debris flows of this region are connected with strong destructions of the natural ecology (CHEN XUNQIAN, 1982). Thus the first step must be to protect the forestal ecosystem and the ecology of the natural environment. Reforestation must be improved, forest areas must be recovered and illicit planting activities must be forbidden. The catchment areas of the gullies must be protected against uncontrolled human influence in order to grow and manage trees. Moreover, the construction of mines, traffic ways, water conservation areas etc. must be done in such a way that forests and plants are protected.

b. Mapping of dangerous debris flow areas

– Each plan of economic development, location of towns and cities has to avoid possible disasters of debris flows. Thus it is an important task to map dangerous areas as concerns debris flows. On the other hand those areas should be avoided in which debris flows either cannot be controlled soon or in which a high engineering activity or huge financial support would be needed.

2. Counter-measures of a comprehensive prevention

Up till now some debris flows, which formerly damaged towns, railways, highways, mines and fields, are already controlled in this area. For example, the debris flow of the east-west ravine in Xichang City in western Sichuan is controlled with eminent benefit, after having done an overall planning and after having protected and planted trees in the mountains.

Comprehensive prevention has been undertaken in Derong county, Xiangcheng county, Jinchuan county and Heishui county, in the east gully of Nanping county and along the Daqiao river in Dongchuan City (KANG ZHICHENG et al., 1982). Damages of the land, the railway, the highway and the fields could be avoided here. The most important measures of preventing serious debris flow disasters are:

a. Prevention by technological methods

In the first place engineering methods have to control immediately the debris flows and to reduce their extent. These methods include protection, stopping, drainage and deposition measures. The methods mentioned must be used according to the genesis, type and extent of debris flow disasters.

b. Prevention by vegetation management

– It includes a series of forest and agricultural engineering methods. The protection of some mountains to improve growth of forests, to do reforestation and to manage mountain forests belong to forest engineering methods. Agricultural management includes the principles of mountain agriculture and a wise use of irrigation. If these engineering methods can be applied scientifically, the natural ecological balance can be kept or even regained. So the formation, development and the strength of the disasters will be controlled. This vegetation management needs much time, in general at least three or four years. But this is the fundament of debris flow prevention.

3. Counter-measures using principles of social management

Much more important than technical prevention in debris flow areas is a good administration and a training of the local people. To propagate „a law of environment protection" or a „law of water and soil conservation" should prohibit disasters which become more worse by human activities. If this social management does not work, all attempts will be in vain. Most important are the following measures:

a. Installation of a bureau of the executive authorities within the government. It should have an administrative supervision function and should control the observance of laws ensuring that the counter-measures of prevention and of regulation are done.
b. All the planning of local economical development, of the construction of towns and villages and of environmental protection must be combined with each other in those areas which are threatened by debris flows.
c. Detailed administrative rules must be developed in valleys with a high frequency of debris flows and these rules must be set into action by the local government.
d. An intensive information and training of the local people for the event of debris flow disasters must be undertaken. This concerns to raise the cultural level, the education and science, and the knowledge of the mountain people. So they can protect the natural ecological environment and promote a new balance of natural ecology consciously.

References

CHEN XUNQIAN (1982): A preliminary study on the destruction of ecological environment and the activity of debris flows. – Collected papers of the National Conference on Exchange of Experiences on the Prevention and Control of Debris Flows, 144-146 – in Chinese with English summary

DU RONGHUAN & ZHANG SHUCHENG (1985): A large-scale glacial debris flow in the Guxiang Gully of Xizang in 1953. – Memoirs of Lanzhou Institute of Glaciology and Cryopedology, Chinese Academy of Sciences, **4**:36–47 – in Chinese with English summary

Institute of Mountain Disasters and Environment, Chinese Academy of Sciences (1989): Research and prevention of debris flow. – Science Press of Sichuan, 9-14, Sichuan – in Chinese with English summary

KANG ZHICHENG, DU RONGHUAN & CHEN XUNQIAN (1982): Characteristics of debris flows and the synthetical control in Daqiao River, Dongchuan, Yunnan. – Collected papers of the National Conference on Exchange of Experiences on the Prevention and Control of Debris Flows, 71–78 – in Chinese with English summary

LIU SUQING, TANG BANGXING & LIU SHIJIAN (1987): Man-made debris flow in Panxi Region and its counter-measures. – Bulletin of Soil and Water Conservation, **7(1)**:27–32 – in Chinese with English summary

LIU SUQING, TANG BANGXING & LIU SHIJIAN (1989): The debris flows and benefit analysis of harness in Jiuzhaigou. – Geography, **2(3)**:19–24 – in Chinese

TANG BANGXING & WU JISHAN (1990): Mountain natural hazards dominated (mainly debris flow) and their prevention. – Acta Geographica Sinica, **45(2)**:202–209 – in Chinese with English summary

TANG BANGXING, LI DEJI, TAN WAPEI, LÜ RUREN, TIAN LIANQUAN & LIU SUQING (1991): Characteristics of debris flow in Xizang.- Collected papers on debris flows, **1**:6–12

ZHAO XIWEN (1982): Transport of Sediment of Debris Flows in Xiaojiang Basin and Evolution of River Bed. – Collected papers of the National Conference on Exchange of Experiences on the Prevention and Control of Debris Flows, 133-138 – in Chinese with English summary

ZHONG DUNLUN (1982): 1981's torrential rain and mud flow in Sichuan Province. – Exploration of Nature, **1**:52–58 – in Chinese

Manuskriptabschluß 7.91

MAIN PROBLEMS OF THE ECOLOGIC ENVIRONMENT IN THE NORTH-EASTERN PART OF THE QINGHAI-XIZANG PLATEAU

Zheng Yuangchang, Chengdu
with 1 Figure and 1 Table

[Die ökologischen Probleme im Nordosten des Qinghai-Xizang Plateaus]

Zusammenfassung: Diese Arbeit behandelt ein Gebiet, das sich östlich von 90°E und nördlich von 29°N auf dem Qinghai-Xizang Plateau befindet. Es handelt sich um den Nordosten der Autonomen Region Xizang, den Süden der Provinz Qinghai und den Nordwestrand der Proinz Sichuan. Das Untersuchungsgebiet ist 900.000 km² groß. Die wichtigsten Merkmale dieser Region sind: Höhe, niedrige Temperatur, geringer Niederschlag und starker Wind. Die Vegetation setzt sich zusammen aus hohen kalten Gräsern, hohen kalten Matten und Matten mit Sträuchern, die auf dem Plateau in über 3500 m Höhe liegen. Außerdem gibt es auf dem Nuoergai-Hochland noch hohe kalte Moore. In den Talbereichen im Süden wachsen subalpine, kaltgemäßigte Nadelwälder. Im Untersuchungegebiet gibt es folgende ökologische Probleme: Vegetationsdegradation, Mäuse- und Insektenplagen, Desertifikation, Einwanderung mobiler Sande und Bodenerosion.

Summary: The north-eastern part of the Qinghai-Xizang Plateau to the east of 90°E and to the north of 29°N is studied in this paper. The area has a surface of about 900,000 km², including the north-eastern Xizang Autonomous Region, southern Qinghai and northwestern Sichuan. Characteristics of the environment are: high topography, low temperature and precipitation and strong wind. The natural vegetation mainly consists of cold-climate grassland, cold-climate herbs and bushes, and some cold-climate swamps and forests. The major problems of the ecologic environment are: 1. Grassland degeneration; 2. Mouse and insect pests of the grassland; 3. Desertification; 4. Immigration of wind-blown sands; 5. Water and soil losses. The main reasons for these problems are the unreasonable strength of utilization by man and the action of the adverse climatic environment.

青藏高原东北部的主要生态环境问题

郑 远 昌

中国科学院成都山地灾害与环境研究所

中国　　四川610015

成都417信箱

摘　要

本文所研究的范围，是指90°E以东，29°N以北的青藏高原东北部地区。在行政区域上包括西藏自治区的东北部，青海省的南部和四川省的西北部。面积约90万Km²。

区域环境的主要特征是地势高亢，气温低，降水量少，风大。自然植被以高寒草原，高寒草甸、高寒灌丛草甸为主，分布于海拔3500米以上的高原面上。此外还有高寒沼泽，主要分布于川西若尔盖高原。森林以亚高山寒温性针叶林为优势，分布于区域内的南部谷地。

研究区域的主要生态环境问题有下列几方面：

1、草场退化

草场退化是研究区中最普遍、最突出的生态环境问题，在海拔4000米以下的高寒草原和高寒灌丛草甸更为严重。其主要原因是利用不合理，过渡放牧，载畜量过大，使草场产草量和质量下降，朝着不利于畜牧业发展的方向演变。如若尔盖县草场，单位面积产草量由60年代初的10500－12000Kg／ha下降到70年代初的765Kg／ha；青海省玛多县小篙草草场，产草量下降了80%。

2、草场鼠害和虫害

在青藏高原东北部地区，草场鼠害和虫害范围广，危害程度大，如青海省南部地区草场，鼠害面积达533万ha以上。鼠害严重的地方，每公顷有鼠洞4500多个，有活鼠450只左右；虫害严重的地方有毛虫170－350条／m^2。造成鼠害的鼠类主要是中华鼹兔(Wyospalax fonfanieri)、高原鼠兔(Ochotone chrzonlse)和喜马拉雅旱獭(Narmata himatayana)；虫害主要是草地毛虫，又叫黑毛虫(Gynaephara spp)。

3、草场荒漠化

草场荒漠化，或叫草场石漠化，是草场退化进一步恶化的结果。主要分布于青海省南部巴颜喀拉山与阿尼玛卿山之间的高寒草甸，其中以达日县的满掌至德昂寺间的山地，草被已被破坏，露出了紫红色的基岩。

4、草场沙漠化

在研究区域内呈点状分布，主要发生在若尔盖、红原、理塘、巴颜喀拉山与阿尼玛卿山之间的黄河沿岸，青海省的共和盆地，长江河源区的北麓河流域，通天河沿岸、唐古拉山南坡的安多南部，柴达木盆地边缘区沙漠化在扩大。

5、水土流失

水土流失主要发生在怒江、澜沧江和金沙江的上游高山峡谷区的及川西高原的河谷地带。水土流失的海拔高度一般在2500－3500米，川西高原水土流失发生在森林带以下的河谷下部在高原面上的山地上也有水土流失现象。水土流失主要是由于人为活动频繁，森林被破坏，同时山坡的不合理垦殖所引起的。

据我们的考察，青藏高原东北部的生态环境问题比较突出，上述的几个方面，都有恶化的趋势，应加强管理以控制其发展，使高原生态朝良性的方向发展。

关键词　草场退化，草场荒漠化　草场沙漠化　水土流失　生态环境

The environmental characteristics

1. High and steep topography

The joint German-Chinese expedition of 1989 investigated the north-eastern Qinghai-Xizang Plateau to the east of 90°E and to the north of 29°N. This region includes the north-eastern Xizang Autonomous Region, the southern Qinghai Province and north-western Sichuan Province. The area has an extension of about 900,000 km^2.

In the north of the region the Kunlun Mountains extend from west to east. To the east of the pass, which is followed by the Qinghai-Xizang Highway, the mountains are divided into two parts: the southern and northern branches. Both of them trend NW-SE. The northern branch is the Anyêmaqên Mountain with an elevation of more than 5,000 m. The main peak is the Maqengangri (6,282 m). Here present-day glaciers exist and the snow line lies at about 5,200–5,300 m. The southern branch is the Bayanhar Mountain with an elevation of about 5,000 m. The main peak is the Yagradagze Mountain (5,442 m). Here the glaciers are small. The valley of Huanghe is situated between these two ranges. Its elevation is between 4,200 and 4,600 m with the higher part in the north-west and the lower one in the south-east. Here the topography is smooth and wide. The river is meandering and flows slowly. There are numerous lakes. The largest ones are the Gyaring and Ngoring Lake.

The Tanggula Mountain is situated to the south of the Kunlun Mountain. It has an elevation of about 5,500-6,000 m. It trends from east to west. There are glaciers on the highest peaks. The snow line lies at about 5,400 m. The sources of the Changjiang are located between the two mountain systems and lie at an elevation of more than 4,500 m. The Dorqu Tongtian, Damqu Tongtian, Biqu Tongtian and the Tuotuoho come from the northern foot of the Tanggula Mountain. The Qumar River rises on the eastern foot of the Hohxil Mountains. They are meandering and flow slowly. There are wide swamps at the source area of the Damqu River and in the Moqu Basin.

The Nyainqentanglha Mountain is situated in the south of the Tanggula Mountain. The peaks are between 5,500 and 6,000 m high. The highest peak is 6,252 m. Several glaciers occur here. There is a wide basin between the Nyainqentanglha Mountain and the Tanggula Mountain. It belongs to the northern Xizang Plateau. Gentle platforms and hills are distributed in this basin. The relative height difference between summits and basin is about 500 m. The Nujiang rises at the southern foot of the Tanggula Mountain. The rivers and their tributaries are meandering and flow slowly through their wide valleys. To the east of Dazhub the rivers are deeply incised and the plateau surface disintegrates. When flowing into the gorge regions at the upper reaches of the Three Rivers the ridges and valleys have a height difference of more than 1,000 m, with the maximum height in the east.

The western Sichuan Plateau is situated in the east of the Jinsha River and to the south of Bayanhar Mountain. In the west it is higher than 4,300 m and in the east about 3,500 m high. The hills form a rolling landscape on the plateau with a relative height difference of 200–500 m. Swamps are widely developed in the Zoige depression.

The southern part of the western Sichuan Plateau, i.e. the southern region of the Hongyuan-Zamtang-Ganze-Dege-Nagqen Basin, is a high mountain gorge region with alternating ridges and valleys. They trend from south to north. From west to east there are the Jinsha River – Shalulin Mountain – Yalong River – Daxue Mountain – Dadu River – Qionglai Mountain – Minjiang – Longmen Mountain. The elevations of the mountains pass 4,000 m. Some are higher than 5,500 m. Among them the Gongga Mountain is 7,556 m and the Shiguniang Mountain is 6,250 m high. On the Gongga Mountain the glaciers are larger and the total area of the glaciers is 360 km^2 (LIU SUZHEN, 1982). One of them, the Hailogou Glacier, is 16 km long and a glacier lake extends to an elevation of 2,850 m.

2. Peculiarities of climate

Except the south-east high mountain gorge region, climate of the plateau is characterized by thin air, strong solar radiation, low temperatures, low precipitation (in general in solid form) and severe winds.

a. Thin air
On the surface of the plateau the relief is high and the air is thin. The oxygen content of the atmosphere is reduced. It is about 30% less than in lower-lying plains. It decreases with the altitude. For example, Yushu (alt. 3,702 m) is 36% normal, Nagqu (alt. 4,507 m) is 43% less and Wudaoliang (alt. 4,645 m) is 44% less than normal (ZHANG YONGZU et al., 1982).

b. Strong solar radiation
Owing to the high altitude and the thin air, the impurity and the water vapour content of the atmosphere are low. In the dry season clouds are rare and the total annual radiation is between 500–670 kJ/cm^2. It increases from east to west and from south to north. The annual sunshine amounts to 2,200–2,700 hours.

c. Low temperatures
The climate is cold on the plateau (table 1). In general the mean annual temperature is below 0.0 °C. In the valleys the temperature is higher (more than 0.0 °C) and varies with the elevation. Wudaoliang at the river head of the Changjiang has an annual temperature of –5.9 °C. It is the place of the lowest mean annual minimum temperature on the Qinghai-Xizang Plateau.

The mean temperature of January is below –10 °C. Huangheyuan and Wudaoliang are –17.7°C and –17.3 °C cold, respectively. The most extreme mean minimum temperature is about –30 °C, but Nagqu in the west attains 41.2 °C and Madoi in the north 41.8 °C.

The mean temperature of July is about +15 °C, but Wudaoliang and Huangheyuan are +5.4 °C and +7.1 °C warm, respectively.

Table 1: Annual variations of temperature

	Zoige	Sertar	Sêrxu	Yushu	Qamdo	Dêngqên	Nagqu	Madoi	Wudaoliang
Elevation (m)	3446	3894	4200	3703	3247	3873	4507	4221	4665
Year	+ 0.7	– 0.1	– 1.6	+ 2.7	+ 7.4	+ 2.9	– 1.8	+ 4.2	– 5.9
January	–10.5	–11.3	–12.6	– 8.2	– 2.7	– 7.1	–13.1	+16.9	–17.3
July	+10.7	+ 9.8	+ 8.4	+12.5	+16.2	+12.3	+ 9.0	+ 7.6	+ 5.4

d. Low precipitation
The effects of the south-east and north-west monsoons are weak. The precipitation is low, because this region is located in Inner Asia and far away from the ocean. On the northern Bayanhar Mountain the annual precipitation is lower than 400 mm. In the source area of the Huanghe and Changjiang the annual precipitation is below 300 mm. At Wudaoliang it is 267.6 mm, at Tuotuoheyan 278 mm, at Madoi 282.8 mm. In the southern Bayanhar Mountain the annual precipitation is 400–500 mm, but Jiuzhi has 774.1 mm. This is the region of the maximum precipitation in the region studied. The annual precipitation is concentrated during the months July and August, where the rainfall amounts to 50–60% of the total annual precipitation. The form of the precipitation is mainly solid on the plateau. The annual number of snow days is about 300 in the source areas of the Huanghe and Changjiang.

e. Severe winds

On the plateau the winds are severe, but they are weak in the valleys. On the plateau, with an elevation of more than 3,000 m, the annual amount of days with strong winds (17 m/s) is about 30 days. At Tuotuoheyan in the source area of the Changjiang, the annual amount of days with strong winds is more than 104 days. At Amdo on the southern slope of the Tanggula Mountain it is 137 days (LIN ZHENYAO, 1987). The mean annual maximum wind velocity at Wudaoliang is 5.1 m/s. The short-term maximum wind velocity at Nagqu is 34 m/s, at Zoige 40 m/s.

The amount of the sandstorm days is in relation to the strong winds and the occurrence of sand deserts. The annual number of sandstorm days in Tuotuohe and Qumarleb region is about 20 days, influenced by sand and gravel of the western plateau. The maximum annual number is 40 days.

3. Types of vegetation

The vegetation type of the north-eastern plateau is simple (WU ZHENGYI, 1980). Also it shows regional differences. In general a cold-climate grassland has a dominant position in the north of the Nyaiqentanglha Mountain. Here it forms the zonal vegetation. Moreover it forms a vertical belt of vegetation on the high mountains. It is distributed between 4,500 and 5,100 m. It is the dominant grassland in the region, mainly governed by *Stipa purpurea*.

On the north-western Sichuan plateau, to the south of the cold-climate grassland, a cold-climate grass-herb community is widely distributed. Of minor regional importance are cold-climate bushes. The vegetation is composed of more than 400 species (DONG WENLANG, 1979) such as *Gramineae, Cyperaceae, Compositae, Ranunculaceae, Leguminosae* etc.. This is the most important grassland in north-western Sichuan and southern Qinghai.

The cold-climate swamp vegetation occurs in the Zoige Depression. *Carex muliensis* is the predominant species. In addition, there are *Kobresia humilis, Polygonum viviparum, Chamaesium paradoxum* etc.

In the high mountain gorge region of the north-western Sichuan Plateau vegetation types vary and the vertical zonality is distinct. The subalpine coniferous forest is composed of *Picea, Abies* and *Tsuga*, which occupy most of the subalpine forest area. Above this vegetation there are alpine bush meadows and a patterned low vegetation. Below the forest belt there is arid valley bush.

Crop is mainly cultivated in the arid valley zone. Its elevation rises from east to west. In the east the upper limit of crop is below 3,600 m. At Chidu, on the eastern slope of the western Xuela Mountain, the upper limit is at about 3,950 m.

Major ecologic environmental problems

1. Grassland degeneration

Grassland degeneration is an outstanding ecologic problem of the north-eastern Qinghai-Xizang Plateau. It is most prominent in the cold-climate grassland and the grass-herb vegetation below 4,000 m.

The cold-climate grassland and the grass-herb vegetation in the region are the most important natural pasture for developing animal husbandry. Therefore, the grasslands are reduced both, in quantity and in quality, and they degenerate due to unreasonable utilization, overgrazing and too big herds.

For example, Zoige County has a grassland of 808,421 ha. There the usable area amounts to 75% and so the total usable reserves of this county are 3.510,000 t. If one sheep eats 5 kg grass per day, the carrying capacity of the county would be 1.864,942 sheep. But until 1985 they kept 2.497,622 sheep. This means a surplus of 632,879 sheep.

Owing to overgrazing, the yield per unit area reduced per 32% in comparison to the 1960s (from 10,500 – 12,000 kg/ha to 7,650 kg/ha). The share of weeds in the grassland increased from 30% during the 1960s to 50-60% in the middle of the 1980s, even to 70–80% in some regions. On normal conditions in the *Kobresia pygmaea*-grassland of Madoi County in Qinghai Province, there thrive 108 species. Owing to overgrazing, the grassland has degenerated. Now only about 10 species occur. This means a reduction by 90%. The yield per unit area reduced by about 80% (from 1,500–2,250 kg/ha to 300–400 kg/ha).

In the natural grassland of Chindu County in the Qinghai Province the yield per unit area reduced within ten years by about 50% (DONG WENLANG, 1979).

2. Serious mouse and insect pests of the grassland

The mouse and insect pest of the grassland is one of the major ecological problems in the cold-climate grassland and grass-herb vegetation. The damaged area is wide and the degree of the damage is strong. According to one report (DONG WENLANG, 1979) the area of mouse harm is approximately 5.330,000 ha and that of insect pest is about 670,000 ha within the natural grassland of the southern Qinghai Province. The area of mouse and insect pest is more than 1.330.000 ha in the grassland of the north-western Sichuan Province (ZHOU SHOURONG, 1982). For example, the destroyed area in Zoige County is 60,000 ha and occupies 9.6% of the usable grassland. The area of mouse harm occupies 32.5% of the grassland in Sêrxu County.

In the destroyed grassland slight damages mean getting bare in some areas and severe damages are a devastation. There are 4,500 holes/ha and 450 mice. In the area of heavy insect pests there are 170–350 insects/m^2. Usually, the destroyed grassland has a reduced yield per unit area of about 50%. In Zoige County the annual loss of grass is 76.000,000–90.000,000 kg. This is the food for 41,280 sheep.

The main mouse species are *Myospalax fontanieri, Ochotona chrzonise* and *Marmota himalayana*. The insect pest is caused by *Gynaephora spp.*.

The causes for these pests are very complex. There are both, man-made and natural factors. The decrease of the natural enemies is one of the factors.

3. Desertification of the grassland

The desertification of the grassland is caused by grassland degeneration. According to our observations, desertification is present in the cold-climate grass-herb vegetation between the Bayanhar and the Anyêmaqên Mountains. Here it is most typically developed between Manzhang and Deang Temple in Darlaq County.

This is the watershed of the Make River (the tributary of the Daduhe), the Duoke River and the Huanghe. The landform is rising and falling. The mean elevation is about 4,500 m with a relative difference between summits and valleys of less than 1,000 m. The annual precipitation is 500–750 mm and the soil is of the alpine meadow type. Here an alpine meadow of *Kobresia pygmaea* is developed.

This area is used for the winter and spring grazing. Owing to overgrazing, a grassland degeneration began and the grass layer is destroyed. In addition, the denudation caused by precipitation and the gully erosion causes a loss of soil material. The soil is getting thinner and thinner day by day and eventually will be transformed into a stone desert. The deserti-

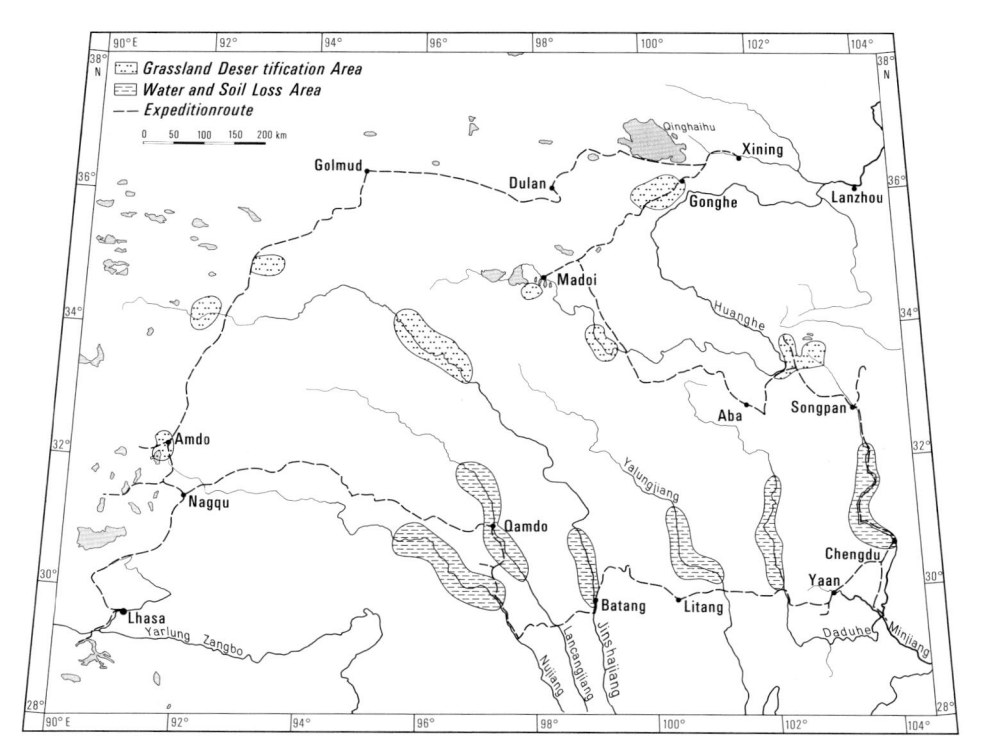

Fig. 1:
Distribution Map of Grassland Desertification, Water and Soil Loss in Northeastern Qinghai-Xizang Plateau

fication of the grassland takes place in the middle-low mountains. The exposed bedrock shows purple stains in a sharp contrast to the green grassland on the middle-upper part of the mountains. In regions of severe desertification a lot of gullies are developed due to the fluvial erosion so that the process of desertification increases.

4. Wind-blown sands in the grassland

The transformation of the grassland into regions of wind-blown sand is the final result of the ecologic deterioration of the grassland under the influence of the particular climatic conditions and the geological environment. It is the most serious ecological problem of the cold-climate grassland and the grass-herb vegetation.

The invasion of wind-blown sands into grassland takes place in Zoige-Hongyuan, the Litang Basin, the longitudinal valleys of the Huanghe between the Bayanhar and the Anyêmaqên Mountains, the Gonghe Basin in the north of the Anyêmaqên Mountain, the Beilu River in the source area region of the Changjiang and the Tuotuoheyan, as well as 32 km south of Amdo at the south slope of the Tanggula Mountain (fig. 1). Among them, the area of wind-blown sands in the Gonghe Basin and the Beilu River Basin is the widest. Except the sand dunes of Guinan, in the southern Gonghe Basin, which are migrating, all the others are stable.

The geomorphological situation of the sand dunes is different in various places. In the Zoige-Hongyuan grassland the sand dunes are mainly distributed on low hills in the wide

269

valleys. In the cold-climate grass-herb vegetation they are distributed discontinuously. In 1985, the area of wind-blown sand in the Zoige grassland was about 5,000 ha. It was distributed in the Xiaman and Axi grasslands. Because the wind-blown sands are distributed on middle and low parts of the hills and on low mountains, the forms of the sand dunes vary under the influence of the landform and the prevailing winds. 10 types of sand dunes are reported in China (ZHU ZHENDA, 1974). Yet in the area studied none of them can be found. But the sand dunes occur on slopes from the bottom to the top of the hills. In this case the „gentle" slope is 15–20°, the „steep" slope is about 30°.

In other regions the sand dunes are crescently formed, except in the Litang Basin.

The major reasons for the immigration of wind-blown sands are:

1. The rock material causes a big amount of sand. The bedrock is covered by a thick silt layer.

2. Due to effects of human acitivity the vegetation layer is destroyed and the silt layer has no protection against overgrazing.

3. The action of the wind: Days with strong winds amount to 40–104 days in the region mentioned above. North-west winds prevail from September to April.

4. Dryness: The annual precipitation is 300–600 mm in the area concerned. The precipitation is concentrated on the months May to September. They have more than 85% of the annual precipitation. In the strong wind season from December to February the precipitation amounts only to about 2% of the total annual precipitation.

5. Losses of water and soil

Water and soil losses take place in the gorge regions of the upper reaches of the Three Rivers Lujiang, Lanchangjiang and Jinshajiang. Moreover in the southern mountain gorge region of the western Sichuan Plateau and on the south slopes of the Bayanhar Mountain. The annual precipitation is about 600-800 mm in these regions, and it is mainly distributed during the months July and August, amounting to 60% of the annual precipitation.

In the high mountain gorge region at the upper reaches of the Three Rivers the temperature is higher, because of the mountains' mild and mid-temperate climates. The crop, such as *Hordeum ssp.* in Sêndo-Dêngqên in the eastern Xuela Mountains, is cold resistant. Especially in Sekong there are fields on the slopes below 4,100 m. When it is raining the rain forms surface runoffs, causes soil erosion and water and soil losses.

In the high mountain gorge region of the western Sichuan Plateau water and soil losses take place in the valley zone below the forest belt. For example, in the upper valleys of the Yalong, Dadu and Min Rivers the degree of the vegetation cover is low. The soil layer is loose and the water and soil losses are severe due to the cultivation on the slopes.

The water and soil losses on the Tibetan Plateau occur mainly on the slopes of an elevation of more than 3,800 m in the Bayanhar Mountain region. Here the annual precipitation is between 400–500 mm, most of all from June to August. Owing to overgrazing, the formerly rooted layer was destroyed during rainfalls. The runoff caused sheet and gully erosion, which washed off the soil layer. In this region the degeneration of grassland provided the conditions for water and soil losses, but the water and soil losses speed up the process of desertification of grassland. Thus causing a vicious circle.

References

DONG WENLANG (1979): The agrogeography of Qinghai Province. – Editorial Board of Agrogeography of Qinghai Province, 7–16 and 105–118 – in Chinese
LIN ZHENYAO (1987): The Climate of Qinghai-Xizang Plateau. – Science Press, 40 p – in Chinese
LIU SUZHEN (1982): Geographical investigations of the Gongga Mountain. Chengdu Institute of Geography, Chinese Academy of Sciences – Chongqing Branch of the Scientific and Technologic Literature Press, 30 p – in Chinese
WU ZHENGYI (1980): Chinese vegetation. – Science Press, 40 p – in Chinese
ZHANG YONGZU, CHENG DU & YANG QINYE (1982): Physical geography of Xizang. – Science Press, 14–149 – in Chinese
ZHOU SHOURONG (1982): The improvement and utilization of the grassland in north-western Sichuan. – People's Press of Sichuan Province, 187-198 – in Chinese
ZHU ZHENDA (1974): The desert survey of China. – Lanzhou Institute of Glaciology and Cryopedology, Chinese Academy of Sciences – Science Press, 42–48 – in Chinese

Manuskriptabschluß 7.91

Göttinger Geographische Abhandlungen, Heft 95: 273–282; Göttingen 1994

HYDROLOGISCHE UNTERSUCHUNGEN AN FLÜSSEN UND SEEN IM TIBETISCHEN PLATEAU

Karl-Heinz Pörtge
Geographisches Institut, D-37077 Göttingen, Germany

mit 5 Abbildungen und 1 Tabelle

[Hydrological investigations on rivers and lakes in the Tibetian Plateau]

Zusammenfassung

Während der Expedition wurden 1989 im Bereich des tibetischen Plateaus über 100 Wasserproben aus Seen und Flüssen sowie 7 Niederschlagsproben (Regen und Schnee) genommen. Die Parameter Temperatur, pH-Wert und elektrische Leitfähigkeit wurden unmittelbar bei Probenahme gemessen. Die weitere Bearbeitung der Proben erfolgte dann im Labor. Bei den ca. 90 Flußwasserproben ergab sich eine mittlere Leitfähigkeit von 442 µs wobei 2 Werte über 2000 µs lagen. Der mittlere pH-Wert ergab 8,3. Der niedrigste Wert wurde mit 7,1 und der höchste mit 10,3 ermittelt. Von den 16 Seewasserproben hatten allein 7 Leitfähigkeitswerte, die 2000 µs überschritten. Bei einem mittleren pH-Wert von 9,1 lag der niedrigste Wert bei 8,5 und der höchste bei 10,3. Die 7 Regen- und Schneeproben ergaben eine mittlere Leitfähigkeit von 63 µs bei einem mittleren pH-Wert von 8,4. Zahlreiche morphodynamische Prozesse bzw. Hochwasserereignisse konnten beobachtet werden, von denen ein Hochwasserereignis aus dem Abschnitt Xining – Golmud vorgestellt werden soll.

Summary

During the expedition of 1989 in the tibetian Plateau over 100 samples of lake- and riverwater and 7 rainwater samples were taken. Temperature, electrical conductivity, and pH-value were measured in the field. The further work with the samples was done in the laboratory. The average conductivity of the riverwater was 442 µs/cm (2 values over 2000 µs), the mean pH-value 8.3 (min. 7.1; max. 10.3). From the 16 lakewater-samples 7 had a electrical conductivity with a value over 2000 µs. The average pH was 9.1 (min. 8.5; max 10.3). The 7 samples of rainwater had a mean electrical conductivity of 63 µs and a mean pH of 8.4. Numerous morphodynamic processes and high flood events could be observed due to exceptional rainfalls. An example of the region between Xining and Golmud should be shown.

青藏高原江河、湖泊水文要素调查

Karl-Heinz　Portge

德国 Gottingen 大学地理研究所，D—37077，Gottingen，Germany

摘　　要

在中德联合科学考察中，采集了 100 个江河水样和 7 个降雨水样，并在野外进行了温度和导电性、PH 值的测定工作，更详细地分析工作是在实验室内进行的。分析结果表明：江河水样的导电平均值是 442μs/cm（2 个样品超过 2000μs/cm），PH 平均值为 8.3（最小值为 7.1，最大值为 10.3）。在 16 个湖水样导电值中有 7 个超过 2000μs/cm，其 PH 平均值为 9.1（最小值为 8.5，最大值为 10.3）。7 个降雨水样的平均导电值是 63μs/cm，PH 平均值为 8.4。

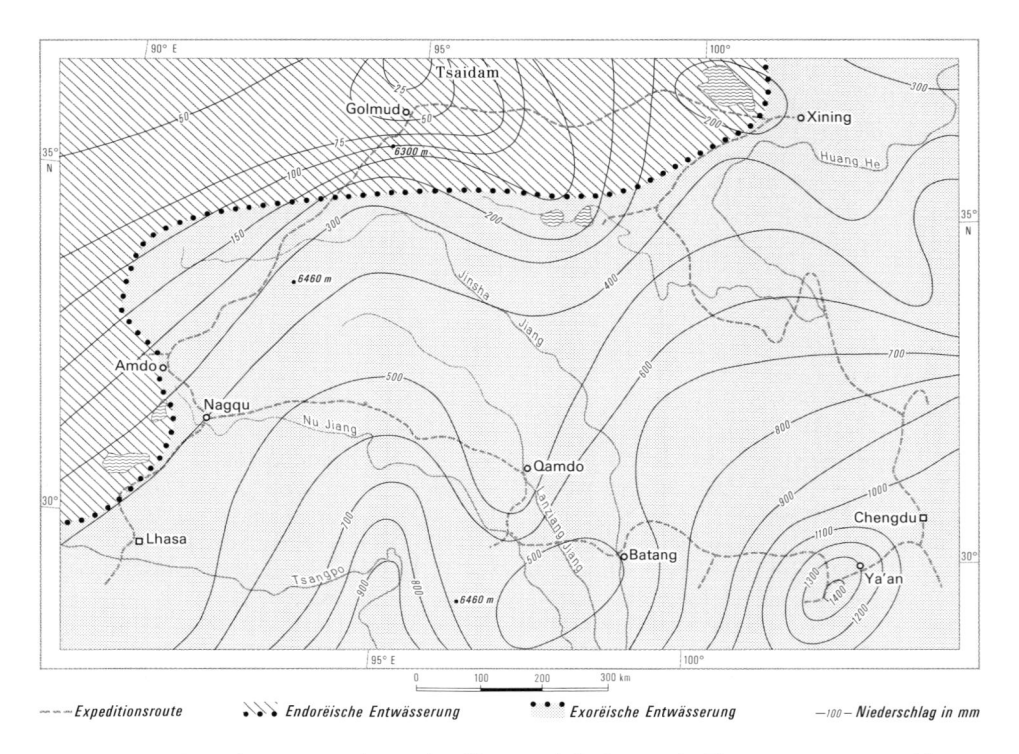

Abb. 1: Mittlere Jahressummen des Niederschlages und die Grenze der Hauptentwässerungsgebiete

Quelle: Eigener Entwurf nach DOMRÖS & PENG (1988) und XIONG et al. (1985)

1. Einleitung

Die Expedition im tibetischen Hochland wurde zum überwiegenden Teil in Höhen um 4000 m durchgeführt. Der Raum ist hinsichtlich der mittleren Niederschlagsverteilung durch einem Gradienten von Südosten nach Nordwesten gekennzeichnet. Während der Raum Chengdu Jahressummen von etwa 1000 mm verzeichnet, sinken die Niederschläge im Nordwesten (Golmud) auf unter 50 mm ab (vgl. Abb. 1). Der Raum läßt sich nach den Niederschlagsverhältnissen in humide, semihumide, semiaride und aride Gebiete untergliedern (vgl. CHUANYOU et al. 1981). Besonders der Nordteil des Gebietes, die Abdachung des Plateaus zur trockenen Tsaidam-Depression, zeichnet sich durch eine hohe Niederschlagsvariabilität aus. Bei geringer Vegtationsbedeckung können hier extreme Hochwasserereignisse und Mudflows auftreten.

Neben der räumlichen Varianz der Niederschläge ist für die hydrologischen Verhältnisse im tibetanischen Hochland auch der Unterschied in der Entwässerung bedeutsam. Während der überwiegende Teil des Gebietes zum Pazifik bzw. Indischen Ozean entwässert wird, gibt es im Nordwesten eine Binnenentwässerung (vgl. Abb. 1). Bei wenig Niederschlag und hoher Verdunstung ist die Flußdichte im Nordwesten auch geringer als im übrigen Gebiet, wo mit Huanghe und Yangtze 2 der 8 längsten Flüsse der Welt ihr Quellgebiet haben (CZAYA 1981). Das tibetanische Plateau (Qinghai) verfügt zudem über fast 40% (38,4%) aller chinesischen Seen mit einer Fläche von insgesamt 30.974 km^2 (SHUNCAI 1988).

Im Rahmen der kontroversen Diskussion über Art und Umfang der pleistozänen Vergletscherung im Bereich des tibetanischen Plateaus sind besonders in jüngster Zeit zahlreiche Veröffentlichungen erschienen (vgl. HÖVERMANN et al. 1993). Hydrologische Untersuchungen hingegen sind bislang weit seltener. Auf hydrologische Besonderheiten des tibetanischen Plateaus im Vergleich mit den übrigen chinesischen Regionen wird z.B. von YI et al. (1985) oder SHUNCAI (1988) eingegangen. JINSHENG et al. (1981), CHUANYOU & ZHIHUA (1981) und FUSHIMI et al. (1989) haben sich bei ihren Untersuchungen auf das Hochland von Tibet beschränkt. Detailuntersuchungen wurden z.B. von SHENG (1989), HOLLAND et al. (1991), OHTA et al. (1994) durchgeführt.

2. Hydrochemische Untersuchungen

Entlang der Expeditionsstrecke wurden insgesamt 110 Wasserproben aus Flüssen, Seen und und vom Niederschlag genommen. Die Parameter Temperatur, pH-Wert und elektrische Leitfähigkeit wurden unmittelbar bei Probenahme gemessen. Die weitere Bearbeitung der Proben erfolgte dann im Labor. Der Meßbereich des im Gelände eingesetzten Leitfähikeitsmeßgerätes reichte nur bis 2000 µs. Bei einigen der Flußproben, insbesondere aber bei den Seeproben lagen die Werte teilweise aber höher.

Bei den etwa 90 Flußwasserproben ergab sich eine mittlere Leitfähigkeit von 442 µs wobei 2 Werte über 2000 µs lagen. Sie hatten einen mittleren pH-Wert von 8,3 (min 7,1, max 10,3). Von den 16 Seewasserproben verzeichneten allein 7 Leitfähigkeitswerte, die 2000 µs überschritten, wobei der pH-Wert bei einem Mittel von 9,1 (min 8,5, max 10,3) deutlich höher als bei dem Flußwasser ausfiel. Die 7 Regen- und Schneeproben sind gekennzeichnet durch eine mittlere Leitfähigkeit von 63 µs bei einem mittleren pH-Wert von 8,4. Es läßt sich somit eine Zunahme von pH-Wert und Leitfähigkeit von Niederschlagswasser über Flußwasser zu dem Wasser der Seen feststellen. (vgl. Abb. 3). Dies stimmt auch mit Beobachtungen von SHENG (1989) aus den West Kunlun Mountains überein.

Zusammenhänge zwischen Wasserchemismus und dem Grad der Aridität konnten teilweise festgestellt werden. So waren die pH- und Leitfähigkeitswerte in den Abschnitten

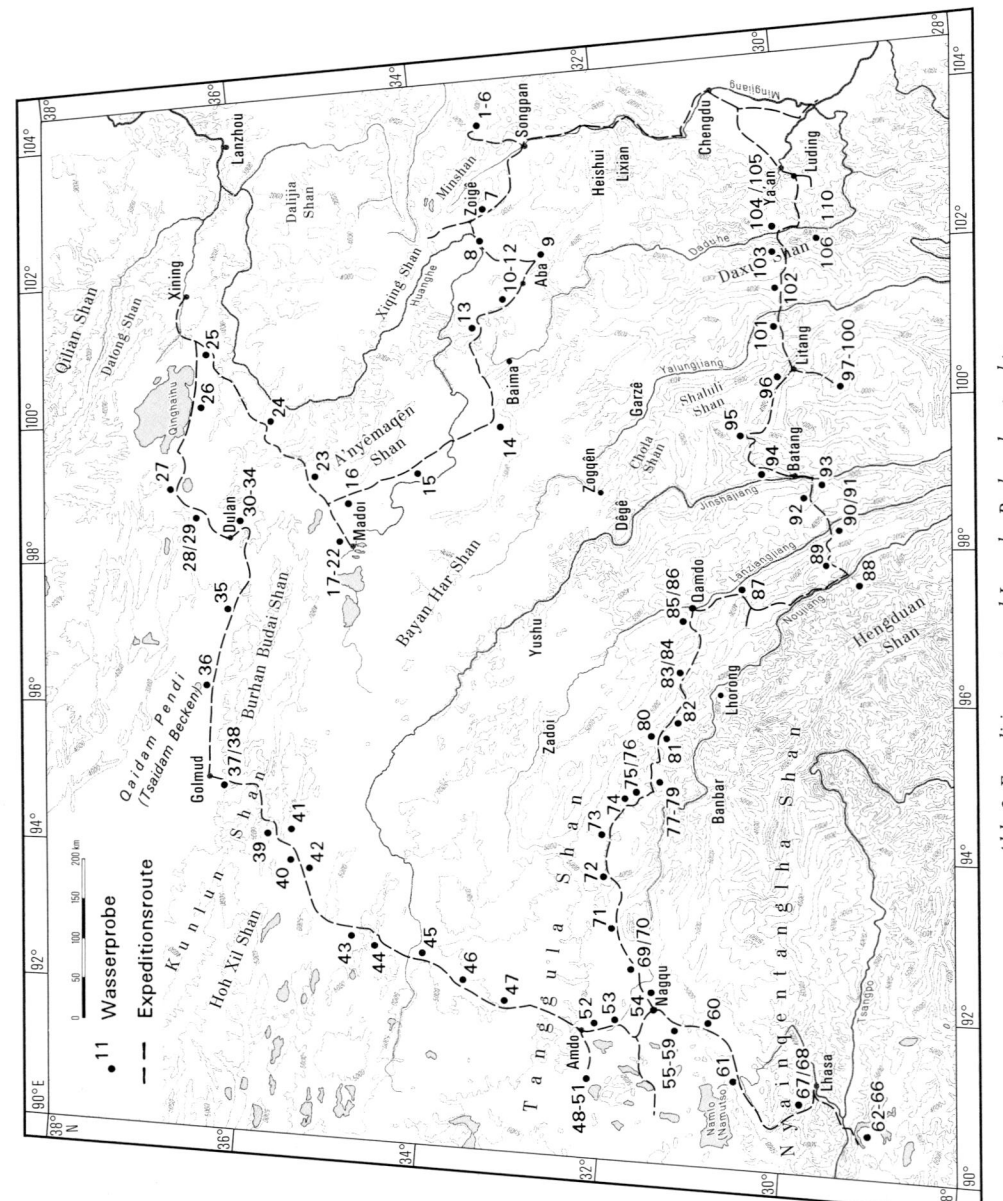

Abb. 2: Expeditionsroute und Lage der Probenahmepunkte
Quelle: Eigener Entwurf

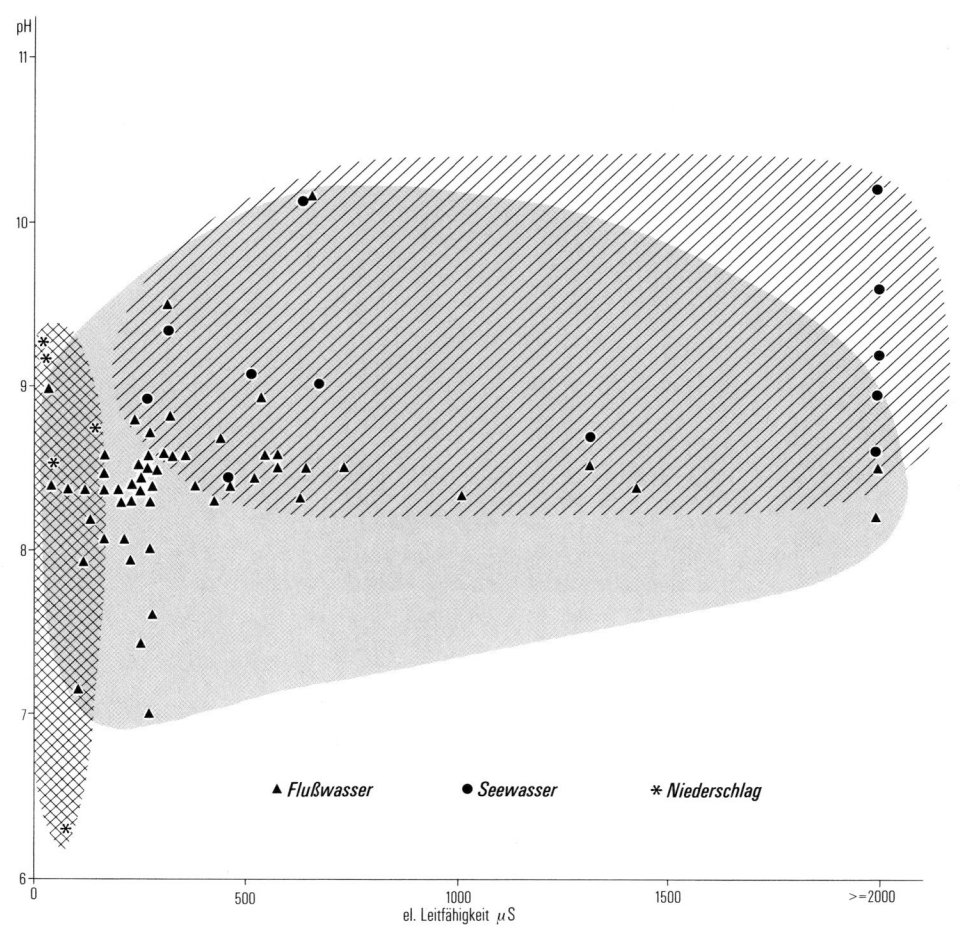

*Abb. 3: Beziehungen zwischen el. Leitfähigkeit und pH-Wert getrennt nach
Fluß-, See- und Niederschlagswasser
Quelle: Eigener Entwurf*

Xining – Golmud und Golmud – Lhasa (Proben 25–68) meist höher als entlang der übrigen Strecke. Entsprechende Beobachtungen zu Beziehungen zwischen Wasserchemismus und Ariditätsgrad wurden auch von CHUANYOU & ZHIHUA (1981) gemacht. SHUNCAI (1988) bemerkt dazu, daß die Seen im Qingzang Plateau bedingt durch starke Verdunstung mit Ausnahme der Seen mit Schmelzwasserzufluß hohe Salzkonzentrationen verzeichnen. Auch die Ausführungen vom CARBON CYCLE RESEARCH UNIT, TIANJIN UNIVERSITY (1982), daß die pH-Werte des Huanghe höher sind als die vom Yangtze, zeigen die Bedeutung der Lage des Einzugsgebietes bezogen auf die Aridität.

Untersuchungen zum Chemismus von Niederschlägen aus dem tibetischen Hochland liegen bislang kaum vor. WATANABE & ZHENG (1987) veröffentlichen Werte aus

Abb. 4: Akkumulation und Erosion im Gebirgsvorland südlich der Tsaidam-Drepression
Photo: K.-H. Pörtge (26.07.1989)

Abb. 5: Flußdurchquerung nach Zerstörung einer Brücke durch Hochwasserabfluß westlich von Dulan
Photo: K.-H. Pörtge (26.07.1989)

Tab. 1: Analysenergebnisse von Wasserproben
Abkürzungen: r = Fluß, l = See, p = Niederschlag, T = Wasser, LF = el. Leitfähigkeit, GH = Gesamthärte, CH = Karbonathärte

Proben Nr.	Art	Datum	Höhe m ü.M.	T °C	LF µs	pH	GH °dH	CH °dH	Cl⁻ [mg/l]	Na⁺ [mg/l]	K⁺ [mg/l]	Ca⁺⁺ [mg/l]
1	r	11.7	2720	7.4	1424	8.4	5.8	4.8	<5	1.8	0.6	57.7
2	r	11.7	2720	9.5	309	8.5	9.2	7.9	<5	1.8	1.0	36.0
3	r	11.7	2720	10.1	286	7.0	10.0	7.6	<5	1.4	0.8	56.2
4	r	11.7	2300	13.4	236	8.4	7.2	5.7	<5	6.2	1.2	36.7
5	r	11.7	2300	9.2	232	8.1	6.4	6.4	<5	1.3	1.0	46.8
6	p	11.7	2300	16.0	30	8.6	1.6	1.4	<5	7.8	1.4	5.5
7	r	14.7	2300	27.5	725	8.5	8.6	7.2	<5	3.4	1.1	43.2
8	l	15.7	2300	17.5	465	8.4	7.8	8.0	<5	5.4	3.2	10.3
9	r	15.7	2300	19.4	176	8.1	5.0	6.2	<5	1.4	0.8	35.8
10	r	16.7	2300	15.3	348	8.7	9.2	7.8	100.0	51.2	4.1	49.0
11	r	17.7	2300	7.7	256	7.4	4.2	5.0	<5	4.2	1.2	32.0
12	r	17.7	2300	19.6	107	7.9	3.2	4.2	<5	2.5	0.8	20.2
13	r	18.7	4000	8.0	151	8.4	3.8	5.1	<5	3.1	0.8	34.2
14	r	18.7	4250	14.4	238	8.4	5.0	5.2	<5	6.3	1.1	29.0
15	r	19.7	4250	12.6	433	8.6	8.8	9.6	20.0	18.2	2.0	45.0
16	r	19.7	4500	11.8	369	8.5	9.8	10.7	<5	5.3	1.4	60.8
17	l	20.7	4200	10.4	2000	9.6	50.6	21.1	561.0	40.5	45.5	25.0
18	l	20.7	4200	11.6	2000	9.2	17.4	42.4	582	485.0	21.6	15.0
19	l	20.7	4200	–	–	–	12.6	11.0	116.9	84.0	2.8	16.2
20	l	20.7	4200	15.5	532	9.1	10.0	9.5	134.5	53.6	4.0	24.3
21	l	20.7	4200	–	–	–	10.0	10.8	98.9	70.0	5.0	25.6
22	l	20.7	4200	20.2	688	9.0	21.8	12.2	26.3	26.3	5.0	69.3
23	l	21.7	4000	14.2	2000	8.9	75.0	34.4	6559.2	1850	84.0	74.0
24	r	21.7	3800	14.4	306	8.8	5.2	6.8	53.6	28.8	1.1	23.8
25	r	22.7	2600	14.6	319	8.6	8.0	7.2	20.2	–	–	–
26	r	25.7	3200	14.6	580	8.6	10.2	10.0	23.9	20.9	2.6	60.0
27	r	25.7	3600	17.6	511	8.4	9.0	8.0	54.4	39.8	2.4	60.8
28	r	25.7	3600	–	Schwebstoffprobe					–	–	–
29	r	25.7	3400	–	Schwebstoffprobe					–	–	–
30	r	26.7	3200	11.6	685	8.5	–	–	–	–	–	–
31	r	26.7	3200	11.6	685	8.5	–	–	–	–	–	–
32	p	26.7	3200	11.3	70	6.3	4.0	3.0	<5	46.1	1.2	20.8
33	r	27.7	3200	–	Schwebstoffprobe					–	–	–
34	r	27.7	3200	4.7	347	8.6	–	3.0	–	–	–	–
35	r	27.7	2900	18.5	406	8.3	–	3.0	–	–	–	–
36	r	27.7	2800	–	–	–	–	3.0	–	–	–	–
37	r	29.7	3380	14.4	1006	8.3	15.0	14.5	164.2	112.0	6.0	29.0
38	r	29.7	3680	18.9	555	8.6	11.8	10.8	61.7	41.6	3.9	33.8
39	r	30.7	4600	9.8	417	8.2	8.6	6.6	49.4	29.2	2.4	45.0
40	l	30.7	4480	21.0	1307	8.7	4.0	6.6	105.2	108.0	12.1	40.8
41	r	30.7	4500	19.6	2000	8.5	21.0	7.6	1131.2	294.0	12.8	147.9
42	l	31.7	4550	15.2	2000	8.6	39.2	10.4	1385.5	360.0	35.0	115.2
43	r	31.7	4600	21.3	2000	8.2	28.0	18.8	330.3	185.0	12.2	30.0
44	r	1.8	4550	7.7	1306	8.5	12.2	8.0	359.5	160.0	13.5	55.9
45	r	1.8	4570	10.1	323	8.3	7.8	7.8	26.0	41.2	4.4	50.0
46	r	1.8	4680	10.3	379	8.0	Schwebstoffprobe			–	–	–
47	l	1.8	4950	18.8	642	10.3	8.6	12.4	39.6	54.8	3.2	16.8
48	r	1.8	4950	18.8	642	10.3	14.4	10.6	12.6	38.6	1.2	68.5
49	l	2.8	4550	12.4	283	8.9	8.4	8.8	<5	16.4	4.0	41.0
50	l	2.8	4550	11.3	312	9.6	9.6	11.0	15.1	5.1	4.7	24.2
51	l	2.8	4720	16.3	2000	9.9	38.8	23.0	309.8	395.0	53.2	15.8
52	r	3.8	4600	8.9	528	8.9	10.2	10.2	5.6	24.4	3.2	53.0

Proben Nr.	Art	Datum	Höhe m ü.M.	T °C	LF μs	pH	GH °dH	CH °dH	Cl⁻ [mg/l]	Na⁺ [mg/l]	K⁺ [mg/l]	Ca⁺⁺ [mg/l]
53	r	3.8	4650	7.1	289	8.5	31.4	12.3	442.0	186.0	5.0	34.2
54	p	3.8	4470	–	–	–	5.6	3.3	37.9	56.6	6.2	10.8
54a	r	6.8	4500	6.5	376	8.6	12.4	12.8	7.9	22.8	1.8	30.0
55	r	6.8	4500	18.7	540	8.5	13.2	13.0	8.8	22.8	3.0	50.8
56	r	6.8	4500	15.6	2000	9.6	15.0	80.0	1087.4	32.0	4.2	40.8
57	l	6.8	4500	14.8	2000	9.6	40.0	376	1069.8	2970	365.0	25.5
58	l	6.8	4500	13.8	2000	8.5	11.4	12.0	10.2	2715	400.0	8.1
59	r	7.8	4500	5.3	408	8.5	16.0	14.3	49.8	27.0	2.7	28.0
60	r	8.8	4600	7.7	275	8.8	3.0	2.8	< 5	6.4	1.4	21.0
61	r	8.8	4200	12.7	148	8.2	5.4	4.7	27.0	–	–	–
62	r	11.8	4400	16.0	115	8.4	2.4	2.8	< 5	3.4	3.1	11.1
63	r	11.8	4400	17.5	1682	8.8	40.2	10.4	80.2	155.0	22.0	11.6
64	r	11.8	4400	14.9	1867	9.0	41.2	28.6	77.9	159.0	22.2	15.8
65	r	11.8	4400	–	–	–	4.2	4.2	< 5	1.8	0.7	32.7
66	r	11.8	4400	–	–	–	3.2	1.6	< 5	7.6	2.4	23.6
67	r	12.8	3700	11.1	140	9.2	2.4	2.0	< 5	3.7	1.2	3.4
68	r	12.8	4000	10.0	90	9.2	2.4	15	< 5	5.8	1.4	15.2
69	r	13.8	4500	9.3	283	8.3	7.8	7.2	13.7	14.9	2.2	40.0
70	r	13.8	4450	9.4	396	8.3	12.4	13.0	5.3	25.4	3.7	42.8
71	r	13.8	4650	7.2	155	8.3	6.4	6.6	14.0	13.5	1.7	41.0
72	r	13.8	4390	11.1	272	8.3	9.8	6.5	< 5	1.5	1.4	50.9
73	r	13.8	–	–	–	–	8.8	6.2	< 5	6.7	1.8	50.5
74	r	14.8	4250	12.8	289	8.4	5.2	5.0	< 5	3.0	7.2	32.0
75	r	15.8	3900	7.1	160	8.4	4.2	4.0	< 5	2.5	1.2	20.2
76	r	16.8	4300	8.5	194	8.4	3.8	32.8	94.7	314.0	40.8	8.0
77	r	16.8	4450	10.0	120	8.4	2.4	2.0	< 5	1.2	1.4	11.0
78	r	17.8	4450	5.5	85	8.4	3.6	3.0	< 5	1.4	1.4	19.2
79	r	17.8	4450	12.6	131	8.2	3.2	1.9	< 5	1.6	1.3	15.1
80	r	18.8	4300	10.1	234	7.9	7.0	6.0	30.9	7.6	1.8	11.9
81	r	19.8	3800	9.7	320	8.6	9.8	8.0	< 5	31.2	5.6	40.0
82	r	19.8	3650	9.8	223	8.4	8.6	6.8	< 5	3.0	1.0	34.6
83	r	19.8	4470	10.0	157	8.6	5.2	4.2	< 5	1.8	0.7	27.1
84	r	19.8	3900	10.4	–	–	10.0	8.0	56.5	34.8	2.0	40.2
85	r	21.8	3700	10.9	585	8.5	7.6	6.6	10.5	12.2	1.5	40.5
86	r	21.8	3400	12.5	289	7.6	9.0	8.0	7.7	8.4	1.8	57.8
87	r	22.8	3200	12.8	394	8.4	9.0	6.3	9.8	12.9	1.6	37.2
88	r	22.8	4400	16.1	245	8.8	4.0	3.8	< 5	2.6	0.8	20.8
89	r	23.8	3900	14.8	278	8.6	4.6	4.6	< 5	2.4	0.9	24.2
90	p	24.8	5000	7.7	175	8.8	3.0	2.6	< 5	3.4	0.6	15.5
91	p	24.8	5000	3.6	18	9.2	1.0	1.0	< 5	1.5	0.9	3.8
92	r	24.8	3680	18.9	216	8.3	3.4	28.4	305.9	522.0	39.0	13.5
93	r	25.8	2700	18.5	630	8.3	8.0	8.0	66.6	45.0	1.2	52.5
94	r	25.8	2750	–	–	–	22.0	36.4	21.7	132.0	14.6	95.0
95	p	25.8	4300	–	–	–	6.7	6.5	< 5	3.8	1.0	39.8
96	p	26.8	4500	1.5	20	9.3	0.6	0.6	< 5	3.1	1.4	3.1
97	r	27.8	3770	10.8	263	8.5	7.0	7.2	< 5	2.6	1.2	35.8
98	r	27.8	3720	13.2	104	7.1	3.0	3.0	< 5	4.4	1.4	19.5
99	r	27.8	4400	13.8	50	8.4	1.4	1.3	< 5	1.8	1.2	2.0
100	r	27.8	4600	12.4	20	9.0	1.0	1.6	< 5	1.0	1.4	3.8
101	r	28.8	–	–	–	–	4.6	4.8	< 5	3.2	0.6	24.0
102	r	28.8	–	–	–	–	4.8	4.8	< 5	2.0	0.6	4.9
103	r	29.8	–	–	–	–	6.6	6.6	< 5	4.8	1.4	35.0
104	r	29.8	–	–	–	–	2.4	2.6	< 5	3.6	0.9	13.0
105	r	29.8	–	–	–	–	6.0	4.6	< 5	3.8	1.5	20.2
106	r	5.9	–	–	–	–	4.0	4.0	< 5	2.7	0.7	25.0

dem westlichen Kunlun. Die Ergebnisse von Niederschlagsanalysen aus dem mittleren und südöstlichen Teil des Untersuchungsgebietes (NIEHOFF et al. 1994) bestätigen die eigenen Beobachtungen. Auch bei den Untersuchungen von MICHALCZYK et al. (1980) an Niederschlagswässern in der Mongolei wurden geringe Lösungsgehalte festgestellt.

3. Hydrologisch sedimentologische Beobachtungen

Im Bereich zwischen Xining und Golmud konnten im Abschnitt Dulan-Golmud Starkregenabflüsse mit enormer Feststofffracht beobachtet werden. Am 25.07.1989 wurde aus einem Fluß im Gebirge nordöstlich von Dulan nach einem Niederschlagsereignis zum Zeitpunkt des Anstiegs der Abflußwelle eine Wasserprobe (P 28) entnommen, die einen Schwebgehalt von 695 g/l aufwies. Dieser Wert liegt noch über dem von HENNING (1968) für den Hwang Ho (Huanghe) genannten Maximalwert von 580 g/l. Die Kornverteilung des Feststoffanteils der Probe 28 war dabei fast indentisch mit der einer aus der nähen stammenden Bodenprobe. Bei zurückgehendem Abfluß und geringeren Schwebstoffgehalten war der Anteil feinerer Komponten dann höher.

Das Niederschlagsereignis vom 25. Juli 1989 im Raum Dulan läßt sich wie folgt einordnen: Bei einem mittleren Jahresniederschlag an der Station Dulan von 179 mm (Periode 1951–80) wurden im Juni 1989 82,7 mm und vom 1. bis 27. Juli 1989 67 mm gemessen, davon am 25. Juli 25 mm. Dieses für den Raum beachtliche Niederschlagsereignis, bei dem im Gebirge noch wesentlich höhere Niederschläge aufgetreten sein dürften, führte zu Hochwasserereignissen, die im Vorland der Gebirge als Schichtfluten auftraten. In Verbindung mit diesem Hochwasser ereigneten sich umfangreiche Zerstörungen an Straßen und Brücken entlang der Hauptverbindungslinie Xining – Golmud (s. Abb. 4 und 5).

Auswirkungen starker Niederschläge konnten während der Expedition 1989 nicht nur im Abschnitt Xining – Golmud sondern auch im Bereich verschiedener anderer Strecken beobachtet werden (vgl. LEHMKUHL & PÖRTGE 1991, WANG 1994, TANG et al. 1994)

Literatur:

CARBON CYCLE Research UNIT, TIANJIN UNIVERSITY (1982): The amount of carbon transported to sea by the Yangtze and Huanghe Rivers (People's Republic of China) during the half-year July-December, 1981. – Mitt. Geol.-Paläont. Inst. Univ. Hamburg, SCOPE/UNEP Sonderband, Heft 52:437–448

CHUANYOU, C. & G. ZHIHUA (1981): Hydrochemistry of rivers in Xizang. – in: Geological and ecological studies of Qinghai-Xizang Plateau, Vol. 2:1687–1692

CZAYA, E. (1981): Rivers of the World. – Leipzig

DOMRÖS, M. & G. PENG (1988): The climate of China. – Berlin, Heidelberg, New York, Paris, Tokyo

HENNING, I. (1968): Hwang Ho und Yangtze Kiang – Ein Beitrag zur Potamologie. – in: KELLER, R. (Hrsg.): Flußregime und Wasserhaushalt. – Freiburger Geographische Hefte, 6:87–133 ??

HÖVERMANN, J., LEHMKUHL, F. & K.-H. PÖRTGE (1992): Pleistocene glaciation in East and Central Tibet – Preliminary results of Chinese-German Expeditions. – Zeit. f. Geomorph., Suppl., 92:85–96

FUSHIMI, H., KAMIYAMA, K., AOKI, Y., ZHENG, B., JIAO, K. & S. LI (1989): Prelimary study on water quality of lakes and rivers on the Xizang (Tibet) Plateau. – Bulletin of Glacier Research 7:129–137

JINSHENG, Y., HONGBIN, Z., FUJI, Y. & L. DEPING (1981): Oxygen isotopic composition of meteoric water in the eastern part of Xizang. – in: Geological and ecological studies of Qinghai-Xizang Plateau, Vol. 2:1677–1685

LEHMKUHL, F. & K.-H. PÖRTGE (1991): Hochwasser, Rutschungen und Muren in den Randbereichen des tibetanischen Hochlandes. – Zeit. f. Geomorph., Suppl., 89:143–155

MICHALCZYK, Z., SOJA, R. & K.H. WOJCIECHOWSKI (1980): Hydrological conditions and chemical denudation in the catchment basin of the Dunda-Baydalak-Gol. (Mongolia) – Studia Geomorphologica Carpatho-Balcanica, 14:157–173

NIEHOFF, N., MATSCHULLAT, J., RUPPERT, H. & U. SIEWERS (1994): On the Chemistry of the Precipitation in Eastern Tibet (Summer 1992). – Geojournal, 34.1:67–74

OHTA, T., YABUKI, H., KOIKE, T., OHATA, T., KOIKE, M. & Y. ZHANG (1994): Hydrological observations in the Tangula Mountains, the Tibetian Plateau – discharge, soil moisture and ground temperature. – Bulletin of Glacier Research, 12:49–56

SHENG, W. (1989): Hydrological chracteristics in the Gozha Lake Area of the West Kunlun Mountains. – Bulletin of Glacier Research, 7:119–122

SHUNCAI, S. (1988): Lakes in China and chinese lacustrine sedimentology – a brief survey. – Mitt. Geol.-Paläont. Inst. Univ. Hamburg, SCOPE/UNEP Sonderband, Heft 66:165–175

TANG, B., LUI, S. & S. LUI (1994): Recent disasters and prevention of debris flows in the Eeastern Qinghai-Xizang Plateau. – Göttinger Geogr. Abh., 95:253–261

WANG, C. (1994): Distribution pattern and minimizing measures of landslides and rockavalanches along the mmountain highways in Sichuan, Qinghai and Tibet. – Göttinger Geogr. Abh., 95: 243–252

WATANABE, O. & B. ZHENG (1987): First glaciological expedition to West Kunlun Mountains 1985. – Bulletin of Glacier Research, 5:77–84

YAMAMOTO, S. (1976): Groundwater of North Eastern China (Manchuria). – Science Reports of the Tokyo Kyoiku Daigaku, Section C, Vol. 12, No. 119–120:213–252

XIONG, Y., ZHANG, J. & E. LIU (1985): The hydrology of China's rivers. – Geojournal, 10.2: 173–182

Manuskriptabschluß 9.94